"十二五"普通高等教育本科国家级规划教材

物理实验教程

（第5版）

主　　编　原所佳
副主编　张　芹　孙振翠　裴　娟
　　　　　张　燕　王　惠　梁　军

U0247731

北京航空航天大学出版社

内 容 简 介

本书是"十二五"普通高等教育本科国家级规划教材,山东省高等学校精品课程《大学物理实验》的主讲教材,2014 年、2018 年两届山东省高等教育教学成果二等奖的主要研究成果。该书是在山东省高等学校优秀教材《物理实验教程》(第 4 版)的基础上,根据《非物理类理工学科大学物理实验课程教学基本要求》,总结山东交通学院多年来大学物理实验课程建设的成果,借鉴兄弟院校教学改革的经验编写和改编而成的。全书包括绪论、实验误差理论与数据处理、物理实验中的基本测量方法和常用测量仪器的使用、基础性实验、综合性实验、设计性实等五个章节,共编辑 51 个实验项目。

本书各章节内容及各个实验项目既相互独立,又循序渐进、承继拓展,构建了一个完整的物理实验体系。本书可作为高等工科院校、高等职业学校和高等专科学校各专业的大学物理实验课程教学用书或参考书,也可作为实验工作者和其他科技工作者的参考资料。

图书在版编目(CIP)数据

物理实验教程 / 原所佳主编. -- 5 版. -- 北京:

北京航空航天大学出版社,2019.3

ISBN 978 - 7 - 5124 - 2947 - 5

Ⅰ. ①物… Ⅱ. ①原… Ⅲ. ①物理学－实验－高等学校－教材 Ⅳ. ①O4 - 33

中国版本图书馆 CIP 数据核字(2019)第 036212 号

物理实验教程(第 5 版)

主 编 原所佳

副主编 张 芹 孙振翠 裴 娟

张 燕 王 惠 梁 军

责任编辑 尤 力

*

北京航空航天大学出版社出版发行

北京市海淀区学院路 37 号(邮编 100191) http://www.buaapress.com.cn

发行部电话:(010)82317024 传真:(010)82328026

读者信箱:bhpress@263.net 邮购电话:(010)82316936

北京时代华都印刷有限公司印装 各地书店经销

*

开本:787×1092 1/16 印张:22.25 字数:555 千字

2019 年 3 月第 5 版 2020 年 1 月第 3 次印刷 印数:4 561~8 760 册

ISBN 978 - 7 - 5124 - 2947 - 5 定价:49.80 元

编　委　会

前　言

大学物理实验是高等学校理工科各专业必修的一门重要基础实验课程,是学生进入大学后遇到的第一门系统的实验课程。通过大学物理实验课程的学习,使学生在掌握物理实验基本知识、基本方法和基本技能的基础上,具备一定的科学实验能力和创新能力。

本书是教育部"十二五"普通高等教育本科国家级规划教材。根据教育部《非物理类理工学科大学物理实验课程教学基本要求》,吸取了国内外同类教材的优点,在2015年出版的《物理实验教程》(第4版,国防工业出版社)基础上改编而成,与第4版相比,本书突出了以下三方面变化:

考虑到不同院校同一实验项目仪器设备不同以及仪器设备更新换代的要求,许多院校新旧仪器设备共存的实际,本书将液体表面张力系数、稳态法测量橡胶板导热系数、弦振动的研究、霍耳效应实验等实验项目编写两种实验仪器设备的实验方法,以满足不同院校教学要求。

根据教学实践要求,修改部分实验项目,例如,静电场的描绘、分光计的调节与使用等。

第26届国际计量大会通过了关于修订国际单位制的决议,自2019年5月20日起,国际单位的七个基本单位将全部由基本物理常数定义。因此,第5版教材与时俱进,及时更新七个基本单位的新定义。

本书由山东交通学院原所佳、张芹、孙振翠、裴娟、张燕(山东协和学院)、王惠、梁军、孙海波、岳大光、胡丽君、高尚、原瑞花、王建、王立飞、刘中波、赵娟、张冬梅编写,全书最后由原所佳负责统稿。全体编者一致认为,实验教学是一项集体工作,从实验内容的确定、实验项目的建设、实验讲义的编写,直到实验教学的完成,都是从事实验教学的教师和实验技术人员共同劳动的结果。此外，王克彦、吴世亮等教师为物理实验教学中心的建设和本书的出版提供了诸多支持和帮助，借本书出版之际，对他们深表谢意，并铭记于心。

本书的出版，得到了北京航空航天大学出版社鼎力相助，在此表示衷心的感谢！

我校物理实验实行开放式教学模式，物理实验教学中心的网址：http://121.250.24.140/phylab/

由于编者水平有限，书中定有许多不妥之处，敬请批评指正。

编　者

2018 年 12 月于济南无影山

目　录

绪　　论

　　物理学是研究物质运动规律及物质基本结构的科学,其基本理论渗透在自然科学的各个领域,应用于生产技术的许多部门,是自然科学和工程技术的基础。作为人类追求真理、探索未知世界的工具,物理学是一种哲学观和方法论,它深刻影响着人类对自然的基本认识、人类的思维方式和社会生活,在人的科学素质培养中具有重要的地位。

一、物理实验课的地位和作用

　　物理学本质上是一门实验科学。无论是物理规律的发现,还是物理理论的建立,都必须以严格的物理实验为基础,并经受物理实验的检验。例如,杨氏双缝实验对于光的波动理论,光电效应实验对于光的粒子性,电子在晶体上的衍射实验对于德布罗意的微观粒子的波粒二像性,卢瑟福的 α 粒子散射实验对于原子的核式模型等,都无不生动地说明了这一点。

　　科学实验是人们按照一定的研究目的,借助特定的仪器设备,人为地、可控制地模拟自然现象,对自然事物和自然现象进行精密、反复地观察和测试,以探索自然事物内部规律性的一种实践活动。这种对自然事物和自然现象有目的性、有组织性、可控制的探索活动是科学理论的源泉,也是工程技术的基础。

　　物理实验是科学实验的先驱。在物理学的发展过程中,人类积累了丰富的实验思想、实验方法和实验技能,创造出各种精密巧妙的仪器和设备,这些都是自然科学各学科的科学实验基础。原子能、半导体、激光、超导、空间技术、现代生命科学和技术等最新科技成果,其产生和发展都有赖于物理实验及其相关理论的建立。

　　大学物理实验是为高等院校理工科各专业学生设置的一门必修基础课程,是学生进入大学后,系统地接受实验方法和实验技能训练的开端。物理实验教学与物理理论教学具有同等重要的地位,二者既有深刻的内在联系和配合,又有各自独立的任务和作用。物理实验课强调实践和动手能力,对于初学者,这是一项非常细致和复杂的工作。物理实验课覆盖面广,具有丰富的实验思想、实验方法和实验手段,并且能提供综合性很强的基本实验技能训练,因此物理实验课是培养学生科学实验能力的重要基础。同时,物理实验课在培养学生严谨的治学态度、创新意识和创新能力、理论联系实际和适应科技发展的综合应用能力等方面具有其他实践类课程不可替代的作用。

二、物理实验课的任务和基本要求

1. 物理实验课的任务

　　物理实验作为一门重要的基础课程,它包括以下几方面的任务。

　　(1)培养与提高学生科学实验基本素质,树立正确的科学思想和科学方法。通过物理实验课的教学,使学生掌握物理实验的基本知识、基本方法和基本技能。掌握误差分析、数据处理的基本理论和方法,学会常用仪器的调整和使用,了解常用的实验方法,能够对常用物理量进行一般测量,具有初步的实验设计能力。

（2）培养与提高学生创新思维、创新意识、创新能力。通过物理实验课的教学,引导学生深入观察实验现象,建立合理的模型,定量研究物理规律。能够运用物理学理论对实验现象进行初步的分析判断,逐步学会提出问题、分析问题和解决问题的方法,激发学生创造性思维。能够完成符合规范要求的设计性内容的实验,进行简单的具有研究性或创意性内容的实验。

（3）培养与提高学生的科学素养。通过物理实验课的教学,培养学生理论联系实际和实事求是的科学作风,严谨认真的科学态度,不怕困难、积极主动的探索精神,以及遵守纪律、爱护公共财物、团结协作的良好品德。

2. 物理实验课教学内容的基本要求

（1）掌握测量误差和不确定度的基本知识,能够用不确定度对直接测量和间接测量的实验结果进行评估。

（2）掌握处理实验数据的常用方法,包括列表法、作图法、最小二乘法、逐差法等。

（3）掌握一些基本物理量和常用物理量的测量方法,这些物理量包括长度、质量、时间、热量、温度、电流、电压、电阻、磁感应强度、电子电荷、普朗克常数、里德堡常数等。

（4）了解常用的物理实验方法并逐步学会使用,这些实验方法包括比较法、转换法、放大法、模拟法、补偿法、干涉法等。

（5）掌握实验室常用仪器的性能并能够正确使用,这些仪器包括长度测量仪器、计时仪器、测温仪器、变阻器、电表、直流电桥和交流电桥、通用示波器、低频信号发生器、分光计、光谱仪、激光器、常用电源和光源等。

（6）掌握常用的实验操作技术,这些操作技术包括零位调整、水平调整和铅直调整、光路的共轴调整、消除视差调整、逐次逼近调整、根据给定的电路图正确接线、简单的电路故障检查与排除等。

3. 物理实验课能力培养的基本要求

（1）独立实验的能力。能够通过阅读实验教材,查询有关资料掌握实验原理及方法,做好实验前的准备。正确使用仪器及辅助设备,独立完成实验内容,撰写合格的实验报告。培养学生独立实验的能力,逐步形成自主实验的能力。

（2）分析与研究的能力。能够融合实验原理、设计思想、实验方法及相关的理论知识对实验结果进行判断、归纳与分析。掌握通过实验进行物理现象和物理规律研究的基本方法,具有初步的分析与研究的能力。

（3）理论联系实际的能力。能够在实验中发现问题、分析问题并学习解决问题。能够根据物理理论与教师的要求建立合理模型并完成简单的设计性实验,初步形成综合运用所学知识和技能解决实际问题的能力。

（4）创新能力。能够完成具有设计性、综合性内容的实验,有条件的还可进行初步的具有研究性或创意性内容的实验。

三、物理实验课程的教学环节

物理实验是一门在教师指导下由学生独立完成的课程。要有效地学习、完成一个实验,必须把握以下 4 个环节。

1. 选择实验项目、实验时间

物理实验课程采用开放式教学方法。课前在教师指导下学生根据自己的学习时间、学习兴趣,选择自己要做的物理实验项目和实验时间。

2. 课前预习

物理实验课的教学任务比较繁重,且课堂教学的时间有限,因此必须做好课前预习。课前预习包括阅读教材的有关内容及参考资料,弄清实验目的、实验原理,了解所用实验仪器的结构、使用方法,明确测量对象和方法,了解实验的主要步骤及注意事项等。在此基础上写好预习报告(预习报告要求见后面),列出必需的数据记录表格,以便对实验要做什么、怎样做有一个总体的认识。这样,在实验时才能有的放矢地听取指导教师讲解,积极主动地进行操作和测量,高质量地完成实验课的学习任务。

在预习报告中事先列出数据表格是很重要的,通常只有真正理解如何做实验才能画好表格。表格中要留有余地,以便估计不到的情况发生时能够记录。此外,还应根据实验内容准备好实验中所需的绘图工具、计算器等。

3. 实验操作

学生进入实验室上课,必须携带实验教材、预习报告、记录本、有照片的有效证件等。经过教师检查预习报告,学生签字后方能开始实验。

实验课开始时,一般指导教师会简单介绍实验内容和仪器使用的注意事项,学生要结合自己的预习逐一领会,特别要注意实验中容易发生失误的地方。

动手进行实验操作前,首先要结合仪器实物,对照实验教材或仪器说明书熟悉仪器的结构和用法,再布置、安装(接线)和调试仪器。仪器的布置是否合理,直接影响到操作、读数是否方便,因此要对仪器装置进行调试(水平、垂直、正常的工作电压、光照等),使仪器装置达到最佳工作状态。调试必须细致、耐心、切忌急躁,并要合理选择仪器的量程。实验中应注意观察实验现象,出现问题应及时向指导教师报告。实验测量应遵循"先定性、后定量"的原则,即先定性观测实验全过程,确认整个实验装置工作正常,对所测内容做到心中有数,再定量测量实验数据。此外,电磁学实验中,连接线路完毕后,自己做一次检查,再请教师检查一次,确认正确无误后才能接通电源。

做好实验记录是科学实验的一项基本功。实验时应将所测数据及时记入数据记录表格,同时要注意数据的有效数字是否正确。若发现测量数据有错误,可用一直线将其划去,在旁边补上正确数据,不得随便涂改,要保留"错误"数据,供必要时分析、讨论。原始数据记录要交由指导教师审阅签字。

实验时要记录所用仪器的名称、规格、型号和主要技术参数,被测样品的编号,有关的室温、大气压等实验环境条件及实验中出现的故障情况和特殊现象等。

实验者应逐步学会根据实验原理和实验数据来分析实验情况是否正常,测量误差是否合理,测量结果是否正确。逐步学会判断和排除实验中出现的简单故障。不能满足于机械地按照教材上的实验步骤进行操作、测量数据,而应随时注意对实验进行分析、思考,真正做到既动手又动脑,不断提高进行科学实验的能力。

实验时,应严格遵守实验室的有关规章制度,以保护人身安全和仪器设备的安全。实验完成后,暂不要改变实验条件,将记录的数据请教师审阅签字,如发现错误数据时要重新进行测量。最后,应整理好仪器设备、恢复原状,关好水、电等,经教师批准方可离开实验室。

4. 撰写实验报告

实验报告是实验者对实验工作的全面总结。要用简练的文字、必要的数字和适当的图表将实验过程和完整的实验结果真实地反映出来。因此,实验报告的字迹应清楚、文理通顺、数据要齐全、图表要规范。对于实验原理、实验步骤等内容,应在理解教材内容的基础上,用自己的语言扼要表述。

本课程将预习报告和实验报告合二为一,仍称为实验报告。实验前在预习部分中写过的内容,在实验后的实验报告中不必再写,即实验报告的内容分为两部分,一部分在实验前完成,一部分在实验后完成。

(1)实验前应完成的内容:

① 实验名称、实验者姓名和班级、学号、实验日期、时间代码等。

② 实验目的。

③ 实验仪器。列出所用主要实验仪器及材料的名称、规格和数量。

④ 实验原理。实验原理包括实验设计的思路、实验原理图(电学实验的电路图、光学实验的光路图等)以及实验所依据的主要公式(包括公式中各量的物理意义及适用条件)。实验原理应写得简明扼要。

⑤ 简要的实验步骤。总结重要的或关键的几条,以备实验时按步骤进行。

⑥ 实验注意事项。

⑦ 数据记录表格。仿照教材中的表格或按要求自行设计,以便实验时记录数据用。

(2)实验后应完成的内容:

① 数据处理及实验结果的表达。包括实验数据的记录、实验结果的计算、所要求的作图、实验误差的分析计算和实验结果的表达、评价等。

② 思考与讨论。包括实验结果的说明、对实验中出现问题的讨论、回答思考题或讨论题以及实验的心得体会等。

实验报告统一用物理实验中心专门的实验报告纸书写。

第一章　实验误差理论与数据处理

物理实验的任务,不仅是定性地观测物理现象,也需要对物理量进行定量测量,并找出各物理量之间的内在联系。

由于测量原理的局限性或近似性、测量方法的不完善、测量仪器的精度限制、测量环境的不理想以及测量者的实验技能等诸多因素的影响,所有测量都只能做到相对准确。随着科学技术的不断发展,人们的实验知识、手段、经验和技巧不断提高,测量误差被控制得越来越小,但是绝对不可能使误差降为零。因此,作为一个测量结果,不仅应该给出被测对象的量值和单位,而且还必须对量值的可靠性做出评价,一个没有误差评定的测量结果是没有价值的。

本章介绍测量与误差、误差处理、测量结果的不确定度评价、有效数字等基本知识,这些知识不仅在本课程的实验中要经常用到,而且也是今后从事科学实验工作所必须了解和掌握的。

第一节　测量与误差

一、测量与分类

所谓测量,就是借助一定的实验器具,通过一定的实验方法,直接或间接地把待测量与选作计量标准单位的同类物理量进行比较的全部操作。简而言之,测量是指为确定被测对象的量值而进行的一组操作。

按照测量值获得方法的不同,测量分为直接测量和间接测量两种。

(1)直接测量。直接从仪器或量具上读出待测量的大小,称为直接测量。例如,用米尺测量物体的长度,用秒表测时间间隔,用天平测物体的质量等都是直接测量,相应的被测物理量称为直接测量量。

(2)间接测量。如果待测量的量值是由若干个直接测量量经过一定的函数运算后才获得的,则称为间接测量。例如,先直接测出铜圆柱体的质量 m、直径 D 和高度 h,再根据公式 $\rho = \dfrac{4m}{\pi D^2 h}$ 计算出铜的密度 ρ,这就是间接测量,ρ 称为间接测量量。

按照测量条件的不同,测量又可以分为等精度测量和不等精度测量。

(1)等精度测量。在相同的测量条件下进行的一系列测量是等精度测量。例如,同一个人,使用同一个仪器,采用同样的方法,对同一待测量连续进行多次测量,此时应该认为每次测量的可靠程度都相同,故称之为等精度测量,这样的一组测量值称为一个测量列。

(2)不等精度测量。在不同测量条件下进行的一系列测量,例如,不同的人员,使用不同的仪器,采用不同的方法进行测量,各次测量结果的可靠程度自然也不相同,这样的测量称为不等精度测量。处理不等精度测量的结果时,需要根据每个测量值的"权重",进行"加权平均",因此在一般物理实验中较少采用。

等精度测量的误差分析和数据处理比较容易,本教材所介绍的误差和数据处理知识都是针对等精度测量的。

二、误差与偏差

1. 真值与误差

任何一个物理量,在一定条件下,都具有确定的量值,这是客观存在的,这个客观存在的量值称为该物理量的真值。测量的目的就是力图得到被测量量的真值。我们把测量值与真值之差称为测量的绝对误差。设被测量量的真值为 x_0,测量值为 x,则绝对误差 δ 为

$$\delta = x - x_0 \tag{1-1-1}$$

由于误差不可能避免,故真值往往是得不到的,所以绝对误差的概念只有理论上的价值。

2. 最佳值与偏差

在实际测量中,为了减少误差,常常对某一物理量 x 进行多次等精度测量,得到一系列测量值 $x_1, x_2, \cdots, x_n$,则测量结果的算术平均值为

$$\bar{x} = \frac{x_1 + x_2 + \cdots + x_n}{n} = \frac{1}{n}\sum_{i=1}^{n} x_i \tag{1-1-2}$$

算术平均值并非真值,但它比任何一次测量值的可靠性都要高。系统误差忽略不计时的算术平均值可作为最佳值,称为近真值。测量值与算术平均值之差称为偏差(或残差):

$$v_i = x_i - \bar{x} \tag{1-1-3}$$

三、误差的分类

正常测量的误差,按产生的原因和性质可以分为系统误差和随机误差两类,它们对测量结果的影响不同,对这两类误差处理的方法也不同。

1. 系统误差

在同样条件下,对同一物理量进行多次测量时,测量结果出现固定的偏差,即误差的大小和符号保持不变,或者按某种确定的规律变化,这类误差称为系统误差。系统误差的特征是具有确定性,它的来源主要有以下几个方面。

(1)仪器误差。即由于仪器本身的固有缺陷或没有按规定条件调整到位而引起的误差。例如,仪器标尺的刻度不准确,零点没有调准,等臂天平的臂长不等,砝码不准,读数显微镜精密螺杆存在回程差,或仪器没有放水平,偏心、定向不准等。

(2)理论或条件因素。即由于测量所依据理论本身的近似性或实验条件不能达到理论公式所规定的要求而引起的误差。例如,称量物体质量时没有考虑空气浮力的影响,用单摆测量重力加速度时要求摆角小于 $5°$,而实际中难以满足这样的条件。

(3)人员因素。即由于测量人员的主观因素和操作技术而引起的误差。例如,使用停表计时,有的人总是操之过急,计时比真值小;有的人则反应迟缓,计时比真值大。再如,有的人对准目标时,总爱偏左或偏右,致使读数总是偏大或偏小。

对于实验者来说,系统误差的规律及产生原因,可能知道,也可能不知道。已被确切掌握其大小和符号的系统误差称为可定系统误差;大小和符号不能确切掌握的系统误差称为未定

系统误差。前者一般可以在测量过程中采取措施予以消除,或在测量结果中进行修正,而后者一般难以作出修正,只能估计其取值范围。

2. 随机误差

在相同条件下,多次测量同一物理量时,即使已经精心消除了系统误差的影响,也会发现每次测量结果不一样。测量误差时大时小,时正时负,完全是随机的。在测量次数少时,显得毫无规律,但是当测量次数足够多时,可以发现误差的大小以及正负都服从某种统计规律,这种误差称为随机误差。随机误差具有不确定性,它是由测量过程中一些随机的或不确定的因素引起的。例如,人的感受(视觉、听觉、触觉)灵敏度和仪器稳定性有限,实验环境中的温度、湿度、气流变化,电源电压起伏,微小振动以及杂散电磁场等都会导致随机误差的产生。

3. 过失误差

由于实验者操作不当或粗心大意,或测量条件发生突变,导致测量结果明显超出规定条件下预期的误差称为过失误差。例如,看错刻度、读数错误、记错单位或计算错误等。过失误差又称为粗大误差。含有过失误差的测量结果称为异常数据,被判定为异常数据的测量结果应剔除不用。显然,只要观察者细心观察,认真读取、记录和处理数据,过失误差是完全可以避免的。

四、精密度、正确度和准确度

评价测量结果,常用到精密度、正确度和准确度这三个概念。这三者的含义不同,使用时应注意加以区别。

(1) 精密度。即反映随机误差大小的程度,它是对测量结果重复性的评价。精密度高是指测量的重复性好,各次测量值的分布密集,随机误差小。但是,精密度不能确定系统误差的大小。

(2) 正确度。即反映系统误差大小的程度。正确度高是指测量数据的算术平均值偏离真值较少,测量的系统误差小。但是,正确度不能确定数据分散的情况,即不能反映随机误差的大小。

(3) 准确度。又称为精确度,反映测量结果与被测量量的真值之间的一致程度。准确度高是指测量结果既精密又正确,即随机误差与系统误差均小。

现以射击打靶的弹着点分布为例,形象地说明以上3个术语的意义。如图1-1-1所示,其中图(a)表示精密度高而正确度低,图(b)表示正确度高而精密度低,图(c)表示精密度和正确度均高,即准确度高。

另外,"精度"这个词还经常出现在各类实验书中,其实它是一个含义不确切的词,通常多指准确度。由于"精度"含义不明确,应尽量避免使用。

(a) 精密度高,正确度低　　　　(b) 正确度高,精密度低　　　　(c) 精密度和正确度均高

图1-1-1　测量结果准确程度与射击打靶的类比

第二节　随机误差的处理

随机性是随机误差的特点,也就是说,在相同条件下,对同一物理量进行多次重复测量的误差时大时小,对某一次测量值来说,其误差的大小与正负都无法预先知道,纯属偶然。但是,如果测量次数相当多的话,随机误差的出现服从一定的统计规律,因此我们可以用统计方法来估算随机误差对测量结果的影响。

一、随机误差的分布规律——正态分布

设某一物理量 x 在相同条件下进行 n 次测量,得一测量列 $x_1,x_2,\cdots,x_n$,第 i 次测量值的误差为 $\delta_i=x_i-x_0(i=1,2,\cdots,n)$,式中 x_i 为第 i 个测量值, x_0 为该物理量的真值。显然,各测量值的误差 δ_i 的大小与正负的出现是随机的。当测量次数 $n\to\infty$ 时,若测量列的误差 δ_i 服从图 $1-2-1$ 所示的规律,则称该测量列的误差 δ 服从正态分布规律。

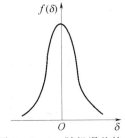

图 $1-2-1$　随机误差的
正态分布曲线

图 $1-2-1$ 中,横坐标 δ 为测量值的误差,纵坐标 $f(\delta)$ 为一个与测量列误差有关的概率密度分布函数。

从正态分布曲线中可以看出,服从正态分布规律的随机误差具有以下性质:

(1) 单峰性。绝对值小的误差出现的可能性(概率)大,绝对值大的误差出现的可能性小。

(2) 对称性。大小相等、正误差和负误差出现的机会均等,对称分布于真值两侧。

(3) 有界性。非常大的正误差或负误差出现的可能性几乎为零,误差的绝对值实际上不会超出一定的界限。

(4) 抵偿性。当测量次数非常多时,正误差和负误差相互抵消,于是误差的代数和趋向于零。

1795 年高斯导出服从正态分布规律的随机误差分布函数的数学表达式为

$$f(\delta)=\frac{1}{\sqrt{2\pi}\,\sigma}\exp\left(-\frac{\delta^2}{2\sigma^2}\right) \tag{$1-2-1$}$$

式中: δ 为误差; $f(\delta)$ 为随机误差的概率密度分布函数,它的意义是单位误差范围内出现的误差概率。

如图 $1-2-2$(a)中所示,曲线下所包围面积元 $f(\delta)\mathrm{d}\delta$ 就是误差出现在 $(\delta,\delta+\mathrm{d}\delta)$ 区间内的概率。式 $(1-2-1)$ 中 σ 是一个与实验条件有关的常数,称为标准误差(或标准差)。当测量次数 $n\to\infty$ 时其值为

$$\sigma=\lim_{n\to\infty}\sqrt{\frac{1}{n}\sum_{i=1}^{n}(x_i-x_0)^2}=\lim_{n\to\infty}\sqrt{\frac{1}{n}\sum_{i=1}^{n}\delta_i^2} \tag{$1-2-2$}$$

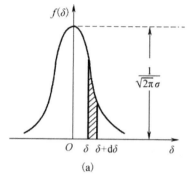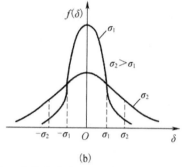

图 1-2-2　随机误差的正态分布曲线

二、置信区间与置信概率

由式(1-2-1)可知,随机误差正态分布曲线的形状取决于 σ 值的大小,如图 1-2-2(b)所示,σ 值越小,分布曲线越陡峭,$f(\delta)$ 的峰值越高,说明绝对值小的误差占多数,且测量值的重复性好,分散性小;反之,σ 值越大,分布曲线越平坦,$f(\delta)$ 的峰值越低,说明测量值的重复性差,分散性大。由此可见,标准误差反映了测量值的离散程度。

由于 $f(\delta)\mathrm{d}\delta$ 是测量值随机误差出现在小区间$(\delta,\delta+\mathrm{d}\delta)$的可能性(概率),那么,测量值误差出现在$(-\sigma,\sigma)$内的概率为

$$p_1 = \int_{-\sigma}^{\sigma} f(\delta)\mathrm{d}\delta = 0.683 = 68.3\% \qquad (1-2-3)$$

这说明,在所测的一组数据中平均有 68.3% 的测量数据值误差落在区间$(-\sigma,\sigma)$之间。也就是说,假如对某一物理量在相同条件下进行了 1000 次测量,那么测量值误差可能有 683 次落在$(-\sigma,\sigma)$区间内。同样也可以认为,测量值落在$(x_0-\sigma,x_0+\sigma)$的次数占总测量次数的 68.3%,或者说当任意一次测量值表示测量结果时,在$(x_0\pm\sigma)$区间内包含真值 x_0 的概率为 68.3%。通常把 p_1 称为置信概率,$(-\sigma,\sigma)$是 68.3% 的置信概率所对应的置信区间。

显然,扩大置信区间,置信概率就会提高,可以证明,如果置信区间分别为$(-2\sigma,2\sigma)$和 $(-3\sigma,3\sigma)$,则相应的置信概率为

$$p_2 = \int_{-2\sigma}^{2\sigma} f(\delta)\mathrm{d}\delta = 95.4\% \qquad (1-2-4)$$

$$p_3 = \int_{-3\sigma}^{3\sigma} f(\delta)\mathrm{d}\delta = 99.7\% \qquad (1-2-5)$$

一般情况下,置信区间可用$(-k\sigma,k\sigma)$表示,k 称为包含因子,也叫置信系数。对于一个测量结果,只要给出置信区间和相应的置信概率就表达了测量结果的精确度。应当注意,δ 是实在的误差值,可正可负,而 σ 并不是一个具体的测量误差值,它是在相同条件下进行多次测量时,对随机误差变化范围的一个评定参数,只具有统计意义。

由式(1-2-5)可知,对应于$(-3\sigma,3\sigma)$这个置信区间,其置信概率为 99.7%。即在 1000 次测量中,随机误差超出$(-3\sigma,3\sigma)$平均只有 3 次。因此,测量误差超出$(-3\sigma,3\sigma)$的情况几乎不会出现,所以把 3σ 称为极限误差。在测量次数相当多的情况下,如果出现测量误差的绝对值大于 3σ 的异常数据应加以处理。处理方法见本节(五)。

三、有限次直接测量随机误差的估算

上述标准误差的讨论是建立在测量次数无限多和真值已知的条件下。实际测量中,测量次数 n 总是有限的,而且真值也不可知,因此,标准误差 σ[式(1-2-2)]只有理论上的价值,对它的实际处理只能进行估算。下面介绍常见的贝塞尔法。

1. 测量列的平均值

假定系统误差已经消除或减小到可忽略的地步,在相同条件下,对某物理量 x 进行了 n 次测量,其测量值分别是 $x_1, x_2, \cdots, x_n$,各次测量值的随机误差分别为 $\delta_1, \delta_2, \cdots, \delta_n$,用 x_0 表示该物理量的真值。根据误差的定义有

$$\delta_1 = x_1 - x_0$$
$$\delta_2 = x_2 - x_0$$
$$\vdots$$
$$\delta_n = x_n - x_0$$

将以上各式相加,得

$$\sum_{i=1}^{n} \delta_i = \sum_{i=1}^{n} x_i - nx_0$$

或

$$\frac{1}{n}\sum_{i=1}^{n}\delta_i = \frac{1}{n}\sum_{i=1}^{n}x_i - x_0 \qquad (1-2-6)$$

用 $\bar{x}$ 表示算术平均值,即

$$\bar{x} = \frac{1}{n}(x_1 + x_2 + \cdots + x_n) = \frac{1}{n}\sum_{i=1}^{n}x_i \qquad (1-2-7)$$

式(1-2-6)可改写为

$$\frac{1}{n}\sum_{i=1}^{n}\delta_i = \bar{x} - x_0 \qquad (1-2-8)$$

根据随机误差的抵偿性特征,当测量次数 n 相当多时,由于正、负误差相抵消,误差的代数和趋近于零,即

$$\lim_{n\to\infty}\frac{1}{n}\sum_{i=1}^{n}\delta_i = 0 \qquad (1-2-9)$$

当 $n\to\infty$ 时,将式(1-2-9)代入式(1-2-8)中,得

$$\bar{x} = x_0$$

由此可见,测量次数越多,算术平均值接近真值的可能性越大。当测量次数相当多时,算术平均值是真值的最佳值或近真值。所以,在误差处理中用算术平均值作为真值的估算值。

注意,平均值只是真值的近似值,当测量次数不同,或对不同组数据进行计算时,平均值会稍有差别,因而平均值也是一个随机量。当测量次数增加时,算术平均值才无限接近真值。

2. 标准偏差

在有限次测量中,用算术平均值作为真值的估算值。测量值与算术平均值之差称为偏差,用 v_i 表示,即

$$v_i = x_i - \overline{x}$$

式中：v_i 为第 i 次测量值 x_i 与算术平均值 $\overline{x}$ 的偏差。

根据误差统计理论，当测量次数 n 有限时，标准偏差为

$$\sigma_x = \sqrt{\frac{\sum_{i=1}^{n} v_i^2}{n-1}} = \sqrt{\frac{\sum_{i=1}^{n} (x_i - \overline{x})^2}{n-1}} \tag{1-2-10}$$

当测量次数 n 有限时，可以用标准偏差 σ_x 作为标准差 σ 的估计值。其代表的物理意义是：如果多次测量的随机误差服从高斯分布，那么任意一次测量中，测量值 x_i 与平均值 $\overline{x}$ 的偏差落在 $(-\sigma_x, \sigma_x)$ 区域之间的置信概率为 68.3%。

注意：

（1）误差与偏差是有区别的，误差表示测量值与真值之差，而偏差表示测量值与算术平均值之差。测量次数很多时，多次测量的算术平均值接近真值，因此，各测量值与算术平均值的标准偏差接近它们与真值的标准误差。为此，我们不去区分偏差与误差的细微区别，而把标准偏差称为标准误差。

（2）标准偏差 σ_x 与各次测量的误差 δ_i 有着完全不同的含义，$\delta_i = x_i - x_0$ 表示第 i 次测量时，测量值 x_i 与真值 x_0 的差，它是一个实在的误差，亦称为真误差。而 σ_x 并不是一个具体的测量误差值，它反映了在相同条件下进行一组测量后，随机误差的分布情况，只具有统计性质的意义，是一个统计性的特征量。

3. 平均值的标准偏差

有限次测量列 $x_1, x_2, \cdots, x_n$ 的算术平均值 $\overline{x}$ 不等于真值 x_0，它也是一个随机变量。在完全相同的条件下，多次进行重复测量，每次得到的算术平均值 $\overline{x}$ 也不尽相同，这表明算术平均值本身也具有离散性，也存在着随机误差。因此，用平均值的标准偏差 $\sigma_{\overline{x}}$ 表示测量列的算术平均值 $\overline{x}$ 的随机误差的大小程度。

由误差理论可以证明，算术平均值 $\overline{x}$ 的标准偏差 $\sigma_{\overline{x}}$ 为

$$\sigma_{\overline{x}} = \sqrt{\frac{\sum_{i=1}^{n} (x_i - \overline{x})^2}{n(n-1)}} = \frac{\sigma_x}{\sqrt{n}} \tag{1-2-11}$$

由式（1-2-11）可以看出，平均值的标准偏差是任意一次测量值标准偏差的 $\frac{1}{\sqrt{n}}$。$\sigma_{\overline{x}} < \sigma_x$，这个结果的合理性是显而易见的。因为算术平均值是测量结果的最佳值，它比任意一次测量值 x_i 更接近于真值，误差要小。这里需要强调一点，任意一次测量值的标准偏差 σ_x 与平均值的标准偏差 $\sigma_{\overline{x}}$ 的意义是不同的。σ_x 是表示多次测量中每次测量值的"分散"程度。σ_x 值小表示每次测量值很接近，反之表示测量值比较分散。$\sigma_{\overline{x}}$ 表示平均值偏离真值的多少，其值小则表示更接近真值，大则远离真值。

由式（1-2-11）还可以看出，增加测量次数可以减少平均值的标准偏差，提高测量的准确度。但是根据误差理论，单凭增加测量次数来提高准确度的作用是有限的。如图 1-2-3 所示，当 $n > 10$ 次后，随测量次数 n 的增加，$\sigma_{\overline{x}}$ 减少很缓慢。所以，在科学实验中测量次数一般

取 10～20 次,而物理实验教学中测量次数 n 一般取 5～10 次。

四、t 分布

根据误差理论,当测量次数很少时(如少于 10 次),测量列的误差将明显偏离正态分布。这时测量值的随机误差将遵从 t 分布。t 分布是 1908 年由戈塞特首先提出来的,发表时使用了笔名"Student",故也称为"学生分布"。t 分布曲线与正态分布曲线类似,两者的主要区别是 t 分布的峰值低于正态分布,而且上部较窄,下部较宽,如图 1—2—4 所示。当测量次数 n 较小时,在置信水平相同的情况下,t 分布的误差较正态分布大。当测量次数 n 逐渐增大,两种分布的差异将逐渐减小。当 $n>30$ 时,二者之间已没有太大的区别了;当测量次数趋于无限大时,t 分布过渡到正态分布。

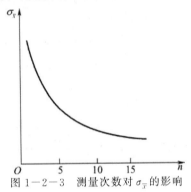

图 1—2—3　测量次数对 $\sigma_{\bar{x}}$ 的影响

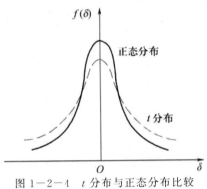

图 1—2—4　t 分布与正态分布比较

在有限次测量的情况下,为了继续使用平均值的标准差 $\sigma_{\bar{x}}$ 来描述误差的分布,式(1—2—11)算术平均值的标准差需要修正,用 $\sigma_{\bar{x}}$ 乘以修正因子 t_p,即 $t_p\sigma_{\bar{x}}$ 替代 $\sigma_{\bar{x}}$。也就是说,要想使 t 分布与正态分布具有相同的置信概率 p,置信区间要扩大为 $[-t_p\sigma_{\bar{x}}, t_p\sigma_{\bar{x}}]$。应当指出,修正因子 t_p 不仅与置信概率 p 有关,而且与测量次数 n(严格的说法是自由度 $\nu=n-1$)有关。表 1—2—1 给出了不同置信概率 p 下,t_p 随着测量次数 n 变化的关系,以便在实际处理误差时查用。

表 1—2—1　常用不同置信概率 p 不同测量次数 n 条件下的修正因子 t_p

n \ p t_p	0.6827	0.90	0.95	0.9545	0.99	0.9973
2	1.84	6.31	12.71	13.97	63.66	235.80
3	1.32	2.92	4.30	4.53	9.92	19.21
4	1.20	2.35	3.18	3.31	5.84	9.22
5	1.14	2.13	2.78	2.87	4.60	6.62
6	1.11	2.02	2.57	2.65	4.03	5.51
7	1.09	1.94	2.45	2.52	3.71	4.90
8	1.08	1.89	2.36	2.43	3.50	4.53
9	1.07	1.86	2.31	2.37	3.36	4.28
10	1.06	1.83	2.26	2.32	3.25	4.09
11	1.05	1.81	2.23	2.28	3.17	3.96

（续）

p t_p n	0.6827	0.90	0.95	0.9545	0.99	0.9973
12	1.05	1.80	2.20	2.25	3.11	3.85
13	1.04	1.78	2.18	2.23	3.05	3.76
14	1.04	1.77	2.16	2.21	3.01	3.69
15	1.04	1.76	2.14	2.20	2.98	3.64
21	1.03	1.73	2.09	2.14	2.86	3.45
31	1.02	1.70	2.04	2.09	2.75	3.27
41	1.01	1.68	2.02	2.06	2.70	3.20
51	1.01	1.68	2.01	2.05	2.68	3.16
101	1.005	1.660	1.984	2.025	2.626	3.077
∞	1.000	1.645	1.960	2.000	2.576	3.000

五、异常数据的判断和剔除

在一列测量值中,有时会混有偏差很大的可疑值。一方面可疑值是异常数据,会影响测量结果,应将其剔除不用。另一方面,当一组正确测量值的分散性较大时,尽管概率很小,出现个别偏差较大的数据也是可能的,即可疑值也可能是正常值,如果人为将它们剔除,也不合理。因此要有一个合理的准则,判定可疑值是否是异常数据。下面介绍两种常用的判别方法。

1. "3σ"准则(也称拉依达准则)

根据偶然误差统计理论,当测量的标准偏差为 σ 时,任一测量值的误差落在 $(-3\sigma, 3\sigma)$ 区间的概率为 99.7%,而落在 $\pm 3\sigma$ 之外的概率仅为 0.3%。对于有限次的测量来说,测量值的误差实际上不会超过 3σ,故称 3σ 为极限误差。在一个测量列中,如果某个测量值 x_i 偏差的绝对值大于 3σ,则可认为该测量值为异常数据,应予以剔除。

"3σ"准则只适用于测量次数 n 足够大的场合。当测量次数 n 小于 10 时,"3σ"准则失效。

2. 格拉布斯准则

格拉布斯准则是 1960 年以后才提出的,是公认为可靠性最高的一种异常数据取舍准则。

设某一服从正态分布的测量列为 $x_1, x_2, \cdots, x_n$,将此测量列按其数值大小由小到大重新排列得

$$x_1' \leqslant x_2' \leqslant x_3' \leqslant \cdots \leqslant x_n'$$

格拉布斯导出了 $g_i = \dfrac{x_i - \bar{x}}{\sigma_x}$ 的分布:选定一显著水平 α(亦称为危险率),α 是判别异常数据的概率,一般只取 0.05 或 0.01。对应于某一给定的测量次数 n 和显著水平 α,可得一临界值 $g_0(n, \alpha)$[$g_0(n, \alpha)$ 数值见表 1-2-2]。若测量列中某一测量值(通常先取最大值或最小值判断)的 $g_i = \dfrac{x_i - \bar{x}}{\sigma_x} \geqslant g_0(n, \alpha)$,则认为测量值 x_i 为异常数据。

表 1-2-2 $g_0(n,\alpha)$ 数值表

$g_0(n,\alpha)$ 　　　　　　　n α	4	5	6	7	8	9	10	11	12
0.05	1.45	1.67	1.82	1.94	2.03	2.11	2.18	2.23	2.28
0.01	1.49	1.75	1.94	2.10	2.22	2.32	2.41	2.48	2.55

采用格拉布斯准则判别和剔除异常数据的步骤和方法如下：

(1) 计算测量列的算术平均值 $\bar{x}$ 和标准偏差 σ_x。

(2) 根据测量次数 n 和选定的显著水平 α 选取临界值 $g_0(n,\alpha)$。

(3) 从测量列中选取数值最大或最小的测量值按 $g_i = \dfrac{x_i - \bar{x}}{\sigma_x}$ 计算 g_i 值，将 g_i 值与 $g_0(n,\alpha)$ 值进行比较，若 $g_i \geqslant g_0(n,\alpha)$，则 x_i 为异常数据；反之，则为正常数据。

(4) 剔除异常数据后，对余下的数据重新用格拉布斯准则判别，直到所有数据都符合要求。

第三节　系统误差的处理

系统误差较之随机误差的处理要复杂得多。这主要是由于在一个测量的过程中，系统误差与随机误差是同时存在的，而且实验条件已经确定，系统误差的大小和方向也就随之确定了。在此条件下，进行多次重复测量并不能发现系统误差的存在。可见，寻找系统误差并不是一件容易的事，而进一步寻找其原因和规律以至进一步消除和减弱它，就更为困难了。因此，在实验过程中，没有像处理随机误差那样的简单数学过程来处理系统误差，只能依靠实验工作者坚实的理论基础、丰富的实践经验及娴熟的实验技术，遇到具体问题进行具体分析和处理。

一、发现系统误差的方法

人们通过长期实践和理论研究，总结出一些发现系统误差的方法，常用的方法如下。

1. 理论分析法

(1) 分析实验理论公式所要求的条件在测量过程中是否得到满足。例如，单摆实验中，只要达不到摆角 $\theta \to 0$ 和摆线质量 $m \to 0$ 的要求，就会产生系统误差。

(2) 分析仪器要求的使用条件是否得到满足。例如，用测高仪测物体高度时，要求支架垂直、望远镜平移，否则就会产生系统误差。

2. 实验对比法

(1) 实验方法的对比。用不同方法测同一个量，看结果是否一致。例如，用单摆测重力加速度 $g = 9.80 \pm 0.01 (\mathrm{m \cdot s^{-2}})$，用复摆测得 $g = 9.830 \pm 0.003 (\mathrm{m \cdot s^{-2}})$，用自由落体法测得 $g = 9.7763 \pm 0.0005 (\mathrm{m \cdot s^{-2}})$，三者结果不一致，这说明至少其中两种方法存在系统误差。

(2) 仪器的对比。例如，用两个电流表串联于同一个电路中，读数不一致，则说明至少有一个电流表存在系统误差。如果其中一个是标准表，就可以发现另一只表的系统误差。

（3）改变测量方法。例如,杨氏模量实验中,可用增加砝码过程中与减少砝码过程中的读数变化来发现摩擦等带来的系统误差。

（4）改变实验参数进行对比。例如,改变电路中的电流数值,而测量结果有单调变化或规律性变化,说明存在某种系统误差。

（5）两个人对比观测,可以发现个人系统误差等。

3. 数据分析法

测量所得数据明显不服从统计分布规律时,则可将测量数据依次排列,如果偏差大小有规则地向一个方向变化,则测量中存在线性系统误差;如果偏差符号有规律交替变化,则测量中存在周期性系统误差。

二、系统误差的减少和消除

知道了系统误差的来源,也就为减少和消除系统误差提供了依据,这里主要介绍可定系统误差的处理。

1. 减少与消除产生系统误差的根源

找出产生系统误差的根源,采用更符合实际的理论公式,尽量满足推导实验公式时的近似条件、仪器装置和测量的实验条件,严格控制实验的环境条件等。例如,用单摆测重力加速度的理论公式为

$$T = 2\pi\sqrt{\frac{l}{g}} \qquad (1-3-1)$$

但这一公式是在摆角 $\theta \to 0$ 时近似成立。若摆角较大就会出现明显的系统误差。如果实验不出现明显的系统误差,就应该对式(1-3-1)进行修正得到更精确的理论公式：

$$T = 2\pi\sqrt{\frac{l}{g}}\left(1 + \frac{1}{4}\sin^2\frac{\theta}{2} + \frac{9}{64}\sin^4\frac{\theta}{2} + \cdots\right) \qquad (1-3-2)$$

从上式可见,只有当 $\theta \to 0$ 时才能得到式(1-3-1)。在 $\theta \neq 0$ 时采用式(1-3-1)会出现误差。但在摆角很小时(如 $\theta < 5°$),使用式(1-3-1)引起的系统误差很小。若要求系统误差更小时,则需采用式(1-3-2)。此外,若考虑摆球的体积大小及空气的浮力和阻力,则式(1-3-2)必须再加一修正项。

2. 利用实验技巧,改进测量方法

对可定系统误差的消除与减少,可以采用如下一些技巧和方法。

（1）交换法。根据误差产生的原因,在一次测量之后,把某些测量条件交换一下再次测量。例如,用天平称量物体质量时,把被测量物体和砝码交换位置进行两次测量。设 m_1 和 m_2 分别为两次测得质量,取物体的质量为 $m = \sqrt{m_1 \cdot m_2}$,则可以消除由于天平不等臂而产生的系统误差。

（2）替代法。在测量条件不变的情况下,先测得未知量,然后再用一已知标准量取代被测量,而不引起指示值的改变,于是被测量就等于这个标准量。例如,用惠斯通电桥测电阻时,先接入被测电阻,使电桥平衡,然后再用标准电阻替代被测电阻,使电桥仍然达到平衡,则被测电阻值等于标准电阻值。这样就可以消除桥臂电阻不准确而造成的系统误差。

（3）异号法。改变测量中的某些条件,进行两次测量,使两次测量中的误差符号相反,再

取两次测量结果的平均值作为测量结果。例如，用霍耳元件测磁场实验中，分别改变磁场和工作电流的方向，依次为$(+B,+I)$、$(+B,-I)$、$(-B,+I)$、$(-B,-I)$，在 4 种条件下测量霍耳电动势 U_H，再取其平均值，可以消除或减小不等位电势、温差电势等附加效应所产生的系统误差。

此外，用"等距对称观测法"可消除按线性规律变化的变值系统误差；用"半周期偶数测量法"可以消除按周期性变化的变值系统误差等，这里不再详细介绍。

在采取消除系统误差的措施后，还应对其他的已定系统误差进行分析，给出修正值，用修正公式或修正曲线对测量结果进行修正。例如，千分尺的零点读数就是一种修正值；标准电池的电动势随温度的变化可以给出修正公式；电表校准后可以给出校准曲线等。

三、未定系统误差的处理

实验中使用的各种仪器、仪表、量具，在制造时都有一个反映准确度的极限误差指标，习惯上称之为仪器误差，用 $\Delta_仪$ 来表示。这个指标在产品说明书中都有明确的说明。一般来说，仪器误差是构成测量过程中未定系统误差的重要成分（仪器误差的处理方法见后面介绍）。未定系统误差的含义很广，远不止仪器误差一种。至于其他的未定系统误差，以后遇到时再加以介绍，这里不再一一赘述。

四、仪器误差（限）

当人们使用各种仪器进行测量时，最关心的问题无疑是仪器提供的测量结果与真值的一致程度，即测量结果中各仪器的系统误差与随机误差的综合估计指标——不确定度的大小。由于仪器误差在不确定度估算中扮演了重要角色，本节简单介绍仪器误差的相关概念。

导致仪器产生误差的因素是多方面的。以最普通的指针式电表为例，产生误差的原因包括：轴承摩擦，转轴倾斜，游丝的弹性不均、老化和残余变形，磁场分布不均匀，分度刻线不均匀，外界条件的变化对仪表读数的影响，检验用的标准所引起的误差等。应该指出，由于仪器老化，特别是大学物理实验中学生频繁使用仪器，其准确度会逐渐降低或灵敏阈逐渐变大。另外，仪器在不符合标准的条件下使用时还会产生各种附加误差（限）。所以对仪器误差（限）逐项作出准确分析处理并非易事，在绝大多数情况下也无必要。在大学物理实验中，常常把国家技术标准或鉴定规程规定的计量器具最大允许误差或允许基本误差，经过适当的简化称为仪器误差（限）。仪器误差（限）用 $\Delta_仪$ 表示，它代表在正确使用仪器的条件下，仪器的示值与被测量量真值之间可能产生的最大误差的绝对值。这样做将大大简化实验教学中不确定度的计算。下面列出物理实验中一些常用仪器的示值误差（限）。

1. 长度测量仪器类

物理实验中最基本的长度测量工具是米尺、游标卡尺和螺旋测微计（千分尺）。钢直尺和钢卷尺的示值误差如表 1—3—1 所列，不同分度值的游标卡尺的示值误差如表 1—3—2 所列，螺旋测微计示值误差如表 1—3—3 所列。实验中长度量具仪器误差的简化约定如表 1—3—4 所列。

表 1－3－1　钢直尺和钢卷尺的示值误差

钢 直 尺		钢 卷 尺	
尺寸范围/mm	示值误差/mm	尺寸范围/mm	示值误差/mm
1～300	±0.01	1000	±0.5
300～500	±0.15	2000	±1
500～1000	±0.20		

表 1－3－2　游标卡尺的示值误差

分度值 0.02mm		分度值 0.05mm		分度值 0.10mm	
测量范围/mm	示值误差/mm	测量范围/mm	示值误差/mm	测量范围/mm	示值误差/mm
0～150	±0.02	0～150	±0.05	0～150	±1.0
150～200	±0.03	150～200	±0.05	150～200	±1.0
200～300	±0.04	200～300	±0.08	200～300	
300～500	±0.05	300～500	±0.08	300～500	
500～1000	±0.07	500～1000	±0.10	500～1000	±0.15

表 1－3－3　螺旋测微计的示值误差

测量范围/mm	示值误差/mm	测量范围/mm	示值误差/mm
0～50	0.004	100～150	0.006
50～100	0.005	150～200	0.007

表 1－3－4　实验中长度量具仪器误差的简化约定

钢直尺	游标卡尺			螺旋测微计
	1/10mm 分度	1/20mm 分度	1/50mm 分度	
0.5mm	0.1mm	0.05mm	0.02mm	0.005mm

2. 质量测量类

物理实验中称量质量的主要仪器是天平。天平的测量误差应当包括示值变动性误差、分度值误差和砝码误差等。单杠杆天平按准确度分为十级,砝码的准确度分为五等,一定准确度级别的天平要配用等级相当的砝码。天平的仪器示值误差见第二章第三节"质量测量仪器"。本课程中约定物理天平的仪器误差等于天平的分度值,即 $\Delta_仪＝$分度值。

3. 时间测量类

秒表是物理实验中最常用的计时仪表。在本课程中,对较短时间的测量可按 0.01s 作为秒表的仪器误差。石英电子秒表的最大偏差不大于 $\pm(5.8\times10^{-6}t+0.01)$s,其中 t 是时间的测量值。

4. 温度测量类

物理实验中常用的测温仪器包括水银温度计、热电偶和电阻温度计。表1－3－5给出了实

17

验中常用的工作温度计的示值误差。

表 1-3-5　温度计的示值误差

温度计类别		温度范围 /℃	示值误差/℃			
			分度值/℃			
			0.1	0.2	0.5	1
玻璃水银 温度计	全浸式	−30～100	±0.2	±0.3	±0.5	±1.0
		100～200	±0.4	±0.4	±1.0	±1.5
	局浸式	−30～100			±1.0	±1.5
		100～200			±1.5	±2.0
铂铑—铂热电偶 (热电偶参考端 单位为/℃)	Ⅰ级	0～1100	±1			
		1100～1600	±[1+(t−1100)×0.03]			
	Ⅱ级	0～600	±1.5			
		600～1600	±0.25%			
工业铂热阻 (分度号 Pt10,100)	A 级	−200～850	±(0.15+0.002|t|)			
	B 级	−200～850	±(0.15+0.002|t|)			

本课程中约定水银温度计的仪器误差按最小分度值的一半计算。

5. 电学测量类

按照国家标准,电学仪器大多是根据准确度大小划分等级,其示值误差可通过准确度等级的有关公式给出。

(1)电磁仪表(指针式电流表、电压表)。

在规定条件下,仪表标度尺上的每条刻度线都是有误差的,不同的刻度线对应的误差也不同,其中有一个最大的误差,用这个最大误差 $\Delta_仪$ 与仪表量程 N_m 的百分比来表示电流表、电压表等仪表的准确度等级,即 $a=\dfrac{\Delta_仪}{N_m}\times100$ 。各种电表根据仪器误差的大小共分为 7 个等级,即 5.0、2.5、1.5、1.0、0.5、0.2、0.1。电表的等级在表上以一个数字表示,例如,0.5 表示电表是 0.5 级,允许误差为 0.5%。仪器误差与仪表的准确度等级可表示如下:

$$\Delta_仪=a\%\cdot N_m \tag{1-3-3}$$

例如,某电流表准确度等级为 1.0,量程为 200mA,则仪器允许误差

$$\Delta_仪=a\%\cdot N_m=1.0\%\times200=2.0mA$$

(2)直流电阻器。

实验用的直流电阻器包括标准电阻和电阻箱。直流电阻器准确度等级分为 0.0005,0.001,0.002,0.005,0.01,0.02,0.05,0.1,0.2,0.5 等。标准电阻在某一温度下的电阻值 R_x 可由下式算出,即

$$R_x=R_{20}[1+\alpha(t-20)+\beta(t-20)^2] \tag{1-3-4}$$

式中:+20℃时的电阻值 R_{20} 和一次、二次温度系数可由产品说明书查出。在规定的适用范围内,仪器误差由准确度级别和电阻值的乘积决定。实验室常用的另一种标准电阻是电阻箱。它的优点是阻值可调,但接触电阻和接触电阻的变化要比固定的标准电阻大一些。一般按不

同度盘分别给出准确度级别,同时给出残余电阻(即各度盘开关取"0"时连接点的电阻值),仪器误差可按不同度盘允许误差之和再加上残余电阻来计算,即

$$\Delta_{仪} = \sum_i a_i\% \cdot R_i + R_0 \qquad (1-3-5)$$

式中:R_0 为残余电阻;R_i 为第 i 个度盘的示值;a_i 为相应电阻度盘的准确度级别。一般来说,阻值越小的挡位准确度级别越低。因此,电阻箱只使用 ×1Ω 和 ×0.1Ω 挡位时,准确度将显著下降。

例如,按国标 GB 3949—83 生产的 ZX21 型电阻箱规格如表 1—3—6 所列。

表 1—3—6　ZX21 型电阻箱的规格

步进电阻/Ω	×0.1	×1	×10	×100	×1000	×10000
额定电流/A	1	0.5	0.15	0.05	0.015	0.005
准确度等级 a	5.0	0.5	0.2	0.1	0.1	0.1

若电阻箱各旋钮取值为 87654.3Ω,则其示值的仪器误差(限)为

$$\Delta R = \pm(80000 \times 0.1\% + 7000 \times 0.1\% + 600 \times 0.1\%$$
$$+ 50 \times 0.2\% + 4 \times 0.5\% + 0.3 \times 5\%) =$$
$$\pm(80 + 7 + 0.6 + 0.1 + 0.02 + 0.015) =$$
$$\pm 87.735(\Omega)$$

(3)直流电位差计。

$$\Delta_{仪} = a\% \cdot \left(U_x + \frac{U_0}{10}\right) \qquad (1-3-6)$$

式中:a 为电位差计的准确度级别;U_x 为标度盘示值;U_0 为基准值。

直流电位差计的仪器误差由两项组成,一项是与度盘示值成比例的可变项 $a\% \cdot U_x$,另一项是与基准值 U_0 有关的常数项。基准值 U_0 是一个有效量程的参考单位;除非制造单位另有规定,否则有效量程的基准值规定为不大于该量程中最大的 10 的整数幂。例如,某电位差计的最大标度盘示值为 1.8V,量程因数(倍率比)为 0.1,则有效量程(最大读数)为 $1.8 \times 0.1 = 0.18V$,不大于 0.18V 的最大的 10 的整数幂是 $10^{-1} = 0.1V$,所以相应的基准值 $U_0 = 10^{-1}V = 0.1V$。

(4)直流电桥。

$$\Delta_{仪} = a\% \cdot \left(R_x + \frac{R_N}{10}\right) \qquad (1-3-7)$$

式中:a 为电桥的准确度级别;R_x 为电桥标度盘示值;R_N 为基准值,R_N 的规定与式(1—3—6)中的 U_0 相似。

(5)数字仪表。

随着科学技术的发展,电压、电流、电阻、电容和电感的数字测量仪表得到了越来越广泛的应用。

数字仪表的仪器误差有几种表达式,现给出两种,见式(1—3—8)、式(1—3—9)。

$$\Delta_{仪} = a\% \cdot N_x + b\% \cdot N_m \qquad (1-3-8)$$

或

$$\Delta_{仪} = a\% \cdot N_x + n\,字 \qquad (1-3-9)$$

式中:a 为数字式电表的准确度等级;N_x 为显示的读数;b 为某个常数,称为误差的绝对项系

数;N_m 为仪表的满度值;n 为仪器固定项误差,相当于最小量化单位的倍数,只取 1,2,3,…等数字。例如,某数字电压表 $\Delta_{仪} = 0.02\% U_x + 2$ 字,则某固定项误差是最小量化单位的 2 倍。若取 2V 量程时数字显示为 1.4786V,最小量化单位是 0.0001V,于是 $\Delta_{仪} = 0.02\% \times 1.4786 + 2 \times 0.0001 \approx 5 \times 10^{-4}$ V。a 和 b 可以在仪器使用说明书中查到。

第四节　测量不确定度的基本概念

一、误差评定测量结果的局限性

在用传统方法对测量结果进行误差评定时,大体上遇到两方面的问题:逻辑概念上的问题和评定方法问题。

测量误差是测量结果与其真值的差值,简称误差。根据定义,若要得到误差就需要知道真值,而真值的获得正是我们测量的目的。因此,严格意义上的误差无法得到。由于真值不能确定,实际上误差定义中使用的是约定真值,但此时还要考虑约定真值本身的误差。

此外,在"误差"一词的使用上也有概念混乱的情况。根据误差的定义,误差是一个差值,而不是表示一个区间。也就是说,误差是一个具有确定符号的量值,或正、或负,而不能以"±"的形式表示。但经常有误用的情况,例如,通过误差分析得到的测量结果的"误差",实际上并不是误差,而是被测量量不能确定的范围,不是真正的误差值。误差在逻辑概念上的混乱是经典误差评定遇到的第一个问题。

误差评定遇到的第二个问题是评定方法的不统一问题。在进行误差评定时通常要求先找出误差来源,然后根据这些误差来源的性质将它们分为随机误差和系统误差两类。随机误差用测量结果的标准差来表示,系统误差则用该分量的最大误差(限)来表示。最后再将随机误差和系统误差合成得到测量结果误差。而评定方法的不统一主要来自两方面:一方面系统误差和随机误差在某些情况下界限并不十分清楚,有时可以相互转化。例如,分光计的刻度盘,对某一刻度线来说具有一定的系统误差,但不同刻度线所具有的系统误差值是不一样的,若用不同的位置去测量同一个角度,误差会时大时小,时正时负,误差具有随机性;另一方面随机误差和系统误差的合成方法不同。由于随机误差和系统误差是两个性质不同的量,前者用标准差表示,后者用可能产生的最大误差来表示,在数学上无法解决两者之间的合成方法问题。正因为如此,长期以来,在随机误差和系统误差合成方法上一直无法统一。不仅各国之间不一致,在不同领域中相关术语的定义和测量结果的表达也不统一。

例如,苏联计量检验要求分别给出随机误差和系统误差两个技术指标,而不给出两者合成后的总误差,两者如何合成由使用者自己决定。美国等国家以随机误差和系统误差两者之和作为其总误差,其原因是为了安全可靠,因为无论用何种合成方法,线性相加得到的结果最大。而我国部分领域采用方和根法对随机误差和系统误差进行合成。这种做法影响了国际间的交流和对各种成果的相互利用,与当今全球化经济的发展是不相适应的。用测量不确定度来统一评定测量结果,就是在这样的背景下产生的。

二、测量不确定度的发展历史

1927 年,德国物理学家海森伯在量子力学中首次提出不确定度关系,又称测不准关系。

为了能够统一评定测量结果的质量,1963 年,美国标准局(NBS)的数理统计专家埃森哈特(C. Eisenhart)在研究"仪器校准系统的精密度和准确度估计"时提出采用测量不确定度的概念,并受到国际上的普遍关注。此后多年中"不确定度"概念在各测量领域采用,但具体表示方法并不一致。为解决测量不确定度表示的国际统一性问题,1980 年国际统计局在征求 32 个国家意见后,发出了推荐采用测量不确定度来评定测量结果的建议书,即 INC-1(1980)。该建议书向各国推荐了测量不确定度的表示原则。1981 年第 70 届国际计量委员会(CIPM)讨论通过了该建议书。

由于测量不确定度及其评定不仅适用于计量领域,还适用于一切与测量有关的其他领域,1986 年在 CIPM 的要求下,由国际计量局(BIPM)、国际电工委员会(IEC)、国际标准化组织(ISO)、国际法制计量组织(OIML)、国际理论和应用物理联合会(IUPAP)、国际理论和应用化学联合会(IUPAC)以及国际临床化学委员会(IFCC)七个国际组织成立专门的工作组,在 INC-1(1980)建议书的基础上,制定关于测量不确定度的评定指导性文件。经过近七年的讨论,由 ISO 计量技术顾问组第三工作组(ISO/TAG4/WG3)起草,并于 1993 年以七个国际组织的名义联合发布了《测量不确定度表示指南》(Guide to the Expression of Uncertainty in Measurement,GUM),和第二版《国际通用计量学基本术语》(International Vocabulary of Basic and General Terms in Metrology,VIM),1995 年又发布了 GUM 的修订版。这两个文件为全世界统一采用测量结果的不确定度评定奠定了基础。GUM 对所采用术语的定义和概念、测量不确定度的评定方法以及不确定度报告的表示方法都做出明确的统一规定。GUM 使不同国家、不同地区、不同学科以及不同领域在表示测量结果及其不确定度时具有一致的含义。因此 GUM 在世界各国得到执行和广泛应用。

1998 年我国发布了 JJF 1001—1998《通用计量术语及定义》,其中前六章的内容与第二版 VIM 完全相对应,还增加了国际法制计量组织所发布的有关法制计量的术语及定义。1999 年我国发布 JJF 1059—1999《测量不确定度评定及表示》,其基本概念与 GUM 完全一致。这两个文件就成为指导我国进行测量不确定度评价的通用规则。我们实验中也采用不确定度评价测量质量。

三、不确定度的基本概念

1. 不确定度的定义

测量的目的是为了得到被测量量的真值,由于测量误差的存在,使被测量量的真值难于确定,测量结果只能得到一个真值的最佳估计值和用于表示该估计值近似程度的误差范围,导致测量结果具有不确定性。这个用来定量评定测量结果质量的误差范围的物理量,即为测量不确定度(Uncertainty)。

根据国家技术规范《测量不确定度评定及表示》(JJF 1059—1999),测量不确定度的定义为:"表征合理地赋予被测量之值的分散性,与测量结果相联系的参数"。

测量不确定度从词义上理解,意味着对测量结果可信性、有效性的怀疑程度或不肯定程度,是定量说明测量结果质量的一个参数。实际上由于测量误差的存在,所得的被测量值具有分散性,即每次测得的结果不是同一值,而是以一定的概率分散在某个区域内的许多个值,测量不确定度就是说明被测量之值分散性的参数。该参数反映了误差可能存在的分布范围,也就是随机误差分量和未定系统误差分量的联合分布范围。

不确定度大小反映了测量结果可信赖程度的高低,不确定度越小,测量结果与被测量的真值越接近,质量越高,其使用价值越高;不确定度越大,测量结果与被测量的真值越远离,测量结果的质量越低,其使用价值也越低。

定义中的"合理",指应考虑到各种因素对测量的影响所做的修正,特别是测量应处于统计控制的状态下,即处于随机控制过程中;"相联系",指测量不确定度是一个与测量结果"在一起"的参数,仅给出测量结果而不给出测量不确定度是没有意义的,在测量结果的完整表示中应包括测量不确定度;"赋予被测量之值"就是"测量结果",而最后给出"测量结果"应理解为被测量之值的最佳估计。

2. 不确定度的分类

由于不确定度的来源很多,测量不确定度往往是由许多分量组成的,评定每个分量的方法各不相同。按评定方法分成 A、B 两类不确定度分量。

A 类不确定度:多次重复测量,用统计分析的方法评定的不确定度分量称为 A 类不确定度,用 u_A 表示。直接测量量的 A 类不确定度用平均值的标准偏差表示,即

$$u_A = \sigma_{\overline{x}} = \sqrt{\frac{\sum\limits_{i=1}^{n}(x_i - \overline{x})^2}{n(n-1)}} \qquad (1-4-1)$$

B 类不确定度:用非统计分析方法评定的不确定度分量,称为 B 类不确定度,用 u_B 表示。B 类不确定度可依据有关信息评定得出。尽管实验中有多方面的因素存在,本课程中一般只考虑仪器误差这一主要因素。

不确定度的两类评定方法都基于概率分布,并都用方差或标准差表征。其中 A 类标准不确定度由测量列概率分布导出的概率密度函数得到;B 类标准不确定度由一个认定的或假定的概率分布函数得到。不确定度的分类方法与误差分类相比,避免了由于误差之间界限不绝对,在计算和判断时不易掌握的缺点。评定不确定度时,不考虑影响不确定度因素的来源与性质,只考虑评定方法。从而简化了分类,便于评定与计算。

3. 不确定度的合成

对同一量进行多次重复测量,测量结果一般都含有 A 类不确定度分量和 B 类不确定度分量,其合成应按"方和根"的方法进行。若任意两个不确定度分量彼此独立,且 A 类分量、B 类分量均可折合成置信概率相同(或近似)的标准偏差表示,合成不确定度用 u_c 表示,则

$$u_c = \sqrt{u_A^2 + u_B^2} \qquad (1-4-2)$$

若 A 类分量 u_A 有 m 个,B 类分量 u_B 有 n 个,则合成不确定度为

$$u_c = \sqrt{\sum\limits_{i=1}^{m} u_{Ai}^2 + \sum\limits_{j=1}^{n} u_{Bj}^2} \qquad (1-4-3)$$

4. 扩展不确定度

合成不确定度的置信水准通常还不够高,在正态分布情况下仅为 68.3%。根据需要,有时将合成不确定度 u_c 乘以某一倍数 k,得到增大置信水准的不确定度称为扩展不确定度,用 U 表示,即

$$U = ku_c \tag{1-4-4}$$

式中:k 为包含因子,它在确定的分布下与某个置信概率相对应。因此,在结果表示时应注明置信概率。一般准确度要求不高时,可近似按正态分布处理,k 取 1 时,扩展不确定度 U 的置信概率为 68.3%;k 取 2 时,扩展不确定度 U 的置信概率为 95.4%;k 取 3 时,扩展不确定度 U 的置信概率为 99.7%。

5. 相对不确定度

为了更直观的评价测量结果的优劣,在测量结果中可给出相对不确定度。相对不确定度是扩展不确定度 U 与测量最佳估计值 $\bar{x}$ 的比值。用 E_{rx} 表示,则

$$E_{rx} = \frac{U}{\bar{x}} \times 100\% \tag{1-4-5}$$

相对不确定度越小,测量质量越高。

四、测量误差与测量不确定度的区别与联系

测量误差与测量不确定度是两个不同的概念,它们有着本质的区别,但两者又是相互联系的。

1. 误差与不确定度的区别

(1) 定义的区别。

由测量的定义可知,测量误差表示测量结果对真值偏离的程度,测量误差是一个量值,有确切的符号,非正即负,在数轴上表示为一个点;不确定度则是表明测量值的分散性,用标准差或标准差的倍数或置信区间的半宽表示,是一个无符号的参数,在数轴上表示为一个区间。

(2) 量的区别。

从概念上看,测量误差是测量值减去真值,是一个定量概念,不以人的认知程度而改变。但实际上,由于被测量的真值是未知的,误差不能准确得到。因此,误差是理想条件下的一个定性概念。只有通过某种方法对真值有一个约定时,误差才有量的概念。

测量不确定度是表征合理赋予的被测量值的分散性参数,与人们对被测量、影响量和测量过程的认识有关,可以根据试验、资料、经验等信息,利用成熟的统计方法,实现对测量结果质量的评定,是可定量计算的。

(3) 影响因素的区别。

人们经过分析和评定得到测量不确定度,因而与人们对被测量、影响量及测量过程的认识有关;测量误差是客观存在的,不受外界因素的影响,不以人的认识程度而改变。因此,在进行不确定度分析时,应充分考虑各种影响因素,并对不确定度的评定加以验证。否则,由于分析估计不足,可能在测量结果非常接近真值(即误差很小)的情况下,评定得到的不确定度却较大,也可能在测量误差实际上较大的情况下,给出的不确定度却偏小。

(4) 性质上的区别。

测量误差按性质可分为系统误差、随机误差和粗大误差,粗大误差应予剔除。随机误差和系统误差均是无穷多次测量时的理想概念。测量不确定度不按性质分类,不存在"随机不确定度"和"系统不确定度"。不确定度区分为 A 类、B 类的目的,只是说明计算方式不同,并非说明两种方法所得的不确定度分量在本质上存在差异。

（5）合成方法的区别。

测量误差的合成方法并不统一，而测量不确定度的分量彼此独立时，合成不确定度为分量的方和根，必要时加入协方差。

（6）对测量结果修正的区别。

"不确定度"一词本身隐含为一种可估计的值，它不是指具体的、确切的误差值，虽可估计，但却不能用以修正量值，对已进行误差修正的测量结果，测量不确定度评定时应考虑修正不完善而引入的不确定度分量；而系统误差的估计值如果已知，则可以对测量结果进行修正，得到已修正的测量结果。

（7）来源的区别。

误差按其性质分为系统误差、随机误差和粗大误差。其中系统误差又包括计量器具误差、测量方法误差（理论误差）、标准件误差、测量环境误差以及人员误差。随机误差是在相同的条件下，对同一被测量进行多次测量时，其绝对值和符号以不可预定方式变化着的误差值。随机误差是测量过程中许多独立的、微小的、随机的因素引起的综合结果，例如，电表轴承的摩擦力变动、螺旋测微计的夹紧力在一定范围内随机变化、操作读数时的视差影响、数字仪表末位取整数时的随机舍入过程等，都会产生一定的随机误差分量。

测量不确定度的来源包括对被测量的定义不完整或不完善；实现被测量定义的方法不理想；取样不具有代表性，即被测量的样本不能代表所定义的被测量；对被测量过程受环境影响的认识不周全，或对环境条件的测量与控制不完善；对模拟式仪器的读数存在人为的偏差；所选择的测量仪器本身的分辨力或鉴别力达不到测量要求；赋予计量标准的值和标准物质的值不准；引用于数据计算的常量和其他参量不准；测量方法和测量程序的近似和假定性；在表面上看来完全相同的条件下，被测量重复观测值的变化。

2. 误差与不确定度的联系

误差和不确定度虽然定义不同，但它们仍存在着密切的联系。

（1）误差分析依然是测量不确定度评估的理论基础。引入不确定度的概念淡化了误差分类的界限及其转化的问题，但评定和计算不确定度，还有赖于必要的误差分析。只有对各个误差源的性质、分布进行合理的分析和处理，才能确定出各分量的不确定度和合成不确定度。例如，在估计不确定度 B 类分量时，需要知道测量仪器的最大允许误差、示值误差等术语。

（2）不确定度的概念是误差理论的应用和拓展。在误差分析过程中往往对某些误差源的性质无法做正确的分析，而此时引入不确定度概念可将不能确切知道的误差转化为一个可以定量计算的指标，并将其附在测量结果中，从而使测量结果的质量获得一个较为科学的、统一的比较标准。

用测量不确定度评价测量结果较之测量误差科学、合理，它避免了由误差表示引起的混淆，是误差理论科学发展的结果，是保证计量工作的重要要素，必将会渗透到各种科学技术和生产的测量领域。

第五节　测量结果不确定度的评定

以下所做的不确定度的评定是指扩展不确定度 U，其 A、B 两类不确定度分量符号分别用 U_A 和 U_B 表示。

一、直接测量结果不确定度的评价

不确定度的评定方法是一个比较复杂的问题,规范的表示形式有两种:合成不确定度和扩展不确定度。在物理实验教学中,我们认为,数据处理的要求主要在于建立正确的概念,而不拘泥于对某一数值进行精确的计算。考虑到本课程的性质,对不确定度评价将在保证其科学性和符合国家技术规范精神的前提下,适当加以简化,以免初学者不得要领。

对某一量 x 做等精度直接测量,得到一测量列 $x_1,x_2,\cdots,x_n$,经判断无可定系统误差和粗大误差后,对该直接测量列的处理主要包括以下几方面。

1. 最佳估计值

根据前面的讨论,测量列算术平均值

$$\overline{x} = \frac{\sum\limits_{i=1}^{n} x_i}{n} \tag{1-5-1}$$

可以作为直接测量量的最佳估计值。

2. A 类不确定度评定

在物理实验中,大量的测量误差接近正态分布。因此,直接测量量的不确定度 A 类分量可用算术平均值的标准差估计得到。但实验中测量次数有限,特别是教学测量次数大多不超过 10 次,这时测量结果偏离正态分布服从 t 分布,则 A 类不确定度 U_A 由测量列平均值的标准偏差 $\sigma_{\overline{x}}$ 乘以因子 t_p 来求得,即

$$U_A = t_p \sigma_{\overline{x}} = t_p \sqrt{\frac{\sum\limits_{i=1}^{n} (x_i - \overline{x})^2}{n(n-1)}} = \frac{t_p}{\sqrt{n}} \sigma_x \tag{1-5-2}$$

式中:t_p 为在一定置信概率 p 时,与测量次数 n 有关的置信因子,可由表 1-2-1 查出。式(1-5-2)为计算 A 类不确定度 U_A 的公式。

在大学物理实验教学中,根据国家计量规范要求报告的置信概率取为 $p=95\%$,且测量次数满足 $5<n\leqslant 10$,根据表 1-5-1 中的数据,可对不确定度的 A 类分量作进一步简化。因子 $t_p/\sqrt{n}\approx 1$,A 类不确定度 U_A 可近似取为标准偏差 σ_x 的值,即

$$U_A = \frac{t_p}{\sqrt{n}} \sigma_x \approx \sigma_x = \sqrt{\frac{\sum\limits_{i=1}^{n} (x_i - \overline{x})^2}{n-1}} \tag{1-5-3}$$

式中:$U_A = \sigma_x$,即为本课程 A 类不确定度 U_A 的计算公式。

表 1-5-1　计算 A 类不确定度的因子表($p=0.95$)

测量次数 n	2	3	4	5	6	7	8	9	10	15	20	∞
$t_{0.95}$	12.7	4.30	3.18	2.78	2.57	2.45	2.36	2.31	2.26	2.14	2.09	1.96
$t_p/\sqrt{n}$	8.98	2.48	1.59	1.24	1.05	0.93	0.84	0.77	0.72	0.55	0.47	$1.96/\sqrt{n}$
$t_p/\sqrt{n}$ 近似值	9.0	2.5	1.6	1.2	\multicolumn{6}{c}{$5<n\leqslant 10$ 时,可取 $t_p/\sqrt{n}\approx 1$}		$n>10$ 时,$t_p/\sqrt{n}\approx 2/\sqrt{n}$	

3. B类不确定度评定

B类不确定度的评定不用统计方法,而是基于其他方法估计概率或分布假设来评定标准差并得到标准不确定度。在物理实验教学中,一般只考虑仪器误差影响引起的B类分量。

设 $\Delta_仪$ 表示仪器误差(限),通常 $\Delta_仪$ 由仪器说明书给出,它表征同一规格型号的合格产品在正常使用情况下,测量结果与真值之间可能产生的最大误差。事实上,仪器产生的误差在仪器误差(限)的范围内是按一定的概率分布的,并非测量的误差都等于仪器误差(限),多数都小于仪器误差(限)。而且由于仪器的结构、工作原理和生产工艺的不同,不同仪器仪表的质量指标在 $(-\Delta_仪, \Delta_仪)$ 区间呈现多种分布。比较常见的分布有正态分布、三角分布、均匀分布、反正弦分布、两点分布等。由数理统计知识可得:B类不确定度分量 U_B 与仪器标准偏差 $\sigma_仪$ [或仪器误差(限)$\Delta_仪$]的关系为

$$U_B = k_p \sigma_仪 = k_p \frac{\Delta_仪}{C} \tag{1-5-4}$$

式中:C 为一定置信概率下,不同分布的置信系数,见表 $1-5-2$;k_p 为给定分布情况下置信概率 p 包含因子,见表 $1-5-3$。

表 $1-5-2$　常用仪器误差分布与 C、$\sigma_仪$ 的关系

分布类型	$p/\%$	C	$\sigma_仪$
正态	99.73	3	$\Delta_仪/3$
三角	100	$\sqrt{6}$	$\Delta_仪/\sqrt{6}$
矩形(均匀)	100	$\sqrt{3}$	$\Delta_仪/\sqrt{3}$
反正弦	100	$\sqrt{2}$	$\Delta_仪/\sqrt{2}$
两点	100	1	$\Delta_仪$

正态分布是一种重要的分布,事实上,在相同条件下大批生产的同种仪表,其仪器误差质量指标一般服从正态分布。在仪器误差呈正态分布中,置信概率 p 与包含因子 k_p 之间存在一一对应的关系,见表 $1-5-3$。当测量次数 $n \to \infty$ 时,此时诸多分布均趋于正态分布,k_p 取值可由表 $1-5-3$ 查出。

表 $1-5-3$　正态分布情况下置信概率 p 与包含因子 k_p 间的关系

p	0.50	0.6827	0.90	0.95	0.9545	0.99	0.9973
k_p	0.67	1	1.645	1.960	2	2.576	3

当取约定置信概率 $p=0.95$ 时,$k_p = 1.96 \approx 2$,则

$$U_B = 2\frac{\Delta_仪}{C} \tag{1-5-5}$$

在大学物理实验教学中,考虑到许多仪器误差分布性质还不清楚,很多文献把仪器误差简化成均匀分布来处理,即取 $C = \sqrt{3}$,并满足测量结果的报告有较高置信概率($p \geqslant 0.95$)的要求,式(1-5-5)变为

$$U_B = 2\frac{\Delta_仪}{\sqrt{3}} \approx \Delta_仪 \quad (p=0.95) \tag{1-5-6}$$

式中:$U_B = \Delta_仪$,即为本课程 B 类不确定度的计算公式。

均匀分布置信系数 C 的推导:

仪器误差在 $(-\Delta_仪, \Delta_仪)$ 范围内是按一定概率分布的。在相同条件下生产的产品,其质量指标服从多种分布。正态分布、三角分布和均匀分布这三种分布曲线,如图 1-5-1 所示。

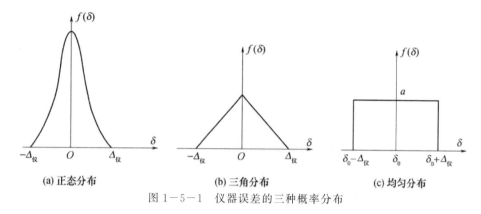

(a) 正态分布   (b) 三角分布   (c) 均匀分布

图 1-5-1 仪器误差的三种概率分布

通常,我们用仪器的等价标准误差 $\sigma_仪$ 近似表示不确定度 B 类分量

$$u = \sigma_仪 = \frac{\Delta_仪}{C} \tag{1-5-7}$$

式中:$\Delta_仪$ 为仪器的示值误差(限);C 为置信系数,C 与仪器误差的分布规律有关。下面我们以均匀分布为例计算出置信系数 C。

均匀分布如图 1-5-1(c)所示,其分布特点是在误差范围内出现的概率密度相同,而在此范围以外,概率密度为 0,即

$$f(\delta) = \begin{cases} a & (\delta_0 - \Delta_仪 \leqslant \delta \leqslant \delta_0 + \Delta_仪) \\ 0 \end{cases} \tag{1-5-8}$$

由归一化条件 $\int_{-\infty}^{\infty} f(\delta)\mathrm{d}\delta = \int_{\delta_0 - \Delta_仪}^{\delta_0 + \Delta_仪} f(\delta)\mathrm{d}\delta = 1$ 得出

$$[(\delta_0 + \Delta_仪) - (\delta_0 - \Delta_仪)]a = 2\Delta_仪 \cdot a = 1 \tag{1-5-9}$$

所以得出概率密度为

$$a = \frac{1}{2\Delta_仪} \tag{1-5-10}$$

由此可推出,在均匀分布下仪器的等价标准误差 $\sigma_仪$ 满足下式

$$\sigma_仪^2 = \int_{\delta_0 - \Delta_仪}^{\delta_0 + \Delta_仪} (\delta - \delta_0)^2 f(\delta)\mathrm{d}\delta = \frac{1}{2\Delta_仪} \int_{-\Delta_仪}^{+\Delta_仪} x^2 \mathrm{d}x = \frac{1}{3}\Delta_仪^2 \tag{1-5-11}$$

式(1-5-11)两边开方得

$$\sigma_仪 = \frac{\Delta_仪}{\sqrt{3}} \tag{1-5-12}$$

比较式(1-5-12)和式(1-5-7),若仪器误差服从均匀分布规律时,则置信系数 $C = \sqrt{3}$。同样可以得出,仪器误差若服从正态分布,则 $C = 3$;仪器误差若服从三角分布,则 $C = \sqrt{6}$,见表 1-5-2。

4. 扩展不确定度的评定

在相同(或近似相同)的置信概率下,A 类分量及 B 类分量彼此独立,将两者进行合成,由式(1—5—3)及式(1—5—6)即得高置信概率($p=0.95$)下的扩展不确定度 U,即

$$U = \sqrt{U_A^2 + U_B^2} = \sqrt{\sigma_{\bar{x}}^2 + \Delta_仪^2} \qquad (1-5-13)$$

式(1—5—13)为本课程报告不确定度 U 的计算公式。

5. 单次测量的不确定度

在物理实验中,有的被测量因为各种原因只能测量一次。例如,有些物理量是随时间变化的,无法进行重复测量。也有些物理量因为对它的测量准确度要求不高,没有必要进行重复测量。在单次测量中,不能用统计的方法求标准偏差和 U_A,而测量的随机分布特征是客观存在的,不随测量次数的不同而变化。因此,对单次测量不确定度做的评定可作适当简化,本课程我们约定单次测量的不确定度用仪器误差代替,即

$$U = \Delta_仪 \qquad (1-5-14)$$

应该强调的是,这只是一个近似或粗略的估算方法,并不能得出结论为"单次测量的不确定度 U 小于多次测量的不确定度"。

6. 直接测量结果的表示方法

根据 JJF 1059—1999《测量不确定度评定及表示》的要求,测量结果可用合成不确定度表示,也可用扩展不确定度作为测量结果的报告。但是,合成不确定度的置信概率一般不够高,为此,我们取国际上广泛采用的约定置信概率 $p=0.95$ 时的扩展不确定度,作为实验测量结果的报告,即

$$\begin{cases} x = \bar{x} \pm U（单位） \\ E_{rx} = \dfrac{U}{\bar{x}} \times 100\% \end{cases} \qquad (1-5-15)$$

注意:按国家计量技术规范的规定,结果表达式中 $p=0.95$ 时,不必注明 p 值;如果结果表达式中 $p \neq 0.95$,均应注明置信概率 p 值。

综上所述,要完整表示一个测量结果至少含有两个基本量:一是被测量的最佳估计值;二是描述该测量结果分散性的量,即测量结果不确定度。

7. 测量结果的规范表示细则

每一位实验者都应学会怎样正确、规范、科学地书写测量结果的最终报告形式。作为一种教学规范,我们约定:

(1) 不确定度 U 有效数字的取位规则。

根据技术规范 JJF 1059—1999《测量不确定度评定与表示》的规定,"合成不确定度 u_c 或扩展不确定度 U 的数值都不应该给出过多的位数。通常 u_c 和 U 最多为两位有效数字"。虽然在计算测量结果不确定度的过程中,中间结果的有效位数可保留多位,但在报告最终测量结果时,u_c 和 U 取一位或两位均可,两位以上是不允许的。但是,什么情况下测量不确定度取一位有效数字,什么情况下取两位有效数字,国家技术规范没有明确规定或说明。通常根据数据修约误差对不确定度的影响量进行处理,当第 1 位有效数字为 1、2 时,测量结果不确定度应取两位有效数字;当第 1 位有效数字为 3、4 时,测量结果不确定度建议取两位有效数字;当第 1 位有效数字为 5 或以上时,取一位或两位有效数字均可。本课程中为了教学规范,我们约定对

测量结果的不确定度(包括相对不确定度)取两位有效数字。

(2) 测量结果(平均值)有效数字的取位规则。

测量结果应按国家标准 GB 3101—1993《有关量、单位和符号的一般原则》的规定进行修约,使测量结果(平均值)有效数字的末位与不确定度的末位对齐,计算过程可多保留几位。

若出现测量结果(平均值)的实际位数不够而无法与测量结果不确定度的末位对齐时,应在测量结果中补零,以与测量结果不确定度的末位对齐。例如,经计算 $U = 0.23\text{cm}$, $\overline{x}=25.2\text{cm}$。测量结果正确的表达为 $x=\overline{x}\pm U=(25.20\pm0.23)\text{cm}$;测量结果不正确的表达为 $x=\overline{x}\pm U=(25.2\pm0.23)\text{cm}$。

(3) 不确定度和测量结果(平均值)数值修约规则。

不确定度和测量结果(平均值)按约定规则进行数值取位后,后面多余的数字按国家标准 GB 8170—87《数值修约规则》舍入处理。

修约间隔取常用修约间隔 $10^{\pm n}$ $(n=0,1,2,\cdots)$。修约规则:四舍六入,逢五看尾数,尾数是零或无数,则凑偶;若尾数不为零,则进一位。

根据上述规则,将下列各数据保留三位有效数字,舍入后的数据为

$$3.1449\to3.14 \qquad 3.1469\to3.15 \qquad 3.14501\to3.15$$
$$3.1450\to3.14 \qquad 3.135\to3.14 \qquad 3.1350\to3.14$$

需要指出的是:一个数据的修约只能进行一次,不能分次修约。例如,将 15.4546 修约成两位有效位数。

正确的做法:15.4546→15;不正确的做法:15.4546→15.455→15.46→15.5→16。

(4) 标明置信概率。

在测量结果表达式后面,必须用括号注明置信概率近似值($p=0.95$ 可不标注)。

(5) 单位。

测量结果完整表达式中应包括该物理量的单位。

8. 直接测量结果评定步骤

(1) 计算测量列的算术平均值 $\overline{x}$ 作为测量结果的最佳值;

(2) 计算测量列的标准偏差 σ_x;

(3) 审查各测量值,如有异常数据则予以剔除;

(4) 异常数据剔除以后,再计算测量列的标准偏差 σ_x 作为 A 类不确定度分量,即 $U_A=\sigma_x$;

(5) 计算 B 类不确定度 $U_B=\Delta_{仪}$;

(6) 求扩展不确定度 $U=\sqrt{U_A^2+U_B^2}=\sqrt{\sigma_x^2+\Delta_{仪}^2}$;

(7) 写出最终结果表示式

$$\begin{cases} x=\overline{x}\pm U(单位) \\ E_{rx}=\dfrac{U}{\overline{x}}\times100\% \end{cases}$$

本课程步骤(3)、(4)不作要求。

【例 1—1】　用一支 0~25mm 的一级千分尺测量圆柱体直径 6 次,测量数据见下表第二行数据。千分尺的零点读数为 0.007mm,测量数据中不存在粗大误差,求测量结果。

次数	1	2	3	4	5	6
D'/mm	3.423	3.430	3.433	3.429	3.435	3.426
D/mm	3.416	3.423	3.426	3.422	3.428	3.419

解:

(1) 由于千分尺的零点不准,存在定值系统误差,按 $D=(D'-0.007)$mm 进行修正,填入上表第三行。

(2) 修正后直径的算术平均值:

$$\overline{D} = \frac{1}{6} \sum_{i=1}^{6} D_i = 3.4223 \text{(mm)}$$

注:也可以先求出 $\overline{D'}$,再减掉零点读数,得 $\overline{D}$。

(3) 求不确定度 A 类分量:

$$U_A = \sigma_D = \sqrt{\frac{\sum\limits_{i=1}^{6} (D_i - \overline{D})^2}{n-1}} = 0.00441 \text{(mm)}$$

注:为防止计算过程产生误差,中间计算过程可多保留 1~2 位,下同。

(4) 求不确定度 B 类分量:

按国家计量标准,测量范围为 0~25mm 的一级千分尺的仪器误差 $\Delta_仪 = 0.004$mm,因此

$$U_B = \Delta_仪 = 0.004 \text{(mm)}$$

(5) 求合成不确定度:

$$U = \sqrt{U_A^2 + U_B^2} = \sqrt{0.00441^2 + 0.004^2} = 0.00595 \text{(mm)}$$

(6) 测量结果表示为

$$\begin{cases} D = \overline{D} \pm U = (3.4223 \pm 0.0060) \text{mm} \\ E_{rD} = \dfrac{U}{\overline{D}} \times 100\% = 0.17\% \end{cases}$$

需要说明的是,上述计算的不确定度 A、B 分量置信概率 $p \geqslant 95\%$,合成不确定度实际上就是扩展不确定度。

【例 1-2】 在测长机(计量部门所用的一种检定仪器)上测得某轴的平均值为 40.0010mm,该项测量含有不确定度分量为:①由于读数给出 A 类不确定的第一个分量 $U_{A1} = 0.17\mu$m;②由于测长机主轴不稳定性给出的 A 类不确定度的第二个分量 $U_{A2} = 0.10\mu$m;③测长机标尺误差引起的 B 类不确定度的第一个分量为 $U_{B1} = 0.05\mu$m;④由于主轴不稳定给出的 B 类不确定度的第二个分量 $U_{B2} = 0.05\mu$m。写出测量结果的表达式。

解:

(1) 以上各量互相独立,根据不确定度合成规则,总不确定度(扩展不确定度)为

$$U = \sqrt{\sum_{i=1}^{m} U_{Ai}^2 + \sum_{j=1}^{n} U_{Bj}^2} = \sqrt{U_{A1}^2 + U_{A2}^2 + U_{B1}^2 + U_{B2}^2} =$$

$$\sqrt{0.17^2 + 0.10^2 + 0.05^2 + 0.05^2} = 0.21 \text{(}\mu\text{m)}$$

（2）测量结果的表达式为

$$\begin{cases} L = \overline{L} \pm U = (40.00100 \pm 0.00021) \text{mm} \\ E_{rL} = \dfrac{U}{\overline{L}} \times 100\% = 0.00052\% \end{cases}$$

注意,该例题中测量结果(平均值)的实际位数不够而无法与测量结果不确定度的末位对齐,所以在测量结果中补一个零,以与测量结果不确定度的末位对齐。

二、间接测量结果不确定度的评定

设间接测量量 N 与直接测量量 $A, B, C, \cdots, H$ 的函数关系为

$$N = f(A, B, C, \cdots, H) \tag{1-5-16}$$

由于 $A, B, C, \cdots, H$ 具有不确定度 $U_A, U_B, U_C, \cdots, U_H, N$ 也必然有不确定度 U_N,所以对间接测量量 N 的结果也需要采用不确定度评价。

1. 间接测量量的最佳值(平均值)

在直接测量中,我们以算术平均值 $\overline{A}, \overline{B}, \overline{C}, \cdots, \overline{H}$ 作为最佳值。在间接测量中,可以证明 $\overline{N} = f(\overline{A}, \overline{B}, \overline{C}, \cdots, \overline{H})$ 为间接测量量的最佳值,即间接测量量的最佳值由各直接测量量的算术平均值代入函数关系式得到。

2. 多元函数的全微分

对式(1-5-16)全微分,得

$$\mathrm{d}N = \frac{\partial f}{\partial A}\mathrm{d}A + \frac{\partial f}{\partial B}\mathrm{d}B + \frac{\partial f}{\partial C}\mathrm{d}C + \cdots + \frac{\partial f}{\partial H}\mathrm{d}H \tag{1-5-17}$$

也可以先对式(1-5-16)取自然对数,再取全微分,得

$$\ln N = \ln f(A, B, C, \cdots, H)$$

$$\frac{\mathrm{d}N}{N} = \frac{\partial \ln f}{\partial A}\mathrm{d}A + \frac{\partial \ln f}{\partial B}\mathrm{d}B + \frac{\partial \ln f}{\partial C}\mathrm{d}C + \cdots + \frac{\partial \ln f}{\partial H}\mathrm{d}H \tag{1-5-18}$$

上面微分式中,$\mathrm{d}A, \mathrm{d}B, \mathrm{d}C, \cdots, \mathrm{d}H$ 是自变量的微小变化量(增量),$\mathrm{d}N$ 是由于自变量的微小变化引起函数的微小变化量(函数增量)。

3. 间接测量量不确定度的合成

不确定度是微小量,与微分式中的增量相当。只要把微分式中的增量符号 $\mathrm{d}N, \mathrm{d}A, \mathrm{d}B, \mathrm{d}C, \cdots, \mathrm{d}H$ 换成不确定度的符号 $U_N, U_A, U_B, U_C, \cdots, U_H$,再采用某种合成方式,合成后可以得出不确定度传递公式。

合成方式有多种,其中最合理、最能满足评价工作的合成方式是"方和根"合成。如果各直接测量量的不确定度相互独立,则间接测量量的不确定度为各直接测量量的"方和根",即

$$U_N = \sqrt{\left(\frac{\partial f}{\partial A}U_A\right)^2 + \left(\frac{\partial f}{\partial B}U_B\right)^2 + \left(\frac{\partial f}{\partial C}U_C\right)^2 + \cdots + \left(\frac{\partial f}{\partial H}U_H\right)^2} \tag{1-5-19}$$

相对不确定度为

$$E_{rN} = \frac{U_N}{N} = \sqrt{\left(\frac{\partial \ln f}{\partial A}U_A\right)^2 + \left(\frac{\partial \ln f}{\partial B}U_B\right)^2 + \left(\frac{\partial \ln f}{\partial C}U_C\right)^2 + \cdots + \left(\frac{\partial \ln f}{\partial H}U_H\right)^2}$$

$$\tag{1-5-20}$$

式中：$\frac{\partial f}{\partial A},\frac{\partial f}{\partial B},\frac{\partial f}{\partial C},\cdots,\frac{\partial \ln f}{\partial A},\frac{\partial \ln f}{\partial B},\frac{\partial \ln f}{\partial C},\cdots$ 称为不确定度的传递系数，它的大小直接代表了各直接测量结果不确定度对间接测量结果不确定度的贡献（权重）。

对于以加减运算为主的函数，先用式（1—5—19）求不确定度 U_N，再用 $\frac{U_N}{N}$ 求出相对不确定度比较简单；而对以乘除运算为主的函数，则先用式（1—5—20）求出相对不确定度 E_{rN}，再用 $U_N=\overline{N}E_{rN}$ 求不确定度比较简单。根据式（1—5—19）和式（1—5—20）计算出来的常用不确定度传递公式列在表 1—5—4 中，以供参考。

表 1—5—4　不确定度的传递公式

函 数 关 系	不确定度的传递公式
$N=A\pm B$	$U_N=\sqrt{U_A^2+U_B^2}$
$N=A\cdot B$ 或 $N=\dfrac{A}{B}$	$E_{rN}=\dfrac{U_N}{N}=\sqrt{\left(\dfrac{U_A}{A}\right)^2+\left(\dfrac{U_B}{B}\right)^2}$
$N=k\cdot A$	$U_N=k\cdot U_A\quad E_{rN}=\dfrac{U_A}{A}$
$N=\dfrac{A^p\cdot B^q}{C^r}$	$E_{rN}=\dfrac{U_N}{N}=\sqrt{\left(\dfrac{pU_A}{A}\right)^2+\left(\dfrac{qU_B}{B}\right)^2+\left(\dfrac{rU_C}{C}\right)^2}$
$N=\sqrt[p]{A}$	$E_{rN}=\dfrac{U_N}{N}=\dfrac{1}{p}\dfrac{U_A}{A}$
$N=\sin A$	$U_N=|\cos A|\cdot U_A$
$N=\ln A$	$U_N=\dfrac{1}{A}\cdot U_A$

4. 间接测量结果不确定度的评定步骤

（1）按照直接测量量不确定度评定步骤，求出各直接测量量的不确定度 $U_A,U_B,U_C,\cdots,U_H$；

（2）求间接测量量的最佳值（算术平均值）$\overline{N}=f(\overline{A},\overline{B},\overline{C},\cdots,\overline{H})$；

（3）用不确定度合成式（1—5—19）或式（1—5—20），分别求出 N 的扩展不确定度 U_N 和相对不确定度 E_{rN}；

（4）写出最后结果表达式

$$\begin{cases} N=\overline{N}\pm U_N（单位）\\ E_{rN}=\dfrac{U_N}{\overline{N}}\times 100\% \end{cases}$$

对于不确定度 U_N、E_{rN} 及算术平均值 $\overline{N}$，有效数字的取位与直接测量量的取位规则相同。

【例 1—3】 已知质量 $m=(154.76\pm0.05)$g 的铜圆柱体，用 0～125mm，分度值为 0.02mm 的游标卡尺测量其高度 6 次；用一级 0～25mm 千分尺测量其直径，也是 6 次（一级千分尺的仪器误差为 0.004mm），其测量值列入下表。计算铜圆柱体高度 h、直径 D 和密度 ρ 并写出测量结果。

次数	1	2	3	4	5	6
高 h/mm	60.40	60.38	60.36	60.34	60.36	60.38
直径 D/mm	19.465	19.456	19.469	19.451	19.472	19.459

解：铜的密度 $\rho = \dfrac{4m}{\pi D^2 h}$，可见 ρ 是间接测量量，由题意知，质量 m 是已知量，直径 D 和高度 h 是直接测量量。

（1）高度 h 的最佳值、不确定度和测量结果为

$$\overline{h} = \frac{1}{6}\sum_{i=1}^{6} h_i = 60.37(\mathrm{mm})$$

$$\sigma_h = \sqrt{\frac{1}{6-1}\sum_{i=1}^{6}(h_i - \overline{h})^2} = 0.0210(\mathrm{mm})$$

游标卡尺的仪器误差为 $\Delta_仪 = 0.02\mathrm{mm}$

$$U_{Ah} = \sigma_h = 0.0210\mathrm{mm}; U_{Bh} = \Delta_仪 = 0.02(\mathrm{mm})$$

$$U_h = \sqrt{U_{Ah}^2 + U_{Bh}^2} = 0.0290(\mathrm{mm})$$

铜圆柱体高度的测量结果

$$\begin{cases} h = (60.370 \pm 0.029)(\mathrm{mm}) \\ E_{rh} = 0.048\% \end{cases}$$

（2）直径 D 的最佳值、不确定度和测量结果

$$\overline{D} = \frac{1}{6}\sum_{i=1}^{6} D_i = 19.462(\mathrm{mm})$$

$$\sigma_D = \sqrt{\frac{1}{6-1}\sum_{i=1}^{6}(D_i - \overline{D})^2} = 0.00805(\mathrm{mm})$$

一级千分尺的仪器误差为 $\Delta_仪 = 0.004(\mathrm{mm})$，$U_{BD} = 0.004(\mathrm{mm})$

$$U_{AD} = \sigma_D = 0.00805(\mathrm{mm})$$

$$U_D = \sqrt{U_{AD}^2 + U_{BD}^2} = 0.00899(\mathrm{mm})$$

铜圆柱体直径的测量结果

$$\begin{cases} D = (19.4620 \pm 0.0090)(\mathrm{mm}) \\ E_{rD} = 0.046\% \end{cases}$$

（3）密度的算术平均值

$$\overline{\rho} = \frac{4\overline{m}}{\pi \overline{D}^2 \overline{h}} = 8.61733(\mathrm{g/cm^3})$$

（4）密度的不确定度

解法一：

根据式（1-5-19）直接求出密度的合成不确定度

$$U_\rho = \sqrt{\left(\frac{\partial \rho}{\partial m}U_m\right)^2 + \left(\frac{\partial \rho}{\partial D}U_D\right)^2 + \left(\frac{\partial \rho}{\partial h}U_h\right)^2} =$$

$$\sqrt{\left(\frac{4}{\pi D^2 h}U_m\right)^2 + \left(-\frac{8m}{\pi D^3 h}U_D\right)^2 + \left(-\frac{4m}{\pi D^2 h^2}U_h\right)^2} =$$

$$\sqrt{\left(\frac{4\times0.05}{\pi\times19.462^2\times60.37}\right)^2+\left(-\frac{8\times154.76\times0.00898}{\pi\times19.462^3\times60.37}\right)^2+\left(-\frac{4\times154.76\times0.0289}{\pi\times19.462^2\times60.37^2}\right)^2}=$$
$$0.00939(\mathrm{g/cm^3})$$

解法二：

根据式(1-5-20)先求出密度的相对合成不确定度，再求密度的合成不确定度

$$\ln\rho=\ln\frac{4}{\pi}+\ln m-2\ln D-\ln h$$

$$E_{r\rho}=\frac{U_\rho}{\rho}=\sqrt{\left(\frac{\partial\ln\rho}{\partial m}U_m\right)^2+\left(\frac{\partial\ln\rho}{\partial D}U_D\right)^2+\left(\frac{\partial\ln\rho}{\partial h}U_h\right)^2}=$$

$$\sqrt{\left(\frac{U_m}{m}\right)^2+\left(2\frac{U_D}{D}\right)^2+\left(\frac{U_h}{h}\right)^2}=$$

$$\sqrt{\left(\frac{0.05}{154.76}\right)^2+\left(2\times\frac{0.00898}{19.462}\right)^2+\left(\frac{0.0289}{60.37}\right)^2}=0.1089\%$$

因此得出密度的不确定度为

$$U_\rho=E_{r\rho}\cdot\overline{\rho}=8.61733\times0.1089\%=0.00938(\mathrm{g/cm^3})$$

（5）密度测量的最后结果为

$$\begin{cases}\rho=(8.6173\pm0.0094)(\mathrm{g/cm^3})\\E_{r\rho}=0.11\%\end{cases}$$

从上面例题可以看出，当间接测量量与直接测量量的函数关系为乘、除或幂函数关系时，用式(1-5-20)先求出相对不确定度可以大大简化运算。

三、不确定度对实验的指导意义

计算不确定度不仅可以判断测量结果的可靠程度，而且对实验的合理进行具有积极的指导意义。通过事先对不确定度的分析估算，可以指明实验的改进方向，有助于合理选择测量仪器和确定最佳测量方法。

1. 利用不确定度改进实验的方向

通过事先对不确定度的分析计算，可以发现误差的主要来源，以便采用相应措施来改进实验。具体方法是，先算出各直接测量量所引起的间接测量量不确定度(或相对不确定度)的分量，以明确哪些测量量对不确定度的影响最大，针对主要不确定度分量，分析其产生的原因。若是仪器精度较低就改换仪器，若是随机误差大就增加测量次数，若是被测量量较小就适当加大被测量量或改用其他方法测量等。下面通过对单摆测量重力加速度实验的分析进一步说明。

用单摆测量重力加速度时，测量公式 $g=4\pi^2\cdot\dfrac{L}{T^2}$，设 L 长约 50cm，T 约 2s，若用米尺测量摆长，米尺读数误差取 0.5mm，用停表测单个周期，停表的启动、制动误差取 0.1s。根据式(1-5-14)，得 $U_L=0.05\mathrm{cm}$(按单次测量处理)，其相应的 $U_T=0.2\mathrm{s}$。测量 g 所引起的相对不确定度为

$$\frac{U_g}{g}=\sqrt{\left(\frac{U_L}{L}\right)^2+\left(\frac{2U_T}{T}\right)^2}$$

由 L 测量所引起的相对不确定度分量为

$$\frac{U_L}{L} = \frac{0.05}{50} = 0.10\%$$

由 T 测量所引起的相对不确定度分量为

$$2 \times \frac{U_T}{T} = \frac{2 \times 0.2}{2} = 20\%$$

所以,对 g 测量所引起的相对不确定度

$$\frac{U_g}{g} = \sqrt{\left(\frac{U_L}{L}\right)^2 + \left(\frac{2U_T}{T}\right)^2} = 20\%$$

可见,周期的测量是误差的主要来源,可改用毫秒计来测量,或者仍然用停表测量,但加大被测量值,即假如往返 n 个周期所用的时间为 t,则有 $t = nT$,此时 T 变成间接测量量,其相对不确定度为 $\frac{U_T}{T} = \frac{U_t}{t}$,若取 $n = 100$,则 t 约为 $200s$,而 $U_t = 0.2$,所以此时 T 的相对不确定度为 $\frac{U_T}{T} = \frac{0.2}{200} = 0.10\%$,改进测量方法后,对 g 测量的相对不确定度为

$$\frac{U_g}{g} = \sqrt{\left(\frac{U_L}{L}\right)^2 + \left(\frac{2U_T}{T}\right)^2} = 0.22\%$$

显然,测量的质量被大大提高了。

2. 利用不确定度合理选择测量仪器

仪器的合理选择是从事科学实验十分重要的基本功。在实际工作中,常常会遇到这样的问题,在测量之前,若对间接测量值的不确定度或相对不确定度预先有要求,如何根据此要求来确定各直接测量量的准确度要求,从而选择和配套合适的仪器进行测量。也就是说总不确定度(或相对不确定度)一定的情况下,各直接测量量的不确定度如何分配?

(1)不确定度的分配方案。

按相等影响原则分配各直接测量量不确定度。若间接测量量与直接测量量的关系为

$$N = f(x_1, x_2, \cdots, x_n) \tag{1-5-21}$$

测量结果的不确定度 U_N 或 E_{rN} 根据任务要求已经确定,则按照 n 个分项对 U_N 或 E_{rN} 的影响相同而进行分配,此原则也称为"不确定度均分原则"。根据间接测量量不确定度函数关系

$$U_N = \sqrt{\left(\frac{\partial f}{\partial x_1}U_1\right)^2 + \left(\frac{\partial f}{\partial x_2}U_2\right)^2 + \cdots + \left(\frac{\partial f}{\partial x_n}U_n\right)^2} = \sqrt{\sum_{i=1}^{n}\left(\frac{\partial f}{\partial x_i}U_i\right)^2} \tag{1-5-22}$$

$$E_{rN} = \frac{U_N}{N} = \sqrt{\left(\frac{\partial \ln f}{\partial x_1}U_1\right)^2 + \left(\frac{\partial \ln f}{\partial x_2}U_2\right)^2 + \cdots + \left(\frac{\partial \ln f}{\partial x_i}U_i\right)^2} = \sqrt{\sum_{i=1}^{n}\left(\frac{\partial \ln f}{\partial x_i}U_i\right)^2} \tag{1-5-23}$$

根据"不确定度均分原则"得到

$$\sqrt{n\left(\frac{\partial f}{\partial x_i}U_i\right)^2} \leqslant U_N \qquad (i = 1, 2, \cdots, n) \tag{1-5-24}$$

$$\sqrt{n\left(\frac{\partial \ln f}{\partial x_i}U_i\right)^2} \leqslant E_{rN} \qquad (i = 1, 2, \cdots, n) \tag{1-5-25}$$

即

$$\left|\frac{\partial f}{\partial x_i}\right|U_i \leqslant \frac{U_N}{\sqrt{n}} \qquad (i = 1, 2, \cdots, n) \tag{1-5-26}$$

$$\left|\frac{\partial \ln f}{\partial x_i}\right| U_i \leqslant \frac{E_{rN}}{\sqrt{n}} \qquad (i=1,2,\cdots,n) \qquad\qquad (1-5-27)$$

式(1-5-26)和式(1-5-27)就是"不确定度均分原则"的计算公式。

(2) 测量量具的选择。

由式(1-5-26)和式(1-5-27)给出各直接测量量的不确定度值,再根据仪器误差(限)值或示值误差与不确定度的关系,选择实验仪器。

例如,已知某铜线长度约4cm,直径约0.3cm,要测铜线的体积,并使体积测量的相对不确定度不大于0.5%,问需要用什么仪器测量长度和直径?

解:因为 $V=\frac{\pi}{4}d^2 L$,由不确定度传递公式及题意可得

$$\frac{U_V}{V}=\sqrt{\left(2\frac{U_d}{d}\right)^2+\left(\frac{U_L}{L}\right)^2}\leqslant 0.5\%$$

由"不确定度均分原则"可得

$$2\frac{U_d}{d}=\frac{U_L}{L}$$

于是

$$\frac{U_V}{V}=\sqrt{2\left(\frac{2U_d}{d}\right)^2}=\sqrt{2\left(\frac{U_L}{L}\right)^2}\leqslant 0.5\%$$

解之得

$$\frac{U_d}{d}\leqslant\frac{1}{2\sqrt{2}}\times 0.5\%=0.0018; \qquad \frac{U_L}{L}\leqslant\frac{1}{\sqrt{2}}\times 0.5\%=0.0035$$

代入 d、L 的估计值,得

$U_d\leqslant 0.3\times 0.0018=0.00054\text{cm}; U_L\leqslant 4\times 0.0035=0.014\text{cm}$

利用式(1-5-6),可得仪器允许最大误差值为

$$\Delta_d=0.0054\text{mm}; \Delta_L=0.14\text{mm}$$

查量具说明书可知,测量范围在 0~25mm 的一级千分尺示值误差限为 0.004mm,小于 0.0054mm,而分度值为 0.1mm 的游标卡尺示值误差限为 0.1mm,小于 0.14mm。故可采用 0~25mm 的一级千分尺测直径,采用分度值为 0.1mm 的游标卡尺测长度。

按误差均分原则来选配仪器的准确度比较合理。当然,限于实际条件,有时不能完全做到,因此在处理具体问题时,还应依照实际情况调整误差分配比例。对影响较大(例如,该自变量以高次幂的形式在函数中出现)或难以测准的量,可以适当增大不确定度的比例。此外,从降低测量成本的角度出发,在仪器误差不大于最大允许限值的前提下,应尽量选用准确度较低的仪器。因为据统计,一般把测量准确度提高一个数量级时,测量成本大致上也将提高一个数量级,故一味追求使用过高准确度的仪器,势必造成不必要的浪费。

3. 利用不确定度合理选择最佳测量方法和条件

通常测量结果总是与若干条件有关,如何选择测量条件使测量结果的准确度最高呢?通过不确定度的计算可以帮助我们选择最佳测量方法和最有利条件。

一般来说,选择测量条件都要从误差分析着手,合理地选择参数。在有些情况下,确实存在最有利的测量条件,从数学上讲就是函数存在极值。如何找到最有利条件呢?

设间接测量量与直接测量量的关系为

$$N = f(x_1, x_2, \cdots, x_n)$$

若 x_i 各量的不确定度 U_i 为已知，相应 N 的不确定度为 U_N，$\dfrac{U_N}{N}$ 与 $\dfrac{U_i}{x_i}$ 的关系由不确定度传递公式确定[见式(1-5-17)和式(1-5-18)]。为了使 $\dfrac{U_N}{N}$ 为极小值，则要求 $\dfrac{\partial}{\partial x_i}\left(\dfrac{U_N}{N}\right) = 0$，由此可定出最有利测量条件。

例如，用滑线式惠斯通电桥测量电阻时（参阅第三章实验十一"惠斯通电桥"，图3-11-2所示），已知电桥平衡条件

$$R_x = \frac{L_1}{L_2}R_0 = \frac{L_1}{L-L_1}R_0$$

式中：R_0 为已知标准电阻；L_1 和 L_2 为滑线电阻的两臂长，$L = L_1 + L_2$。

忽略检流计误差时，由不确定度的绝对值合成公式有

$$\frac{U_{R_x}}{R_x} = \frac{U_{R_0}}{R_0} + \frac{U_{L_1}}{L_1} + \frac{U_{L_2}}{L_2} = \frac{U_{R_0}}{R_0} + \frac{U_{L_1}L}{(L-L_1)L_1}$$

即滑线式电桥的相对不确定度是比较臂相对不确定度和长度测量相对不确定度两项之和。假定 R_0、L 为准确值，则

$$\frac{U_{R_x}}{R_x} = \frac{U_{L_1}L}{(L-L_1)L_1}$$

由

$$\frac{\partial}{\partial L_1}\left(\frac{U_{R_x}}{R_x}\right) = 0$$

得

$$\frac{L(L-2L_1)U_{L_1}}{L_1^2(L-L_1)^2} = 0$$

故

即

$$L - 2L_1 = 0$$

$$L_1 = \frac{L}{2}$$

又可证

$$\frac{\partial^2}{\partial L_1^2}\left(\frac{U_{R_x}}{R_x}\right) > 0$$

所以滑键确实存在一个最佳的位置，$L_1 = L_2 = L/2$ 是滑线式惠斯通电桥测量电阻的最有利条件。即滑键在滑线的中点位置时，测量的准确度最高。

第六节　有效数字及其运算规则

任何物理实验都有误差，与被测量有关的一些数值，如直接测量的读数在数据记录时应取

几位数字？间接测量中的数值运算结果又要保留几位数字？这就是本节要介绍的有效数字及其运算规则。

一、有效数字的概念

1. 有效数字的定义

为了理解有效数字的概念,先举一个例子。如图1-6-1所示,用一把最小刻度为毫米的米尺测量某一长度 L,物体长度12.3cm＜L＜12.4cm,其右端点超过 12.3cm 刻度线,估读为0.04cm 或 0.05cm 或 0.06cm。前 3 位数字"12.3"是直接读出的,称为可靠数字,而最后一位数"4"或"5"或"6"是在最小刻度间估读出来的,估读的结果因人而异,存在误差,我们把这一位数字称为可疑数字。定义:测量结果中可靠数字和一位可疑数字合称为有效数字,上例中读数为 12.34cm 或 12.35cm 或 12.36cm,它们都是 4 位有效数字。

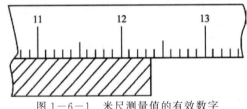

图 1-6-1 米尺测量值的有效数字

2. 有效数字的基本性质

(1) 有效数字的位数与仪器准确度有关。用不同准确度的仪器测同一物理量,仪器准确度越高的有效数字位数越多。例如,用米尺测量某一长度 $L=2.52$cm,有效数字为 3 位;用比米尺准确度高的二十分度的游标卡尺测量,则$L=2.525$cm,有效数字为 4 位;而用准确度更高的螺旋测微计测量,则 $L=2.5252$cm,有效数字增至 5 位。

(2) 有效数字的位数与小数点的位置无关。在十进制单位中,有效数字的位数与单位变换无关,即与小数点的位置无关。例如,物件长度测量为 10.20cm 可以变换为 0.1020m,也可以变换为 0.0001020km,它们都是 4 位有效数字。从该例子不难看出:凡数值中间和末尾的"0"均为有效数字,但数值前的"0"则不属于有效数字,如 0.0001020km 有效数字的位数是4 位。

(3) 有效数字的科学记数法。在表示物理实验的测量结果时,为了更方便地反映有效数字的位数,应尽量采用科学记数法,即在小数点前只写一位非零数字,用 10 的几次幂来表示其数量级。例如,3.8×10^5m,4.123×10^{-7}s 分别表示两个量的有效数字是 2 位和 4 位,而如果将 3.8×10^5m 记成 380000 不但烦琐,而且有效数字的位数错误,人为地将准确度提高了 4 个数量级。

二、直接测量量有效数字的读取

在进行直接测量时,要用各种各样的仪器和量具。从仪器和量具上直接读数,必须正确读取有效数字,它是进一步估算误差和数据处理的基础。

一般而言,仪器的分度值是考虑到仪器误差所在位来划分的。由于仪器多种多样,读数规则也略有区别。正确读取有效数字的方法大致归纳如下：

（1）一般读数应读到最小分度以下再估读一位，但不一定估读 1/10，可根据情况（如分度的间隔、刻线、指针的粗细及分度的数值等）估读最小分度值的 1/5、1/4 或 1/2。但无论怎样估计，最小分度位总是可靠数字，最小分度的下一位是估计的可疑数字。

（2）有时读数的估计位取在最小分度位。如仪器的最小分度值为 0.5，则 0.1、0.2、0.3、0.4 及 0.6、0.7、0.8、0.9 都是估计的；如仪器的最小分度值为 0.2，则 0.1、0.3、0.5、0.7、0.9 都是估计的。这类情况都不必再估读到下一位。

（3）游标类量具只读到游标分度值，一般不估读，特殊情况估读到游标分度值的一半。

（4）数字式仪表及步进读数仪器（如电阻箱）不需要进行估读，仪器所显示的末位就是可疑数字。

（5）在读取数据时，如果测量值恰好为整数，则必须补"0"，一直补到可疑数字位。例如，用最小刻度为 1mm 的钢板尺测量某物体的长度恰好为 17mm 时，应记为 17.0mm；如果改用游标卡尺测量同一物体，读数也为整数，应记为 17.00mm；如果再改用千分尺来测量，读数仍为整数，则应记为 17.000mm；切不可一律记为 17mm。

三、间接测量量有效数字的运算

间接测量量测量结果的有效数字，最终应由测量不确定度来决定。但是在计算不确定度值之前，间接测量量需要经过一系列的运算过程。运算时参加运算的量可能很多，有效数字的位数也不一致。如果数字相乘，位数会增加；如果数字相除而又除不尽，位数可以无止境。因此，在有效数字的运算过程中，为了不致因为运算而引进"误差"或损失有效数字位数，影响测量结果的精确度，所以应尽可能地简化运算过程，统一规定有效数字的运算规则。

有效数字运算总原则是：可靠数字与可靠数字进行运算时，其结果仍为可靠数字；可疑数字与可靠数字以及可疑数字与可疑数字进行运算时，其结果为可疑数字；在运算最后结果中一般只保留一位可疑数字，其余可疑数字应根据尾数取舍规则处理。

具体运算可以按以下规则进行。

1. 有效数字的加减运算

几个数进行加减运算时，其结果的有效数字末位和参加运算的诸量中末位数数量级最大的那一位取齐，称为"尾数取齐"。例如，$32.1 + 3.276 = 35.4$，$26.65 - 3.926 = 22.72$。

2. 有效数字的乘除运算

几个数进行乘除运算时，结果保留的有效数字位数与诸量中有效数字位数最少的那个相同，称为"位数取齐"。例如，$1.1111 \times 1.11 = 1.23$。

3. 有效数字的函数运算

在进行函数运算时，不能采用四则运算的有效数字运算规则。一般来说，可以用微分方法求出该函数的误差公式，再将直接测量的不确定度代入公式，以确定函数有效数字的位数。若直接测量值没有标明不确定度，则在直接测量值的最后一位数字上取 1 个单位作为测量值的不确定度代入公式。

下面通过举例说明函数运算的有效数字取位方法。

（1）对数。

【例 1—4】 已知 $x=23.3$，求 $\ln x$。

解：对 $\ln x$ 求全微分得误差公式为

$$d(\ln x)=\frac{dx}{x}$$

由于直接测量值 x 没有标明不确定度，故在直接测量值的最后一位数上取 1 作为测量值的不确定度，即 $dx=0.1$，将 x，dx 代入上式，得

$$d(\ln x)=4.3\times10^{-3}$$

若不确定度取一位，$\ln x$ 的位数应保留到小数点后三位，即

$$\ln x=\ln 23.3=3.148$$

一般情况下，对数函数运算结果的有效数字中，小数点后的位数与该数 x 有效位数相同。

（2）三角函数。

【例 1—5】 用仪器误差为 $1'$ 的分光计测量光的偏转角。若测得偏转角 $x=41°24'$，求 $\sin x$。

解：对 $\sin x$ 求全微分得出误差公式为

$$d(\sin x)=\cos x\cdot dx$$

将 $x=41°24'$，$dx=1'=0.000291\text{rad}$，代入上式，得

$$d(\sin x)=\cos 41°24'\times0.000291=2.2\times10^{-4}$$

若不确定度取一位，$\sin x$ 的位数应保留到小数点后四位，即

$$\sin x=0.6613$$

注意：三角函数不确定度的计算，通常以"弧度"为单位运算。

（3）指数。

【例 1—6】 已知 $x=9.34\pm0.05$，求 e^x。

解：对 e^x 求全微分得误差公式为

$$d(e^x)=e^x\cdot dx$$

将 $x=9.34$，$dx=0.05$ 代入上式，得

$$d(e^x)=e^{9.34}\times0.05=11384.408\times0.05=5.7\times10^2$$

若不确定度取一位，e^x 的位数应保留到百位，即

$$e^x=1.14\times10^4$$

可见，对于指数函数的运算结果应按科学记数法表示，小数点前保留一位非零数字，小数点后保留的位数与指数中小数点后的位数相同。

（4）开方。

【例 1—7】 已知 $x=9.346$，求 $\sqrt[3]{9.346}$。

解：对 $\sqrt[n]{x}$ 求全微分得误差公式为

$$d(\sqrt[n]{x})=\frac{dx}{n\,(\sqrt[n]{x})^{n-1}}$$

将 $n=3$，$x=9.346$，取 $dx=0.001$，代入上式，得

$$d(\sqrt[3]{9.346}) = \frac{0.001}{3 \times (\sqrt[3]{9.346})^2} = 7.5 \times 10^{-5}$$

若不确定度取一位,$\sqrt[n]{x}$ 的位数应保留到小数点后五位,即

$$\sqrt[3]{9.346} = 2.10640$$

4. 常数和系数的有效数字

在计算公式中出现 π、e、1/2 等常数时,有效数字取位无限制,不作为计算结果有效数字的依据,参考其他数值,需要几位可以写几位。

测量值的有效数字及其运算是每一个实验者都要遇到的问题,因此,实验者必须掌握按有效数字及其运算规则进行读数、记录及处理和表示运算结果的基本功。在实际问题中,为防止多次取舍而造成误差的累积效应,常常采用在中间运算时多取一位的办法。在计算器和计算机已经相当普及的今天,要学会正确取舍数据,切不可盲目照抄计算器上显示的计算结果,更不要认为计算结果的位数保留越多越好。

第七节　数据处理方法

科学实验的目的是为了找出事物内在的规律,或检验某种理论的正确性,或准备作为以后实践工作的依据,因而对实验测量收集的大量数据必须进行正确的处理。所谓数据处理就是对实验数据进行记录、整理、计算、作图和分析等多方面的处理过程。根据不同的需要,可以采取不同的处理方法。常用的数据处理方法有列表法、作图法、逐差法和线性拟合最小二乘法等。

一、列表法

列表法就是把测量数据按一定规律列成表格,表示物理量之间关系的一种方法。列表法是常用的一种记录数据的方法。它具有记录和表示数据简单明了,便于表示物理量之间的对应关系,在测量和计算过程中随时检查数据是否合理,及早发现异常问题及提高处理数据的效率等优点,同时也为作图提供了方便。列表的要求如下:

（1）表格设计合理、简单明了,重点考虑如何能够完整地记录原始数据及揭示相关物理量的对应关系。

（2）反映测量函数关系的数据表格应按自变量由小到大或由大到小的顺序排列。

（3）表格的上方写明表格的序号和名称,表头栏中标明物理量、所用单位和量值的数量级等。

（4）原始数据应列入表中,计算过程的一些中间结果和最后结果也可以列到表格中。表格中所列数据应是正确反映测量结果的有效数字。

（5）在表格中记录测量日期、有关参数和必要的实验条件。

二、作图法

作图法是一种用图线直观地表示一系列数据之间的关系或其变化情况的方法。用作图法表示物理量之间的关系和变化,既直观又形象,能反映出物理量之间的变化规律,而且图线具

有连续性,通过内插、外延等方法可以得到列表法中没有的中间值或测量范围之外的数值,从中得到较完整的实验规律。通过图线可以找出它们之间对应的函数关系,求得经验公式,探求物理量之间的变化规律。通过作图还可以帮助我们发现测量中的失误、不足与"异常数据",用来指导进一步的实验和测量。定量的图线是工程师和科学工作者最感兴趣的实验结果的表达形式之一。

1. 作图法的基本规则

(1) 选择合适的坐标纸。

依据物理量变化的特点和参数,先确定选用合适的坐标纸,如直角坐标纸、双对数坐标纸、单对数坐标纸或极坐标纸等,其中直角坐标纸的应用范围最广。坐标纸的大小和坐标轴的比例,应根据所测得的数据和结果的需要来确定。原则上数据中的可靠数字在图中也应可靠,数据中的可疑数字在图中应是估计的,图中读出的有效数字位数与测量得到的位数一致。如果只是示意图,就不必在意有效数字的问题,只要把图幅设计到大小、比例合适就可以了。实验中,不要求用作图法求解物理量大小的图,大部分都是示意图。

(2) 确定坐标轴和标注坐标的分度。

合理选择坐标轴并且正确分度,是一张图做得好坏的关键。习惯上,常将自变量作为横坐标轴,因变量作为纵坐标轴,并标出坐标轴的方向。坐标轴确定后,应当注明该轴所代表的物理量名称和单位,还要在轴上均匀地标明该物理量的坐标分度。

为了使图线在坐标纸上布局合理并且充分利用坐标纸,坐标轴的起点不一定从变量的"0"开始。一般情况下可以用低于原始数据最小值的某一整数作为坐标分度的起点,用高于原始数据最大值的某一个整数作为终点。要尽量使图线比较对称地充满整个图纸,避免使图偏于一角或一边。

为便于读数和描点,选定比例时应使最小分格代表"1"、"2"、"5"、"10",而不要用"6"、"7"、"9"来划分标尺。

(3) 标点。

根据测量数据,找到每个实验点在坐标纸上的位置,用削尖的铅笔以"×"标出各点的坐标位置,力求与测量数据对应的坐标准确落在"×"的交点上。若在同一张图上绘制几条不同的曲线,为区别不同函数关系的点,可以用不同的符号做出标记,如用"+"、"△"、"⊙"等以示区别,并在适当的位置上注明各符号代表的意义。

(4) 连线。

连线时必须使用绘图工具,最好用透明的直尺、三角板、曲线板等。根据图上各实验点的分布和趋势,把数据点连成直线或光滑曲线。由于测量存在误差,所以连线不一定通过所有的点,而应该使测量点较均匀地分布在连线的两侧。在画连线时,如果发现个别偏离过远的点,应重新审核该数据点,并进行分析以决定取舍,这样描绘出来的连线具有"取平均"的效果。

绘制仪器仪表的校正曲线,应将相邻两点连成直线段,整个校正曲线图呈折线形式。

(5) 图注。

在图纸的明显位置写出图的名称、测试条件、作者姓名和日期,此外还可以加注必要的简短说明。

2. 图解法求直线的斜率和截距

利用已作好的图线,定量的求出待测量或得出经验公式,称为图解法。例如,一些物理量之间为线性关系,其图线为直线,通过求直线的斜率和截距,可以方便地求得相关的间接测量物理量,进而得出完整的直线方程。直线图解法的步骤如下。

（1）选点。

求直线的斜率一般用两点法而不用一点法,因为直线不一定通过原点。在直线上取相距较远的两点 $A(x_1, y_1)$ 和 $B(x_2, y_2)$,此两点不一定是实验数据点,并用与实验数据点不同的记号表示,在记号旁注明其坐标值。这两点尽量分开些,如果这两点靠得太近,计算斜率时会减少有效数字的位数;但也不能在实验数据范围以外选点,因为它已无实验依据。

（2）求斜率。

设直线方程为 $y = a + bx$,将 A 和 B 两点坐标代入,便可计算出斜率,即

$$b = \frac{y_2 - y_1}{x_2 - x_1} \qquad (1-7-1)$$

（3）求截距。

若横坐标起点为零,可将直线用虚线延长得到纵坐标的交点,便可求出截距。若起点不为零,则可以用公式计算出截距

$$a = \frac{x_2 y_1 - x_1 y_2}{x_2 - x_1} \qquad (1-7-2)$$

此外,为减少误差可采用三点法求出截距,即如果 x 坐标轴的起点不为零,则在直线上取第三个非实验点的数据 $C(x_3, y_3)$,代入公式 $y = a + bx$ 求出,即

$$a = y_3 - \frac{y_2 - y_1}{x_2 - x_1} x_3 \qquad (1-7-3)$$

利用描点作图求斜率和截距是一种粗略的方法,严格的方法应用线性拟合最小二乘法。

3. 曲线的改直

由于直线是最容易绘制的图线,也便于使用,但多数物理量之间的关系是非线性的。因此,人们总希望通过适当的变化将它们变成线性关系,这种方法称为曲线改直法,对于实验数据的处理会很方便。常用的可以线性化的函数举例如下:

（1）$y = ax^b$,a、b 为常数。则 $\lg y = \lg a + b \lg x$,$\lg y - \lg x$ 图是直线,斜率为 b,截距为 $\lg a$。

（2）$y = a e^{-bx}$,a、b 为常数。则 $\ln y = \ln a - bx$,$\ln y - x$ 图是直线,斜率为 $-b$,截距为 $\ln a$。

（3）$y = ab^x$,a、b 为常数。则 $\lg y = \lg a + x \lg b$,$\lg y - x$ 图是直线,斜率为 $\lg b$,截距为 $\lg a$。

（4）$x \cdot y = c$,c 为常数。则 $y = \dfrac{c}{x}$,$y - \dfrac{1}{x}$ 图是直线,斜率为 c。

（5）$y^2 = 2px$,p 为常数。则 $y^2 - x$ 图是直线,斜率为 $2p$。

（6）$x^2 + y^2 = a^2$,a 为常数。则 $y^2 = a^2 - x^2$,$y^2 - x^2$ 图是直线,斜率为 -1,截距为 a^2。

4. 作图法举例

【例 1-8】 为确定电阻随温度变化的关系式,测得铜的电阻 R 与温度 t 对应的一组数据,如表 1-7-1 所列,试用作图法作出 $R-t$ 曲线（直线）,并确定关系式 $R = a + bt$。

表 1-7-1　R-t 曲线数据表

测量次数	1	2	3	4	5	6	7	8
$t/℃$	15.0	20.0	25.0	30.0	35.0	40.0	45.0	50.0
R/Ω	28.05	28.52	29.10	29.56	30.10	30.57	31.00	31.62

解:选用直角坐标纸,横坐标表示温度 t,每小格代表 1.0℃;纵坐标表示电阻 R,每小格代表 0.10Ω。根据测量数据描点,绘制铜的电阻与温度曲线,如图1-7-1所示。由图中数据点分布可知,铜的电阻与温度为线性关系,即铜电阻和温度关系可表示 $R=a+bt$。

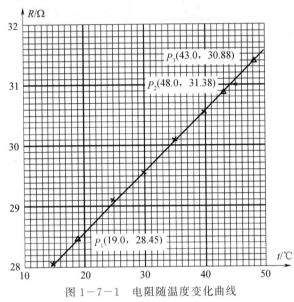

图 1-7-1　电阻随温度变化曲线

在图中任选两点 $P_1(19.0,28.45)$ 和 $P_2(48.0,31.38)$,将这两点的坐标代入式(1-7-1)中就可得到斜率

$$b=\frac{y_2-y_1}{x_2-x_1}=\frac{31.38-28.45}{48.0-19.0}=0.101(\Omega/℃)$$

由于图中无 $x=0$ 点,将第三点 $P_3(43.0,30.88)$ 代入式(1-7-3)得到截距

$$a=y_3-\frac{y_2-y_1}{x_2-x_1}x_3=30.88-\frac{31.38-28.45}{48.0-19.0}\times43.0=26.54(\Omega)$$

由此得到电阻与温度的关系

$$R=(26.54+0.101t)\Omega$$

作图法有很多优点,但也存在不足之处。由于受坐标纸图幅的限制,有时不能充分反映测量值的有效数字。另外,不同的人描绘同一数据,结果也不尽相同。因此,作图法是一种粗略的数据处理方法。

三、逐差法

逐差法是物理实验中常用的数据处理方法之一。它适用于两个被测量量之间存在多项式函数关系、自变量为等间距变化的情况。

逐差分为逐项逐差和分组逐差。逐项逐差就是把实验数据进行逐项相减,用这种方法可以验证被测量之间是否存在多项式函数关系。如果函数关系满足 $y=ax+b$,逐项逐差所得差值应近似为一常数;如果函数关系满足 $y=ax^2+bx+c$ 的形式,则二次逐差所得近似为一常数。分组逐差是将数据分成高、低两组,对应项相减,这样做可以充分利用数据,具有对数据取平均的效果,从而较准确地求得多项式系数的值。

本课程主要介绍逐差法的一般应用,即用逐差法求线性关系式 $y=a+bx$ 中的斜率。

设两个变量之间满足线性关系 $y=a+bx$,且自变量 x 是等间距变化的。把因变量 y 和自变量 x 在实验中得到的测量数据,按顺序分成对应的两组

$$x_1,x_2,\cdots,x_i,\cdots,x_n \text{ 和 } x_{n+1},x_{n+2},\cdots,x_{n+i},\cdots,x_{2n}$$
$$y_1,y_2,\cdots,y_i,\cdots,y_n \text{ 和 } y_{n+1},y_{n+2},\cdots,y_{n+i},\cdots,y_{2n}$$

若采用分组逐差,求得斜率 b

$$b=\frac{\overline{\Delta y}}{\overline{\Delta x}}=\frac{\sum\limits_{i=1}^{n}\Delta y_i}{\sum\limits_{i=1}^{n}\Delta x_i}=\frac{\sum\limits_{i=1}^{n}(y_{n+i}-y_i)}{\sum\limits_{i=1}^{n}(x_{n+i}-x_i)} \tag{1-7-4}$$

这样,测得的数据全部都用上了,达到了多次测量取平均值和减小误差的目的。

若采用逐项逐差,求得斜率 b

$$b=\frac{\overline{\Delta y}}{\overline{\Delta x}}=\frac{\sum\limits_{i=1}^{n-1}(y_{1+i}-y_i)}{\sum\limits_{i=1}^{n-1}(x_{1+i}-x_i)}=\frac{y_n-y_1}{x_n-x_1} \tag{1-7-5}$$

结果只有第一个数据与最后一个数据参入运算,测得结果的误差只与这两个数值有关,达不到多次测量减小误差的目的。

下面通过一个具体的例子来说明如何使用逐差法,以及逐差法的优点。

【例 1-9】　用伏安法测电阻,得到一组数据如表 1-7-2 所列。测量时电压每次增加 2.00V。现在要验证 $U=IR$ 这个关系式,并求出 R 值——数学形式上相当于 I 的系数。

表 1-7-2　用伏安法测电阻

测量次数	1	2	3	4	5	6	7	8	9	10
电压 U_i/V	0	2.00	4.00	6.00	8.00	10.00	12.00	14.00	16.00	18.00
电流 I_i/mA	0	3.95	8.00	12.05	16.10	20.05	24.05	28.00	32.10	36.15
逐项 $\Delta I_{1,i}=I_{i+1}-I_i/\text{mA}$	3.95	4.05	4.05	4.05	3.95	4.00	3.95	4.10	4.05	
分组 $\Delta I_{5,i}=I_{i+5}-I_i/\text{mA}$	20.05	20.10	20.00	20.05	20.05					
分组 $\Delta V_{5,i}=V_{i+5}-V_i/\text{V}$	10.00	10.00	10.00	10.00	10.00					

由表 1-7-2 中逐相减项所得的 $\Delta I_{1,i}=I_{i+1}-I_i$ 值可以看出它们基本相等,说明 I 和 U 呈线性关系。

要求计算电压每升高 2.00V 时,电流的平均增加量的话,可以有两种不同的方法:

(1) 逐项逐差。

$$\overline{\Delta I_1}=\frac{\sum\limits_{i=1}^{9}\Delta I_{1,i}}{9}=\frac{(I_2-I_1)+(I_3-I_2)+\cdots+(I_{10}-I_9)}{9}=\frac{I_{10}-I_1}{9}$$

这样,中间数值全部没有参入计算,起作用的只是始末两次的测量数值,这样做减少了数据利用率,达不到求平均值的效果。因此,逐项逐差的方法不宜用来求平均值。

（2）分组逐差。

将数据分成高组（$I_6, I_7, I_8, I_9, I_{10}$）和低组（$I_1, I_2, I_3, I_4, I_5$）两组,求得各 $\Delta I_{5,i}$,然后求平均值,得到电压改变 10.00V 电流的平均增加量,即

$$\overline{\Delta I_{5,i}} = \frac{\sum_{i=1}^{5}(I_{i+5} - I_i)}{5} = \frac{(I_{10} - I_5) + (I_9 - I_4) + \cdots + (I_6 - I_1)}{5} = 20.05(\text{mA})$$

这样做,全部测量数据都得到了利用,达到了多次测量取平均值和减小误差的目的。

因此,用伏安法测得的电阻为

$$R = \frac{\overline{\Delta V_{5,i}}}{\overline{\Delta I_{5,i}}} = \frac{10.00}{20.05} = 0.499(\text{k}\Omega)$$

用逐差法处理数据时,需要注意以下几个问题:

（1）在验证函数表达式的形式时,要用逐项逐差,而不要用分组逐差,这样可以检验每个数据点之间的变化是否符合规律,而不致发生假象,即不规律性被平均效果掩盖起来。

（2）在用逐差法求多项式的系数值时,不能逐项逐差,必须把数据分成两组,对高组和低组的对应项逐差,这样才能充分利用数据。

（3）用分组逐差时,应把数据分成两组。如果测量数据不是偶数组,计算时就需要去头、尾或中间一组。

四、最小二乘线性拟合法

1. 回归分析法

根据前面介绍,作图法或逐差法都可以用来确定两个物理量之间的定量函数关系。然而,两者也都存在着某些缺点和限制。不同的人用相同的实验数据作图,由于主观随意性,拟合出的直线（或曲线）往往是不一致的,因此通过斜率或截距计算的结果也是不同的;逐差法也受到函数形式和自变量变化要求的限制。且两种方法的准确度都较低,相比而言,回归分析法是一种更严格、准确度更高的数据处理方法。

所谓回归分析法,就是用数理统计的方法去处理数据,并确定其函数关系的方法,已广泛地应用在工程和实验技术等方面。一个完整的回归分析法过程应包括三个环节:首先,根据理论推断或者实验数据变化的趋势推测出函数的具体形式,例如,推断某物理量 x 和 y 之间的关系是线性关系,则函数形式可写成

$$y = a + bx$$

如果是指数关系,则可写成 $y = ae^{bx} + c$ 等,这些方程通常称为回归方程;第二个环节是用实验数据确定方程中的待定常数 a、b、c 等的最佳值;第三个环节是根据实验数据来检验所推断的函数关系是否合理。本书重点介绍第二环节。

限于本课程教学要求,我们只研究一元线性回归,即只有一个自变量的线性函数关系,实际上就是确定线性关系中的待定系数 a 和 b。一旦 a 和 b 确定之后,直线就确定了,这个过程又称为直线拟合,得到的关系称为经验公式。

2. 最小二乘法
（1）最小二乘原理。

高斯从解决一系列等精度测量最佳值的问题中建立了最小二乘原理,即最佳值就是能使各次测量误差的平方和为最小的那个值。用公式表示为

$$\sum_{i=1}^{n} (x_i - x_{最佳})^2 = \min \qquad (1-7-6)$$

最小二乘中的"二"指的是平方。

（2）一元线性回归(直线拟合)。

假定最佳直线方程为

$$y = a + bx \qquad (1-7-7)$$

在等精度测量条件下得到一组测量数据为

$$x = x_1, x_2, \cdots, x_n$$
$$y = y_1, y_2, \cdots, y_n$$

由此得到 n 个观测方程:

$$\begin{cases} y_1 = a + bx_1 \\ y_2 = a + bx_2 \\ \vdots \\ y_n = a + bx_n \end{cases} \qquad (1-7-8)$$

一般情况下,观测方程个数大于未知量的数目时,a、b 的解不确定。因此,如何从这 n 个观测方程中确定出 a、b 的最佳值,或者说如何从以 x_i、$y_i (i=1,2,\cdots,n)$ 为实验点画出的直线中确定出最佳直线是问题的关键。使用最小二乘法可以解决这个问题。

在测量中 x 和 y 都存在误差,为了简化问题的研究,我们把这些误差归结到 y 的测量误差,并记作 $\varepsilon_1, \varepsilon_2, \cdots, \varepsilon_n$。把 ε_i 和 x、y 的各测量值代入式(1-7-8)中,得

$$\begin{cases} \varepsilon_1 = y_1 - (a + bx_1) \\ \varepsilon_2 = y_2 - (a + bx_2) \\ \vdots \\ \varepsilon_n = y_n - (a + bx_n) \end{cases} \qquad (1-7-9)$$

按最小二乘原理,a、b 的最佳值应满足

$$S = \sum_{i=1}^{n} \varepsilon_i^2 = \sum_{i=1}^{n} (y_i - a - bx_i)^2 = \min \qquad (1-7-10)$$

$\sum_{i=1}^{n} \varepsilon_i^2$ 最小,即 S 最小。满足式(1-7-10)的条件为

$$\frac{\partial S}{\partial a} = 0, \frac{\partial S}{\partial b} = 0, \frac{\partial^2 S}{\partial a^2} > 0, \frac{\partial^2 S}{\partial b^2} > 0 \qquad (1-7-11)$$

把式(1-7-10)分别对 a 和 b 求偏微分,并令一阶偏微分为零,得

$$\begin{cases} \dfrac{\partial \sum\limits_{i=1}^{n} \varepsilon_i^2}{\partial a} = -2\sum_{i=1}^{n} (y_i - a - bx_i) = 0 \\ \dfrac{\partial \sum\limits_{i=1}^{n} \varepsilon_i^2}{\partial b} = -2\sum_{i=1}^{n} (y_i - a - bx_i)x_i = 0 \end{cases} \qquad (1-7-12)$$

整理,得

$$\begin{cases} \sum_{i=1}^{n} y_i - na - b\sum_{i=1}^{n} x_i = 0 \\ \sum_{i=1}^{n} x_i y_i - a\sum_{i=1}^{n} x_i - b\sum_{i=1}^{n} x_i^2 = 0 \end{cases} \quad (1-7-13)$$

如果用 $\overline{x}$ 表示 x 的平均值,$\overline{x}=\dfrac{1}{n}\sum_{i=1}^{n} x_i$;$\overline{y}$ 表示 y 的平均值,$\overline{y}=\dfrac{1}{n}\sum_{i=1}^{n} y_i$;$\overline{x^2}$ 表示 x^2 的平均值,$\overline{x^2}=\dfrac{1}{n}\sum_{i=1}^{n} x_i^2$;$\overline{xy}$ 表示 xy 的平均值,$\overline{xy}=\dfrac{1}{n}\sum_{i=1}^{n} x_i y_i$ 。将这些数值代入式(1-7-13)中,得

$$\begin{cases} \overline{y} - a - b\overline{x} = 0 \\ \overline{xy} - a\overline{x} - b\overline{x^2} = 0 \end{cases} \quad (1-7-14)$$

解方程,得

$$\begin{cases} a = \overline{y} - b\overline{x} \\ b = \dfrac{\overline{x}\cdot\overline{y} - \overline{xy}}{\overline{x}^2 - \overline{x^2}} \end{cases} \quad (1-7-15)$$

或者

$$\begin{cases} a = \dfrac{\overline{x}\cdot\overline{xy} - \overline{y}\cdot\overline{x^2}}{\overline{x}^2 - \overline{x^2}} \\ b = \dfrac{\overline{x}\cdot\overline{y} - \overline{xy}}{\overline{x}^2 - \overline{x^2}} \end{cases} \quad (1-7-16)$$

式(1-7-15)或式(1-7-16)中,a 和 b 就是用最小二乘法求出的拟合直线 $y=a+bx$ 的截距和斜率的最佳值。

(3)相关系数 γ。

用回归法处理数据最困难的问题在于函数形式的选取。一般情况下函数形式的选取要依靠理论分析,但在理论还不清楚的时候,只能依靠实验数据画出图线的趋势来推测。对同一组实验数据,不同的人可能选取(推测)不同的函数形式,也就得出不同的结果。判断结果正确性应该有一个判断依据,这里采用相关系数作为这种依据。对于一元线性回归,相关系数 γ 的定义为

$$\gamma = \frac{\overline{xy} - \overline{x}\cdot\overline{y}}{\sqrt{(\overline{x^2} - \overline{x}^2)(\overline{y^2} - \overline{y}^2)}} \quad (1-7-17)$$

γ 表示两变量之间的函数关系与线性函数的符合程度。可以证明 $|\gamma|\leqslant 1$。若 $|\gamma|$ 越接近于 1,拟合的结果合理;若 $|\gamma|=1$,则 x_i 与 y_i 全部落在回归线上;若 $|\gamma|$ 越接近于 0,则可以认为两变量 y 和 x 之间不存在线性关系,用线性函数进行拟合不合理,需要重新选取其他形式的函数关系。$\gamma>0$,拟合直线斜率为正值,称为正相关;$\gamma<0$,拟合直线斜率为负值,称为负相关。

用回归法处理数据在理论上比较严密,一旦函数形式被选定后,其结果是唯一的,不会因人而异。其他方法则不然,如用作图法处理同样的数据,即使肯定是线性关系,不同的人绘制的直

线也会不一样。这正是回归法优于作图法的地方。

（4）a 和 b 不确定度的估算（供参考）。

一般来说，一列测量值 y_i 的偏差大（即由数据点对直线的偏差大），那么由这列数据求出的 a、b 值的误差也大，由此确定的回归方程的可靠性就差；反之，亦然，即由 a、b 确定的回归方程 $y=a+bx$ 的可靠性就好。可以证明，在假设只有 y_i 存在明显随机误差的情况下，y_i 的标准偏差 S_y 为

$$S_y = \sqrt{\frac{\sum\limits_{i=1}^{n} \varepsilon_i^2}{n-2}} = \sqrt{\frac{\sum\limits_{i=1}^{n}(y_i - a - bx_i)^2}{n-2}} \qquad (1-7-18)$$

a 和 b 的标准偏差（A 类不确定度）分别为

$$S_a = \sqrt{\frac{\overline{x^2}}{n(\overline{x^2} - \overline{x}^2)}} S_y \qquad (1-7-19)$$

$$S_b = \frac{S_y}{\sqrt{n(\overline{x^2} - \overline{x}^2)}} \qquad (1-7-20)$$

（5）最小二乘法应用举例。

【例 1-10】 测得某铜棒的长度 l 随温度 t 的变化数据如表 1-7-3 所列，使用最小二乘法求 $l-t$ 的经验公式，并求出 0℃时的铜棒长度 l_0 和热膨胀系数 α。

表 1-7-3　铜棒长度与温度数据表

$t/℃$	20	30	40	50	60
l/mm	1000.36	1000.53	1000.74	1000.91	1001.06

解：根据测量数据和相关公式，将各数据列于表 1-7-4 中。

表 1-7-4　实验数据对应表

i	$x_i(t_i)$	$y_i(l_i)$	x_i^2	y_i^2	$x_i y_i$
1	20	1000.36	400	1000720.13	20007.2
2	30	1000.53	900	1001060.28	30015.9
3	40	1000.74	1600	1001480.55	40029.6
4	50	1000.91	2500	1001820.83	50045.5
5	60	1001.06	3600	1002121.12	60063.6
$\sum\limits_{i=1}^{5}$	200	5003.60	9000	5007202.91	200161.80
平均值	40	1000.72	1800	1001440.58	40032.36

由式（1-7-15），求出 a 和 b 的数值为

$$b = \frac{\overline{x} \cdot \overline{y} - \overline{xy}}{\overline{x}^2 - \overline{x^2}} = \frac{40 \times 1000.72 - 40032.36}{1600 - 1800} = 0.0178$$

$$a = \overline{y} - b\overline{x} = 1000.72 - 0.0178 \times 40 = 1000.008 = 1000.01$$

因此经验公式为

$$y = 1000.01 + 0.0178x \text{(mm)}$$

相关系数

$$\gamma = \frac{\overline{xy} - \overline{x} \cdot \overline{y}}{\sqrt{(\overline{x^2} - \overline{x}^2) - (\overline{y^2} - \overline{y}^2)}} \approx 0.9944$$

因 $\gamma = 0.9944$ 接近于 1，故线性回归合理。

将经验公式与 $l = l_0 + l_0\alpha t$ 进行比较，得

$$l_0 = 1000.01 \text{(mm)}$$

$$\alpha l_0 = 0.0178 \text{(mm/℃)}$$

$$\alpha = 1.78 \times 10^{-5} / ℃$$

故 $l-t$ 的经验公式为

$$l = 1000.01 \times (1 + 1.78 \times 10^{-5} t)$$

练 习 题

1. 试判断下列测量是直接测量还是间接测量？

(1) 用米尺测量物体长度；(2)用天平称量物体质量；(3)用单摆测量重力加速度；(4)用伏安法测量电阻。

2. 指出下列各量有几位有效数字？

(1) $l = 0.0002\text{cm}$；(2)$T = 2.0001\text{s}$；(3)$g = 980.342\text{cm} \cdot \text{s}^{-2}$；

(4) $\lambda_{绿} = 546.07\text{nm}$；(5)$E = 4.67 \times 10^{21}\text{J}$；(6)$I = 0.0400\text{A}$。

3. 某物体质量的测量结果为 $m = (34.286 \pm 0.063)\text{g}$，$E = 0.18\%$，$P = 95\%$，指出下列解释中哪种是正确的？

(1) 被测物体质量是 34.223g 或 34.349g。

(2) 被测物体质量是 34.223～34.349g。

(3) 在 34.223～34.349g 范围里含被测物体质量的概率约为 95%。

(4) 用 34.286g 表示被测物体质量时，其测量误差的绝对值小于 0.063g 的概率约为 68%。

4. 改正下列错误，写出正确答案。

(1) 0.20780 的有效数字为六位；

(2) $P = (34707 \pm 210)\text{mg}$；

(3) $d = (11.4435 \pm 0.0136)\text{cm}$；

(4) $E = (1.985 \times 10^{11} \pm 2.27 \times 10^9)\text{N} \cdot \text{m}^{-2}$；

(5) $(4.241 \pm 0.003)\text{kg} + (8.11 \pm 0.01)\text{kg} + (0.047 \pm 0.001)\text{kg} = (12.398 \pm 0.014)\text{kg}$；

(6) $R = 7451\text{km} = 7451000\text{m} = 745100000\text{cm}$。

5. 按有效数字的运算规则计算下列各式：

(1) $98.754 + 1.6 = $ ；　(2) $156.0 - 0.125 = $ ；

(3) $\dfrac{100.00}{25.00-5.0}=$;　(4) $\dfrac{50.00\times(19.72-9.7)}{(100+2.00\times10^2)\times(5.00+1.0\times10^{-4})}=$;

(5) $\dfrac{25^2+493.0}{\ln406.0}=$ 。

6. 写出下列间接测量量的不确定度传递公式：

(1) $V=\dfrac{\pi}{4}(D^2H-d^2h)$；(2) $K=4\pi^2\dfrac{I}{T^2}$；

(3) $\rho=\dfrac{m_1}{(m_1+m_2-m_3)}\rho_0$（$\rho_0$ 为常数，$U_{m1}=U_{m2}=U_{m3}=U_m$）。

(4) $n=\dfrac{\sin\dfrac{1}{2}(\alpha+\delta)}{\sin\dfrac{\alpha}{2}}$。

7. 用电子秒表（$\Delta_{仪}=0.01s$）测量单摆摆动 20 个周期的时间 t，测量数据如表 1 所列。试求周期 T 及测量不确定度，并写出测量结果。

表 1　数据表

次数	1	2	3	4	5	6
t/s	20.12	20.19	20.11	20.13	20.14	20.15

8. 实验测得铅球的直径 $d=(4.00\pm0.02)cm$，质量 $m=(382.34\pm0.05)g$。求铅球的密度，计算不确定度，用标准形式写出 ρ 的测量结果。

9. 一定质量的气体，当体积一定时压强与温度的关系为 $p=p_0(1+\beta t)cmHg$，通过实验测得一组数据如表 2 所列。试用作图法求出 p_0，β 并写出经验公式。

表 2　数据表

次数	1	2	3	4	5	6
$t/℃$	7.5	16.0	23.5	30.5	38.0	47.0
$p/cmHg$	73.8	76.6	77.8	80.2	82.0	84.4

10. 试用最小二乘法对习题 9 的数据进行直线拟合，求出 p_0 和 β。

第二章 物理实验中的基本测量方法和常用测量仪器的使用

第一节 物理实验中的基本测量方法

将待测物理量直接或间接地与作为基准的同类物理量进行比较,得到比值的过程,叫做测量。物理实验中的测量工作种类繁多,内容广泛,性质各异,难易程度差别极大,因而使用的测量方法也较多。同一种物理量在量值的不同范围,测量方法不同。即使在同一范围内,准确度要求不同,也可以有多种测量方法,选用何种方法要看待测物理量在哪个范围和我们对测量准确度的要求。例如,长度的测量,覆盖了整个物理学研究的尺度范围——小到微观粒子,大到宇宙深处($10^{-16} \sim 10^{26}$ m)。人们利用高分辨率电子显微镜和扫描隧道显微镜可测量原子的直径和原子的间隔;用射电望远镜已经可以探测到 10^{10} l. y 的距离(约 2.6×10^{26} m);而宏观物理的范围,一般采用力、电磁和光的放大方法进行测量,例如,我们在物理实验中就常用到的直尺、游标卡尺、螺旋测微计、电感和电容式测微仪、线位移光栅、光学显微镜、阿贝比长仪和激光干涉仪等进行测量。随着人类对物质世界更深入的了解和科学技术的发展,待测物理量的内容越来越广泛,测量方法和手段也越来越丰富,越来越先进,我们不可能在此一一介绍,仅选择物理实验中几种常用的基本测量方法。

一、比较法

比较法是物理实验中最普遍、最基本的测量方法,它是将待测量与标准量进行比较来确定测量值的。测量装置称为比较系统。因比较方式不同,比较测量法又可分为"直接比较测量法"和"间接比较测量法"两种。

1. 直接比较测量法

直接比较测量法是把待测物理量与已知的同类物理量或者标准量直接比较,这种比较通常要借助仪器或者标准量具。如用米尺测长度、用天平测质量、利用平衡法(如电位差计、电桥等)通过和标准电压或标准电阻的比较测电压或电阻等。直接比较法的特点是标准量与待测量之间的量纲相同,且简便实用、准确,它几乎存在于一切物理量测量中。但它也有一定的局限性,即要求标准量必须与待测量有相同的量纲且大小可比,例如,用米尺可以测定桌椅的尺寸,却不能测量原子的间距。

直接比较法的测量准确度取决于标准量具(或测量仪器)的准确度。因此,标准量具和测量仪器一定要定期校准,还要按照规定条件使用,否则就会产生很大的系统误差。

2. 间接比较测量法

当一些物理量难以用直接比较法测量时,可以利用物理量之间的函数关系将待测物理量与同类标准量进行间接比较测量出来。如电流、电压表等均采用电磁力矩与游丝力矩平衡时,电流大小与电流表指针的偏转角度之间有一一对应关系而制成。温度计采用物体体积膨胀与温度的关系制成。虽然它们能直接读出结果,但根据其测量原理应属间接比较测量。间接比较测量法是直接比较测量法的延续与补充。

应当指出,间接比较法是以物理量之间的函数关系为依据的。为了使测量更加方便、准确,在可能的情况下,应当尽量将上述物理量之间的关系转换成线性关系,使读数能以均匀刻度实现。例如,磁电系电表为了使电流与偏转角之间成线性关系,设计时通过在线圈中加一铁芯,使磁场由横向变为轴向,得到线圈转角 φ(或偏转格数 n)正比电流 I,即

$$I = \frac{D}{BNS}\varphi$$

这样,在表盘上刻以均匀刻线,使读数比较方便准确。

有时,只有标准量具还不够,需要借助其他的仪器设备或装置,即组成比较系统,使待测量与标准量具能够实现比较。例如,只有标准电池不能测量电压,还需要电位差计及其他附属配件组成比较系统来测量电压。

测量中常用的"互换法""置换法"是将待测量与标准量换位测量来消除系统误差,它们都可视为间接比较法,但它们的特点是异时比较。广义地看,所有的物理量测量都是待测量与标准量进行比较的过程,只不过有时比较形式不明显。

二、放大法

在物理量的测量中,有时由于被测量量过分小,以致无法被实验者或仪器直接感受和反应,此时可先通过一些途径将被测量量放大,然后再进行测量,放大被测量量所用的原理和方法称为放大法。常用的放大法有累积放大法、机械放大法、电学放大法、光学放大法等。

1. 累积放大法

在物理实验中我们常常可能遇到这样一些问题,受测量仪器精度的限制,或观察者反应的限制,单次测量的误差很大或者无法测量出待测量的有用信息。若采用累积放大法来进行测量,就可以减少测量误差获得有用的信息。例如,一根很细的金属丝,要直接用毫米尺测出它的直径是很困难的,这时,可以把它密绕在一个光滑且直径均匀的圆柱体上,用毫米尺测量 n 匝的长度 L,则 L/n 就是细丝的直径,n 就是放大倍数。再如,测定单摆摆动周期时,测 1 次摆动时,$t = T$,测量误差为 $\Delta T = \Delta t$,即周期的测量误差等于秒表的误差;而测量 100 次摆动时,$t = 100T$,周期的误差则为 $\Delta T = \Delta t/100$,由于增加了摆动次数,虽然计时仪器误差 Δt 并未改变,但是周期的测量误差却大为降低,因而提高了测量准确度。以上几种方法都有先决条件,即细丝的直径必须均匀,每次摆动的周期必须相同。这种方法即称为累积(计)放大法。

2. 机械放大法

机械放大法是最直观的一种放大方法,它是利用机械原理及相应的装置将待测量进行放大测量的方法。例如,螺旋测微计由固定套筒(主尺)和测微螺杆组成,测长就是将沿螺距的移动转化为沿周长的转动。若螺距为 0.5mm,鼓轮上划分 50 格,则放大倍数为 100 倍。由于放大作用提高了测量仪器的分辨率,由 1.00mm 提高到 0.01mm,从而提高了测量准确度。游标卡尺也是利用放大原理,将主尺上的 1.00mm 放大为游标上的 n 格,n 一般为 10、20 和 50,仪器的分辨率分别提高到 0.1mm、0.5mm、0.02mm。而迈克尔逊干涉仪则是将游标放大和螺旋放大结合起来,位移分辨率可达 0.0001mm,从而实现了精密测量。

3. 电学放大法

借助于电路或电子仪器将微弱的电信号放大后进行测量,就是电学放大法。电学放大中有直流放大和交流放大,有单级放大和多级放大,放大率可以远高于其他放大方式。随着微电子技术和电子器件的发展,各种电信号的放大都很容易实现,因而也是用得最广泛、最普遍的。例如,三极管是在任何电子电路中都可能遇到的常用元件,因为栅极的微小变化都会产生板极电流的很大变化,所以三极管常用作放大器。现在各种新型的高集成度的运算放大器不断涌现,把弱电信号放大几个至十几个数量级已不再是难事。因此,常常把其他物理量转换成电信号放大以后再转换回去(如压电转换、光电转换、电磁转换等)。为了避免放大过程失真,要求电学放大的过程应尽可能是线性放大,还要求抗外界干扰(温度、湿度、振动、电磁场影响)性能好,工作稳定,不发生漂移。

4. 光学放大法

将被测物体用助视仪器进行视角放大后再测量的方法,称为光学放大测量法。光学放大法的仪器由放大镜、显微镜和望远镜等组成。这类仪器只是在观察中放大视角,并不是实际尺寸的变化,所以并不增加误差。因而许多精密仪器都是在最后的读数装置上加一个视角放大装置以提高测量精度。微小变化量的放大原理常用于检流计、光杠杆等装置中。

测金属丝的微小伸长量所用光杠杆,是机械放大和光学放大相结合的器件,具体原理见第三章实验一。

三、平衡法

平衡原理是物理学的重要基本原理。利用满足某种平衡条件实现对物理量的测量就称为平衡测量法。例如,天平、电子秤是根据力学平衡原理设计的,可用来测量物体的质量、密度等物理量;根据电流、电压等电学量之间的平衡设计的桥式电路,可用来测量电阻、电感、电容、介电常数、磁导率等物质的电磁特性参量。同样,稳态法也是平衡法在物理测量中的具体应用,是物理实验经常采用的测量方法。当物理系统处于静态或动态平衡时,系统内的各项参数不随时间变化。利用这一状态进行测量就是稳态测量。例如,"在不良导体的导热系数测定"时,只有在稳定条件下,才满足传热速率等于散热速率这一关系,这是稳态法测导热系数的基本条件。

四、补偿法

补偿法是物理实验中经常采用的一种测量方法。它的定义如下:若某测量系统受某种作用产生 A 效应,同时受另一种同类作用产生 B 效应,如果 B 效应的存在使 A 效应显示不出来,就称 B 对 A 进行了补偿。利用这一原理进行物理测量就称为补偿测量法。补偿方法大多用在补偿测量和补偿校正系统误差两个方面,往往与比较法结合使用。

完整的补偿测量系统由待测量装置、补偿装置、测量装置和指零装置组成。待测量装置产生待测效应,要求待测量尽量稳定,便于补偿。补偿装置产生补偿效应,要求补偿量值准确达到设计精度。测量装置将待测量与补偿量联系起来进行比较。指零装置是一个比较仪器,由它来显示待测量与补偿量是否达到完全补偿。例如,电位差计利用电压补偿法(具体原理见第三章实验十三)可以精确测定未知电势差或电压。

另外,用补偿法还可以修正系统误差。在某些测量中,由于存在某些不合理因素而产生系统误差,且无法排除。于是人们想办法制造另一种因素去补偿不合理因素的影响,使得这种影响减弱、消失或对测量结果无影响,这个过程就是用补偿法校正系统误差。例如,在电路里常使用廉价的炭膜电阻和金属膜电阻,这两种电阻的温度系数都很大,只要环境温度发生变化,它们的阻值就会产生较大的变化,影响电路的稳定性。但是金属膜电阻的温度系数为正,炭膜电阻的温度系数为负,若适当地将它们搭配串联在电路里,就可以使电路不受温度变化的影响。又如在光学实验中为防止由于光学器件的引入而影响光程差,在光路里常人为地适当配置光学补偿器来抵消这种影响,迈克尔逊干涉仪中的补偿板即是典型的一例。

五、模拟法

模拟法是以相似性原理为基础,从模型实验开始发展起来的,人们在探求物质的运动规律时,常常会遇到一些特殊的、难以对研究对象进行直接测量的情况。例如,被研究的对象非常庞大或非常微小(巨大的原子能反应堆、航天飞机、物质的微观结构等),非常危险(地震、火山爆发、发射原子弹或氢弹等),或者研究对象变化非常缓慢(天体的演变、地球的进化等)。根据相似性原理,可人为地制造一个类似于被研究的对象或者运动过程的模型来进行实验,把不能或不易测量的物理量用与之类似的模拟量进行替代测量。常用的模拟法有下列几种。

1. 物理模拟

物理模拟就是人为制造的“模型”与实际“原型”有相似的物理过程和相似的几何形状并以此为基础的模拟方法。例如,为了研制新型飞机,必须掌握飞机在空中高速飞行时的动力特性,通常先制造一个与实际飞机几何形状相似的模型,并将此飞机模型放入风洞(高速气流装置),创造一个与实际飞机在空中飞行完全相似的运动状态,通过对飞机模型各部件受力情况的测试,达到短时间内以较小的代价获得可靠数据的目的。

2. 数学模拟法

数学模拟法又称为类比法,这种模拟的模型与原型在物理形式上和实质上可能毫无共同之处,但它们却遵循着相同的数学规律。例如,机电(力电)类比中,力学的共振与电学的共振虽然本质不同,但它们却有相同的二阶常微分方程,声电类比也是如此。在物理实验中,静电场既不易获得,又易发生畸变,很难直接测量,但可以用稳恒电流场来模拟静电场,虽然稳恒电流场与静电场根本不是一回事,但是由电磁场理论可知,这两种场具有相同的数学方程式,两种场的数学解自然也相同。

3. 计算机模拟

随着计算机技术的不断发展和应用,出现了计算机模拟。计算机模拟是用程序设计在计算机上动态直观显示实际的物理过程。计算机不仅能够模拟实验中可能发生的现象,还可以通过改变控制参数模拟出不能或不易进行实验的现象。计算机仿真实验丰富了实验教学思想、方法和手段,改变了传统的实验教学模式。

六、转换测量法

转换测量法是根据物理量之间的各种效应和定量函数关系,利用变换原理将不能或不易测量的物理量转换成能测或易测的物理量。由于各物理量之间存在着千丝万缕的联系,它们相互关联、相互依存,在一定的条件下亦可相互转化。当人们了解了物理量之间的相互关系和函数形式时,就可以将一些不易测量的物理量转化成可以(或易于)测量的物理量来进行测量,此即转换测量法,它是物理实验中常用的方法之一。转换测量法实际上是间接测量法的具体应用,一般分成参量转换法和能量转换测量法两大类。

1. 参量转换法

参量转换法是利用各物理量之间的函数关系进行的间接测量。例如,伏安法测电阻,单摆测量重力加速度,以及前面讲到的间接比较法大都属于此类。有时某些物理量虽然可以测定,但要精确测量则不容易,或所需要的条件苛刻或所需要的测量仪器复杂、昂贵等,但是换个途径,事情就变得简单多了,而且能够较精确地测量。最经典的例子便是利用阿基米德原理测量不规则物体的体积或密度。

2. 能量转换测量法

与参量转换不同,能量转换测量法是指某种形式的物理量,通过能量变换器,变成另一种形式物理量的测量方法。这种方式在物理实验中大量存在,其中应用最多的是非电量的电测技术,实现转换的主要部件是传感器(有时称换能器)。最常见的能量转换有如下几种。

(1) 光电转换。

光电转换是利用光敏元件将光信号转换成电信号进行测量。例如,在弱电流放大的实验中,把激光(或其他光,如日光、灯光等)照射在硒光电池上直接将光信号转换成电信号,再进行放大。例如,"光电效应及普朗克常数的测量"实验中的光电管及"气垫导轨上的实验"中的光电二极管等,就是将光信号转换为电信号。在物理实验中实现光电转换的常用光电元件还有光敏三极管、光电倍增管、光电管等。

(2) 磁电转换。

磁电转换是利用磁敏元件(或电磁感应组件)将磁学参量转换成电压、电流或电阻的测量。例如,"固体线胀系数的测量"实验中,利用霍耳元件的霍耳效应,可以将磁感应强度转换为电流、电压或其他电学量。最常用的磁敏元件是霍耳元件、磁记录元件(如读、写磁头、磁带、磁盘)、巨磁阻元件等。

(3) 热电转换。

热电转换是利用热敏元件(如半导体热敏元件、热电偶等),将温度的测量转换成电压或电阻的测量。例如,"测量不良导体导热系数"实验中的热电偶和"热敏电阻数字温度计的设计与制作"实验中的热敏电阻,都可以将温度变化转化为电学量变化,从而实现对温度的测量。

(4) 压电转换。

压电转换是利用压敏元件或压敏材料(如压电陶瓷、石英晶体等)的压电效应,将压力转换成电信号进行测量。反过来,也可以用某一特定频率的电信号去激励压敏材料使之产生共振,来进行其他物理量的测量。例如,在"超声波声速的测量"实验中,利用压电换能器将电信号转换为压力变化产生超声波发射,又利用其逆变化将接收的声波信号转换回电信号在示波器上显示,由此测定声音在空气中的传播速度。

七、光的干涉、衍射法

在精密测量中,光的干涉法和衍射法具有重要的意义。

在干涉现象中,不论是何种干涉,相邻干涉条纹的光程差的改变都等于相干光的波长。可见,光的波长虽然很小,但干涉条纹间的距离或干涉条纹的数目却是可以测量的。因此,通过对条纹数目或条纹的改变的测量,可以间接获得以波长为单位长度的测量。利用光的等厚干涉现象可以精确测量微小长度、微小角度、透镜曲率、光波波长,也可以测量微小的形变及其相关的其他物理量,还可以来检验物体表面的平面度、球面度、光洁度及工件内应力的分布等。干涉测量已形成一个科学分支,即干涉计量学。

光的衍射原理和方法可以广泛地应用于测量微小物体的大小。光的衍射原理和方法在现代物理实验方法中具有重要的地位。光谱技术与方法、X射线衍射技术与方法、电子显微技术与方法都与光的衍射原理与方法相关,衍射法在微小长度的测量和物质结构的分析中已扮演了重要角色,已成为现代物理技术与方法的重要组成部分,在人类研究微观世界和宇宙空间中发挥着重要的作用。

以上对物理实验中常用的几种基本测量方法作了概要介绍。实际上,这些方法往往是相互交叉、相互发展的。随着科学技术的发展,新的实验测量方法不断涌现,例如,磁共振技术与方法、低温和真空技术、核物理技术与方法、扫描隧道显微技术与方法、薄膜制备技术与物性研究等现代物理实验测量方法,其详细原理和测量方法不再一一叙述。

第二节　物理实验的基本调整和操作技术

使用仪器、仪表和装置测量之前,应首先对这些设备的工作状态进行调整,以达到最佳状态。这样才能将设备装置产生的系统误差减小到最低限度,保证测量结果的准确性和有效性。因此基本调整和操作技术是物理实验中的一项重要训练内容。

实验的基本调整和操作技术内容广泛,本节介绍一些最基本的且具有普遍意义的调整和操作技术。对某一实验具体使用的仪器的调整和操作将在以后有关实验中介绍。

一、基本调整技术

1. 零位调整

在测量之前应首先检查各仪器的零位是否正确。虽然仪器出厂时已经校准,但由于搬运、使用磨损或环境的变化等原因,其零位往往会发生变化。如果实验前对仪器未检查、未校准,测量结果中将人为地引入系统误差。

零位校准有两种情况:一种情况是测量仪器本身有零位校准器(如电表等),可直接进行调整,使仪器在测量前处于零位;另外一种情况,仪器零位虽然不准,但无法调整和校准(如磨损了的米尺、游标卡尺、螺旋测微计等),则需要在测量前记录零位初读数,以备在测量结果中加以修正。

2. 水平、铅直调整

物理实验所用的仪器或装置中,有些需要进行水平或铅直调整,如平台的水平、支柱的铅直等。大部分需要调整的仪器或装置自身装有水准仪或悬锤,底座有两个或三个(呈等边或等腰三角形排列)可调节的螺丝,只需调节螺丝,使水准仪的气泡居中或铅锤的锤尖对准底座上的座尖,即可达到调整要求。对有些没有水准仪或铅锤的仪器,需要调节水平或铅直时,可用自身装置进行调整,如焦利秤可以通过调整底座螺丝使悬镜处在玻璃的中间等。

对于既没有配置水平仪又不能用自身装置来调整水平的仪器,可选用相应的水准仪来调整,如用长方形水准仪来调整一般的平面,可在互相垂直的两个方向上调整;另有一种圆形水准仪,本身有相互垂直的两个方向的气泡,用它可较方便地调整较小的圆形平面,如三线摆的上下圆盘、分光计的载物平台等。

3. 消除视差的调整

使用仪器测量读取数据时,会遇到读数准线(如电表的指针、光学仪器中的十字叉丝等)与标尺平面不重合的情况,这时观察者的眼睛在不同方位读数时,得到的示值就会有一定的差异,这就是视差。

怎样判断有无视差? 方法是在调整仪器或读取示值时,观察者眼睛上下或左右稍稍移动时,观察标线与标尺刻线间是否有相对移动,若有移动说明有视差存在。要避免视差的出现,应做到在读数时正面垂直观测仪器仪表。如精密的电表在刻度盘下有平面反射镜,读数时只有垂直正视,指针和其平面镜中的像重合时,读出的标尺上的示值才是无视差的正确数值。

在光学实验中,消除视差是测量前必不可少的操作步骤。如测微目镜、望远镜、读数显微镜等,这些光学仪器在其目镜焦平面内侧装有作为读数准线的十字叉丝(或是刻有读数准线的玻璃分划板)。当用这些仪器观测待测物体时,有时会发现随着眼睛的移动,物体的像和叉丝或分划板间有相对位移,说明二者之间有视差存在。调节目镜(包括叉丝)与物镜的距离,边调节边稍稍移动眼睛观察,直到叉丝与物体所成的像之间基本无相对移动,则说明被测物体经物镜成像到叉丝所作的平面上,视差消除。

4. 消除空程误差

许多仪器(如测微目镜、读数显微镜等)的读数装置都由丝杠—螺母的螺旋机构组成,由于螺母和丝杠之间有螺纹间隙,因此,在刚开始测量或开始反向移动丝杠时,丝杠需转动一定的角度(可能达几十度)才能与螺母啮合,结果,与丝杠联在一起的鼓轮已有读数改变,而由螺母带动的机构尚未产生位移,由此引起的虚假读数,称为空程误差。为了消除空程误差,使用这类仪器时必须待丝杠—螺母啮合以后才能进行测量,还需保持整个读数过程沿同一方向行进,切勿反转。

5. 等高共轴调整

由两个或两个以上的光学元件组成的实验系统中,为获得高质量的图像,满足近轴成像条件,必须使各光学元件的主光轴重合,这就需要在观测前进行共轴调整。调整可分两步进行:首先可进行目测粗调,把光学元件和光源的中心都调到同一高度,同时要求调节各光学元件相互平行。这时,各光学元件的光轴已接近重合。然后,依据光学成像的基本规律来细调,调整可根据自准直法、二次成像法(共轭法)等,利用光学系统本身或借助其他光学仪器来进行。有关的调节方法见第三章实验二十一。为了读数准确,还需把光轴调整得与光具座平行,即各光学元件与光具座等高且光学元件中心截面与光具座垂直。

6. 逐次逼近法

仪器的调整需要经过仔细的反复调节,依据一定的判据,由粗及细逐次缩小调整范围,快捷而有效地获得所需状态的方法,称为"逐次逼近法"。特别是运用零示法的实验或零示仪器,如天平测质量、电位差计测电压或电动势、电桥测电阻等实验。采用"反向逐次逼近"调节,效果显著,也可在光路共轴调节、分光计调节中应用。方法是:首先估计待测量的值,然后选择仪器的一个相应量程进行测量,根据偏离情况渐次缩小调整范围,达到所需结果。例如,输入量为 x_1 时,零示仪器向右偏转 5 个分度,输入量为 x_2 时,向左偏转 3 个分度,可判断出零示的平衡位置应在输入量 $x_2 < x < x_1$ 范围内;输入量为 $x_3 (x_2 < x_3 < x_1)$ 时,若向右偏 2 个分度,输入量 $x_4 (x_2 < x_4 < x_3)$ 时,向左偏一个分度,则平衡位置在输入量 $x_4 < x < x_3$ 的范围内,这样逐次逼近调节,就会很快找到平衡位置。

7. 仪器的初态设置

许多仪器在正式实验操作前,需要处于正确的"初态"和"安全位置",以便保证实验顺利进行和仪器使用安全。光学仪器中有许多调节螺钉,如迈克尔逊干涉仪动镜和定镜的调节螺钉、光学测角仪中望远镜的俯仰角调节螺钉等,在调整这些仪器前,应先将这些调整螺钉处于适中状态,使其具有足够的调整量。显微镜在使用前也应使显微镜处于主尺的中间位置。

电学实验中则需要考虑一个安全位置。通电实验前,各器件要调节到安全位置。例如,连好线路而未合上开关接通电源前,应使电源处于最小电压输出位置,使滑线变阻器组成的限流电路处于电路电流的最小状态,或者组成的分压电路处于电压输出的最小状态;电路平衡调节前,要使接入指零仪器的保护电阻处于阻值最大位置等。电路的安全位置不仅保护了实验人员和仪器的安全,还能使实验顺利进行。

二、基本操作技术

1. 先定性、后定量操作原则

实验前通过预习实验内容对使用的仪器设备都已经有所了解。在进行实验时,不要急于获取实验结果,而是采取"先定性、后定量"的原则进行实验。具体作法是:调整好仪器,在进行定量测定前,先定性地观察实验变化的全过程,了解物理量的变化规律。对于有函数关系的两个或多个物理量,要注意观察一个量随其他量改变而变化的情况,得到函数曲线的大致图形。在定量测试时,可根据曲线变化趋势分配测量间隔,曲线变化平缓处,测量间隔大些,变化急剧处,测量间隔就应小些。这样,采用由不同测量间隔测得的数据作图就比较合理。

2. 电学实验的基本操作

电学实验需要电源、电气仪表、电子仪器等,许多仪表都很精密,实验中既要完成测试任务,又要注意人身安全和仪器的安全,为此应注意以下几个方面。

（1）安全用电。

实验中常用电源有 220V 交流电和 0～30V 直流电,有的实验电压高达上万伏。一般人体接触 36V 以上的电压,就会有触电的危险。因此实验中一定要注意用电安全,不要随意移动电源,接拆线路时应先关闭电源,测试中不要触摸仪器的高压带电部位,能单手操作的,不要双手操作。

（2）合理布局。

实验前对实验线路进行分析，按实验要求安排布置仪器，布局应遵循"便于连线与操作，易于观察，保证安全"的原则。需经常操作和读数的仪器放在面前，开关应放在便于使用的位置。

（3）正确接线。

接线前应先将开关断开，弄清电源及直流电表的"＋""－"极性，然后从电源的正极开始，从高电位到低电位依次连接。如果电路比较复杂，可分成几个回路，应按电路图的逐个回路接线，一个分回路接完后再接另一个分回路。连线时，要合理分配每个接线端上的导线，注意利用等势点，以使每个接线端的线尽量少，还要注意接头要旋紧。电路接线完成后，在通电之前，必须进行复查，确认电路无误，经指导教师检查同意后，才可接通电源进行实验。

（4）通电实验。

接通电路的顺序为：先接通电源，再接通测试仪器（如示波器等）；断电时顺序相反。其目的是预防电源接通或切断时因含有感性元件产生瞬间高压而损坏仪器。接通电源时，应关注所有仪器和元件，发现异常应立即切断电源，进行排查。实验过程中要暂停实验或改接电路时，必须断开电源。

（5）断电与拆线。

实验完成后，经教师检查数据合格后，先切断电源，再拆除线路，拆线要按与接线相反的顺序进行。同时要整理好仪器，并注意将仪器恢复到原来状态。有零点保护的仪器（如灵敏检流计）要置于保护状态（开关扳至短路挡）。

3. 光学实验操作技术

光学仪器是精密仪器，其机械部分大都经过精密加工，易损坏，有些仪器结构复杂，使用之前需进行仔细调整，操作时动作要轻缓，用力均匀平稳，以达到最佳使用状态。仪器应在通风、干燥和洁净的环境中使用和保存，以防受潮后发霉、受腐蚀。对长期搁置不用或备用的仪器，要按仪器说明妥善保管，并定期进行保养。

大部分光学元件都是由特种玻璃经过精密加工制成，光学面经过精细抛光，表面光洁（如三棱镜），有些元件表面有均匀镀膜（如平面反射镜），在使用时要防止磕、碰、打碎，取放时手不要接触光学面，避免擦、划、污损表面。若光学元件表面不洁，需根据元件表面的具体情况，或用镜头纸，或用无水乙醇、乙醚等来处理，切忌哈气、手擦等违规操作。光学仪器、元件平时要注意防尘。

对于光学实验所用的各种光源，实验前应了解其性能，做到正确使用，并注意防护光源的高压电源。高亮度的光源不要直视，特别是激光，绝对不要用眼睛正视，以防灼伤眼睛。

在暗房工作，各种器皿、药品要按固定位置摆放，不能随意放置，以防止用错药品，造成操作失误。

上述是一般光学仪器和元件使用时应注意的问题。随着科学技术的发展，实验仪器和设备不断更新，对于特殊的光学仪器和元件，操作技术会有特殊要求，使用与保管时应具体问题具体对待。

第三节 常用基本仪器介绍

一、长度的测量仪器

1. 米尺

米尺的种类较多,按照制作材料不同可分为 30cm、50cm、100cm 的钢直尺(也称为钢板尺)、1.5m、2m、3m 的卷尺,木制或塑料米尺,使用中可根据实际测量范围选择。米尺的最小分度值为 1mm,测量时应视实际可能及要求,估读到 0.1mm、0.2mm、0.5mm。

测量时,为了避免米尺端面磨损引起的零位误差,一般不用米尺的端面作为测量起点,通常选择某个整数刻度值与被测物体一端对齐,然后读取物体另一端的刻度值,两个刻度值之差即为待测物体的长度。

读数时使米尺贴紧被测物体,视线应正对待读刻度,以防视差引起读数误差。

考虑米尺刻度的不均匀,可以由不同起点进行多次测量求平均值。

2. 游标卡尺

游标卡尺是用于测量物体的内径、外径、长度和深度等尺寸的仪器。

(1)结构。

使用米尺测量长度时,虽然可以读到 0.1mm 位,但这一位是估读的。为了提高测量的精度,在主尺 D(毫米分度尺)上装一个可沿主尺滑动的副尺 E(称为游标),构成游标卡尺。使用游标卡尺测量长度时,不用估读就可以准确地读出最小分度的 1/10、1/20 和 1/50 等。如图 2-3-1 所示。主尺一端有与主尺垂直的固定量爪 A 和 A'。游标左端也有与主尺垂直的活动量爪 B 和 B',右端则有深度尺 C。游标上方有一个紧固螺钉 F。松开紧固螺钉 F 时,游标可以紧贴着主尺滑动,拧紧 F 时可用来固定量值读数。外量爪用于测量厚度和外径,内量爪用来测量内径,深度尺用来测量深度。它们的读数值都是由游标的零刻线和主尺的零刻线之间的距离表示出来的。

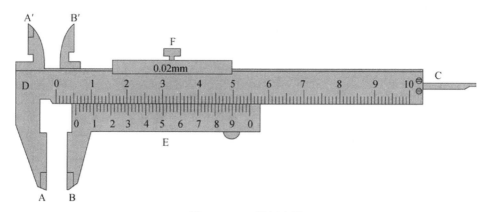

图 2-3-1 游标卡尺

A,B—外量爪;A',B'—内量爪;C—深度尺;D—主尺;E—游标;F—紧固螺钉。

（2）测量原理。

不同分度数（即格数）的游标，测量精度不同。用 a 表示主尺的每格长度，b 表示游标的每格长度，n 表示游标的分度数。使 n 个游标分度的长度与主尺 $n-1$ 个格的长度相等，则每一个游标的分度值长度 b 为

$$b = \frac{(n-1)a}{n}$$

显然，主尺最小分度值与游标分度值之差为

$$\delta = a - b = a - \frac{n-1}{n}a = \frac{a}{n}$$

δ 称为游标卡尺的分度值。目前，游标卡尺的主尺刻度为每格 1mm，游标分度值有 0.10mm、0.05mm、0.02mm。游标卡尺的分度值一般刻在游标上。

（3）读数方法。

以实验室常用 50 分度的游标卡尺为例，主尺每格长度 $a=1$mm，游标 50 个分格等于主尺上 49mm，游标卡尺的分度值为 0.02mm。

游标卡尺的读数规则如下：

① 读整数。从游标零刻线所对的主尺刻线位置上读出主尺毫米以上的数据。

② 读小数。找出游标上与主尺刻线对齐的游标刻线位置，读出游标与主尺刻线对齐的刻线数目，此刻线数目与游标卡尺的分度值相乘，得到毫米以下的数据。

③ 将整数部分与小数部分相加得到最终测量值。

如图 2—3—2 所示，游标零刻线所对主尺的位置为 19mm，游标的第 21 条线与主尺刻线对齐，则所测得的长度数据为

$$L = 19 + 21 \times 0.02 = 19.42 \text{(mm)}$$

为便于读数，50 分度游标上每隔 5 分格刻有标度 1,2,3,…,9，如图 2—3—2 所示，"1"表示从游标零刻线向右数第 5 个小格，它表示的长度是 5×0.02mm=0.10mm，其余数字意义相同，它们分别代表 0.20mm，0.30mm，…，0.90mm。因此，游标上的标度值应不假思索地计入小数点后第一位，除上述位置外，剩余部分以游标分度值的相应倍数计入。在上例中，游标上的标度值"4"右边第 1 条刻线与主尺的某一刻度线对齐，我们马上就能读出 0.42mm（$0.40+1\times0.02$mm=0.42mm）。

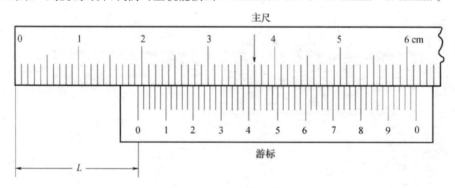

图 2—3—2　读数方法

（4）注意事项。

① 用游标卡尺测量之前先将游标卡尺合拢，检查游标的"0"刻线与主尺的"0"刻线是否对

齐。若不对齐,应记下零点读数,以做测量数据修正使用。

②　测量外尺寸时应先把外量爪开得比被测尺寸稍大,测量内尺寸时应先把内量爪张开得比被测尺寸稍小,然后慢慢推或拉游标尺框,使量爪轻轻地接触被测物体表面。测量内尺寸时,不要使劲转动卡尺,可轻轻摆动,以便找出最大值。

③　当量爪接触被测物体后,用力的大小应正好使两个量爪恰恰能接触被测物体表面。如果用力过大,尺框和量爪会倾斜一个角度,这样量出的尺寸比实际尺寸小。

④　不要用游标卡尺测量粗糙物体。夹进物体后,不要在卡口挪动物体,以防止卡口被磨损。

⑤　测量结束,使两个量爪分开一段距离,并锁住紧固螺钉,以避免因热膨胀效应损坏卡尺,并应放回盒内,存放在干燥之处。

3.　螺旋测微计(千分尺)

螺旋测微计是比游标卡尺更精密的测长量具,实验室提供的螺旋测微计的量程是 25mm,分度值是 0.01mm。用它可以准确地测出 0.01mm,并能估读出 0.001mm,故又称为千分尺。通常用来精确测量金属丝的直径、薄片的厚度等。

(1) 结构和测量原理。

螺旋测微计的构造如图 2—3—3 所示,它主要是由一根精密的测微螺杆 R 和固定套筒 S 组成。螺杆的螺距为 0.5mm,套管 S 的表面上刻有一水平线,水平线上面刻有 0～25mm 标尺,称为上标尺,水平线下面也刻有间距为 1mm 的标尺,称为下标尺。上下标尺相邻两条刻线之间的距离是 0.5mm。上标尺指示毫米数,下标尺指示半毫米数,固定套筒的外面套有微分筒 T,微分筒的左边圆周等分 50 小格,微分筒和测微螺杆共轴固定在一起,当微分筒旋转一周时测微螺杆也随之旋转一周,它们同时前进或后退 0.5mm。当微分筒转过一小格时,测微螺杆前进或后退 $\frac{0.5}{50}$ mm $= 0.01$mm。测量时在微分筒中估计出 1/10 小格,就可以估读出 0.001mm。因此,螺旋测微计精度为 0.01mm。

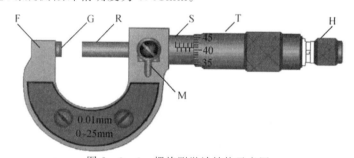

图 2—3—3　螺旋测微计结构示意图

F—尺架;G—测砧;R—测微螺杆;M—锁紧装置;S—固定套筒;T—微分筒;H—测力装置(棘轮装置)。

(2) 读数方法。

测量时,先使测微螺杆推至适当位置,再把待测物体放在测微螺杆和测砧之间,旋转棘轮 H 使测微螺杆前进。当听到"喀、喀"的声音时,表明测微螺杆和测砧以一定的力把物体夹紧,可以开始读数。

读数时,先从固定套筒水平刻线上面的标尺读出待测物体长度的整数毫米数,再观察微分筒左端边缘,看固定套筒水平刻线下面的半毫米标尺线是否露出,如果半毫米标尺线的中心已

经从微分筒左端边缘露出,则再加上 0.5mm,最后再从微分筒上读出 0.5mm 以下的数值,即

待测尺寸=固定套筒上读数+微分筒上读数(含估读位)

如图 2—3—4(a)所示,固定套筒上整毫米数和半毫米数为 5.0,标尺横线所对微分筒位置为 37.6,则待测物体长度为

$$L=5.0+37.6×0.01=5.376(mm)$$

图 2—3—4(b)中的读数是 5.876mm。二者的差别就在于微分筒前端的位置,前者没有露出半毫米标尺线,而后者此线已经露出。

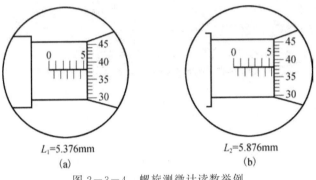

$L_1=5.376mm$ $L_2=5.876mm$

(a)   (b)

图 2—3—4　螺旋测微计读数举例

(3) 注意事项。

① 测量前,应检查螺旋测微计的零点误差。旋转棘轮 H,使测微螺杆前进,当听到"喀、喀"的声音时,表明测微螺杆和测砧刚好接触,停止旋转 H。观察固定套筒上的水平刻线与微分筒上的零刻线之间的相对位置,记下零点误差 L_0。其方法是:若两刻线恰好对齐,则 $L_0=0.000mm$,如图 2—3—5(a)所示;若微分筒的零刻线在固定套筒的水平线下方时,L_0 取负值,数值是两刻线之间的小格数(应估读一位)×0.01mm,如图 2—3—5(b)所示;若微分筒的零刻线在固定套筒的水平线上方时,L_0 取正值,数值计算方法同上,如图 2—3—5(c)所示。

因此,待测物体的实际长度等于测量的读数加零点误差 L_0。

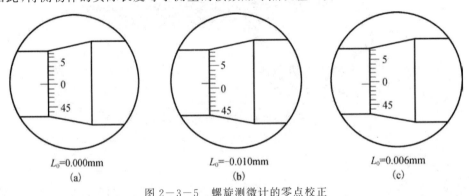

$L_0=0.000mm$ $L_0=-0.010mm$ $L_0=0.006mm$

(a)   (b)   (c)

图 2—3—5　螺旋测微计的零点校正

② 因棘轮是靠摩擦使测微螺杆转动的,当螺杆和测砧刚好把物体夹紧时,它们就会自动打滑。因此棘轮装置不会因为物体夹得过紧或过松而影响测量结果,也不致损坏测微螺杆的螺纹。在校正零点及测量时,应轻轻旋转棘轮,千万不要直接转动微分筒,否则会因力矩过大

而损坏螺纹。

③ 测量完毕后,应使测微螺杆和测砧间留有一定空隙,以免因热膨胀而损坏螺纹。

4. 读数显微镜(测距显微镜、测长仪)

读数显微镜可以放大物体,还可以测量物体的大小,主要用来测量微小物体的长度。

(1) 构造。

读数显微镜的构造如图 2—3—6 所示。它由两个主要部件组成:一个是用来观看被测物体放大像的带十字叉丝的显微镜;另一个是用来读数的螺旋测微计装置。

显微镜由一短焦距物镜、目镜和十字叉丝(装在目镜筒内)组成。目镜前方是分划板,刻有十字形的测量准线。物体经物镜成一个放大的实像,该实像位于目镜的焦距内,经目镜后成一放大的虚像,设计使该虚像与观察者眼睛的距离为明视距离。显微镜的角放大率为物镜线放大率与目镜角放大率之积。显微镜装在较精密的移动装置上,可在垂直于光轴的某一方向上移动,移动的距离可从螺旋测微计装置中读出。

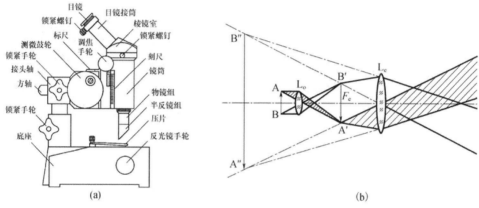

图 2—3—6 读数显微镜

读数显微镜微小长度的测量装置是根据螺旋测微原理制成。如图 2—3—7 所示,它包括标尺 B、读数准线 E_1 和 E_2、测微鼓轮 A 等。它的工作原理与螺旋测微计类似,测微鼓轮 A 的周边刻有 100 个分格,鼓轮旋转一周,显微镜筒水平移动 1mm,每转一分格,显微镜筒将移动 0.01mm,它的量程一般是 50mm。读数时,水平移动的距离(毫米数)由水平标尺 B 上读出,小于 1mm 的数值,由测微鼓轮 A 读出,两者之和就是此时读数显微镜的位置坐标值。

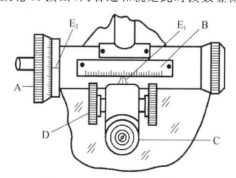

图 2—3—7 读数显微镜俯视图

A—测微鼓轮;B—标尺;C—目镜;D—调焦手轮;E_1、E_2—准线。

（2）使用步骤。

① 将待测物件置于工作台上，旋转反光镜调节手轮，改变反光镜的角度，使反光镜将待测物件照亮。

② 旋转目镜，改变目镜与叉丝之间的距离，直至十字叉丝成像最清晰。

③ 旋转调焦手轮，由下而上移动显微镜筒，改变物镜到待测物件之间的距离，使待测物件通过物镜成的像恰好在叉丝平面上，直到在目镜中能看清叉丝和放大的、清晰的待测物件的像为止。

④ 转动测微鼓轮，使目镜中的纵向叉丝对准被测物件的起点（另一条叉丝和镜筒的移动方向平行），从标尺读出毫米的整数部分，从测微鼓轮读出毫米以下的小数部分，两者之和即为被测物件的起点读数 x。沿同方向继续转动测微鼓轮移动显微镜筒，使十字叉丝的纵丝恰好停在被测物件的终点，读得终点读数 x'，于是被测物件的长度 $L=|x'-x|$。为提高精度，可重复测量，取其平均值。

（3）注意事项。

① 调焦时，为了避免显微镜的物镜与反射玻璃或被测物体相碰，损坏读数显微镜物镜、反射玻璃或被测物体，可先从显微镜外侧观察，旋转调焦手轮使显微镜尽可能降到最低位置，然后通过目镜观察，同时反向旋转调焦手轮使显微镜自下而上移动，直到能同时看到清晰的物像和叉丝且二者之间不存在视差。在实验中，若需要调节镜筒支架在立柱上的位置时，必须用手托住镜筒支架，才能拧松支架的固定螺丝，避免显微镜径直下落，损坏仪器。

② 防止空程误差。由于螺杆和螺母的螺纹间有空隙（称为螺距差），不可能完全密接，当反向旋转时，必须转过此间隙后分划板（叉丝）才能跟着螺旋移动。同一位置，一个方向和其反向两次读数不同，由此产生空程误差。为防止空程误差，在测量时应向同一方向转动测微鼓轮，使叉丝和各目标对准，若移动叉丝超过目标时，应重新测量。

二、质量测量仪器

天平是称量物体质量的仪器。天平大致可分为电子天平和机械天平。物理实验室常用的是物理天平，它是根据杠杆原理制成的仪器。以下仅介绍物理天平的构造和使用等。

1. 物理天平的构造

物理天平由底座、立柱、横梁和两个秤盘等组成，如图 2-3-8 所示。横梁上有三个相互平行的棱柱形刀口，两侧的刀口向上，用以承挂左右秤盘，中间刀口支撑在固定于升降杆顶端的刀垫上；横梁固接一指针 J，立柱下部有一标尺 S，标尺从左到右刻有等分刻度，横梁摆动时，指针尖端随之在固定于立柱下方的标尺前摆动，通过指针在标尺上所指的位置，可以了解天平是否达到平衡；横梁两端有两个平衡螺母 E 和 E'，用于天平空载时调整平衡；横梁上装有游码 D 和标尺，用于 1g 以下的称量，游码标尺共分 10 大格，每大格中又分成 5 小格或 2 小格，当游码从左向右每移动一小格时，相当于在天平右盘增加了 0.02g 或 0.05g 的砝码；在立柱下方，有一个制动旋钮 K，用以升降横梁，当顺时针旋转制动旋钮时，立柱中上升的支撑将横梁从制动架上托起，横梁即可灵活摆动，进行称衡；当逆时针旋转制动旋钮时，横梁下降，由托承 A 和 A'托住，中间刀口和支撑分离，平时应使刀承降下，让横梁搁在两个托承 A 和 A'上，仅在判断天平是否平衡时才使刀承上升，保护刀口无谓磨损；托架 Q 可充当某些实验的载物台；通常在指针上装有一个可上下调节的感量螺丝 G，用以调整天平的灵敏度，它的位置越高，灵敏度也越高,出厂时已调节好,一般情况下不宜调节;底座上有水准器 C,旋转底座的可调节螺丝 F 和 F',使水准器的气泡居中,即表明天平底座已处于水平状态。

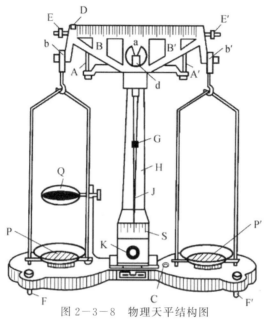

图 2—3—8 物理天平结构图

A,A'—托承;B,B'—横梁;C—水准器;D—游码;E,E'—平衡螺母;a—中间刀口;
b,b'—两侧刀口;d—刀承;F,F'—水平螺丝;G—感量调节;H—立柱;J—平衡指针;
K—制动旋钮;S—标尺;P,P'—秤盘;Q—托架。

2. 天平的调节

(1) 调水平。

通过调节底脚水平螺丝 F 和 F',使水准器气泡居中。此时立柱处于铅直方向,立柱上部的刀承面处于水平面,因此称衡时刀口不致滑移。

(2) 调零点。

将游码 D 移至零位处,轻轻转动制动旋钮,使刀承缓慢上升托起刀口,待横梁停止摆动后,指针应指位于标尺中央,如果指针偏向一侧,应调节横梁两边的平衡螺母 E 和 E' 的位置(调节前应先止动天平,即降下横梁),直到支起横梁时指针指在标尺中央。

(3) 灵敏度调节。

若天平的灵敏度达不到要求,可调节感量螺丝 G 的高度,使其达到要求(教师调节)。

3. 物理天平的使用(称衡)

(1) 一般称量法。

在天平止动状态下,待测物放在左盘,用专用镊子取出砝码置于右盘。启动天平,观察天平平衡情况,如果不平衡,调节砝码直至天平接近平衡,最后调节游码,使天平达到平衡。当天平平衡时,待测物的质量等于右盘中砝码质量与游码所在位置的读数之和。选用砝码的次序遵循由大到小、逐个试用、逐次逼近的原则。加减砝码和移动游码时,均须先将横梁和刀承降下。

一般称量法又称为单称法。单称法只在横梁两臂等长时,才能精确地称衡物体的质量。

实际天平的两臂长度多少是有差别的。因此,在进行精确程度很高的称衡时,为消除天平不等臂等因素引起的误差,可以采用下列方法。

（2）复称法(交换法)。

复称法是将待测物在同一架天平上称横两次,一次将被测物放在左盘中,另一次放在右盘中。设两次所测量的质量为 m_1 和 m_2,则待测物的质量为 $m=\sqrt{m_1 m_2}$。

证明如下:设天平的两臂分别为 l_1 和 l_2,根据杠杆原理得

$$l_1 m = l_2 m_1$$
$$l_2 m = l_1 m_2$$

对 m 求解得到

$$m = \sqrt{m_1 m_2} \tag{2-3-1}$$

式(2-3-1)表明 m 与臂长无关,消除了天平的不等臂造成的系统误差。

由于 l_1 和 l_2 相差甚微,m_1 和 m_2 近似相等,所以式(2-3-1)可以改写为

$$m = \frac{1}{2}(m_1 + m_2) \tag{2-3-2}$$

即待测物的质量可以认为是复称法称得的两次质量数值的算术平均值。

（3）置换法(定载法)。

先将砝码中的最大砝码放在左盘,其余的砝码放在右盘(一般最大砝码质量与其余砝码质量总和相等)调平,然后把待测物体放在右盘,同时取出右盘部分砝码调平,取下的砝码质量就是待测物体的质量。

置换法有两个优点:一是称衡的精度不受不等臂等缺点的影响;二是天平在负载相同的情况下进行测量,可使天平的灵敏度保持不变(灵敏度与负载有关)。置换法也存在缺点,即天平常在满负载下工作将会缩短使用寿命。

（4）替代法(配称法)。

先将待测物放在右盘内,左盘上放一些碎小的配重物(如沙粒、碎屑等),使天平平衡。然后用砝码代替待测物再使天平平衡,这时的砝码总质量就是待测物体的质量。这种方法也可消除不等臂误差,属精密测量法。

4. 天平的主要参数

天平的主要参数有最大称量、灵敏度和分度值(感量)。

（1）最大称量。

最大称量是天平允许称量的最大值。通常砝码中最大的一个砝码质量与最大称量对应。被测量不允许大于最大称量,否则天平性能会迅速降低,刀口损伤,天平报废。

（2）灵敏度。

灵敏度指天平两侧的负载相差一个单位质量(如 1mg)时,指针偏转的分格数。如果用 C 表示天平的灵敏度,Δm 表示负载差值,n 表示在该负载作用下指针偏转的格数,则灵敏度表示为

$$C = \frac{n}{\Delta m} \tag{2-3-3}$$

灵敏度的单位是分度/毫克。

（3）分度值(以前称为感量)。

分度值定义为天平空载平衡状态下,指针从标尺的中间位置偏离一小格时,天平上两称盘

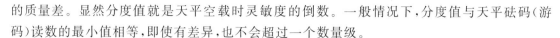

的质量差。显然分度值就是天平空载时灵敏度的倒数。一般情况下,分度值与天平砝码(游码)读数的最小值相等,即使有差异,也不会超过一个数量级。

（4）常用天平类别、型号、规格。

表2-3-1列出了实验室常用的几种物理天平类别、型号、规格,以供参考。

表 2-3-1 常用物理天平类别、型号、规格

型号	最大负载/g	分度值(感量)/mg	不等臂误差/mg	示值误差/mg	游码质量误差/mg
WL	500	20	60	20	+20
	1000	50	100	50	+50
TW-02	200	20	<60	<20	—
TW-05	500	50	<150	<50	—
TW-1	1000	100	<300	<100	—

5. 使用天平的注意事项

（1）天平的负载量不得超过其最大称量,以免损坏刀口或压弯横梁。

（2）为了避免刀口受冲击而损坏天平,天平调整和增减砝码时,要止动天平,绝不允许在摆动中进行操作。天平启动、天平止动时动作要轻。

（3）保持砝码清洁,用镊子取砝码、放砝码,严禁用手直接取放或触摸砝码,用完后应及时放回砝码盒原位。

（4）待测物体和砝码都应放在秤盘的中部,使用多个砝码时,大砝码放在中间,小砝码放在周围。

（5）天平的各部分装置和砝码都要防锈、防蚀、防碰撞和防刻划。不能用手触摸天平的金属构件,不能把高温物体、液体、潮湿的物体或化学药品直接放在天平秤盘里。

三、时间测量仪器

时间测量仪器大体上可分为机械秒表、电子秒表和原子钟三大类。其中,原子钟的准确度最高,其次是电子秒表。这里仅介绍实验室常用的时间测量仪器。

1. 机械秒表

机械秒表依靠摆轮的周期性运动,经一系列齿轮传递装置而转换成指针的角位移,从而在表盘的刻度上读出时间。机械秒表有多种规格,一般有两个指针,如图2-3-9所示。表盘的数字分别表示分和秒的数值。此外,还有一圈为60s、30s、3s的秒表和双长针秒表等。

不同秒表的结构和使用方法略有不同,图2-3-9所示为一种单针机械秒表,其特点是随时可停,随时可走。表盘上有两个指针,长针为秒针,短针为分针,秒针每走一圈是30s,最小可读分度值为0.1s。按一般的读数规则,0.1s以下还应估读一位,但由于秒表的指针是跳跃式走动的,最小刻度以下的估读是没有意义的,所以不再估读。分针转一周为15min。

（1）使用方法。

① 准备:机械秒表的按钮上有一个滚花的手轮,转动该手轮,上紧发条,为秒表的摆轮做周期性运动提供动力。

② 在计时的起始时刻按下按钮,表针开始转动,计时开始。

③ 止动：在计时的终止时刻按下按钮，表针停转，计时终止。从刻度上读出计时时间。

④ 回零：止动后再按一次按钮，表针即转回初始位置，为下一次计时做准备。

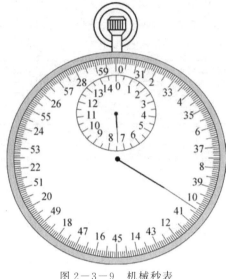

图 2—3—9 机械秒表

（2）注意事项。

① 发条不要上得过紧，以免损坏。

② 按动按钮时勿用力过猛，以免损坏机件。

③ 每次测量前都要观察秒针的初始位置，若不指零，则应记下零点误差，并对测量数据进行修正。

④ 测量完毕，如较长时间不使用秒表，应启动秒表，直至发条势能完全耗尽为止。

2. 电子秒表

电子秒表是一种较准确的计时器。电子秒表的机芯全部采用电子元件，以石英晶体振荡器的振荡周期作为时间基准，以液晶作为显示器，用数字显示时间，最小显示量为 0.01s，如图 2—3—10 所示，电子秒表上端一般具有三个或两个控制按钮，用于功能转换和测量操作。电子秒表除具有基本的秒表功能外，还常常具有累计计时、分段计时以及日历功能，能显示月、日、星期或时、分、秒等，有的甚至还有语言定时报时，使用太阳能等功能。

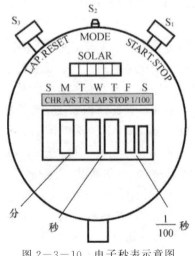

图 2—3—10 电子秒表示意图

如图 2—3—10 所示，S_1 为调整按钮，S_2 为功能转换按钮，S_3 为秒表按钮，基本显示的计时状态为"时、分、秒"，最小显示 0.01s。在计时显示时，按住 S_2 直至秒表显示，若秒表不为零，按 S_1 键停止计时，按 S_3 键复位到零。按下 S_1 开始自动计时，再按一下 S_1 计时停止，停止计时后按 S_3 复位到零，再按 S_1 可重新计时。

使用该表分段计时的方法：按 S_1 开始计时，按 S_3 键显示分段时间（内部计时持续），再按 S_3 键复位到计时状态（重复按 S_3 键，重复显示分段时间及复位），按 S_1 键停止计时，按 S_3 键复位到零。按 S_1 开始计时，按 S_3 键显示第一分段时间，按 S_1 键第二次计时结束，按 S_3 键显示第二次测量时间，再按 S_3 键复位到零。秒表即在原来显示时间数据上继续累加计时，至停止计时再按 S_1，则显示的数据为两次总计时数据。按 S_3 数字复零。按钮有一定的机械寿命，不要随意乱按。

四、电磁学测量仪器

1. 电源

实验室常用的电源有直流电源和交流电源。

常用的直流电源有直流稳压电源、干电池和蓄电池。直流稳压电源的内阻小，输出功率大，电压稳定性好，而且输出电压连续可调，使用十分方便，它的主要指标是最大输出电压和最大输出电流，如 WYJ－30 型直流稳压电源最大输出电压为 30V，最大输出电流 3A，切不可超过之；干电池的电动势约为 1.5V，使用时间长了，电动势下降很快，而且内阻也要增大，需要及时更换；标准电池的使用见下文介绍。

交流电源一般使用 50Hz 的单相或三相交流电。市电每相 220V，如需要高于或低于 220V 的单相交流电压，可使用变压器将电压升高或降低。不论用何种电源，都要注意安全，千万不要接错，切忌电源两端短接，使用时注意不要超过电源的额定功率，对直流电源要注意极性的正负，常用"红"端表示正极，"黑"端表示负极，对交流电源要注意区分相线、零线和地线。

2. 表头

电表的种类很多，在电学实验中，以磁电式电表应用最广，实验室常用的是便携式电表。磁电式电表具有灵敏度高，刻度均匀，便于读数等优点，适合直流电路的测量，其结构如图 2－3－11 所示，永久磁铁的两个极上连着带圆口的极掌，极掌之间装有圆柱形软铁制的铁芯，极掌和铁芯之间空隙处放有长方形线圈，两端固定了转轴和指针，当线圈中有电流通过时，它将因为受电磁力矩而偏转，同时固定在转轴上的游丝产生反方向的扭力矩，当两者达到平衡时，线圈停在某一位置，固定在线圈上的指针稳定地指向面板的某刻度，偏转角的大小与通入的线圈的电流成正比，因而刻度是线性的。电流方向不同，线圈的偏转方向也不同。

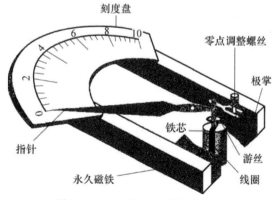

图 2－3－11　磁电式表头的结构

　　各种电表都有一定的规格,表示它们的结构、性能、工作条件等,这些规格、参数均在电表面板上标出,常用的电器仪表面板上的标记如表2-3-2所列。

表2-3-2　常见的电气仪表表盘标记符号

名　称	符　号	名　称	符　号	名　称	符　号
检流计	 ↑	铁磁电动系仪表	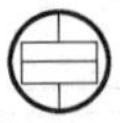	以标度尺量限百分数表示的准确度等级,例如1.5级	1.5
安培表	Ⓐ	感应系仪表		以指示值的百分数表示的准确度等级,例如1.5级	(1.5)
毫安表	mA	静电系仪表		以标度尺长度百分数表示的准确度等级,例如1.5级	 ∨1.5
微安表	μA	交流	～	绝缘强度试验电压为500V	 ☆
伏特表	Ⓥ	直流	——	绝缘强度试验电压为2kV	 ☆2
毫伏表	mV	交直流	≃	Ⅱ级防外磁场及电场	 Ⅱ　Ⅱ
千伏表	kV	调零器		A组仪表工作环境为:0℃～40℃湿度80%以上	 △A
欧姆表	Ω	公共端钮	*	B组仪表工作环境为:-20℃～150℃湿度85%以下	 △B
兆欧表	MΩ	接地用端钮		C组仪表工作环境为:-40℃～60℃湿度98%以下	 △C
磁电系仪表		与外壳连接端钮	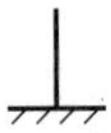	标度尺位置与水平面倾斜60°	 ∠60°
电磁系仪表		负端钮	—	标度尺位置为垂直	⊥
电动系仪表		正端钮	+	标度尺位置为水平	⌐

　　下面以万用表为例,介绍常用电流表、电压表、欧姆表等的测量原理和使用方法。

3. 指针式万用电表

(1)万用电表面板介绍。

　　万用电表是一种多功能、多量程的便携式电子电工仪表,一般的万用电表可以测量直流电流、直流电压、交流电压、电阻等,有些万用电表还可以测电功率、电感、电容以及晶体二极管、三极管的某些参数。它用途广,使用方便,但准确度低。万用电表一般可分为指针式和数字式万用表两种。下面以实验室常使用MF47型万用表为例,如图2-3-12所示,介绍万用表的有关结构、工作原理、使用方法及注意事项。

　　指针式万用电表的结构主要由表头、转换开关(又称选择开关)和测量线路三部分组成。

表头采用高灵敏度的磁电式机构,表头实际上是一个灵敏电流计。符号 A−V−Ω 表示这只电表是可以测量电流、电压和电阻的多用表,表头上的表盘印有多种符号、刻度线和数值。其中,右端标有"Ω"的是电阻刻度线,其右端为零,左端为∞,刻度值分布是不均匀的;符号"−"或"DC"表示直流;"∼"或"AC"表示交流;"≃"表示交流和直流共用的刻线。刻度线下的几行数字是与选择开关的不同挡位相对应的刻度值。

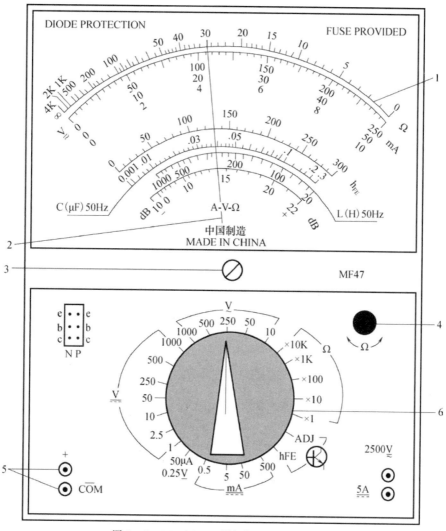

图 2−3−12　MF47 型袖珍万用电表示意图

1—标度盘;2—指针;3—调零螺丝;4—欧姆调零旋钮;5—接线柱(或插孔);6—转换开关旋钮。

　　另外,表盘上还有一些表头参数的符号:如 DC 20kΩ/V、AC40kΩ/V 等。表头上还设有机械零位调整旋钮(螺钉),用以校正指针在左端指零位。转换开关是一个多挡位的选择开关,用来选择测量项目和量程(或倍率)。

　　万用电表的测量项目一般包括"mA"(直流电流)、"V"(直流电压)、"V"(交流电压)、"Ω"(电阻)。每个测量项目又划分为几个不同的量程(或倍率)以供选择。测量线路将不同性质和大小的被测量量转换为表头所能接受的直流电流。当转换开关拨到直流电流挡,可分别与5个接触点接通,用于500mA,50mA,5mA,0.5mA和50μA量程的直流电流测量。同样,当转换开关拨到欧姆挡,可用×1,×10,×100,×1kΩ,×10kΩ倍率分别测量电阻;当转换开关拨到直流电压挡,可用于0.25V,1V,2.5V,10V,50V,250V,500V和1000V量程的直流电压测量;当转换开关拨到交流电压挡,可用于10V,50V,250V,500V和1000V量程的交流电压测量。

(2)万用电表的工作原理。

① 直流电流的测量电路。

万用电表的直流电流测量电路实际上是一个多量程的直流电流表。其简化电路如图2-3-13所示,其中R_0是电位器,其作用是校正读数偏差用的,即校准用。由于表头最大只能流过50μA的直流电流,为了能测量较大的电流,一般采用并联电阻分流法,使多余的电流从并联的电阻中流过。其多量程的测量,是通过转换开关及不同的插孔来改变分流电阻的大小而实现的。

② 直流电压的测量电路。

万用电表测量直流电压的电路是一个多量程的直流电压表,如图2-3-14所示,它是由转换开关换接电路中与表头串联的不同的附加电阻,来实现不同电压量程的转换。这和电压表串联分压电阻扩大量程的原理是一样的。

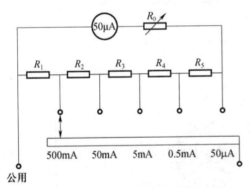

图2-3-13 测量直流电流工作原理

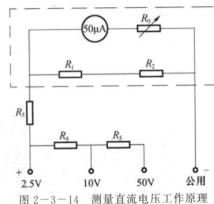

图2-3-14 测量直流电压工作原理

③ 测量交流电压的原理。

因为万用电表表头是直流电表,所以测量交流电压时,首先得将交流电压变换为直流电压,然后再通过表头指示。交流电变换为直流电是由全桥整流电路完成的。扩展交流电压的方法与直流电压量程扩展原理相似,这里不再重复说明。

④ 测量电阻的原理。

如图2-3-15所示,在表头上串联适当的电阻,同时串接一节电池,电池的负极为万用电表的正表笔。当用万用电表的表笔去测量电阻时,流过被测电阻的电流I_x,其大小随着被测电阻的阻值R_x变化而改变,且与流过表头的电流成比例,因而可以测量出被测电阻的阻值。具体计算可由闭合电路的欧姆定律给出:

$$I_x = \frac{E}{R_g + R + R_x}$$ （2-3-4）

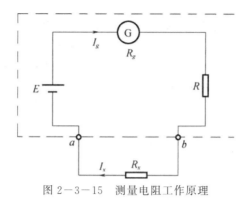

图 2-3-15　测量电阻工作原理

当 $R_x=0$ 时,回路中的电流最大,此时指针应偏满刻度,即

$$I_g=\frac{E}{R_g+R} \tag{2-3-5}$$

当 $R_x=R_g+R$ 时,指针恰好偏转到标尺满刻度的一半,即位于标尺的中央,习惯上把(R_g+R)称为欧姆表的中值电阻,并用 $R_中$ 表示,$R_中$ 也是欧姆计的总内阻值。此时式(2-3-4)可表示为

$$I_x=\frac{E}{R_中+R_x}=\frac{I_g}{1+R_x/R_中} \tag{2-3-6}$$

由式(2-3-6)可知,R_x 和 I_x 之间的关系是非线性的,因此欧姆计的刻度是不均匀的。当 $R_x=R_中$ 时,指针指在满刻度的一半;当 R_x 远小于 $R_中$ 时,$I_x\approx I_g$,此时偏转接近满刻度,I_x 随 R_x 变化不明显,因而测量误差很大;当 R_x 远大于 $R_中$ 时,$I_x\approx 0$,此时指针几乎不偏转,I_x 随 R_x 变化也不明显,因而测量误差也很大。所以通常取欧姆挡全刻度的中间段进行测量,即 $R_中/5\sim5R_中$ 这一范围。

由于欧姆表的刻度是根据给定的电源电动势 E 计算出来的,如果实际中电源电动势不为 E,当两表笔短接时,指针就不会指零。所以,欧姆表中都装有"欧姆零点"调节旋钮,以保证刻度的正确。因为在测量中干电池电源总会有消耗,所以为保证刻度的正确性,在每次测量之前都应该调节"欧姆零点",使指针归零。

(3)万用电表的使用。

① 测量直流电流。

首先估计一下被测量电流的大小,然后将转换开关拨至合适的量程位置,再将万用电表串接在电路上。串接时要注意万用表的红表笔与电路正极一端相连,黑表笔串接在电路负极一端。如果万用电表转换开关拨至 5mA 挡,即指针指示满刻度值电流 5mA,其指针如图 2-3-12 所示,则测量的电流约为 2.13mA。

② 测量直流电压。

首先估计一下被测量电压的大小,然后将转换开关拨至适当的直流电压量程,将正表笔接在被测直流电压的正端(高电位端),负表笔接在被测电压的负端(低电位端)。然后根据该挡量程数字与标有直流符号 V 刻度线(第二排)上的指针所指数字来读出被测量电压的大小。例如,转换开关置于 50 挡的位置,这时万用电表满刻度值为 50V,从图 2-3-12 所示指针指示的电压值约为 21.3V。

③ 测量交流电压。

测量交流电压的方法与测量直流电压相似,所不同的只是测量交流电时万用电表的表笔不分正负,读数方法与上述测量直流电压的读数一样。

④ 测量电阻。

估计待测电阻的数值,将转换开关拨到适当的电阻挡位,例如,测百欧就拨到×100 挡,然后将黑(负)、红(正)表笔短接在一起,这时指针向右端偏转,调整"欧姆调零"旋钮,使偏转的指针调到欧姆刻度线的零欧姆处,这时就可以测量了。分别将两表笔搭在电阻两端引线上(不要用两手同时触及电阻的两端引线,以免产生测量误差),此时在欧姆表刻度线上指针所指的读数再乘以转换开关所指的数值就是被测量电阻的阻值。例如,用×10 挡测量某一电阻,在欧姆刻度线指针指在 30 的位置,如图 2-3-12 所示,则所测电阻的阻值为 $30×10=300\Omega$。

(4) 注意事项。

万用电表是比较精密的仪器,如果使用不当,就会造成测量不准或损坏仪器,应注意以下几条:

① 在使用万用电表进行测量之前,必须检查转换开关,如量程开关的位置。需要特别注意:切不可用电流挡来测量电压,否则会把万用电表烧毁。为了保证测量精度,测量之前需要保证万用电表指针在静止时处于表盘刻度左端零位;若不在零位,应用螺丝刀调整机械调零螺丝,使之处于零位。

② 测量直流电压和直流电流时,切不可将表笔正负极性接错。如果发现测量时表针逆时针方向旋转,应立即调换表笔,以免损坏指针和表头。

③ 在测量前若不能估计被测量电压或电流的大小,应先用最高电压或电流挡进行测量,而后再回拨到合适的挡位来测试。选择的挡位越靠近被测值,测量的数值越准确。转换开关在变换挡位时,切不可带电操作,以免大电流或高电压烧坏转换开关的触点。

④ 测量电阻时,首先要选择适当的倍率挡,然后将表笔短路,调节"欧姆调零"旋钮,使表针指零,以确保测量的准确性。如"欧姆调零"电位器不能将表针调到零位,说明电池电压不足,需更换新电池,或者内部接触不良需修理。不能带电测量电阻,以免损坏万用表。每换一次量程都要重新调零。

⑤ 不能用欧姆挡直接测量微安表头、检流计、标准电池、仪表的内阻。

⑥ 每次测量完毕,将转换开关拨到交流电压最高挡,以防止他人误用损坏万用电表。也可以防止转换开关误拨在欧姆挡时,表笔短接而使表内电池长期耗电。

不使用万用电表时,应取出电池,防止电池漏液腐蚀和损坏内部零件。

4. 数字式万用电表

数字式万用电表的用途与指针式万用表类似,它通过模拟—数字(A/D)转换器将连续变化的模拟量变为离散的数字量,经过处理,再通过数码显示器以十进制方式显示测量结果,读数具有直观性,测量精度高,应用十分广泛。

数字式万用电表的使用方法与指针式万用表相似。开始测量时,数字式万用电表一般会出现跳数现象,应等待显示稳定后再读数。

(1) 测量直流电压。将电源开关键"ON-OFF"按下接通,量程开关拨到"DCV"范围内的合适量程位置,红表笔连接到"V·Ω"插孔,黑表笔与"COM"端连接,测量并读取数值。直流电压一般不超过 1000V。

(2)测量交流电压。将电源开关键"ON-OFF"按下接通,量程开关拨到"ACV"范围内的合适量程位置,表笔接法同上,测量并读取数值。

(3)测量直流电流。将电源开关键"ON-OFF"按下接通,量程开关拨到"DCA"范围内的合适量程位置,根据选择的量程,红表笔插入"mA、μA"或"10A"插孔,黑表笔插入"COM"插孔,测量并读取数值。

(4)测量交流电流。将电源开关键"ON-OFF"按下接通,量程开关拨到"ACA"范围内的合适量程位置,表笔接法同直流电流的测量相同。

(5)电阻的测量。将电源开关键"ON-OFF"按下接通,量程开关拨到"Ω"范围内的合适量程位置,红表笔插入"V·Ω"插孔,黑表笔插入"COM"插孔,然后读数即可。注意不要带电测量电阻,以免损坏仪表。

(6)二极管压降的测量。将电源开关键"ON-OFF"按下接通,量程开关拨到"⯈⊦"位置,红表笔插入"V·Ω"插孔,外接二极管的正极;黑表笔插入"COM"插孔,外接二极管的负极。锗管的正向电压降通常在 0.15~0.30V 之间,而硅管的正向电压降通常在 0.55~0.70V 之间。表笔正负接反时,二极管不导通,显示器显示超量程"1"。

5. 检流计

检流计是磁电式仪表,它是根据载流线圈在磁场中受到力矩而偏转的原理制成的。普通电表中线圈安放在轴承上,用弹簧游丝来维持平衡,用指针来指示偏转,由于轴承有摩擦,被测电流不能太弱。检流计则是使用极细的金属悬丝代替轴承悬挂在磁场中,由于悬丝细而长,反抗力矩很小,所以有极弱的电流通过线圈就足以使它产生显著的偏转。因而检流计比一般的电流表要灵敏得多,可以测量微电流($10^{-7} \sim 10^{-10}$ A)或者微电压($10^{-3} \sim 10^{-6}$ V),如光电流、生理电流、温差电动势等。首次记录神经动作电位,就是用此类仪器实现的。

检流计的另一种用途是平衡指零,即根据流过检流计的电流是否为零来判断电路是否平衡。因此,指针式检流计的特征是标尺零点在标尺的中央,便于检测不同方向的电流,它被广泛用于直流电桥和电位差计中。如图 2-3-16 所示 JZ-1 型检流计,它是十一线电位差计、滑线式电桥和电位差计专用的检流计。检流计的主要规格如下:

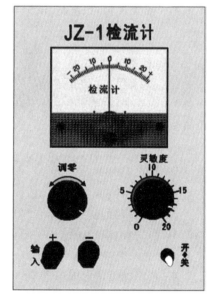

图 2-3-16 JZ-1 型检流计

(1)电流常数。即偏转一小格代表的电流值,通常用 A/div(安/格)作为单位。电流常数越小,表示检流计越灵敏。JZ-1 型检流计电流常数最高量限≤2×10^{-8} A/div。

(2)阻尼时间。临界状态下,检流计从最大偏转位置到达稳定平衡位置需要的时间,JZ-1 型检流计阻尼时间≤2s。

（3）内阻。即检流计内部的直流电阻。

（4）外临界电阻。使检流计处于临界阻尼状态的外电路电阻的数值。

使用JZ-1型检流计注意如下事项：

（1）将检流计按其"＋"、"－"标记接入电路，并在电路中串联滑线变阻器以保护检流计通过过大电流。

（2）调零。打开检流计，若检流计指针不为零，调节"调零"旋钮，使检流计指针指零方可使用。

（3）根据测量数据精确度的要求，调节灵敏度大小。

（4）检流计使用过程中要避免受振动。

（5）检流计使用结束后，关闭开关；长时间不使用应取出检流计中的干电池。

6. 电阻器

电阻器可分为固定电阻和可变电阻两大类，现在实验中常用的电阻器有滑线变阻器和旋转式电阻箱。插塞式电阻箱使用不多。

（1）滑线变阻器。

滑线变阻器的构造和符号如图2-3-17所示，电阻丝密绕在绝缘瓷管上，两端固定在接线柱A、B上。电阻丝上涂有绝缘漆，使圈与圈之间相互绝缘。瓷管上方装有一根和瓷管平行的金属棒，一端有接线柱C，棒上面的滑动块（也称滑动触头）D可以在棒上左右滑动，且与电阻丝保持良好接触。滑动触头与电阻丝接触处的绝缘漆已被刮掉，因此，当滑动触头左右滑动时，可以改变A、C或B、C之间的电阻值。

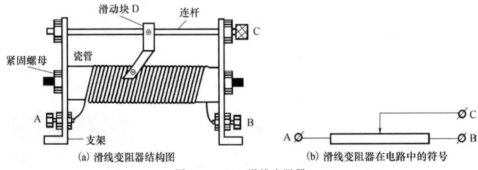

(a) 滑线变阻器结构图   (b) 滑线变阻器在电路中的符号

图2-3-17 滑线变阻器

滑线变阻器的铭牌上标有"阻值"和"额定电流"。阻值就是整根电阻丝的电阻值，即R_{AB}；额定电流是指电阻丝所能承受的最大电流，超过此规定值，电阻丝就会发热，甚至烧毁。因此，在实验时应合理选择滑线变阻器的规格。

滑线电阻器能作为限流器使用（也称作可变电阻器），也可做分压器使用。当作为限流器时，只需将A、C或B、C两个接线柱接入电路。假设接入的是A、C两接线柱，如图2-3-18(a)所示，滑动块滑向A端时电阻变小，滑向B端时电阻变大。变阻器上所附的标尺用来估算接入电阻的阻值。在作为分压器使用时，A、B两端接至待分电压上，如图2-3-18(b)所示，所分电压由A、C或B、C接出，移动滑动块，可以改变所分电压的大小。

应当注意，在开始实验前，作为限流器使用时变阻器的滑动块应放在电阻最大位置上；作为分压器使用时变阻器的滑动块应放在分出电压最小的位置上。

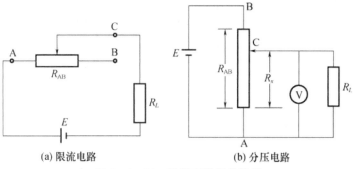

图 2-3-18 滑线变阻器的使用

（2）旋转式电阻箱。

ZX21 旋转式电阻箱外形如图 2-3-19 所示，它共有 6 个旋钮，电阻值可变范围为 0～99999.9Ω。

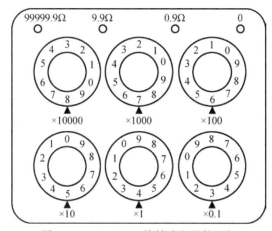

图 2-3-19 ZX21 旋转式电阻箱面板

ZX21 旋转式电阻箱内部线路连接如图 2-3-20 所示。它由 9 个 0.1Ω，9 个 1Ω，9 个 10Ω，9 个 100Ω，9 个 1000Ω 和 9 个 10000Ω 的精密电阻串联组成 6 个进位盘，并由旋转开关将其中一部分接到接线柱之间。

使用时，如图 2-3-19 所示，每个旋钮的边缘都标有数字 0,1,2,…,9，各旋钮下方的面板上刻有×0.1，×1，×10，…，×10000 的字样，称为倍率。当某个旋钮上的数字旋到对准其所示倍率时，用倍率乘上旋钮上的数值并相加，即为实际使用的电阻值。如图 2-3-19 所示的电阻值为

$$R = 8 \times 10000 + 7 \times 1000 + 6 \times 100 + 5 \times 10 + 4 \times 1 + 3 \times 0.1 = 87654.3(\Omega)$$

电阻箱的主要技术参数如下：

① 总电阻。即最大电阻，如图 2-3-20 所示的电阻箱总电阻为 99999.9Ω。

② 额定功率。指电阻箱每个电阻的功率额定值，一般电阻箱的额定功率为 0.25W，可以由它计算额定电流。例如，当电阻箱的电阻为 100Ω 时，允许的电流

$$I = \sqrt{\frac{P}{R}} = \sqrt{\frac{0.25}{100}} = 0.05(A)$$

79

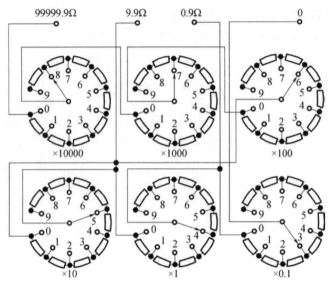

图 2-3-20   ZX21 旋转式电阻箱线路图

可见,电阻越大时允许通过的电流越小,过大的电流会使电阻发热,从而使阻值不准确,甚至烧毁电阻箱。

③ 电阻箱的等级。参见第一章第三节,"四、仪器误差(限)中 5. 电学测量类"。

④ 接触电阻。

电阻箱面板上方有 $0,0.9\Omega,9.9\Omega,9999.9\Omega$ 四个接线柱,0 分别与其余三个接线柱构成所使用的电阻箱的三种不同测量范围。使用时,可根据需要选择其中一种,如使用电阻小于 9.9Ω,可选 $0\sim9.9\Omega$ 两接线柱,这种接法可避免电阻箱其余部分的接触电阻对测量误差的影响。不同级别的电阻箱,规定允许的接触电阻标准亦不同。0.1 级电阻箱规定每个旋钮的接触电阻不得大于 0.002Ω,在电阻较大时,它带来的误差微不足道,但在电阻值较小时,这部分误差却不能忽略。例如,一个六旋钮电阻箱,当测量阻值约为 0.5Ω 时,若连接 $0\sim99999.9\Omega$ 两接线柱,接触电阻所带来的相对误差为 $\dfrac{6\times0.002}{0.5}\times100\%=2.4\%$;若连接 $0\sim0.9\Omega$ 两接线柱,这时回路的电流只经过 $\times0.1\Omega$ 旋钮,接触电阻所带来的相对误差为 $\dfrac{1\times0.002}{0.5}\times100\%=0.4\%$。很显然,两种接法对测量所带来的系统误差是不同的。

注意,电阻箱的实际误差为:实际误差=标称误差+接触电阻误差。

7. 标准电池

标准电池是从电池中派生出来的一种电池,它是复制电压的标准量具。标准电池是一种化学电池,分为饱和式和不饱和式两种。饱和式标准电池一年中电动势的允许变化为几微伏至几十微伏,级别较高;不饱和标准电池在一年中电动势的允许变化为上百微伏,级别较低。

饱和标准电池的构造如图 2-3-21 所示。电池封闭在 H 形玻璃管内,装在盒中,H 形管的两个下端各封入一个铂丝电极。正极浸在汞中,汞上面是硫酸亚汞,再上面是硫酸镉晶体,晶体上面是硫酸镉饱和溶液作为电解液。负极浸在汞镉合金(汞镉齐)中,汞镉齐上面是硫酸镉晶体,再上面是硫酸镉饱和溶液,容器的连接部分充满了电解液。由于在电池内存在硫酸镉晶体,因此,硫酸镉溶液总是饱和的。非饱和标准电池的构造和饱和标准电池基本相同,只是电池内没有硫酸镉晶体。

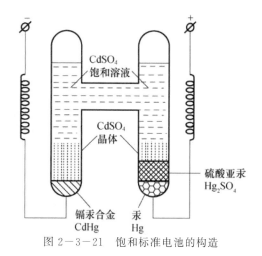

图 2-3-21　饱和标准电池的构造

　　饱和式标准电池只要温度稳定,其电动势也就恒定,但温度变化时电动势变化较大;而不饱和式标准电池的电动势随温度的变化较小,但长期稳定性比饱和式标准电池差。饱和式标准电池必须在恒温条件下使用,在不同温度($0\sim+40℃$)时,电动势数值要进行修正。其电动势 $E_s(t)$ 按下述公式修正为

$$E_s(t)=E_s(20)-39.94\times10^{-6}(t-20)-$$
$$0.929\times10^{-6}(t-20)^2+0.0090\times$$
$$10^{-6}(t-20)^3(\text{V})$$

式中:$E_s(20)$ 为 20℃时标准电池的电动势,其值应根据所用标准电池的型号确定。本实验室中 $E_s(20)=1.0186\text{V}$。

　　两个饱和标准电池可以单独使用,也可以并联使用。面板上的圆孔用来插温度计。使用标准电池时要注意以下几点:

　　(1)标准电池使用中的充电、放电会使电动势变化,如果充、放电的电流很微弱,时间又短,则电动势很快恢复。若电流很大,就会损坏标准电池,而不能再作为传递标准。因此,标准电池不能作为供电电源使用,只能作为电动势比较标准。使用过程中,通入或取自标准电池的电流在 1min 内不宜超过 $10^{-5}\sim10^{-6}\text{A}$,正负极不能接反,不允许将两电极短路连接或用电压表测量它的电动势。

　　(2)标准电池内是装有化学物质溶液的玻璃容器,要防止振动、摇晃和碰撞,严禁倒置或倾斜。

　　(3)标准电池内有光敏物质,在常温的光照下就会变质,因此标准电池不能从不透明的盒子中取出。保存时必须在温度波动小的场所下存放,应远离热源,避免太阳光直射。

五、温度测量仪器

　　温度是物体冷热程度的表示。下面介绍实验室常用的温度测量仪器。

1. 液体温度计

　　液体温度计是以液体为测温物质,利用液体的热胀冷缩性质来测量温度。液体温度计的构造如图 2-3-22 所示,玻璃管下端连接一个贮液池,贮液池中盛液体(工作物质如水银、乙醇等)。玻璃管中央有一根内径均匀的毛细管与贮液池相连。液体受热后,在毛细管中升高,其升高与降低的距离与冷热程度成正比,从管壁的标度就可以读出相应的温度值。

　　水银有如下优点:水银不润湿玻璃;在 1 个标准大气压下,可

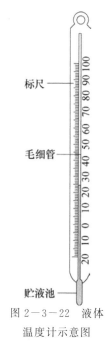

图 2-3-22　液体温度计示意图

在－38.87℃(水银的凝固点)～356.58℃(水银的沸点)较宽温度范围内保持液态;水银随温度上升而均匀膨胀,其体积改变量与温度改变量基本成正比,热传导性能良好,而且比较纯净。因此,较精密的玻璃液体温度计多为水银温度计。

使用水银温度计应注意:不允许被测量物体的温度超过温度计的最大量程;温度计的球泡必须与被测温度的物体接触良好;温度计有热惯性,应在温度计达到稳定状态后读数,水银温度计读数时应在水银柱凸形弯月面的最高切线方向读取,目光直视;由于玻璃温度计易碎,使用完毕一定要保管好。

2. 热电偶温度计

(1) 热电偶温度计原理。

热电偶是由 A、B 两种不同材料的金属丝所组成,如图 2－3－23 所示。如果两种不同材料的接触点处温度不同,在回路中就有电动势产生,该电动势称为温差电动势。当组成热电偶的材料一定时,温差电动势 ε 仅与两接触点处的温度有关,两接触点的温差在一定温差范围内有如下近似关系式:

$$\varepsilon \approx \alpha(t - t_0) \tag{2-3-7}$$

式中:α 为温差电系数。对于不同金属组成的热电偶,α 是不同的,其数值上等于两接触点温度差为 1℃时所产生的电动势。

为了测量温差电动势,就需要在图 2－3－23 的回路接入电位差计,但测量仪器的引入不能影响热电偶原来的性质,例如,不影响它在一定的温度差($t-t_0$)下应有的电动势 ε 的值,要做到这一点实验应保证一定的条件。根据伏打定律,即在 A、B 两种金属之间插入第三种金属 C 时,若它与 A、B 的两连接点处于同一温度 t_0,如图 2－3－24 所示,则该闭合回路的温差电动势与上述只有 A、B 两种金属组成回路时的数值完全相同。所以,将 A、B 两根不同成分的金属丝的一端焊接在一起,构成两个热电偶的热端(测温端);将它们各自的另一端分别与金属 C(铜引线)焊接,构成两个温度相同的冷端,两金属 C(铜引线)的另一端接至电势差计,这样就构成了一个热电偶温度计,如图 2－3－25(a)所示。如果 A、B 两种金属中有一种是铜,例如,常用的铜和康铜组成的热电偶温度计,则图 2－3－25(a)就简化成图 2－3－25(b)所示,也就是实验室常用的热电偶温度计。

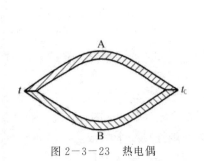

图 2－3－23　热电偶　　　　　图 2－3－24　插入第三种金属的热电偶

(2) 使用方法。

① 热电偶的校准。通常用比较法或定点法对热电偶进行校准。比较法是将待校准热电偶的热端与标准温度计同时插入恒温槽内的恒温区内,改变槽内介质的温度,每隔一定温度观测一

次它们的示值,直接用比较法对热电偶进行校准;定点法是利用某些纯物质相平衡时温度唯一确定的特点(水的沸点等),测出热电偶在这些固定点的电动势,然后根据温差电动势的计算公式

$$\varepsilon = \alpha(t-t_0) + \beta(t-t_0)^2 + \gamma(t-t_0)^3 \tag{2-3-8}$$

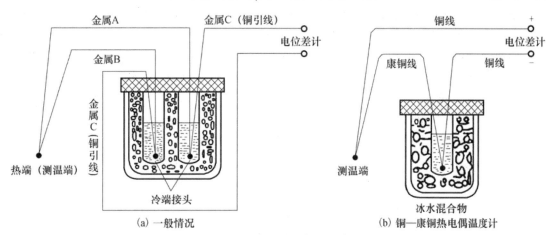

图 2—3—25 热电偶温度计

解出各常量 α、β、γ 之值,这样就确定了温差电动势与温度之间的函数关系。在要求不高时,可用式(2—3—8)的一级近似式,即式(2—3—7)确定 ε 和 t 的关系。

② 使用方法。温差电动势 ε 由电位差计测量,设测温端温度为 t,冰水混合物温度为 t_0。只要事先把 ε 与 $(t-t_0)$ 之间的关系标定,便可以根据温差电动势的大小确定未知温度。在实际应用中,一些标准热电偶如铜—康铜等都有现成的温差系数表可查,无需进行定标,只要测出温差电动势,便可根据热电偶一端的已知温度求出另一端的未知温度。

热电偶的优点是温差电动势与热电偶端部的体积无关,探头可以很小,消除了探头的热容和温度测量的时间滞后性。与普通温度计的测量范围相比,热电偶测量范围更大,可以测 1000℃ 以上的高温。几种常用热电偶的组成成分和特性如表 2—3—3 所列。

表 2—3—3 几种常用热电偶的组成成分和特性

热电偶	组成(主要部分)			使用温区/℃	温差电系数近似值/($\times10^{-3}$mV/℃)
铜—康铜	铜 100%	康铜	Ni 40%	−200～300	4.3
			Cu 60%		
铁—康铜	铁 100%	康铜	Ni 40%	−200～600	5.3
			Cu 60%		
镍铬—镍铝	镍铬	Ni 90%	镍铝	Ni 94%	−200～1000	4.1
		Cr 10%		Al 3%		
				其他 3%		
铂铑—铂	铂铑	Pt 87%	铂	Pt 100%	−180～1600	1.05
		Rh 13%				

六、常用光源

1. 钠灯

钠灯是利用钠蒸汽在放电管内进行弧光放电而发光的。其谱线(又称为 D 线)在可见光范围内有两条,波长分别是 589.0nm 和 589.6nm。由于两者十分接近,因此钠灯可以作为比较好的单色光源来使用。钠灯光谱线平均波长为 589.3nm,呈橙黄色。钠灯的构造如图 2—3—26 所示。

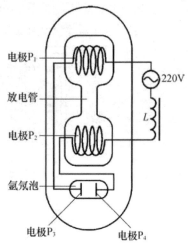

图 2—3—26 钠灯结构示意图

在抽成真空的大玻璃泡内装有放电管和氩氖泡。氩氖泡中装有氩氖气体,放电管内装有金属钠,管的两端装上钨丝制的电极 P_1、P_2,它们分别与电极 P_3、P_4 相连,起点火作用。通电开始时,放电管内的钠多处于固体状态,气压很低(<0.05mmHg),不能引起 P_1、P_2 间放电,但可使 P_3、P_4 间产生辉光放电而接通电路。这就使电极 P_1、P_2 在几秒内达到红热而发射电子,形成弧光放电。从而提高了管内温度,引起钠的蒸发,使管内气压升高。管内的热电子与钠原子碰撞便激发钠发出黄光。因钠的电离电位和激发电位比氖和氩低,放电很快转入钠蒸气中,辐射出稳定可见光。

由于 P_1、P_2 间导电电流很大,所以钠灯电源是通过扼流圈以防止电流过大而烧坏灯管。大玻璃泡抽成真空是为了减少放电管的热量损耗。为避免钠与普通玻璃接触变黑,放电管要用氯酸硼玻璃制造。

2. 汞灯

汞灯与钠灯一样,也是气体放电光源。汞灯灯管中充有汞蒸汽,按工作时汞蒸气压强大小又分为低压汞灯、高压汞灯和超高压汞灯三种。低压汞灯稳定工作时放电管内汞蒸气压强为 0.2~10mmHg,高压汞灯稳定工作时管内汞蒸气压强可达 1~20atm,汞蒸气压强达到 21atm 时为超高压汞灯。

低压汞灯的结构、工作原理及使用注意事项与钠光灯相近。低压汞灯发光的能量主要集中在紫外波段 253.7nm 的谱线上,发光颜色为青紫色,在可见光波段主要有 6 条谱线。

高压汞灯工作电流比较大,它在可见光部分的辐射能量增加,发光强度大,激发出的谱线也增多。

在实验室内主要使用低压、高压汞灯两种,其主要谱线见表 2—3—4。

使用汞灯及钠灯时应注意:

(1)灯管接线必须与扼流圈串联使用;

(2)灯熄灭后,必须等冷却了才能重新启动。若遇断电,应立即断开开关,待其冷却后再打开,否则易造成灯管烧毁事故(尤其是高压汞灯);

(3)钠蒸汽活泼,遇水会发生爆炸。使用时不能碰碎,报废的钠光灯应予以深埋。

3. 氢灯

氢灯是一种高压气体放电光源。其结构是在两个大的玻璃中间用一根毛细玻璃管连接,内充氢气,如图 2—3—27 所示。氢灯工作时需要霓虹灯变压器提供 8kV 的高压电,所以使用时要注意安全。氢灯发出粉红色的光,光谱既有氢原子光谱,也包括氢分子光谱,其主要谱线见表 2—3—4。

4. 氦氖(He—Ne)激光器

激光器有氦氖激光器、氦镉激光器、氩离子激光器、二氧化碳激光器、红宝石激光器等。氦氖激光器较为常用,其结构如图 2—3—28 所示。

氦氖激光器的工作物质为氖,辅助物质为氦,主要有 632.8nm、1.15μm 和 3.39μm 3 种波长输出。在激光导向、准直、测距、测长和全息等许多方面广为应用。

氦氖激光器是一个气体放电管,管内充以一定混合比的氦气和氖气,两端用镀有多层介质膜的反射镜封固,构成谐振腔。

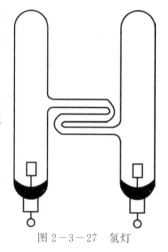

图 2—3—27 氢灯

两极间加以数千伏直流高压,使气体电离放电,高能电子冲击氦原子,使它从基态跃迁至激发态 2^3s 与 2^1s,再把能量交给氖原子。氖原子由基态被激发至 2s 或 3s 态,氦原子又回到基态。因为氦与氖的上述能级接近,故易于交换能量。结果使氖处于 2s 与 3s 态的粒子数与 P 态粒子数形成反转,使氖受激辐射,发出 3 种波长的光。采用适当措施抑制其中两种辐射,使氦氖激光器只发出 632.8nm 的光。

氦氖激光器简单、价廉、单色性好、使用方便。其缺点是效率较低,即输出的激光功率和输入的电功率的比值约为 10^{-3}。管长 250mm 左右的氦氖激光器,输出的激光功率约为 2～3mW。

图 2—3—28 氦氖激光器结构示意图

安装激光管时要注意正极、负极,使用中勿触及电极,以防高压伤害事故。

不同型号的几种光源的主要参量见表 2—3—4。

表 2—3—4 常用光源主要谱线的波长(单位:nm)

氢(H)	氦(He)	氖(Ne)	钠(Na)	汞(Hg)	激光(He—Ne)
656.28 红	706.52 红	650.65 红	589.592(D₁)黄	623.44 橙	632.8 橙
486.13 蓝绿	667.82 红	640.23 橙	588.995(D₂)黄	579.07 黄	
434.05 蓝紫	587.56 黄	638.30 橙		576.96 黄	
410.17 蓝紫	501.57 绿	626.65 橙		546.07 绿	
397.01 蓝紫	492.19 蓝绿	621.73 橙		491.60 蓝绿	
	471.31 蓝	614.31 橙		435.83 蓝紫	
	447.15 蓝	588.19 黄		407.78 蓝紫	
	402.62 蓝紫	585.25 黄		404.66 蓝紫	
	388.87 蓝紫				

第三章 基础性实验

实验一 拉伸法测量金属丝的杨氏模量

英国物理学家托马斯·杨(Thomas Young,1773—1829 年)在力学研究上首先提出了弹性模量概念,他认为"剪切变"也是一种弹性形变。人们为纪念托马斯·杨对力学研究的贡献,将弹性模量称为杨氏模量。此外,托马斯·杨进行的著名杨氏双缝干涉实验对波动光学的创立具有重要意义。

托马斯·杨(Thomas Young)

任何物体在外力作用下都会发生形变,当形变不超过某一限度时,撤走外力之后,形变能随之消失,这种形变称为弹性形变。如果外力较大,当它的作用停止时,所引起的形变并不完全消失,而有剩余形变,称为塑性形变。发生弹性形变时,物体内部产生恢复原状的内应力。固体的弹性是组成固体分子之间相互作用的结果。弹性模量是反映材料弹性形变与内应力关系的物理量,它越大,越不易发生变形,它是选择机械构件材料的依据,是工程技术中常用的重要参数之一。

实验测定弹性模量的方法很多,如拉伸法、弯曲法和振动法(前两种方法可称为静态法,后一种可称为动态法)。本实验是用静态拉伸法测定金属丝的杨氏弹性模量,它提供了一种测量微小长度的方法,即光杠杆法。

【实验目的】

1. 学习用拉伸法测量金属丝的杨氏模量。
2. 掌握用光杠杆放大法测量微小长度变化的原理。
3. 学习用逐差法和作图法处理实验数据。

【实验原理】

一、基本原理

设金属丝的原长 L,横截面积为 S,沿长度方向施力 F 后,其长度改变 ΔL,则金属丝单位面积上受到的垂直作用力 F/S 称为应力,金属丝单位长度的伸长量 $\Delta L/L$ 称为应变。根据胡克定律可知,在弹性范围内物体的应力与应变成正比,即

$$\frac{F}{S} = Y\frac{\Delta L}{L} \tag{3-1-1}$$

所以

$$Y = \frac{F/S}{\Delta L/L} = \frac{FL}{S\Delta L} \tag{3-1-2}$$

式(3-1-2)中,比例系数 Y 称为该金属的弹性模量。它只取决于材料的性质,而与其长度和截面积无关。Y 越大的材料,要使它发生一定的相对形变所需的单位横截面积上的作用力也越大。杨氏弹性模量的单位为 $N \cdot m^{-2}$。

本实验测量的是金属丝的杨氏弹性模量。设金属丝的直径为 d,则其横截面积为 $\frac{1}{4}\pi d^2$,因此,杨氏模量为

$$Y = \frac{4FL}{\pi d^2 \Delta L} \tag{3-1-3}$$

式中:L 为金属丝原长,可由米尺测量;d 为钢丝直径,可用螺旋测微计测量;F 为外力,可由实验中钢丝下面悬挂的砝码的重力 $F = mg$ 求出。而 ΔL 是一个微小长度变化,一般的长度测量方法是很难准确测量的。本实验利用光杠杆放大法测量微小伸长量 ΔL。

二、光杠杆法测微小长度的原理

1. 杨氏模量测定仪

杨氏模量测定仪如图 3-1-1 所示,三角底座上装有两根立柱和调整螺丝。调节调整螺丝可使立柱铅直,并由立柱下端的水准仪来判断。金属丝的上端被夹紧在横梁上的夹具中。立柱的中部有一个可以沿立柱上下移动的平台,用来承托光杠杆。平台上有一个圆孔,孔中有一个可以上下滑动的圆柱体夹具,金属丝的下端夹紧在圆柱体夹具中。圆柱体夹具下面有一个挂钩,挂有砝码托,用来放置拉伸金属丝的砝码,当金属丝伸长或缩短时,圆柱体夹具也随之上下移动。望远镜尺组和放置在平台上的光杠杆是用来测量微小长度变化的实验装置。

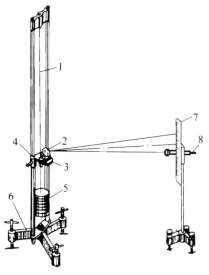

图 3-1-1　杨氏模量测定仪示意图

1—金属丝;2—光杠杆;3—平台;4—挂钩;5—砝码;6—三角底座;7—标尺;8—望远镜。

2. 光杠杆法测微小长度原理

光杠杆、平台和望远镜尺组共同构成测量微小变化的测量系统。光杠杆如图3－1－2所示,它由一平面反射镜 M 和 T 形支架构成。支架的前两足尖 a_1 和 a_2 放在工作平台的凹槽内,它的后足 a_3 搁在圆柱体夹具上,图中所示的 b 为光杠杆臂长。当金属丝发生形变时,下圆柱体夹具上下移动,后足 a_3 也随着下圆柱体夹具上下移动,后足的变化引起光杠杆上镜面的倾斜,倾斜的角度可由望远镜尺组测定。光杠杆测微小长度变化原理如下:

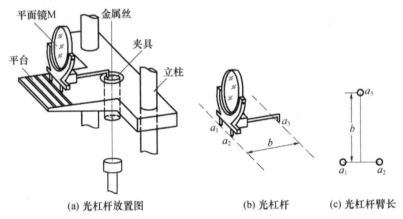

（a）光杠杆放置图   （b）光杠杆   （c）光杠杆臂长

图3－1－2　光杠杆结构图

设金属丝未伸长时,光杠杆的平面镜竖直,即镜面法线在水平位置,在望远镜中恰好能看到望远镜标尺刻度 R_0 的像。当挂上重物使金属丝受力伸长后,光杠杆的后足尖 a_3 随之下降 ΔL,此时光杠杆反射镜面由 M 转到 M' 的位置,即平面反射镜转过 α 角,后足 a_3 绕两前足尖的连线也转过了 α 角,镜面的法线也转过同一角度 α。如图3－1－3所示,根据反射定律,平面镜反射光线转过 2α 角。这样,从 R_0 处发出的光经过平面镜反射到 R_i,由光路可逆性,从 R_i 发出的光经平面镜反射后将进入望远镜中被观察到。望远镜观察到标尺刻度的变化量为 $\Delta R = R_i - R_0$。

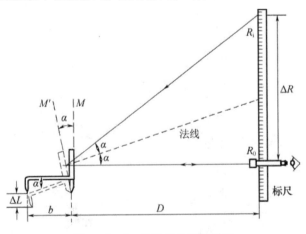

图3－1－3　光杠杆的测量原理

设 D 为光杠杆镜面至望远镜尺组标尺的距离,b 为光杠杆臂长(后足尖至前足尖连线的垂直距离),ΔL 为金属丝伸长量,在角度 α 较小的情况下,由图3－1－3可知

$$\alpha \approx \tan\alpha = \frac{\Delta L}{b}$$

$$2\alpha = \tan 2\alpha = \frac{\Delta R}{D}$$

从上两式中消去 α,得

$$\Delta L = \frac{b}{2D}\Delta R \qquad (3-1-4)$$

因为 $D \gg b$,所以用光杠杆测 ΔR 就能把微小伸长量 ΔL 放大 $\frac{2D}{b}$ 倍,即利用光杠杆就可以把测量微小长度变化量 ΔL 转换成测量数值较大的标尺读数变化量 ΔR,这就是光杠杆系统的放大原理。它已被应用在很多精密测量仪器中,如灵敏电流计、冲击电流计、光谱仪、静电压表等。在实验中,通常 b 为 $4\sim 8$cm,D 为 $1\sim 2$m,放大倍数可达 $25\sim 100$ 倍。

将式(3-1-4)代入式(3-1-3),得

$$Y = \frac{8FLD}{\pi d^2 b \Delta R} \qquad (3-1-5)$$

式中:F 为标尺刻度变化 ΔR 时相应的拉力。通过式(3-1-5)便可算出杨氏模量 Y。

【实验仪器】

杨氏模量测定仪,光杠杆,望远镜尺组,卷尺,螺旋测微计。

【实验内容】

一、仪器调整

1. 调节杨氏模量测定仪三角底座上的调整螺钉,使两支柱与水平面垂直(水准仪气泡居中)。为避免金属丝弯曲对测量伸长量的影响,在砝码托上先挂上 1kg 的砝码,使待测金属丝拉直。

2. 将光杠杆放在平台上,光杠杆两前足放在平台前面的凹槽中,后足放在钢丝下端夹具的适当位置上,不能与钢丝接触,不要靠着圆孔边,也不要放在夹缝中。

3. 将望远镜放在离光杠杆镜面约 $1.5\sim 2$m 处,并使两者中心在同一高度。调整光杠杆镜面与平台面垂直,望远镜轴线水平,并与标尺垂直,望远镜应水平对准光杠杆镜面中部。

4. 找标尺的像。

(1) 镜外找标尺的像:移动望远镜支架,在望远镜上方能看到光杠杆镜中标尺。利用望远镜上的瞄准器,使"人眼——瞄准器——平面镜中标尺"在一条直线上。若不在同一条直线上,应稍微移动望远镜支架,微调望远镜的俯仰螺丝及光杠杆的角度。

(2) 在镜内找标尺的像:先调节望远镜目镜,清楚地看到望远镜的十字叉丝,再利用调焦手轮进行调焦,直到看清楚标尺的像。再继续调节目镜和调焦手轮,达到既能看清叉丝又能看清标尺的像,且没有视差,即人眼上下晃动时,标尺刻线与十字叉丝无相对移动。

(3) 细调对零:调整标尺的高度或者调节望远镜的俯仰螺丝,使望远镜中十字叉丝的横线与标尺零刻度线或标尺下方某一整数刻线重合。

二、测量

1. 按上述步骤调整好仪器,在下面测量过程中不能移动光杠杆测微系统。

2. 记下标尺的初读数 R_1。依次增加砝码,每增加一个(质量为 1kg),待稳定后,记下望远镜中的标尺读数 $R_2,R_3,\cdots,R_8$,填入表 3—1—1 中。然后逐次递减砝码,记下望远镜中相应的标尺读数,两组读数对应相同的砝码重量填入表 3—1—1 中。

3. 用卷尺测出钢丝原长(上下夹具之间部分)L。

4. 用卷尺测量光杠杆镜面与标尺之间的距离 D。

5. 测量光杠杆常数 b。将光杠杆 T 形架的三个足放在纸上,轻轻压一下,便得出三点的准确位置,然后在纸上将前面两足尖连起来,用米尺或游标卡尺测量后足尖到这条连线的垂直距离,便是光杠杆常数 b。

6. 用千分尺测量钢丝直径 d。由于钢丝直径可能不均匀,按工程要求应在上、中、下各部位进行测量。每一位置在相互垂直的方向各测一次,重复测量 6 次,将数据记录在表 3—1—2 中。

【数据记录与处理】

1. 数据记录

(1) 单次测量。

钢丝原长 $\qquad L \pm U_L = $ _____ (m)

光杠杆臂长 $\qquad b \pm U_b = $ _____ (m)

镜面到标尺距离 $\qquad D \pm U_D = $ _____ (m)

载荷(砝码) $\qquad m \pm U_m = $ _____ (kg)

取 L、b、D 三者单次测量的仪器误差为不确定度。实验用砝码每个为 1kg,按 5 级砝码(国家标准最低等级)计,每个砝码的允许误差为 ±0.25g。

(2) 多次测量。

表 3—1—1　荷重增减时的标尺读数记录表

荷重 F_i/kg	标尺读数/$\times 10^{-3}$m				荷重增加 4kg 时的读数差 $\Delta R/\times 10^{-3}$m
	R_i	荷重增加	荷重减少	平均值	
1.00	R_1				$\lvert \overline{R}_5 - \overline{R}_1 \rvert = $
2.00	R_2				
3.00	R_3				$\lvert \overline{R}_6 - \overline{R}_2 \rvert = $
4.00	R_4				
5.00	R_5				$\lvert \overline{R}_7 - \overline{R}_3 \rvert = $
6.00	R_6				
7.00	R_7				$\lvert \overline{R}_8 - \overline{R}_4 \rvert = $
8.00	R_8				

表 3—1—2　测钢丝直径读数数据记录表

次　数	1	2	3	4	5	6	平均 $\overline{d}$
直径 d/$\times 10^{-3}$m							

2. 数据处理

（1）用逐差法处理数据。

用逐差法求出 $\Delta\overline{R}$，求出杨氏模量 Y 的平均值，计算出 Y 的不确定度，写出测量结果表达式。

（2）用作图法处理数据。

将式（3−1−5）中 ΔR 改写成 $\overline{R}_i (i=0,1,\cdots,7)$，它相当于荷重为 F_i 时标尺的平均读数，则式（3−1−5）变为

$$\overline{R}_i = \frac{8LD}{\pi d^2 bY} \cdot F_i = KF_i$$

式中

$$K = \frac{8LD}{\pi d^2 bY} \qquad (3-1-6)$$

若以 $\overline{R}_i$ 为纵坐标，F_i 为横坐标作图，图形在弹性限度范围内为一条直线，其斜率即为 K。将 K 值代入式（3−1−6），即可算出杨氏模量 Y 值。

【注意事项】

1. 光杠杆、望远镜和标尺所构成的光学系统一经调节好后，在实验过程中就不可再移动，否则，所有数据将重新测量。且加减砝码时动作要轻，防止砝码托摆动，等标尺稳定后才可读数，以提高测量准确度。

2. 注意保护平面镜和望远镜，不要用手触摸目镜、物镜、平面反射镜等光学镜表面，更不要用手、布块或任意纸片擦拭镜面；镜面有灰尘时，应以软毛刷轻拭，且实验完成后应盖好物镜罩。

3. 光杠杆主脚不能接触钢丝，不要靠着圆孔边，也不要放在夹缝中；应保护光杠杆足尖及平面镜，严禁磕碰和跌落。

4. 待测钢丝不能扭折，如果严重生锈和弯曲变形则必须更换；实验完成后，应将砝码取下，防止钢丝疲劳。

【思考题】

1. 材料相同，粗细长度不同的两根钢丝，它们的杨氏弹性模量是否相同？

2. 光杠杆放大法有何优点？怎样提高测量微小长度变化的灵敏度？

3. 为什么要使钢丝处于伸直状态？如何保证？

4. 能否设计出用光杠杆测量纸张厚度的实验？

5. 是否可以用最小二乘法求出杨氏弹性模量？请试用最小二乘法求出 Y。

实验二　三线扭摆法测刚体的转动惯量

转动惯量是表征刚体转动特性的物理量，是刚体转动惯性大小的量度，它与刚体的质量、转轴的位置和质量对于转轴的分布等有关。对于形状简单的刚体，可以通过数学方法计算出

它绕特定转轴的转动惯量。但对于形状复杂的刚体,用数学方法计算其转动惯量就非常困难,有时甚至不可能,所以常用实验方法测定。因此,学会测定刚体转动惯量的方法,具有实用意义。测定刚体转动惯量的方法有多种,本实验采用三线扭摆法。

【实验目的】

1. 学会用三线扭摆法测定物体的转动惯量。
2. 验证转动惯量的平行轴定理。

【实验原理】

1. 测定悬盘绕中心轴的转动惯量 I

三线摆如图 3-2-1 所示,有均匀圆盘,在小于其周界的同心圆周上做一内接等边三角形,然后从三角形的三个顶点引出三条细线,三条细线同样对称地连接在一个置于上部的水平小圆盘上,小圆盘可以绕自身的垂直轴转动。当均匀圆盘(以下简称悬盘)水平,三线等长时,轻轻转动上部小圆盘,由于悬线的张力作用,悬盘即绕上下圆盘的中心连线轴 $O'O$ 周期性地反复扭转运动。当悬盘离开平衡位置向某一方向转动到最大角位移时,整个悬盘的位置也随着升高 h。若取平衡位置的势能为零,则悬盘升高 h 时的动能等于零,而势能为

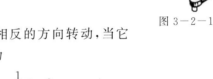

图 3-2-1　三线扭摆

$$E_1 = mgh$$

式中:m 为悬盘的质量;g 为重力加速度。

转动的悬盘在达到最大角位移后将向相反的方向转动,当它通过平衡位置时,其势能为零,而转动动能为

$$E_2 = \frac{1}{2} I_o \omega_o^2$$

式中:I_o 为悬盘的转动惯量,单位为 kg·m^2;ω_o 为悬盘通过平衡位置时的角速度。

如果略去摩擦力的影响,根据机械能守恒定律,$E_1 = E_2$,即

$$mgh = \frac{1}{2} I_o \omega_o^2 \tag{3-2-1}$$

若悬盘转动角度很小,可以证明悬盘的角位移与时间的关系可写成

$$\theta = \theta_o \sin(2\pi/T)t$$

式中:θ 为悬盘在时刻 t 的角位移;θ_o 为悬盘的最大角位移,即角振幅;T 为周期。

角速度 ω 是角位移 θ 对时间的一阶导数,即

$$\omega = \frac{d\theta}{dt} = \frac{2\pi\theta_o}{T} \cos\frac{2\pi}{T}t$$

在通过平衡位置的瞬时($t = 0$、$T/2$、T 等),角速度的绝对值是

$$\omega_o = \frac{2\pi\theta_o}{T} \tag{3-2-2}$$

根据式(3-2-1)和式(3-2-2),得

$$mgh = \frac{1}{2}I_o\left(\frac{2\pi\theta_o}{T}\right)^2 \qquad (3-2-3)$$

设 l 是悬线长，R 是下盘 A 悬线端点到转轴的距离，由图 $3-2-2$，得

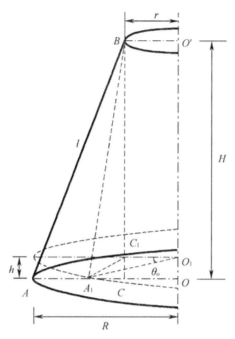

图 $3-2-2$　三线扭摆周期计算图

$$h = OO_1 = BC - BC_1 = \frac{(BC)^2 - (BC_1)^2}{BC + BC_1}$$

因为

$$(BC)^2 = (AB)^2 - (AC)^2 = l^2 - (R-r)^2$$
$$(BC_1)^2 = (A_1B)^2 - (A_1C_1)^2 = l^2 - (R^2 + r^2 - 2Rr\cos\theta_o)$$

得

$$h = \frac{2Rr(1-\cos\theta_o)}{BC + BC_1} = \frac{4Rr\sin^2\dfrac{\theta_o}{2}}{BC + BC_1}$$

在偏转角很小时

$$\sin\frac{\theta_o}{2} \approx \frac{\theta_o}{2}$$

而

$$BC + BC_1 \approx 2H$$

所以

$$h = \frac{Rr\theta_o^2}{2H} \qquad (3-2-4)$$

将式 $(3-2-4)$ 代入式 $(3-2-3)$，得

$$I_o = \frac{mgRr}{4\pi^2 H}T^2 \qquad (3-2-5)$$

这是测定悬盘绕中心轴转动的转动惯量计算公式。

已知悬盘绕中心轴转动惯量的理论计算公式为

$$I_{o理} = \frac{1}{2}mR^2$$

将实验结果与理论计算结果相比较,并计算测量相对误差 E_o。

2. 测定圆环绕中心轴的转动惯量 I

把质量为 M 的圆环放在悬盘上,使两者中心轴重合,组成一个系统。测得它们绕中心轴转动的周期为 T_1,则它们总的转动惯量为

$$I_1 = \frac{(m+M)gRr}{4\pi^2 H}T_1^2 \tag{3-2-6}$$

得圆环绕中心轴的转动惯量为

$$I = I_1 - I_o \tag{3-2-7}$$

式(3-2-6)和式(3-2-7)是测定圆环绕中心轴转动的转动惯量的计算公式。

已知圆环绕中心轴转动惯量的理论计算公式为

$$I_{理} = \frac{M}{2}(R_1^2 + R_2^2)$$

式中:R_1 为圆环外半径;R_2 为圆环内半径。

将实验结果与理论计算结果相比较,并计算测量相对误差 E_1。

3. 验证平行轴定理

将两个质量都为 M',半径为 R_x,形状完全相同的圆柱体对称地放置在悬盘上,柱体中心轴到悬盘中心轴的距离为 x,按上述方法测得两物体和悬盘绕中心轴的转动周期为 T_x,则两圆柱体绕中心轴的转动惯量为

$$2I_x = \frac{(m+2M')gRr}{4\pi^2 H}T_x^2 - I_o \tag{3-2-8}$$

将从式(3-2-8)所得的实验结果与理论上按平行轴定理计算所得的结果进行比较,并计算测量相对误差 E_2。理论值为

$$I_{x理} = M'x^2 + \frac{M'R_x^2}{2}$$

将实验结果与理论计算结果相比较,并计算测量相对误差 E_x。

【实验仪器】

三线扭摆,水准器,秒表,游标卡尺,米尺,待测圆环,待测圆柱体。

【实验内容】

1. 将水准器置于悬盘上任意两悬线之间,调整上圆盘边上的 3 个调整旋钮,改变 3 条悬线的长度,直至水准器的气泡位于正中央,悬盘水平,并用固定螺钉将 3 个调整旋钮固定。

2. 轻轻扭动上圆盘(最大转角控制在 5°左右),使悬盘摆动,用秒表测出悬盘摆动 50 个周期所需时间,重复 3 次求平均值,从而求出悬盘的摆动周期 T,将数据记入表 3-2-1 中。测

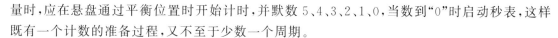

量时,应在悬盘通过平衡位置时开始计时,并默数 5、4、3、2、1、0,当数到"0"时启动秒表,这样既有一个计数的准备过程,又不至于少数一个周期。

3. 把待测圆环置于悬盘上,使两者中心轴线重合,按上述方法测出圆环与悬盘的共同振动周期 T_1。将数据记入表 $3-2-1$ 中。

4. 取下圆环,把质量和形状都相同的两个圆柱体对称地置于悬盘上,再按上述方法测出振动周期 T_x。将数据记入表 $3-2-1$ 中。

5. 分别量出小圆盘和悬盘三悬点之间的距离 a 和 b,各取其平均值,算出悬点到中心的距离 r 和 R(r 和 R 分别为以 a 和 b 为边长的等边三角形外接圆的半径)。将数据记入表 $3-2-2$ 中。

6. 测出两圆盘之间的垂直距离 H,圆环的内直径和外直径 $2R_1$、$2R_2$,圆柱体直径 $2R_x$ 及圆柱体中心轴至悬盘中心轴的距离 x。

7. 计算测量误差。

【数据记录与处理】

1. 数据记录

表 $3-2-1$　摆动周期的测量数据记录表

摆动 50 个周期所需时间 t/s	悬　盘		悬盘加圆环		悬盘加两圆柱体	
	1		1		1	
	2		2		2	
	3		3		3	
	平均		平均		平均	
周期	$T=$	s	$T_1=$	s	$T_x=$	s

表 $3-2-2$　相对长度的测量数据记录表

项　目　次　数	上圆盘悬孔间距离 a /10^{-3} m	悬盘悬孔间距离 b /10^{-3} m	待测圆环		圆柱体直径 $2R_x$ /10^{-3} m
			外直径 $2R_2$ /10^{-3} m	内直径 $2R_1$ /10^{-3} m	
1					
2					
3					
平均	$a=$	$b=$	$R_2=$	$R_1=$	$R_x=$

$$r=\frac{\sqrt{3}}{3}a= \qquad \text{m} \qquad\qquad R=\frac{\sqrt{3}}{3}b= \qquad \text{m}$$

两圆盘之间垂直距离　$H=$_____ m

圆柱体中心轴至悬盘中心轴的距离　$x=$_____ m

悬盘质量　$m=$_____ kg

圆环质量　$M=$_____ kg

圆柱体质量　$M'=$_____ kg

2. 数据处理

（1）圆盘转动惯量。计算圆盘转动惯量 I_o，计算圆盘转动惯量的理论值 $I_{o理}$。

计算圆盘转动惯量的相对误差 $E=\dfrac{|I_o-I_{o理}|}{I_{o理}}\times100\%$。

（2）圆环转动惯量。计算圆盘和圆环的总转动惯量 I_1，计算圆环的转动惯量 I，计算圆环转动惯量的理论值 $I_{理}$。

计算圆环转动惯量的相对误差 $E=\dfrac{|I-I_{理}|}{I_{理}}\times100\%$。

（3）验证平行轴定理。计算圆柱体绕中心轴的转动惯量 I_x，计算圆柱体绕中心轴的转动惯量的理论值 $I_{x理}$。

计算圆柱体转动惯量的相对误差 $E=\dfrac{|I_x-I_{x理}|}{I_{x理}}\times100\%$。

若相对误差在允许范围内,即证明平行轴定理。

【注意事项】

1. 测量悬盘悬孔间距离时要选择误差最小的方法。
2. 调整仪器摆线长度时,调整旋钮和固定螺钉要配合使用。

【思考题】

1. 用三线扭摆法测定物体的转动惯量时,为什么要求悬盘水平,且摆角要小?
2. 三线摆放上待测物后,它的转动周期是否一定比空盘转动周期大? 为什么?
3. 测圆环的转动惯量时,把圆环放在悬盘的同心位置上。若转轴放偏了,测出的结果是偏大还是偏小? 为什么?
4. 如何利用三线扭摆法测定任意形状的物体绕特定轴转动的转动惯量?

实验三　气垫导轨上的实验

气垫导轨是一种比较理想的力学实验设备,它是 20 世纪 60 年代发展起来的一种新技术。气垫导轨是利用从导轨表面气孔喷出的压缩空气,在导轨表面与滑行器(滑块)之间形成一层薄薄的空气膜,即气垫。在气垫的作用下,滑块与导轨表面之间不直接接触,从而极大地减小了滑块在导轨上运动时的摩擦阻力,这为力学测量提供了比较理想的实验条件。

气垫导轨可用于观察和定量研究在近似无摩擦阻力的情况下物体的运动规律。例如,研究并测量物体运动的速度、加速度、重力加速度;验证牛顿运动定律、动量守恒定律以及研究物体的谐振运动等。

【实验目的】

1. 了解气垫导轨的构造和性能,掌握气垫导轨的调节方法。
2. 学习并掌握光电计时器的原理与使用方法。

3. 掌握用气垫导轨测量物体速度和加速度的方法,验证牛顿第二定律。

4. 观察物体在气垫导轨上的碰撞现象,研究并验证碰撞过程中动量守恒定律。

【实验原理】

1. 瞬时速度

做直线运动的物体,在 Δt 时间内,物体经过的位移为 Δx,则该物体在 Δt 时间内的平均速度为 $\bar{v}=\dfrac{\Delta x}{\Delta t}$。为了精确地描述物体在某点的速度,$\Delta t$ 越小越好,当 $\Delta t \rightarrow 0$ 时,平均速度趋近于一个极限,即

$$v=\lim_{\Delta t \to 0}\frac{\Delta x}{\Delta t}=\frac{\mathrm{d}x}{\mathrm{d}t} \qquad (3-3-1)$$

在实际测量中,$\Delta t \rightarrow 0$ 不可能实现,在误差允许范围内,只要取物体经过很小的位移 Δx,测量出对应的时间间隔 Δt,就可以用平均速度 $\bar{v}=\dfrac{\Delta x}{\Delta t}$ 近似代替 t 时刻到达该点的速度,即瞬时速度。本实验中取 Δx 为定值(图 3-3-5),用光电计时系统测出通过 Δx 所需要的时间 Δt,就可以测出瞬时速度。

2. 加速度

如图 3-3-1 所示,物体沿斜面由静止出发做下滑运动,在忽略摩擦阻力的情况下,物体做匀加速直线运动。

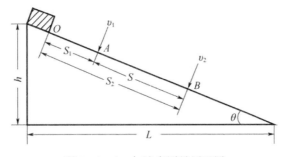

图 3-3-1　加速度测量原理图

令物体从斜面 O 点由静止下滑,经过斜面 A、B 时,其速度分别为 v_1、v_2;其中 OA 间距离为 S_1,OB 间距离为 S_2,AB 间距离为 S,则有

$$\begin{cases} v_1^2=2aS_1 \\ v_2^2=2aS_2 \end{cases} \qquad (3-3-2)$$

由式(3-3-2)可得

$$a=\frac{v_2^2-v_1^2}{2S} \qquad (3-3-3)$$

实验中,在气垫导轨上距离为 S 的两个位置处,各放置一个光电门,通过光电计时器分别测出滑行器经过 A、B 时的速度 v_1 和 v_2,则根据式(3-3-3)可以得出加速度 a。

3. 牛顿第二定律

牛顿第二定律的内容:物体受到外力作用时,加速度 a 的大小与物体所受到的合外力 F

成正比,与物体的质量 m 成反比,加速度的方向与合外力的方向相同。数学表达式为

$$F = ma \qquad (3-3-4)$$

为了验证牛顿第二定律,采用如图3-3-2所示的装置,气垫导轨的一端装有定滑轮,在气垫导轨上相距为 S 的位置处分别装有光电门 P_1、P_2。运动系统由滑块 M 和砝码 m(含砝码盘)组成,通过一条绕过定滑轮的细线联系起来。滑块在水平方向受到细线的拉力,此力为砝码作用于细线所产生的张力 T,忽略滑块与导轨及滑轮轴的摩擦力、空气阻力、细线的质量以及细线的伸长量等因素的影响,则有

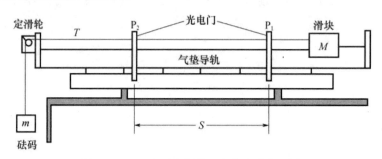

图3-3-2 验证牛顿第二定律实验装置图

$$a = \frac{mg}{(M+m)} \qquad (3-3-5)$$

式中:a 为运动系统的加速度。在式(3-3-5)中,若令 $M' = M+m$ 表示运动系统的总质量,$F = mg$ 表示物体系统在运动方向所受的合外力,则式(3-3-5)即为牛顿第二定律。验证牛顿第二定律要从以下两个方面进行实验。

(1)保持系统总质量 M' 不变,改变合外力 $F_i = m_i g$,即改变砝码托盘中的砝码质量 m_1,m_2,…,并在滑块装置上对称配置滑块质量,使系统总质量不变。根据式(3-3-3)关系测出 a_1,a_2,…。若 $\frac{m_1 g}{a_1} = \frac{m_2 g}{a_2} = \cdots$,便验证了系统总质量不变时,加速度与外力成正比。还可以利用上述数据做 $a-F$ 关系图,若为直线,则上述结论成立。

(2)保持合外力 $F = mg$ 不变,即砝码盘中的砝码质量 m 不变,通过用不同质量的滑块,实现系统总质量的改变 M_1',M_2',…,测出相应的加速度 a_1,a_2,…。若 $\frac{M_1'}{M_2'} = \frac{a_2}{a_1} = \cdots$,便验证了合外力不变时,加速度与质量成反比。还可以利用上述数据做 $a-\frac{1}{M'}$ 关系图,若为直线,则上述结论成立。

4. 碰撞及动量守恒定律

如果某一力学系统在运动过程中,不受外力或者所受的外力矢量和为零,则系统的总动量保持不变,这就是动量守恒定律。由于导轨上气垫的作用,滑块与导轨间的摩擦阻力可以忽略不计,所以可以在气垫导轨上研究由两个滑块组成的力学系统的碰撞规律。当两个滑块发生碰撞时,系统(两个滑块)仅受内力的相互作用,故系统的动量守恒。设两个滑块的质量分别为 m_1 和 m_2,碰撞前的运动速度为 $\boldsymbol{v}_{10}$ 和 $\boldsymbol{v}_{20}$,碰撞后的速度为 $\boldsymbol{v}_1$ 和 $\boldsymbol{v}_2$,则由动量守恒定律有

$$m_1 \boldsymbol{v}_{10} + m_2 \boldsymbol{v}_{20} = m_1 \boldsymbol{v}_1 + m_2 \boldsymbol{v}_2 \qquad (3-3-6)$$

要验证动量守恒定律,主要是测量两滑块碰撞前后的速度。滑块在气垫导轨上运动时,固

定在滑块上遮光距离为 Δx 的双挡光片随滑块一起通过光电门,光电计时器记录下挡光片经过光电门时所用的时间 Δt,则滑块通过光电门的平均速度为 $\overline{v}=\dfrac{\Delta x}{\Delta t}$,由于位移 Δx 较小,所用时间 Δt 较短,因此平均速度 $\overline{v}$ 就可以看成是滑块通过光电门中间的瞬时速度。

【实验仪器】

气垫导轨,气源,光电计时器,游标卡尺,物理天平等。

1. 导轨

气垫导轨是为消除摩擦而设计的力学实验仪器。它的结构如图 3—3—3 所示。

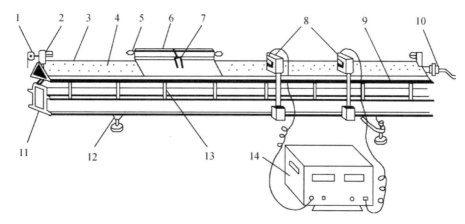

图 3—3—3 气垫导轨示意图

1—定滑轮;2—缓冲弹簧;3—导轨;4—喷气小孔;5—弹簧;6—滑块;
7—挡光片;8—光电门;9—标尺;10—进气口;11—口子形铸铝梁;
12—单脚调节螺丝;13—调整螺杆;14—光电计时器。

导轨是一根长度为 1.5m 的平直铝合金管,截面呈三角形。一端封闭,且装有定滑轮和缓冲弹簧;另一端装有进气口,利用气泵通过进气口向管腔送入压缩空气。在导轨的两个侧面上,钻有两排等距离的喷气小孔。压缩空气进入管腔后,从小孔喷出,在导轨表面与滑块之间形成一层很薄的"气垫",其厚度约为 0.1mm,滑块通过"气垫"的作用浮在导轨上,做近似无摩擦的运动。

2. 滑块

滑块是在导轨上运动的物体,采用特制的铝合金制成,横截面呈三角形,其内表面和导轨的两个侧面均经过精密加工而严密吻合,如图 3—3—4 所示。滑块带有五条细螺纹槽,便于安装各种附件。根据实验需要,滑块上面可加装不同宽度的挡光片、重物或砝码。滑块两端可加装缓冲弹簧、尼龙塔扣等物件。

3. 光电计时系统

光电计时测量系统由光电门和电脑通用计时

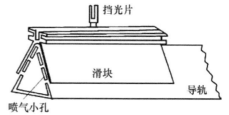

图 3—3—4 气垫导轨上滑块示意图

器组成,光电门结构和测量原理如图3-3-5所示。光电门主要由发射器(发光二极管)和接收器(光电二极管)组成,可以固定在导轨上任意位置。当滑块从光电门旁经过时,安装在滑块上的挡光片穿过光电门,从发射器射出的红外光被挡光片遮住而无法照到接收器上,此时接收器上的光电二极管产生一个脉冲信号。在滑块经过光电门的整个过程中,挡光片两次挡光,相应接收器共产生两个脉冲信号,计时器将测出这两个脉冲信号之间的间隔 Δt。设两次挡光之间的遮光距离为 Δx,由于 Δx 较小(本实验 Δx 取 1cm,3cm,5cm),可以认为 $\bar{v} = \dfrac{\Delta x}{\Delta t}$ 就是滑块通过光电门的瞬时速度。

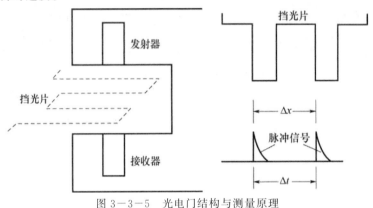

图3-3-5　光电门结构与测量原理

4. 气泵

气泵是向气垫导轨管腔内输送压缩空气的设备。要求气源有气流量大、供气稳定、噪声小、能连续工作的特点,一般实验室采用小型气源,气垫导轨的进气口用橡皮管和气泵相连。

【实验内容】

1. 仪器的调节

(1) 安装光电计时系统。

安装光电计时器,将光电门安装在气垫导轨上,其间距不小于30cm,使光电计时系统处于正常工作状态。光电计时器使用说明见附录。

(2) 调节气垫导轨水平。

① 粗调。调节导轨下的三支底脚螺丝,使导轨大致水平。

② 静态调平。先将导轨接通气源,然后将滑块置在导轨某处,用手轻轻地把滑快压在导轨上,再轻轻地放手,观察滑块的运动状态。如果滑块在导轨上不动或者稍有左右移动,则说明导轨是水平的。否则,导轨不水平,根据滑块运动的方向,仔细调节导轨下的单脚调节螺丝,直至滑块在导轨任意位置处基本保持不动,或稍有滑动,但不总是向某一方向滑动,即认为已基本调平。

③ 动态调平。气垫导轨与光电计时器配合进行调平。将光电计时器的"功能"选择在"S_2"挡上,滑块上装有挡光片(如3cm),让滑块以一定的速度从气垫导轨的一端向另一端运动,先后通过光电门1和光电门2(左侧光电门为1,右侧为光电门2,滑块1和滑块2也是如此定义,下同),计时器分别记下了滑块通过两个光电门的时间 Δt_1 和 Δt_2,理论上讲,当 $\Delta t_1 =$

Δt_2 时,导轨水平,但由于受空气阻力的影响,实际测到的时间 Δt_1 会比 Δt_2 稍微大一点,但不会超过几毫秒,此时认为气垫导轨基本水平。

2. 测量瞬时速度

(1) 在滑块上安装挡光片(如 3cm),计时器功能选择"S_2"挡上,挡光片宽度选择开关拨向相应位置(如 3cm),给滑块以初速度,使滑块从导轨左端向右端运动,通过光电门,计时器就记录了挡光片挡光时间间隔 Δt 以及平均速度 $\overline{v}_{计}$。由挡光片的宽度 Δx、时间间隔 Δt 计算出 $\overline{v} = \dfrac{\Delta x}{\Delta t}$,并将该数据与计时器记录 $\overline{v}_{计}$ 相比。测量数据记录在表 3-3-1。

(2) 更换其他挡光片,重复以上实验。

3. 测量物体沿斜面下滑的加速度

(1) 在单脚调节螺丝的一侧下面放置垫高块,使导轨成一斜面。将光电门 1 和 2 安装在导轨中心两侧,大约安装在 40cm 和 100cm 处。起始挡板固定在导轨最高端处。

(2) 将挡光片安装在滑块上,光电计时器功能选择在"a"挡上,让滑块紧靠起始挡板自由下滑,滑块先后通过光电门 1、2 后按计时器停止键,光电计时器将记录下滑块通过每个光电门的时间、瞬时速度和两光电门之间滑块的加速度。从标尺读出两光电门之间的距离 S,根据光电计时器记录的速度和式(3-3-3)计算出滑块下滑的加速度,并与光电计时器自动记录的 $a_{计}$ 相比较。测量数据记录在表 3-3-2。

(3) 光电门 1 的位置保持不变,改变光电门 2 的位置,使其分别在导轨 90cm,110cm,120cm 处,重复步骤(2)。

4. 验证牛顿第二定律

(1) 如图 3-3-2 所示,将气垫导轨呈水平状态,滑块一端装上挂钩架,将拴在砝码托盘上的细线,绕过定滑轮挂在滑块的挂钩架上,连线长度保证砝码托盘刚着地,滑块能通过靠近滑轮一侧的光电门。

(2) 保持系统总质量 M' 不变,研究加速度 a 与合外力 F 之间的关系,具体步骤如下:

① 为了保证系统总质量 M' 不变,实验中使一部分砝码放在砝码托盘中,一部分放在滑块上,当需要增加合外力时,即增加砝码托盘中的质量 m_i,就需要滑块上减少质量为 m_i 的砝码。

② 取合外力 $F_i = m_i g$,将滑块由静止释放,测出加速度 a_i,相同作用力下,重复测量 3 次。

③ 改变 4 次合外力,重复步骤②,测量数据记录在表 3-3-3 中。注意滑块均从同一位置由静止释放。

(3) 合外力一定,研究加速度 a 与质量 m 的关系,具体步骤如下:

① 取合外力 $F = mg$ 一定,即实验过程中砝码托盘里的砝码一定,滑块的质量 M_i,滑块从确定位置由静止状态释放,记下加速度的数值,重复测量 3 次,测量数据记录在表 3-3-4 中。

② 改变滑块的质量 4 次,重复步骤①。

5. 验证动量守恒定律

(1) 将气垫导轨调成水平状态。

(2) 在两滑块的两端分别安装缓冲弹簧及挡光片。用物理天平称量两个滑块的质量 m_1 和 m_2。

（3）将光电计数器的"功能"键选择"Col"挡。两个光电门之间的距离一般约在 30～40cm 之间。

（4）将滑块 2 放在两光电门之间,且靠近光电门 2 的地方,令其静止($v_{20}=0$)。轻推滑块 1,使滑块 1 经过光电门 1 与滑块 2 发生对心碰撞。测出两滑块碰撞前、后的速度,注意速度的正负。重复操作 4 次。其间,两个滑块的位置也可调换。

（5）将所测数据填入表 3－3－5 中。

【数据记录与处理】

1. 数据记录

表 3－3－1　测量瞬时速度数据记录表

挡光片宽度 Δx/cm	Δt/ms	$\overline{v}=\dfrac{\Delta x}{\Delta t}$/(cm $\cdot$ s^{-1})	$v_{计}$/(cm $\cdot$ s^{-1})	$E=\dfrac{\mid v_{计}-\overline{v}\mid}{v_{计}}\times100\%$

表 3－3－2　测量物体沿斜面下滑的加速度数据记录表

项目 S/cm	v_1/(cm $\cdot$ s^{-1})	v_2/(cm $\cdot$ s^{-1})	$a=\dfrac{v_2^2-v_1^2}{2S}$/(cm $\cdot$ s^{-2})	$a_{计}$/(cm $\cdot$ s^{-2})
50				
60				
70				
80				
平均值				

表 3－3－3　验证牛顿第二定律(系统总质量不变)数据记录表　　$M'=$_____ kg

$F_i=m_i g$/N	次数	a_i/(cm $\cdot$ s^{-2})	$\overline{a_i}$/(cm $\cdot$ s^{-2})	$\dfrac{m_i g}{a_i}$
	1			
	2			
	3			
...	...		...	...

表 3－3－4　验证牛顿第二定律(系统合外力不变)数据记录表　　$F=$_____ N

M_i/kg	次数	a_i/(cm $\cdot$ s^{-2})	$\overline{a_i}$/(cm $\cdot$ s^{-2})	$\dfrac{1}{M'_i}$/kg^{-1}
	1			
	2			
	3			
...	...		...	...

表 3－3－5　验证动量守恒定律数据记录表

次　数 项目	1	2	3	4	5
$\Delta t_{10}/\mathrm{ms}$					
$\Delta t_{20}/\mathrm{ms}$					
$\Delta t_1/\mathrm{ms}$					
$\Delta t_2/\mathrm{ms}$					
$v_{10}/(\mathrm{cm \cdot s^{-1}})$					
$v_{20}/(\mathrm{cm \cdot s^{-1}})$					
$v_1/(\mathrm{cm \cdot s^{-1}})$					
$v_2/(\mathrm{cm \cdot s^{-1}})$					

2. 数据处理

（1）熟悉瞬时速度的计算，并计算光电计时器记录的速度与测量速度的相对误差。

（2）计算光电计时器记录的加速度与测量加速度的相对误差。

（3）根据表 3－3－3 数据，比较 $\dfrac{m_i g}{a_i}$ 的关系，能得出什么结论？在坐标纸上做出 $F_i-\overline{a}_i$ 关系图，又能得出什么结论？

（4）根据表 3－3－4 数据，计算质量与加速度的关系，能得出什么结论？在坐标纸上作出 $\overline{a}_i-\dfrac{1}{M'_i}$ 曲线，又能得出什么结论？

（5）根据表 3－3－5 数据，求出两个滑块碰撞前后的平均速度，验证动量守恒定律。

【注意事项】

1. 导轨表面和滑块内表面要保持平滑和光洁，不允许有尘土污垢，使用前需用干净棉花蘸酒精将导轨表面和滑块内表面擦拭干净。

2. 气垫导轨通气后，才能在导轨上放置或移动滑块，实验结束后，先将滑块取下再关闭气源。

3. 接通气源后，待导轨空腔内气压稳定、喷气流量均匀之后，再开始做实验。小型气源噪声大、温度高，不宜长时间连续工作，不用时应及时关闭。

4. 在气垫导轨上做实验时，实验附件很多，实验结束后要将附件放在专用盒里，切忌乱放。

5. 不做实验时，导轨上不准放滑块和其他东西，以防止导轨划伤或变形。

【思考题】

1. 在验证牛顿第二定律时，为何要将减去的砝码放在滑块上？

2. 验证动量守恒定律时，为什么两个光电门要尽可能地靠近一些，并且使滑块 2 靠近光电门 2？

3. 如果两滑块碰撞后的动量总是小于碰撞前的动量，试分析是什么原因造成的？在实验中能否出现系统碰撞后的动量大于碰撞前的动量？

【附录】JO201-CC 存储式数字计时器

1. JO201-CC 存储式数字计时器介绍

JO201-CC 存储式数字计时器前面板示意图,如图 3-3-6 所示;后面板示意图,如图 3-3-7 所示。

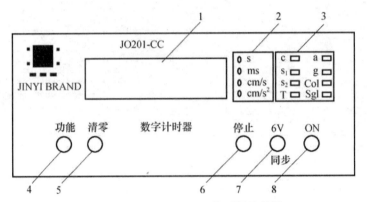

图 3-3-6 JO201-CC 前面板示意图

1—数据显示窗口;2—单位显示;3—功能选择显示;4—功能选择键;

5—清零键;6—停止键;7—6V/同步键;8—电源开关。

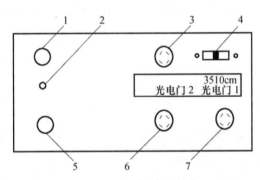

图 3-3-7 JO201-CC 后面板示意图

1—保险管;2—外接地线接线柱;3—自由落体接口插座;4—挡光片宽度选择开关;

5—电源输入接线;6—2号光电门输入插座;7—1号光电门输入插座。

2. 操作方法

(1) 开机后自动进入自检状态,自检循环示意图如图 3-3-8 所示。

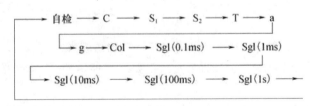

图 3-3-8 自检循环示意图

开机或按[功能]键选择自检功能,都将进入自检状态;当光电门无故障时,屏幕循环显示各显示器件,当光电门发生故障(如接触不良、损坏、遮挡光电门或光电门输入电路出现故障等)时,屏幕将闪烁着该光电门的号码,不做循环显示工作。这时,必须先排除故障,程序才能继续运行。

(2) 功能键的选择。

① "C"——计数。

用挡光片对任意一个光电门挡光一次,屏幕显示就累加一个数。按"停止"键,立即锁存原值,停止计数。按"清零"键,清除所有实验数据,可重新做实验。

② "S_1"——挡光计时。

用挡光片对任意一个光电门依次挡光,屏幕将依次显示出挡光次数和挡光时间。可连续做 1~255 次实验,但只存储前 10 个数据。按"停止"键后,立即进入循环显示存储的数据状态。按"清零"键,清除所有实验数据,可重新做实验。

③ "S_2"——间隔计时。

用挡光片对任意一个光电门依次挡光,屏幕将依次显示挡光间隔的次数、挡光间隔的时间。可连续作 1~255 次实验,只存储前 10 个数据,按"停止"键后,先依次显示测量的间隔时间数据,再依次显示与之对应的速度数据,并反复循环。按"清零"键清除所有实验数据,可重新做实验。

④ "T"——测振子振动周期。

用弹簧振子或单摆振子配合一个光电门和一个挡光片做实验(挡光片宽度不小于 3mm)。在振子上安装轻小的挡光片,使挡光片通过光电门。屏幕仅显示振动次数,当完成了第 n(1~255 任选)个振动(即屏幕显示出 $(n+1)$)之后,立即按"停止"键。这时,屏幕便自动循环显示 n 个振动周期和 n 次振动时间的总和。当 $n>10$ 时只显示前 10 个振动周期和前 10 次振动时间的总和。按"清零"键,清除所有实验数据,可重新做实验。

⑤ "a"——测加速度。

测运动物体的加速度。运动物体上的挡光片通过两个光电门之后自动进入循环显示:滑块第一次通过光电门的时间;滑块通过两个光电门的间隔时间;滑块第二次通过光电门的时间;滑块通过第一个光电门时的速度;滑块通过第二个光电门时的速度;滑块从第一个光电门到第二个光电门之间的运动加速度。

如此反复循环显示上述 6 个数据。按"清零"键,清除所有实验数据,可重新做实验。

⑥ "g"——测重力加速度:配合自由落体实验仪做实验。操作方法如下:

A. 把自由落体实验仪的光电门插头插入后盖上的自由落体插座;

B. 拔下 1 号光电门插座上的光电门和 2 号光电门插座上的光电门;

C. 接上 220V 交流电源,打开电源开关;

D. 按"功能"键,选择"g"挡;

E. 把"6V/同步"键拨到"6V"处,这时自由落体实验仪的电磁铁电源被接通,吸住钢球;

F. 按"清零"键,消除所有数据;

G. 把"6V/同步"键拨到"同步"处,电磁铁断电,钢球释放,计时器同步计时;

H. 待钢球通过其中一个光电门后,实验即自行结束,自动进入循环显示 2 个实验数据。

实验数据记录:钢球自 0cm 处下落到光电门时所用的时间;钢球通过光电门的时间。按"清零"键,清除所有实验数据,又可重新做实验。

　　注意:自由落体的实验只需要一个光电门,但另一个光电门必须保持光照状态才能正常工作。

　　⑦ "Col"——完全弹性碰撞实验。

　　适用于做两物体的完全弹性的碰撞实验。其他非完全弹性的碰撞请用"S_2"功能。当两个滑块完成完全弹性碰撞实验之后,自动进入循环显示,4 个时间数据和 4 个速度数据分别为:碰撞前滑块通过 1 号光电门的时间;碰撞后滑块通过 1 号光电门的时间;碰撞前滑块通过 2 号光电门的时间;碰撞后滑块通过 2 号光电门的时间;碰撞前滑块通过 1 号光电门的速度;碰撞后滑块通过 1 号光电门的速度;碰撞前滑块通过 2 号光电门的速度;碰撞后滑块通过 2 号光电门的速度。

　　如此反复循环。按"清零"键,清除所有实验数据,可重新做实验。

　　⑧ "Sgl"——时标输出。

　　选择"Sgl"挡,再依次按"功能"键可选择时标周期,屏幕将随着依次按"功能"键显示时标周期为 0.1ms,1ms,10ms,100ms,1s;后盖上的时标插座输出幅度不低于 5V 的脉冲信号。

实验四　用波尔共振仪研究受迫振动

　　在自然界中,受迫振动现象是普遍的,由受迫振动引起的共振有些具有破坏作用,有些又具有利用的价值。例如,在道路、桥梁及建筑等设计中,就需要考虑避免因各种原因而可能产生的共振;而在很多电声器件的设计中又需要利用共振的原理。广义而言,共振现象所涉及的范畴也有多种,如力学共振、电共振、磁共振、光共振等。因此,通过力学现象研究受迫振动与共振具有相当的普遍性和重要性。

　　表征受迫振动的性质通常采用受迫振动的振幅频率特性和相位频率特性(简称幅频特性和相频特性)曲线。在本实验中,用波尔共振仪定量测定机械受迫振动的幅频特性和相频特性,并利用频闪法测定动态物理量——相位差,数据处理与误差分析方面内容也比较丰富。

【实验目的】

　　1. 研究波尔共振仪中弹性摆轮受迫振动的幅频特性和相频特性。
　　2. 研究不同阻尼力矩对受迫振动的影响,观察共振现象。
　　3. 学习用频闪法测定相位差的方法。

【实验原理】

　　物体在周期外力的持续作用下发生的振动称为受迫振动,这种周期性的外力称为强迫力。如果外力是按简谐振动规律变化,那么稳定状态时的受迫振动也是简谐振动,此时,振幅保持恒定,振幅的大小与强迫力的频率和原振动系统无阻尼时的固有振动频率以及阻尼系数有关。在受迫振动状态下,系统除了受到强迫力的作用外,同时还受到回复力和阻尼力的作用。所以,在稳定状态时物体的位移、速度变化与强迫力变化不是同相位的,存在一个相位差。当强迫力频率与系统的固有频率相同时产生共振，此时振幅最大，相位差为 $90°$。

　　实验采用摆轮在弹性力矩作用下自由摆动，在电磁阻尼力矩作用下作受迫振动来研究受迫振动特性，可直观地显示机械振动中的一些物理现象。

　　当摆轮受到周期性强迫外力矩 $M=M_0\cos\omega t$ 的作用，并在有空气阻尼和电磁阻尼的媒质中运动时$\left(\text{阻尼力矩为}-b\dfrac{\mathrm{d}\theta}{\mathrm{d}t}\right)$，由刚体定轴转动的动力学方程得到

$$J\alpha=-J\frac{\mathrm{d}^2\theta}{\mathrm{d}t^2}=-k\theta-b\frac{\mathrm{d}\theta}{\mathrm{d}t}+M_0\cos\omega t \tag{3-4-1}$$

式中：J、α 为摆轮的转动惯量和角加速度；$-k\theta$ 为弹性恢复力矩；$-b\dfrac{\mathrm{d}\theta}{\mathrm{d}t}$ 为阻尼力矩；$M_0\cos\omega t$ 则表示振幅为 M_0，角频率为 ω 的强迫力矩大小。令

$$\omega_0^2=\frac{k}{J},2\beta=\frac{b}{J},m=\frac{M_0}{J}$$

则得到振动微分方程的标准形式：

$$\frac{\mathrm{d}^2\theta}{\mathrm{d}t^2}+2\beta\frac{\mathrm{d}\theta}{\mathrm{d}t}+\omega_0^2\theta=m\cos\omega t \tag{3-4-2}$$

若 $m\cos\omega t=0$，则式（3-4-2）简化为阻尼振动方程，若 β 同时也为 0，则进一步简化为自由振动方程，振动角频率 ω_0 为其固有频率。式（3-4-2）的通解为

$$\theta=\theta_1\mathrm{e}^{-\beta t}\cos(\omega_f t+\delta)+\theta_2\cos(\omega t+\varphi_0) \tag{3-4-3}$$

由式（3-4-3）可见，受迫振动可分解成两部分：第一部分，$\theta_1\mathrm{e}^{-\beta t}\cos(\omega_f t+\delta)$ 表示阻尼振动，它经过一定时间后衰减为零；第二部分为达到稳态后摆轮的振动形式，即强迫力矩对摆轮做功，向振动摆轮传送能量，使摆轮最终达到稳定的振动状态。稳态状态的角振幅为

$$\theta_2=\frac{m}{\sqrt{(\omega_0^2-\omega^2)^2+4\beta^2\omega^2}} \tag{3-4-4}$$

摆轮与外力矩的相位差为

$$\varphi=\arctan\frac{-2\beta\omega}{\omega_0^2-\omega^2}=-\arctan\frac{\beta T T_0^2}{\pi(T^2-T_0^2)} \tag{3-4-5}$$

　　由式（3-4-4）和式（3-4-5）可看出，振幅 θ_2 与相位差 φ 的数值取决于强迫力矩 m、频率 ω、系统的固有频率 ω_0 和阻尼系数 β 四个因素，而与振动初始状态无关。

　　由 $\dfrac{\partial}{\partial\omega}[(\omega_0^2-\omega^2)^2+4\beta^2\omega^2]=0$ 极值条件可得出摆轮产生共振的条件：

$$\omega_r=\sqrt{\omega_0^2-2\beta^2} \tag{3-4-6}$$

此时摆轮共振的角位移振幅为

$$\theta_r=\frac{m}{2\beta\sqrt{\omega_0^2-\beta^2}} \tag{3-4-7}$$

它与外力矩的相位差为

$$\varphi_r=-\arctan(\frac{\sqrt{\omega_0^2-2\beta^2}}{\beta}) \tag{3-4-8}$$

从式（3-4-4）可以看出，摆轮的振幅 θ_2 随外力矩角频率 ω 的变化而变化；当 ω 从 0 增大到

ω_r 时,θ_2 随 ω 的增大而增大;$\omega=\omega_r$ 时,增大到最大值,产生位移共振;ω 继续增大时,θ_2 随之减小;ω 增大到很大时,摆轮振幅趋近于 0。我们把受迫振动的振幅随外力矩频率变化的这种特性叫幅频特性。阻尼系数 β 越小,共振振幅就越大,受迫振动曲线也越尖锐,如图 3-4-1(a)所示。另外,根据式(3-4-5)和图 3-4-1(b)所示,当 $0 \leqslant \omega \leqslant \omega_0$ 时,相位差 $0 \geqslant \varphi \geqslant -\pi/2$(负号表示摆轮振动相位落后于外力矩相位);而当 $\omega \geqslant \omega_0$ 时,$-\pi/2 \geqslant \varphi \geqslant -\pi$;$\omega$ 很大时,$\varphi \rightarrow -\pi$。我们将受迫振动的相位差随外力矩频率变化的这种特性叫相频特性。

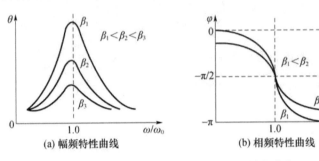

图 3-4-1 受迫振动的幅频和相频特性曲线

此外,从式(3-4-6)、式(3-4-7)、式(3-4-8)可以看出,阻尼系数 β 越小,摆轮系统共振的圆频率 ω_r 就越接近于其固有频率 ω_0,振幅 θ_r 也就越大,相位差 φ_r 也越接近于 $-90°$。

实验时,根据式(3-4-4)、式(3-4-5),利用同一 β 下的(θ_2,ω)、(φ,ω)两组实验数据点,通过描点作图即可分别得到摆轮做受迫振动的幅频特性和相频特性曲线。

【实验仪器】

ZKY-BG 型波尔共振实验仪。

ZKY-BG 型波尔共振仪由振动仪与电器控制箱两部分组成。振动仪部分如图 3-4-2 所示,铜质圆形摆轮 4 安装在机架上,弹簧 6 的一端与摆轮 4 的轴相联,另一端可固定在机架支柱上,在弹簧弹性力的作用下,摆轮可绕轴自由往复摆动。在摆轮的外围有一卷槽型缺口,其中一个长形凹槽 2 比其他凹槽长出许多。机架上对准长型缺口处有一个光电门 1,它与电器控制箱相连接,用来测量摆轮的振幅角度值和摆轮的振动周期。在机架下方有一对带有铁芯的线圈 8,摆轮 4 恰巧嵌在铁芯的空隙,当线圈中通过直流电流后,摆轮受到一个电磁阻尼力的作用。改变电流的大小即可使阻尼大小相应变化。为使摆轮 4 作受迫振动,在电动机轴上装有偏心轮,通过连杆机构 9 带动摆轮,在电动机轴上装有带刻线的有机玻璃转盘 13,它随电机一起转动。由它可以从角度读数盘 12 读出相位差 φ。调节控制箱上的十圈电机转速调节旋钮,可以精确改变加于电机上的电压,使电机的转速在实验范围(30~45r/min)内连续可调,由于电路中采用特殊稳速装置,电动机采用惯性很小的带有测速发电机的特种电机,所以转速极为稳定。电机的有机玻璃转盘 13 上装有两个挡光片。在角度读数盘 12 中央上方 90° 处也有光电门 11(强迫力矩信号),并与控制箱相连,以测量强迫力矩的周期。

受迫振动时摆轮与外力矩的相位差是利用小型闪光灯来测量的。闪光灯受摆轮信号光电门控制,每当摆轮上长型凹槽 2 通过平衡位置时,光电门 1 接受光,引起闪光,这一现象称为频闪现象。在稳定情况时,由闪光灯照射下可以看到有机玻璃指针 13 好像一直"停在"某一刻度

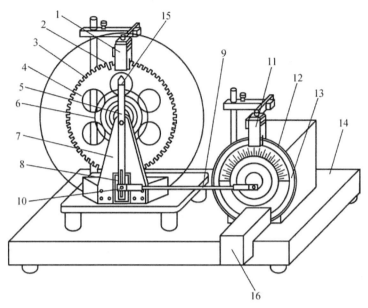

图 3-4-2 波尔共振仪主机

1—光电门；2—长凹槽；3—短凹槽；4—铜质摆轮；5—摇杆；6—蜗卷弹簧；

7—支承架；8—阻尼线圈；9—连杆；10—摇杆调节螺丝；11—光电门；12—角度盘；

13—有机玻璃转盘；14—底座；15—弹簧夹持螺钉；16—闪光灯。

处，所以此数值可方便地直接读出，误差不大于 2°。闪光灯放置位置如图 3-4-2 所示须搁置在底座上，切勿拿在手中直接照射刻度盘。

摆轮振幅是利用光电门 1 测出摆轮 4 读数处圈上凹型缺口个数，并在控制箱液晶显示器上直接显示出此值，最小刻度为 1°。

波尔共振仪电器控制箱的前面板和后面板分别如图 3-4-3 和图 3-4-4 所示。

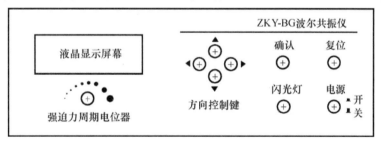

图 3-4-3 波尔共振仪前面板示意图

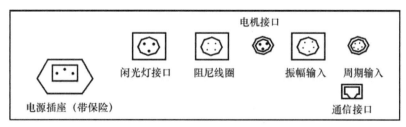

图 3-4-4 波尔共振仪后面板示意图

109

强迫力周期旋钮系带有刻度的十圈电位器,如图3—4—5所示,调节此旋钮时可以精确改变电机转速,即改变强迫力矩的周期。锁定开关处于图中的位置时,电位器刻度锁定,要调节大小须将其置于该位置的另一边。×0.1挡旋转一圈,×1挡变化一个数字。一般调节刻度仅供实验时作参考,以便大致确定强迫力矩周期值在多圈电位器上的相应位置。

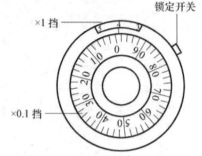

图3—4—5 电机转速调节电位器

通过软件控制阻尼线圈内直流电流的大小,达到改变摆轮系统的阻尼系数的目的。阻尼挡位的选择通过软件控制,共分3挡,分别是"阻尼1"、"阻尼2"、"阻尼3"。阻尼电流由恒流源提供,实验时根据不同情况进行选择(可先选择在"阻尼2"处,若共振时振幅太小则可改用"阻尼1"),振幅在150°左右。

闪光灯开关用来控制闪光与否,当按住闪光按钮、摆轮长缺口通过平衡位置时便产生闪光,由于频闪现象,可从相位差读盘上看到刻度线似乎静止不动的读数(实际情况是有机玻璃转盘F上的刻度线一直在匀速转动),从而读出相位差数值。为使闪光灯管不易损坏,采用按钮开关,仅在测量相位差时才按下按钮。

电器控制箱与闪光灯和波尔共振仪之间通过各种专业电缆相连接。不会产生接线错误之弊病。

【实验内容】

1. 实验准备

按下电源开关,选择"单机模式"按前面板"确认"键,待屏幕上显示如图3—4—6(a)所示"按键说明"字样。其中,符号"◄"为向左移动;"►"为向右移动;"▲"为向上移动;"▼"向下移动。下文中的符号含义相同。按"确定"键显示图3—4—6(b)。

2. 测量自由振荡情况下摆轮振幅 θ 与系统固有周期 T_0 的关系

(1) 在图3—4—6(b)所示的实验类型,默认选中项为自由振荡,字体反白为选中。再按"确定"键显示,如图3—4—6(c)所示。

(2) 用手转动摆轮160°左右,放开手后按"▲"或"▼"键,测量状态由"关"变为"开",控制箱开始记录实验数据,振幅的有效数值范围为:160°~50°(振幅小于160°测量开,小于50°测量自动关闭)。测量显示关时,此时数据已保存并发送主机。

(3) 查询实验数据,可按"◄"或"►"键,选中回查,再按"确定"键如图3—4—6(d)所示,表示第一次记录的振幅 $\theta_0 = 134°$,对应的周期 $T = 1.442$s,然后再按"▲"或"▼"键查看所有记录的数据,该数据为每次测量振幅 θ 相对应的周期 T 数值。回查完毕,按"确定"键,返回到图3—4—6(c)状态。此法可做出振幅 θ 与 T_0 的对应表。该对应表将在稍后的"幅频特性和相频特性"数据处理过程中使用。

(4) 自由振荡完成后,选中返回,按"确定"键回到前面图3—4—6(b)进行其他实验。

3. 测定阻尼系数 β

在图3—4—6(b)状态下,根据实验要求,按"►"键,选中阻尼振荡,按"确定"键显示阻尼,如图3—4—6(e)所示。阻尼分三个挡位,阻尼1最小,根据自己实验要求选择阻尼挡,例如,

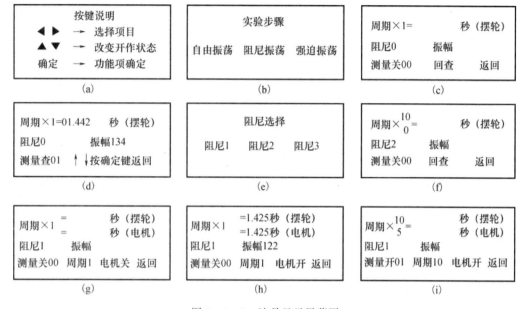

图 3—4—6　液晶显示屏幕图

选择阻尼 2 挡,按"确定"键显示图 3—4—6(f)。

　　首先将角度盘指针 13 放在 0°位置,用手转动摆轮 160°左右,选取 θ_0 在 150°左右,按"▲"或"▼"键,测量由"关"变为"开"并记录数据,仪器记录十组数据后,测量自动关闭,此时振幅大小还在变化,但仪器已经停止记数。

　　阻尼振荡的回查同自由振荡类似,请参照上面操作。从液晶显示窗口可回查出摆轮作阻尼振动的 10 次振幅数值 $\theta_1,\theta_2,\cdots,\theta_n$,以及 10 倍的周期平均值 $10\overline{T}$。为求出 β 值,利用公式

$$\ln\frac{\theta_0 \mathrm{e}^{-\beta t}}{\theta_0 \mathrm{e}^{-\beta(t+nT)}}=n\beta T=\ln\frac{\theta_0}{\theta_n} \tag{3—4—9}$$

将测量数据按逐差法处理,得到的 β 计算公式

$$5\beta\overline{T}=\ln\frac{\theta_i}{\theta_{i+5}} \tag{3—4—10}$$

式中:i 为阻尼振动的周期次数;θ_i 为第 i 次振动时的振幅。一般阻尼系数需测量 2～3 次,然后取平均值。

4. 测定受迫振动的幅度特性和相频特性曲线

　　在进行强迫振荡前必须先做阻尼振荡,否则无法实验。

　　仪器在图 3—4—6(b)状态下,选中强迫振荡,按"确定"键显示。如图 3—4—6(g)所示,默认状态下选中电机。

　　按"▲"或"▼"键,让电机启动。此时保持周期为 1,待摆轮和电机的周期相同,特别是振幅已稳定,变化不大于 1,表明两者已经稳定了,如图 3—4—6(h)所示,此时准备开始测量。

　　测量前应先选中周期,按"▲"或"▼"键把周期由 1(图 3—4—6(g))改为 10[图 3—4—6(i)](目的是为了减少误差,若不改周期,测量无法打开)。再选中测量,按下"▲"或"▼"键,测

量打开并记录数据[图 3－4－6(i)]。

待一次测量完成,显示测量关闭后,读取摆轮的振幅值,并利用闪光灯测定受迫振动位移与强迫力间的相位差 φ。

调节强迫力矩周期电位器,改变电机的转速,即改变强迫外力矩频率 ω,从而改变电机转动周期。电机转速的改变可按照 $\Delta\varphi$ 控制在 $10°$ 左右来定。强迫振荡测量完毕,按"◄"或"►"键,选中返回,按"确定"键,重新回到图 3－4－6(b)状态。再次选中强迫振荡,进行多次测量。

测量相位时应把闪光灯放在电动机转盘前下方,按下闪光灯按钮,根据频闪现象来测量,仔细观察相位位置。

5. 关机

在图 3－4－6(b)状态下,按住"复位"按钮保持不动,几秒后仪器自动复位,此时所做实验数据全部清除,然后按下"电源"按钮,结束实验。

【数据记录与处理】

1. 摆轮振幅 θ 与系统固有周期 T_0 关系(表 3－4－1)

表 3－4－1　振幅 θ 与 T_0 关系

振幅 $\theta/(°)$	固有周期 T_0/s	振幅 $\theta/(°)$	固有周期 T_0/s	振幅 $\theta/(°)$	固有周期 T_0/s	振幅 $\theta/(°)$	固有周期 T_0/s
...							

注:约 40 行数据

2. 阻尼系数 β 的计算(表 3－4－2)

表 3－4－2　测定阻尼系数 β　　　　阻尼挡位＿＿＿＿

序号	振幅 $\theta/(°)$	序号	振幅 $\theta/(°)$	$\ln\dfrac{\theta_i}{\theta_{i+5}}$
θ_1		θ_6		
θ_2		θ_7		
θ_3		θ_8		
θ_4		θ_9		
θ_5		θ_{10}		
$\ln\dfrac{\theta_i}{\theta_{i+5}}$ 平均值				
$10T=$＿＿＿ s	$\overline{T}=$＿＿＿ s	$\beta=$		

3. 幅频特性和相频特性测量

(1) 将实验数据填入表 3－4－3,并查表 3－4－1,找出与振幅 θ_0 对应的固有周期 T_0,也填入表 3－4－3 中。表中的 $\varphi_{计算}$,可利用式(3－4－5)求得。

表 3-4-3　幅频特性和相频特性数据表　　阻尼挡位_____

强迫力矩周期电位器刻度盘值	强迫力矩周期 T/s	相位差测量值 $\varphi/(°)$	摆轮振幅 $\theta/(°)$	与振幅 θ 对应的 T_0	$\dfrac{\omega}{\omega_0}=\dfrac{T_0}{T}$	$\varphi_{计算}/(°)$
...						
注:约 12 行数据						

（2）以 (ω/ω_0) 为横轴，θ 为纵轴，作幅频特性 $\theta-(\omega/\omega_0)$ 曲线；以 (ω/ω_0) 为横轴，相位差 φ 为纵轴，作相频特性曲线 $\varphi-(\omega/\omega_0)$。

【注意事项】

1. 做强迫振荡实验时，调节仪器面板"强迫力周期"旋钮，从而改变不同电机转动周期，该实验必须做 10 次以上，其中必须包括电机转动周期与自由振荡实验时的自由振荡周期相同的数值。

2. 在做强迫振荡实验时，须待电机与摆轮的周期相同（末位数差异不大于 2）即系统稳定后（约需 2min），方可记录实验数据。且每次改变了变强迫力矩的周期，都需要重新等待系统稳定。

3. 因为闪光灯的高压电路及强光会干扰光电门采集数据，因此须待一次测量完成，显示测量关后，才可使用闪光灯读取相位差。测量相位时应把闪光灯放在电动机转盘前下方，按下闪光灯按钮，根据频闪现象来测量，仔细观察相位位置。不读相位差时，切勿按闪光灯开关，以免闪光灯管损坏。

4. 因电器控制箱只记录每次摆轮周期变化时所对应的振幅值，因此有时转盘转过光电门几次，测量才记录一次（其间能看到振幅变化）。当回查数据时，有的振幅数值被自动剔除了（当摆轮周期的第 5 位有效数字发生变化时，控制箱记录对应的振幅值。控制箱上只显示 4 位有效数字，故学生无法看到第 5 位有效数字的变化情况，在计算机主机上则可以清楚地看到）。

5. 由于受迫振动位移落后于强迫力，所以做相频特性曲线时 φ 取负值。

6. 在共振点附近由于曲线变化较大，因此测量数据相对密集些，此时电动机转速的极小变化会引起 φ 的很大改变。电动机转速旋钮上的数值是一个参考数值，建议在不同 ω 时记下此值，以便实验中快速寻找，待重新测量时参考。

7. 在实验过程中，计算机主机上看不到振幅比值（θ/θ_r）和特性曲线，必须要待实验完成并存储后，才可在主机上通过"实验数据查询"看到。

【思考题】

1. 波尔共振仪采用了什么原理来改变阻尼力矩的大小？

2. 什么叫频闪法？实验中是怎样利用频闪法来测量相位差 φ 的？

3. 实验中如何判断受迫振动达到共振状态？

4. 当测量阻尼振动的周期时，测 $10T$ 与测 T 的方法有何区别？

实验五　液体表面张力系数的测量

为什么少量水银在干净的玻璃板上会收缩成球冠状,而水却会扩展开来? 为什么朝霞里青草上会洒满晶莹的露珠? 其原因在于液体和固体界面附近分子的相互作用。表面张力描述了液体表层附近分子力的宏观表现,在船舶制造、水利学、化学化工、凝聚态物理中都能找到它的应用。测定液体表面张力系数的方法有拉脱法、毛细管法、最大气泡压力法等。

本实验分别用毛细管法和拉脱法两种方法测量液体的表面张力系数。

Ⅰ.毛细管法测量液体的表面张力系数

【实验目的】

1. 掌握毛细管法测量液体表面张力的原理和方法。
2. 掌握读数显微镜的使用方法。

【实验原理】

1. 液体表面张力

液体表面是指液体表面厚度为分子作用力有效半径(约 10^{-9} m)的薄层,称为表面层。

表面张力是分子力的一种表现,它发生在液体和气体接触时的边界部分,是由表面层的液体分子处于特殊的位置所决定的。处于液体表面层以下的分子,四周均被其他分子所包围,它受到周围分子各个方向的作用力,总体呈相互抵消的态势,因此分子所受合力为零。而在液体表面层内的分子,因表面层上方气相分子数量很少,液体表面层中每一个分子受到向上的引力比向下的引力小,分子所受合力不为零,这个合力垂直指向液体内部,在这个力的作用下,表面层内的每个分子有从液体表面进入液体内部的自然收缩趋势。

从能量的观点来看,液体内部任何分子要进入表面层就要克服这个吸引力而做功,即表面层的分子比液体内部有更大的势能,这就是表面能。任何体系总以势能最小的状态最稳定。因此,液体要处于稳定状态,液面就必须缩小,致使整个液面好像一个张紧的弹性薄膜,这种沿着液体表面使液面收缩的力叫做液体的表面张力。

如图 3－5－1 所示,从宏观上看,若在液面上所设想的一条分界线 AB 把液面分成 M 和 N 两部分,f_1 表示表面 N 对表面 M 的拉力,f_2 表示表面 M 对表面 N 的拉力。这两个力大小相等,方向相反,且都与液面相切,与 AB 相垂直。这就是液面上相接触的两部分表面相互作用的表面张力。显然,表面张力 f 的大小与分界线 AB 的长度 l 成正比,即

$$f = \alpha l \qquad (3-5-1)$$

式中:α 为表面张力系数,其单位是 N·m^{-1},在数值上 α 等于沿液体表面单位长度直线两侧液体的相互拉力。实

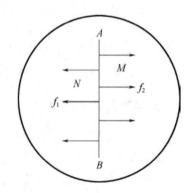

图 3－5－1　液体表面张力示意图

验表明,表面张力系数 α 与液体的性质、温度、液体的纯度和液体相接触气体的性质有关。

2. 毛细管法测液体表面张力系数的原理

将很细的玻璃管插入水中时,管内的液面会上升,将玻璃细管插入水银中时,管内的液面会下降。这种润湿管壁的液体在细管内升高,不润湿管壁的液体在细管内下降的现象称为毛细现象。本实验以玻璃毛细管插入水中为例研究毛细现象。

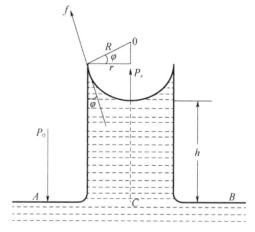

如图 3-5-2 所示,将玻璃毛细管插入水中,毛细管内弯曲液面产生附加压强 P_s 与大气压反向,使弯曲液面下压强小于平液面 B 处压强,从而使管内液面上升高于管外水平面。玻璃管直径足够细时,管内液面可近似视为球面的一部分,设其曲率半径为 R,则所产生的附加压强为

$$P_s = \frac{2\alpha}{R} \qquad (3-5-2)$$

图 3-5-2 毛细管插入水中

P_s 方向与大气压强方向相反,取如图所示 A、B、C 三点在同一水平面上,则

$$P_A = P_C$$

由于 $P_A = P_0$(大气压),又

$$P_C = P_0 - P_s + \rho g h$$

式中:ρ 为液体的密度。

由以上关系,得

$$\rho g h = \frac{2\alpha}{R} \qquad (3-5-3)$$

设毛细管半径为 r,接触角为 φ,则 $r = R\cos\varphi$,代入式(3-5-3),得

$$\alpha = \frac{\rho g h r}{2\cos\varphi} \qquad (3-5-4)$$

水与玻璃间的接触角 $\varphi = 8°$,g 为重力加速度,令 d 为毛细管直径,式(3-5-4)可变为

$$\alpha = \frac{1}{4} \cdot \frac{\rho g h d}{\cos\varphi} \qquad (3-5-5)$$

实验测出水在毛细管中上升的高度 h 和毛细管直径 d,代入式(3-5-5),即可求出水的表面张力系数。

表面张力系数还受液体温度和纯度的影响,温度的影响是相当可观的,因而在不同温度下测得的水的表面张力系数一般不同。

【实验仪器】

读数显微镜,毛细管,升降平台,平底烧瓶,光源。

【实验内容】

1. 观察放在平底烧瓶中的毛细管内的液柱中是否有气柱。若有,则将毛细管取出,将液柱全部赶出,重新插入烧瓶中。

2. 倾斜烧瓶,使毛细管内水柱在毛细管处于不同倾斜度时能沿管壁顺利升降,然后使毛细管直立于水中。

3. 测管内液柱高 h。调节读数显微镜(图3-5-3)副尺手轮或升降平台手轮,使显微镜对准烧瓶内水平面下,转动调节螺丝,即调焦距,在显微镜中看到清晰的毛细管,然后顺时针旋转副尺手轮,使显微镜筒上升,观察目镜内十字叉丝,使其与视场中出现的第一条明暗分界线(即平液面)对齐。读出主、副尺上的数字。继续顺时针旋转副尺手轮,使目镜中十字叉丝对准毛细管中水柱的弯曲液面,以弯液面底为准,记下主、副尺读数,填入表3-5-1中。重复测量6次,求出水柱平均高度 $\overline{h}$。

4. 测量毛细管内径 d。将毛细管取出平放在升降平台上,将管口对准读数显微镜筒,转动读数显微镜调焦手轮至看到清晰的管口,如图3-5-4所示,测其内径 d,测量6次,填入表3-5-2中,取平均值 $\overline{d}$。

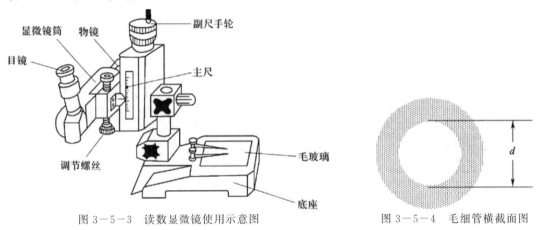

图3-5-3　读数显微镜使用示意图　　　　图3-5-4　毛细管横截面图

5. 测完 d 后,将毛细管有水柱的一头插入烧瓶中。注意不要使液柱中有气柱。

6. 将测得的 $\overline{h}$、$\overline{d}$ 代入式(3-5-5),求出水的表面张力系数 α。

【数据记录与处理】

1. 数据记录

表3-5-1　水柱高测量数据记录表

次数	平液面读数 h_1/mm	弯曲面底端读数 h_2/mm	水柱高 $h=|h_1-h_2|$/mm
1			
2			
3			
4			
5			
6			

表 3－5－2　毛细管内径测量数据记录表

次数	上读数 a/mm	下读数 b/mm	直径 $d = |b-a|$/mm
1			
2			
3			
4			
5			
6			

$t = $ _____ ℃；$\rho = 1000 \text{kg} \cdot \text{m}^{-3}$；$g = 9.8 \text{m} \cdot \text{s}^{-2}$；$\cos 8° = 0.9908$。

2. 数据处理

（1）用不确定度表达水柱高的测量结果。

（2）用不确定度表达毛细管内径的测量结果。

（3）用不确定度表达水的表面张力系数测量结果。

【注意事项】

1. 轻拿轻放烧瓶及毛细管，防止破碎。

2. 测 h 及 d 时，要保证每组数据是在十字叉丝沿同一方向移动时读出的。

3. 保持烧瓶及毛细管干净，切勿有油污。

【思考题】

1. 温度对实验有什么影响？如何降低其影响的程度？

2. 怎样较为迅速地找到明暗分界线？观察到的液面有什么特点？

Ⅱ．拉脱法测量液体的表面张力系数

【实验目的】

1. 掌握拉脱法测定液体的表面张力系数的原理。

2. 掌握用标准砝码对力敏传感器进行定标和测量表面张力系数的方法。

【实验原理】

测量一个已知周长的金属圆环或金属片从待测液体表面脱离时所需的力，以求得该液体表面张力系数的方法称为拉脱法。

如图 3－5－5 所示，将一干净的金属吊环浸入待测液体中，保持金属吊环高度不变，通过缓慢地使液面下降，金属吊环逐渐露出液面，从而在金属吊环和液面间形成液体薄膜，产生沿着液面切线方向向下的表面张力，角 φ 称为湿润角（或接触角）。当液面继续缓慢下降时，φ 逐渐变小而接近于零。在液膜将要断裂的瞬间，这时吊环产生的内、外两个液膜表面的张力 f_1、

f_2 均垂直向下，设此时吊环向上的拉力为 F_1，则有

$$F_1 = (m + m_0)g + f_1 + f_2 \qquad (3-5-6)$$

式中：m 为金属吊环的质量；m_0 为黏附在金属吊环上的液体质量。

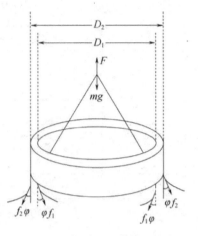

图 3-5-5　拉脱过程中吊环受力图

因为表面张力的大小与接触面周边界长度成正比，则有

$$f_1 + f_2 = \pi(D_1 + D_2)\alpha \qquad (3-5-7)$$

式中：α 为表面张力系数；D_1 和 D_2 为吊环的内、外直径。

当吊环脱离液面后拉力为

$$F_2 = (m + m_0)g \qquad (3-5-8)$$

将式(3-5-7)、式(3-5-8)代入式(3-5-6)，得到液体的表面张力系数为

$$\alpha = \frac{F_1 - F_2}{\pi(D_1 + D_2)} \qquad (3-5-9)$$

在实验中通过压阻式力敏传感器将测量拉力的大小 F 转换为测量电压 U 的数值。半导体电阻具有显著的压阻效应，当其受力发生形变时，电阻值随之线性变化。如图 3-5-6 所示，压阻式力敏传感器由弹性梁和固定在梁上的传感器芯片组成。传感器芯片是由四个扩散电阻组成的一个电桥，如图 3-5-7 所示，当梁在外作用下产生弯曲时，传感器受力的作用，电桥相邻桥臂的电阻值发生相反的变化，电桥失去平衡，就会有大小与外力成正比的电压 U_0 输出

$$U_0 = kF \qquad (3-5-10)$$

式中：k 为力敏传感器的灵敏度。

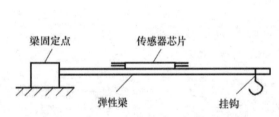

图 3-5-6　硅压阻式力敏传感器结构图

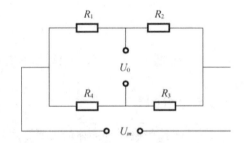

图 3-5-7　传感器芯片内部的电桥图

假设液膜断裂前后力敏传感器的输出电压分别为 U_1、U_2，根据式(3-5-9)、式(3-5-10)，得到液体的表面张力系数

$$\alpha = \frac{U_1 - U_2}{k\pi(D_1 + D_2)} \qquad (3-5-11)$$

从式(3-5-11)可知，测出 D_1、D_2、U_1、U_2 和 k，即可测量出液体的表面张力系数。

【实验仪器】

液体表面张力系数测定仪（图 3-5-8）（含数字电压表），压阻式力敏传感器，玻璃皿，吊

环,吊盘,砝码,镊子。

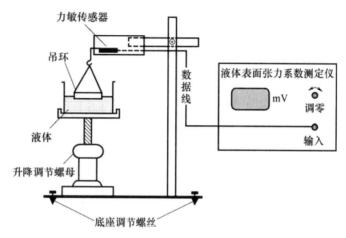

图 3-5-8 液体表面张力系数测定装置

【实验内容】

1. 力敏传感器的定标

(1) 打开仪器的电源开关,预热 5min。

(2) 将水准仪放在底座上,调节螺丝使底座水平,保证测力方向和力敏传感器弹性梁垂直。

(3) 将砝码盘挂在传感器弹性梁的端头小钩上,待其稳定后调节调零旋钮,使数字电压表显示为零。

(4) 依次往砝码盘里加上等质量的砝码($m = 0.500$g),直到砝码总质量 $m = 3.000$g。同时将数字电压表测量到的输出电压 U 记入表 3-5-3 中。注意每次增加砝码后,使砝码盘静止再读取数据。

(5) 用作图法计算力敏传感器的灵敏度 k。

2. 测量金属吊环的内、外直径

用游标卡尺沿不同方向测量金属吊环的内、外直径 D_1、D_2 6 次,记入表 3-5-4,并计算平均值。

3. 清洗有机玻璃器皿和吊环

吊环的表面状况与测量结果有很大的关系,所以须严格处理干净。可将吊环置于 NaOH 溶液中浸泡 20～30s 后,用清水冲洗干净,并用热风烘干。

4. 液体表面张力系数的测量

(1) 在有机玻璃器皿内盛上待测液体,将金属吊环挂在传感器的弹性梁端头小钩上,调节升降螺母,使液面靠近吊环。观察吊环下沿与待测液面是否平行,如果不平行,将金属吊环取下后,调节吊环上的细丝,直至吊环与液面平行。

(2) 调节升降螺母,使吊环下沿完全浸没于液体中。反方向调节升降螺母,使液面缓慢匀速下降,吊环和液面间形成环形液膜。继续使液面下降,测出液膜拉断前瞬间电压表的读数 U_1 和液膜拉断后瞬间电压表的读数 U_2,并记入表 3-5-5。重复测量 6 次。

（3）根据公式(3－5－11)，计算出液体的表面张力系数。

【数据记录与处理】

1. 数据记录

室温 $t=$ _____ ℃

表 3－5－3　力敏传感器定标数据记录表

砝码质量 m/g	0.500	1.000	1.500	2.000	2.500	3.000
输出电压 U/mV						

表 3－5－4　吊环内、外直径数据记录表

次数　项目	1	2	3	4	5	6	平均值
内径 D_1/mm							
外径 D_2/mm							

表 3－5－5　液体表面张力系数数据记录表

测量次数	U_1/mV	U_2/mV	$\Delta U/mV$	$\overline{\Delta U}/mV$	$\overline{\alpha}/(\times 10^{-3} N \cdot m^{-1})$
1					
2					
3					
4					
5					
6					

2. 数据处理

（1）根据式(3－5－10)和表 3－5－3，用作图法计算出力敏传感器的灵敏度 k。

（2）根据公式(3－5－11)和测量数据，计算出液体的表面张力系数 α。

（3）比较液体的表面张力系数的测量值 α 与标准值 $\alpha_{标}$，计算相对误差。

【注意事项】

1. 实验前吊环严格处理干净，切勿用手触摸清洁后的用具，取放应该使用镊子。

2. 测量中，吊环应尽量保持水平。

3. 保持环境稳定平静，尽量避免各种振动、空气流动和温度变化的干扰。实验操作中一定要动作轻缓，小心谨慎，并且保持环境稳定平静。

4. 力敏传感器使用时用力不宜大于 0.098N，拉力过大容易损坏传感器。

【思考题】

1. 实验中，如果吊环下沿与液面不平行，对测量结果会有什么影响？

2. 一般情况下，测量出的水的表面张力系数要小于标准值，试分析产生这种结果的主要原因。

实验六　落球法测定液体的黏滞系数

各种实际液体具有不同程度的黏滞性,当液体流动时,平行于流动方向的各层流体速度都不相同,即存在着相对滑动,于是在各层之间就有摩擦力产生,这一摩擦力称为内摩擦力或黏滞力。黏滞力的方向平行于接触面,其大小与速度梯度及接触面积成正比。比例系数 η 称为黏滞系数(或黏度)。黏滞系数与液体的性质、温度和流速有关,它是表征液体黏滞性强弱的重要参数。

斯托克斯(S.G.G.Stokes)

液体黏滞系数的测定在实际工作中有重大的意义:水利、热力工程中涉及水、石油、蒸汽、大气等流体在管道中长距离输送时的能量损耗;在机械工业中,各种润滑油的选择;化学上测定高分子物质的分子量;医学上分析血液的黏度等,都需要测定相应液体的黏度。测定黏滞系数有以下几种方法:落球法、转筒法、阻尼法、泊肃叶法等。本实验根据英国物理学家斯托克斯所建立的黏性液体运动定律,测定蓖麻油的黏滞系数。

【实验目的】

1. 学会利用斯托克斯公式测定液体黏滞系数的方法。
2. 了解斯托克斯公式的修正方法。
3. 进一步熟练掌握一些基本物理量的测量方法。

【实验原理】

当半径为 r 的光滑圆球以速度 v 在均匀的无限广延的液体中运动时,若速度不大,圆球也很小,在液体中不产生涡流的情况下,斯托克斯指出圆球在液体中所受到的黏滞阻力 f 为

$$f = 6\pi\eta vr \qquad\qquad (3-6-1)$$

式中:η 为液体的黏滞系数,此式称为斯托克斯公式。

当密度为 ρ_0、体积为 V 的小球在密度为 ρ 的液体中下落时,作用在小球上的力有 3 个:重力 mg 竖直向下,液体浮力 ρgV 和液体的黏滞阻力 $6\pi\eta vr$ 均沿竖直方向,如图 3-6-1 所示。

小球刚开始下落时,速度 v 很小,黏滞阻力不大,小球以加速度下落。随着速度的增加阻力也逐渐增大,当速度达到一定大小时,黏滞阻力与浮力之和等于重力,此时小球的加速度等于零,即小球开始匀速下落,这个匀速运动的速度 v_0 称为收尾速度。当达到收尾速度时有

$$mg = \rho Vg + 6\pi\eta v_0 r \qquad\qquad (3-6-2)$$

整理可得

$$\eta = \frac{(\rho_0 - \rho)Vg}{6\pi v_0 r} \qquad (3-6-3)$$

式$(3-6-3)$中 v_0 可由小球匀速下落一段距离 L 与所用时间 t 求出，即

$$v_0 = \frac{L}{t} \qquad (3-6-4)$$

将式$(3-6-4)$和小球的体积 $V = \frac{1}{6}\pi d^3$ 代入式$(3-6-3)$得

$$\eta = \frac{(\rho_0 - \rho)gd^2 t}{18L} \qquad (3-6-5)$$

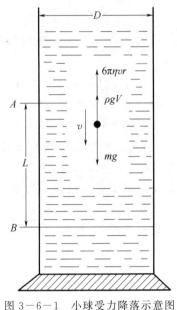

图 $3-6-1$　小球受力降落示意图

式$(3-6-5)$成立的条件是小球在无限广延的连续液体中匀速下落，但本实验小球是在有限的圆形油筒中下落，所以式$(3-6-5)$修正为

$$\eta = \frac{(\rho_0 - \rho)gd^2 t}{18L\left(1 + 2.4\dfrac{d}{D}\right)\left(1 + 3.3\dfrac{d}{2H}\right)} \qquad (3-6-6)$$

式中：d 为小球的直径；D 为圆筒内径；H 为液体深度；$\left(1 + 2.4\dfrac{d}{D}\right)$ 为圆筒内径对小球运动的修正；$\left(1 + 3.3\dfrac{d}{2H}\right)$ 为圆筒液体深度对小球运动的修正。本实验 d 远小于 H，$\left(1 + 3.3\dfrac{d}{2H}\right) \approx 1$。因此，在测量精度要求不高时式$(3-6-6)$修正为

$$\eta = \frac{(\rho_0 - \rho)gd^2 t}{18L\left(1 + 2.4\dfrac{d}{D}\right)} \qquad (3-6-7)$$

式$(3-6-7)$为测量液体黏滞系数的计算公式。小球的直径 d、盛放液体的圆筒内径 D 和小球下落距离 L 分别用读数显微镜、游标卡尺和毫米尺测得，时间 t 可用秒表测量，小球的密度 ρ_0 和液体的密度 ρ 由实验室提供。

【实验仪器】

黏滞系数仪，小钢球，读数显微镜，秒表，镊子，游标卡尺，直尺等。

【实验内容】

1. 调节黏滞系数仪底板上的螺钉，用水准仪观察，使底座水平(即气泡居中)，以保证圆筒中心轴线处于铅直状态。

2. 用读数显微镜从 6 个不同方向测量小钢球的直径 d 6 次，将数据计入表 $3-6-1$。

3. 用游标卡尺从 3 个不同方向测量圆筒内径 D。将数据记入表 $3-6-1$。

4. 在圆筒中部取液柱总高度约为 $1/3$ 的一段，标下 A 和 B，如图 $3-6-1$ 所示。用镊子

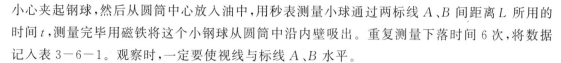

小心夹起钢球,然后从圆筒中心放入油中,用秒表测量小球通过两标线 A、B 间距离 L 所用的时间 t,测量完毕用磁铁将这个小钢球从圆筒中沿内壁吸出。重复测量下落时间 6 次,将数据记入表 3−6−1。观察时,一定要使视线与标线 A、B 水平。

5. 用米尺测出 L,记录实验时蓖麻油的温度。ρ_0、ρ 由实验室提供。

【数据记录与处理】

1. 数据记录

室温_____ $\rho_0=$_____ $\rho=$_____

表 3−6−1 数据记录表

项目	次 数						平均值
	1	2	3	4	5	6	
d/mm							
t/s							
D/mm							
L/mm							

2. 数据处理

(1) 根据式(3−6−7)求出黏滞系数 η。
(2) 用不确定度评价测量结果。

【注意事项】

1. 实验时,液体中应无气泡。小钢球要圆,表面无油污。
2. 观察小球通过 A、B 标线时,眼睛应与小球处于同一水平位置。
3. 因液体的黏度随温度的变化很大,所以在实验过程中,不要用手触摸管壁和小钢球。

【思考题】

1. 观察小球通过标线 A、B 时,应如何避免误差?
2. 分析给实验造成误差的因素,如何克服这些因素来减小误差?

实验七 稳态法测量橡胶板的导热系数

导热系数(热导率)是反映材料热性能的物理量,导热是热交换三种基本形式(导热、对流和辐射)之一,是工程热物理、材料科学、固体物理及能源、环保等各个研究领域的课题之一。要认识导热的本质和特征,需要了解粒子物理,而目前对导热机理的理解大多数来自固体物理的实验。材料的导热机理在很大程度上取决于它的微观结构,热量的传递依靠原子、分子围绕平衡位置的振动以及自由电子的迁移,在金属中电子流起支配作用,在绝缘体和大部分半导体中则以晶格振动起主导作用。因此,材料的导热系数不仅与构成材料的物质种类密切相关,而且与它的微观结构、温度、压力及杂质含量相联系。在科学实验和工程设计中所用材料的导热系数都需要用实验的方法测定。

1822年,法国科学家傅里叶(J. B. J. Fourie,1768—1830)完成了他的名著《热的解析理论》。书中利用他的数学理论建立了热传导理论。目前各种测量导热系数的方法都是建立在傅里叶热传导定律基础之上。从测量方法来说,导热系数的测量可分为两大类:稳态法和动态法,本实验采用的是稳态法测量橡胶板的导热系数。

傅里叶(J. Fourie)

为了满足不同学校教学要求,本实验介绍两种导热系数测定仪。

【实验目的】

1. 了解热传导的基本规律,掌握稳态法测定不良导体的导热系数的实验方法。
2. 学会用热电偶测量温度的方法。
3. 体会参量转换法的设计思想。

【实验原理】

Ⅰ. FD-TC-Ⅱ型导热系数测定仪

当物体内部温度不均匀时,热量会自动地从高温处传递到低温处,这种现象称为热传导,它是热交换基本形式之一。当热传导达到稳态后,在物体内部垂直于热传导方向上取厚度为 h、面积为 S、温度分别为 T_1 和 T_2 的两个平行平面,如图3-7-1所示。在 Δt 时间内,由高温面(T_1)沿轴向垂直传到低温面(T_2)的热量为 ΔQ。实验表明,传递的热量 ΔQ 与传递的时间 Δt 和温度梯度 $\dfrac{T_1-T_2}{h}$ 及截面积 S 成正比。即

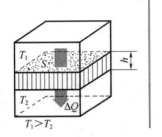

图3-7-1 热传导示意图

$$\Delta Q = -\Delta t \frac{T_1-T_2}{h}S\lambda \tag{3-7-1}$$

式中:负号表示热量向温度低的方向传播。用 $\dfrac{\Delta Q}{\Delta t}$ 表示传热速率(单位时间内通过截面 S 的热量)

$$\frac{\Delta Q}{\Delta t} = -\lambda S \frac{T_1-T_2}{h} \tag{3-7-2}$$

上式为热传导的基本方程,由法国数学家、物理学家傅里叶导出。为纪念他,该方程称为傅里叶方程。式中比例系数 λ 称为导热系数,又称热导率。其单位是 W/(m·K),其数值等于在两个相距单位长度的平行平面,当温度相差一个单位时,在垂直热传导方向单位时间通过单位

面积的热量。材料导热系数的大小反映了材料的导热能力,根据导热系数的大小,可以将材料分为热的良导体、热的不良导体和隔热材料三种。

金属材料属于热的良导体,其导热机理主要是金属材料中的自由电子的迁移,从这个意义上讲,电的良导体也是热的良导体。纯金属的导热性能较好,金属掺入杂质形成合金后,金属晶格的完整性发生了改变,会阻碍自由电子的移动,所以合金的导热系数比纯金属小。各种金属的导热系数一般在 $2.2 \sim 420 \text{W/(m·K)}$ 范围内。

不导电的固体材料以晶格振动的方式传递热量,温度升高,晶格振动加快,导热系数增大。导热系数在 $0.2 \sim 3.0 \text{W/(m·K)}$ 范围内的材料属热的不良导体。

导热系数在 $0.02 \sim 0.2 \text{W/(m·K)}$ 范围内的材料,常被用作隔热保温材料,如塑料泡沫等。保温材料一般密度较低,这是因为这些材料内含有许多小空隙的缘故。空隙内的空气导热系数很小(约 0.024W/(m·K)),大大降低了整体材料的导热系数。这类材料受空气湿度的影响较大,因为一旦水分渗入空隙,由于水的导热系数(约 0.55W/(m·K))比空气大得多,导致材料的导热系数增大。

由以上分析可知,导热系数与材料的性质有关,还和环境的温度、湿度等条件有关。欲利用式(3−7−2)测量导热系数 λ,需要解决两个关键问题:一个是在材料内造成一个温度梯度 $\dfrac{T_1 - T_2}{h}$ 并确定其数值;另一个是测量材料内高温区向低温区的传热速率 $\dfrac{\Delta Q}{\Delta t}$。

1. 温度梯度的测量

为了在材料内造成一个温度梯度,可以把样品加工成薄圆盘,并把样品夹在两块良导体之间,如图 3−7−2 所示。使两块铜盘分别保持在恒定温度 T_1 和 T_2 就可能在垂直于样品表面的方向上形成温度梯度分布。样品厚度 h_B 远小于 D_B(样品直径),样品侧面积比底面积小很多,由侧面散去的热量可以忽略不计,所以热量是沿垂直于样品底面的方向上传递,这样在样品内造成一个垂直底面的温度梯度。由于铜是热的良导体,在达到平衡时,可以认为同一铜盘各处的温度相同,样品内同一平行平面上各处的温度也相同。这样只要测出样品的厚度 h_B 和两块铜盘的温度 T_1、T_2,就可以确定样品的温度梯度 $\dfrac{T_1 - T_2}{h_B}$。

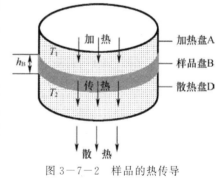

图 3−7−2 样品的热传导

为了保证样品中温度场的分布具有良好的对称性,把样品、加热和散热材料都加工成等大的圆盘。

2. 传热速率 $\dfrac{\Delta Q}{\Delta t}$ 的测量

单位时间通过同一截面的热量 $\dfrac{\Delta Q}{\Delta t}$ 是一个无法直接测量的量,我们设法将这个量转化为较容易测量的量。为了维持一个恒定的温度梯度分布,必须不断地给 A 盘加热,热量通过样品 B 盘传到 D 盘,D 盘将热量不断地向周围环境散出。当加热速率、传热速率与散热速率相等时,系统就达到一个动态平衡状态,称之为稳态。此时 D 盘的散热速率等于样品 B 盘内的传热速率。这样只要测量 D 盘在稳态温度下的散热速率,也就间接测出了样品的传热速率。但是 D 盘的散热速率也不容易测量,还需要进一步转换。我们已经知道,孤立铜盘的散热速率与其冷却速率$\left(温度变化率\dfrac{\Delta T}{\Delta t}\right)$有关,其表达式为

$$\left.\frac{\Delta Q}{\Delta t}\right|_{T_2} = -mc\left.\frac{\Delta T}{\Delta t}\right|_{T_2} \qquad (3-7-3)$$

式中:m 为 D 盘的质量;c 为铜盘的比热容,负号表示热量向温度低的方向传播;T_2 为稳态时 D 盘的温度。因为质量 m 容易测量,c 为常量,这样对孤立铜盘散热速率的测量又转换为 D 盘冷却速率的测量。

测量 D 盘的冷却速率$\left.\dfrac{\Delta T}{\Delta t}\right|_{T_2}$ 可以这样进行:将 D 盘加热,使其温度高于稳态时的温度 T_2,再让其在环境中自然冷却,直到温度低于 T_2,测出温度在大于 T_2 到小于 T_2 区间随时间的变化关系,然后以时间 t 为横坐标,以温度 T 为纵坐标,绘出铜盘冷却速率曲线 $T{\sim}t$ 之间的关系,如图 $3-7-3$ 所示,过曲线上温度等于 T_2 的点 P 做切线,则此切线的斜率就是 D 盘在稳态温度 T_2 时的冷却速率$\left.\dfrac{\Delta T}{\Delta t}\right|_{T_2}$。

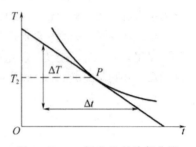

图 $3-7-3$　铜盘 D 的冷却曲线

应当注意的是式$(3-7-3)$中的冷却速率$\dfrac{\Delta T}{\Delta t}$是孤立 D 盘全部暴露于空气中的冷却速率。其散热面积为 $2\pi R_{\mathrm{D}}^2+2\pi R_{\mathrm{D}}h_{\mathrm{D}}$(其中 h_{D} 和 R_{D} 分别为铜圆盘的厚度和半径),然而在实验中稳态传热时铜盘的上表面(面积为 πR_{D}^2)是被样品覆盖的。由于物体的散热速率与它们的表面积成正比,所以稳态时 D 盘散热速率的表达式$(3-7-3)$应作面积修正为

$$\frac{\Delta Q}{\Delta t} = mc\frac{\Delta T}{\Delta t}\left(\frac{\pi R_{\mathrm{D}}^2+2\pi R_{\mathrm{D}}h_{\mathrm{D}}}{2\pi R_{\mathrm{D}}^2+2\pi R_{\mathrm{D}}h_{\mathrm{D}}}\right) \qquad (3-7-4)$$

根据前面的分析,这个量就是样品的传热速率。

将式$(3-7-4)$代入式$(3-7-2)$,并考虑 $S=\pi R_{\mathrm{B}}^2$,可以得到导热系数

$$\lambda = -mc\left(\frac{h_{\mathrm{B}}}{\pi R_{\mathrm{B}}^2}\right)\left(\frac{1}{T_1-T_2}\right)\frac{\Delta T}{\Delta t}\left(\frac{R_{\mathrm{D}}+2h_{\mathrm{D}}}{2R_{\mathrm{D}}+2h_{\mathrm{D}}}\right) \qquad (3-7-5)$$

从上式中有关参量可知,只要测出稳态时 T_1 和 T_2,以及 D 盘在 $T=T_2$ 时的冷却速率$\dfrac{\Delta T}{\Delta t}$,就可求出 B 盘的导热系数。

【实验仪器】

导热系数测定仪(真空保温杯、样品、热电偶、导热系数电压表等),秒表,游标卡尺。

实验装置如图 $3-7-4$ 所示。固定于底座上的三个螺旋测微头支撑着一个散热圆铜盘 D,在铜盘上放置待测样品橡胶圆盘 B,橡胶盘上放置作为高温热源用的加热铜盘 A,使样品橡胶盘上下表面维持稳定的温度 T_1 和 T_2。温度的测量用两套热电偶完成:热电偶的热端分别插入 A 盘和 D 盘侧面深孔中;热电偶的冷端浸入盛有导热硅脂的细玻璃管内,玻璃管置于保温杯的冰水混合物中;热电偶电动势用导热系数电压表测量,切换开关用以变换 A 盘和 D 盘热电偶的测量回路。

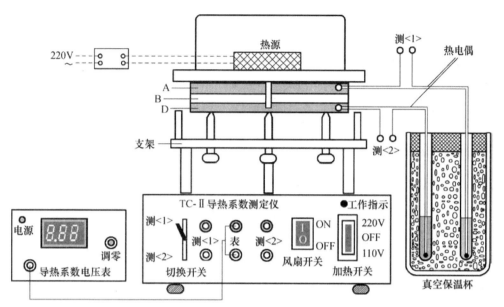

图 3-7-4　FD-TC-Ⅱ导热系数测定仪示意图

A—加热圆铜盘；B—样品圆盘；D—散热圆铜盘。

实验中温度的测量是通过测量温差电动势，再根据热电偶校准曲线或查表求出温度的。考虑到热电偶冷端温度为 0℃，当温度变化范围不大时，其温差电动势 ε 与温度 T 的比值是一个常量，所以导热系数公式(3-7-5)中 $\dfrac{1}{T_1-T_2}\dfrac{\Delta T}{\Delta t}$ 可用 $\dfrac{1}{\varepsilon_1-\varepsilon_2}\dfrac{\Delta\varepsilon}{\Delta t}$ 来代替。此外，在稳态时，ε_1 和 ε_2 用 $\overline{\varepsilon}_1$ 和 $\overline{\varepsilon}_2$ 的平均值代替，这样式(3-7-5)又可写为

$$\lambda=-mc\left(\frac{h_{\mathrm B}}{\pi R_{\mathrm B}^2}\right)\left(\frac{1}{\overline{\varepsilon}_1-\overline{\varepsilon}_2}\right)\frac{\Delta\varepsilon}{\Delta t}\left(\frac{R_{\mathrm D}+2h_{\mathrm D}}{2R_{\mathrm D}+2h_{\mathrm D}}\right) \qquad (3-7-6)$$

【实验内容】

1. 用游标卡尺测量散热铜盘 D 和样品盘 B 的半径和厚度，并称出散热铜盘 D 的质量。

2. 安装与调试实验装置。

(1) 把散热盘 D、样品盘 B 放置于支架上。使 D、B、A 三盘的底面共轴。放置时，注意 A、D 盘侧面小孔置于同一侧以便于操作。调节支架上三个螺旋测微头，从侧面检查样品盘 B 的上、下两个接触面无明显缝隙，保证 A、B、D 盘之间接触良好，具有良好的传热状态。

(2) 按图 3-7-4 连接仪器。将两组热电偶的冷端插入装有导热硅脂的玻璃管内，玻璃管置于保温杯的冰水混合物中，使参考温度保持零度。热电偶的热端分别插入 A 盘和 D 盘侧面的小孔中。注意：要插到底并与铜盘保持良好接触；与 A 盘相连热电偶的电动势测量导线与仪器面板"测〈1〉"相连，与 D 盘相连热电偶的电动势测量导线与仪器面板"测〈2〉"相连。

(3) 导热系数电压表调零和连接。打开电压表电源，将测量温差电动势的两根引线短接，若电压表不为零，短接时通过"调零"旋钮调零，然后将两根引线接入仪器面板中的"表"中(红色插头插入红的插孔，黑色插头插入黑色插孔)；若电动势出现负值，说明热电偶电动势引线极性接反，可通过调换热电偶接头加以解决；测量过程中，导热系数测量仪"切换开关"中"测〈1〉"

的一端电压表的数值应大于"测〈2〉"一端的数值,如反过来,说明热电偶的热端接反了,通过调换热端接头的位置即可。

3. 测定样品盘 B 传热到稳态时的 T_1 和 T_2(即 A 盘和 D 盘稳态时的 $\bar{\varepsilon}_1$ 和 $\bar{\varepsilon}_2$)。

由不稳定导热过程至系统达到热平衡,出现稳态导热,需要较长时间。因实验时间有限,需要通过改变加热电源的电压,尽快达到稳态导热。建议:初置电压 220V,这样可迅速提高系统的整体的温度。当 A 盘的电动势(ε_1)上升到 3.00mV 左右时,降低电压至 110V 继续加热,并随时观察电压表中"测〈1〉"和"测〈2〉"的数值变化情况。当 D 盘的电动势(ε_2)上升到 1.90mV 时,开始做预备测量以判断系统是否达到稳态导热。

稳态导热的判断方法是:每隔 2min 记录一组 ε_1、ε_2 数值,记录多组数据,计算每一组($\varepsilon_1 - \varepsilon_2$)的差值,当相邻两组($\varepsilon_1 - \varepsilon_2$)的差值不变(实验精度要求不高时,4 组以上满足变化幅度≤0.03mV)时系统达到稳态导热。

稳态导热后继续测量:每隔 2min 记录一组 ε_1、ε_2 数据,填在表 3-7-1 中,连续测量 6 组,关闭加热电源。求出 ε_1、ε_2 的平均值 $\bar{\varepsilon}_1$、$\bar{\varepsilon}_2$。

4. 测散热盘 D 的冷却曲线及在 T_2 温度时的冷却速率 $\left.\dfrac{\Delta T}{\Delta t}\right|_{T_2}$($\bar{\varepsilon}_2$ 附近的 $\dfrac{\Delta \varepsilon}{\Delta t}$)。

将加热电源关闭,抽出样品盘 B,使 A 盘和 D 盘直接接触加热,打开 220V 加热开关,当 D 盘的温差电动势 $\varepsilon_2 \geqslant (\bar{\varepsilon}_2 + 0.70)$mV 时,关闭电源停止加热,小心移开热源(附 A 盘)并固定,让 D 盘所有表面暴露于空气中,使 D 盘冷却,立刻记录 ε_2。每隔 30s 读取 ε_2 一次,连续记录 ε_2 数值 25 次(注意记录小于 $\bar{\varepsilon}_2$ 点不少于 10 个点)。作冷却曲线 $T \sim t$,并在 T_2 处的 P 点做切线求出 T_2 处的 $\left.\dfrac{\Delta T}{\Delta t}\right|_{T_2}$(即求 $\bar{\varepsilon}_2$ 处的切线斜率 $\dfrac{\Delta \varepsilon}{\Delta t}$,用 $\bar{T}_2$ 替代 T_2)。建议用计算机软件作冷却曲线 $T \sim t$,并求出 P 点切线斜率。注意若步骤 3 中使用了电扇,则此时也需要使用电扇。

5. 将有关数据代入式(3-7-6),求出 λ。

【数据记录与处理】

1. 数据记录

(1)散热盘 D:

$m = $ _____ kg $R_D = $ _____ m $h_D = $ _____ m

(2)样品盘 B:

$R_B = $ _____ m $h_B = $ _____ m

(3)室温 $T = $ _____ K。

(4)样品盘 B 稳态时上下表面温度 T_1、T_2(用 ε_1 和 ε_2 代替)记录于表 3-7-1 中。

表 3-7-1　稳态时样品盘上下表面 ε_1,ε_2 数据表(每 2min 记录 1 次)

次数	1	2	3	4	5	6	平均值
ε_1/mV							
ε_2/mV							

(5) 散热盘 D 在 T_2 附近冷却速率 $\dfrac{\Delta T}{\Delta t}\left(用 \dfrac{\Delta \varepsilon}{\Delta t} 代替\right)$ 数据记录于表 3-7-2。

表 3-7-2 散热盘 D 在 T_2 附近冷却速率数据记录(用 ε 代替 T,每隔 30s 记录 1 次)。

次数	1	2	3	4	...	25
ε_2/mV						

注意:记录 ε_2 数据时,尽量使 $\bar{\varepsilon}_2$ 位于整个曲线的中央位置。

2. 数据处理

(1) 根据表 3-7-1 计算 $\bar{\varepsilon}_1$ 和 $\bar{\varepsilon}_2$。

$\bar{\varepsilon}_1 = $ _____ mV　　$\bar{\varepsilon}_2 = $ _____ mV

(2) 根据表 3-7-2 计算 $\dfrac{\Delta \varepsilon}{\Delta t}$。

处理方法是,以 ε 为纵坐标,以 t 为横坐标,做出 D 盘冷却速率 $\varepsilon \sim t$ 曲线(替代 $T \sim t$ 曲线)。在冷却曲线中求出在 $\bar{\varepsilon}_2(T_2)$ 附近的斜率 $\tan\theta = \dfrac{\Delta \varepsilon}{\Delta t}$。

(3) 将 $\bar{\varepsilon}_1$,$\bar{\varepsilon}_2$ 和 $\dfrac{\Delta \varepsilon}{\Delta t}$ 代入式(3-7-6)中计算 λ,并与标准值比较,求出相对误差

$$E = \frac{|\lambda - \lambda_{标}|}{\lambda} \times 100\%$$

已知铜盘的比热为 385J/(K·kg),样品(橡胶盘)导热系数的参考值(273K 时)$\lambda_0 = 0.140$W/(m·K),而 $\lambda_{标} = \lambda_0 \left(\dfrac{T}{273}\right)^{\frac{2}{3}}$。

【参量转换实验法】

本实验是典型的参量转换测量实验方法。该实验在设计时,避开了传热速率这个无法测量的量,把它巧妙地转化为对铜盘散热速率的测量,进而又把铜盘散热速率这个不容易测量的量转化为对铜盘冷却速率 $\dfrac{\Delta T}{\Delta t}$ 的测量,而 $\dfrac{\Delta T}{\Delta t}$ 是一个比较容易测量的量。此外,测量过程中又将温度的测量转化为对温差电动势的测量。正是由于上述参量转换,才能使导热系数的测量得以实现。这种方法在实际工程中具有重要意义,希望同学认真体会实验中参量转换测量法。

【注意事项】

1. 热电偶的金属丝较细,放置和取出时要特别小心,防止折断。

2. 测量冷却曲线前抽出待测样品或移开加热圆筒时,应先关闭加热电源,操作过程注意防止高温烫伤。

3. 为保证热电偶良好接触,可在热电偶的插孔及玻璃管中加入适当导热硅脂。

【思考题】

1. 本实验中的系统误差来源是什么? 它将使测量结果偏大还是偏小?

2. 在实验中传热速率是直接测量还是通过其他方法测到的？为什么这样处理？

3. 本实验中用热电偶测量温度，为什么不需要定标就能代入公式计算？

4. 什么是稳态导热？如何判断系统达到稳态导热？

5. 实验中热电偶的冷端是否一定要放在冰水混合物中？

Ⅱ. FD－TC－B 型导热系数测定仪

【实验仪器】

FD－TC－B 型是 FD－TC－Ⅱ型改进型。FD－TC－Ⅱ型测量温度是通过热电偶来实现的,而 FD－TC－B 型测量温度由单片机自适应控制测温传感器来实现的。导热系数测定仪装置如图 3－7－5 所示,它由电加热器、铜加热盘 A、橡胶样品圆盘 B、铜散热盘 D、支架及调节螺丝、温度传感器以及控温与测温器组成。

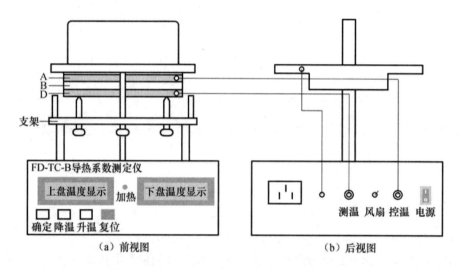

图 3－7－5　FD－TC－B导热系数测定仪装置图

【实验内容】

1. 基本测量

用游标卡尺测量散热铜盘 D 和样品盘 B 的半径和厚度,并称出散热铜盘 D 的质量。

2. 安装与调试实验装置

(1) 取下固定螺丝,将橡胶样品放在加热盘与散热盘中间,橡胶样品要求与加热盘、散热盘完全对准。调节底部的三个微调螺丝,使样品与加热盘、散热盘接触良好,但注意不宜过紧或过松。

(2) 按照图 3－7－5 所示,插好加热盘的电源插头,再将两根连线的一端与机壳相连,另一有传感器端分别插在加热盘和散热盘小孔中,要求传感器完全插入小孔中,并在传感器上抹一些硅油或者导热硅脂,以确保传感器与加热盘和散热盘接触良好。放置加热盘和散热盘时,还应注意使放置传感器的小孔上下对齐,加热盘和散热盘两个传感器要一一对应,不可交换。

3. 设定温度

开启电源后,左边表头首先显示 FDHC,然后显示当时温度,当转换至 b＝ ＝·＝,实验者可以设定控制温度。一般温度可以设置在 70～80℃。具体根据室温高低设置,室温低,可以设置加热温度低一些。设置完成按"确定"键,加热盘即开始加热。右边表头显示散热盘的测量温度。

4. 观察并记录系统达到稳定状态

加热盘的温度上升到设定温度时,观察散热盘温度变化,如果在 10min 或更长的时间内加热盘和散热盘的温度值基本不变,可以认为系统达到稳定状态了。此时,每隔 2min 记录一次加热盘、散热盘的温度。

5. 散热盘第二次加热

按复位键停止加热,取走样品。调节三个螺丝使加热盘和散热盘接触良好,再设定温度到 80℃,使散热盘的温度快速上升,当散热盘温度上升到高于稳态时的 T_2 值 20℃ 左右即可停止加热。

6. 记录散热盘的温度变化并计算其冷却速率

移去加热盘,让散热圆盘在风扇作用下冷却,每隔 30s 记录一次散热盘的温度示值,直至散热盘温度低于 T_2 约 5～6 个数据为止,根据记录数据做出温度与时间的关系图即冷却曲线,取临近 T_2 值的温度数据计算冷却速率 $\dfrac{\Delta T}{\Delta t}\Big|_{T_2}$。

7. 计算导热系数

将有关数据代入式(3－7－5),求出 λ。

【数据记录与处理】

1. 数据记录

(1) 散热盘 D:

$m=$ _____ kg $R_D=$ _____ m $h_D=$ _____ m

(2) 样品盘 B:

$R_B=$ _____ m $h_B=$ _____ m

(3) 室温 $T=$ _____ K。

(4) 样品盘 B 稳态时上下表面温度 T_1、T_2 记录于表 3－7－3 中。

表 3－7－3　稳态时样品盘上下表面温度 T_1、T_2 数据表(每 2min 记录 1 次)

次数	1	2	3	4	5	6	平均值
T_1/℃							
T_2/℃							

(5)散热盘 D 在 T_2 附近在冷却速率 $\dfrac{\Delta T}{\Delta t}$ 数据记录于表 3-7-4。

表 3-7-4　散热盘 D 在 T_2 附近冷却速率数据记录(每隔 30s 记录一次)

次数	1	2	3	4	...
$T_2/℃$					

注意:记录 T_2 数据时,尽量使稳态温度 T_2 位于整个曲线的中央位置。

2. 数据处理

(1)根据表 3-7-3 计算 $\overline{T}_1$ 和 $\overline{T}_2$。

$\overline{T}_1 =$＿＿＿＿＿＿℃；$\overline{T}_2 =$＿＿＿＿＿＿℃。

(2)根据表 3-7-4 计算 $\dfrac{\Delta T}{\Delta t}\Big|_{T_2}$。

处理方法是,以 T_2 为纵坐标,以 t 为横坐标,做出 D 盘冷却速率 $T_2 \sim t$ 曲线。在冷却曲线中求出在 $\overline{T}_2$ 附近 $\dfrac{\Delta T}{\Delta t}\Big|_{T_2}$ 的斜率。

(3)将 $\overline{T}_1$,$\overline{T}_2$ 和 $\dfrac{\Delta T}{\Delta t}\Big|_{T_2}$ 代入式(3-7-5)中计算 λ,并与标准值比较,求出相对误差 $E = \dfrac{|\lambda - \lambda_{标}|}{\lambda} \times 100\%$。

已知铜盘的比热为 $385\mathrm{J/(K \cdot kg)}$,样品(橡胶盘)导热系数的参考值(273K 时)$\lambda_0 = 0.140\mathrm{W/(m \cdot K)}$,而 $\lambda_{标} = \lambda_0 \left(\dfrac{T}{273}\right)^{\frac{2}{3}}$。

【注意事项】

1. 为了准确测定加热盘和散热盘的温度,实验中应该在两个传感器上涂些导热硅脂或者硅油,以使传感器和加热盘、散热盘充分接触。而且,加热盘和散热盘两个传感器要一一对应,不可交换。

2. 导热系数测定仪铜盘下方的风扇做强迫对流换热用,减少样品侧面与底面的放热比,增加样品内部的温度梯度,从而减少实验误差,所以实验过程中,风扇要打开(若实验室温度较低,风扇可不打开)。

3. 测温传感器显示的温度单位是摄氏度,计算时要转化为国际单位开尔文。

实验八　弦振动的研究

　　自然界中振动现象广泛存在,广义地说,任一物体(或物理量)在某个位置附近做往复变化,都可称为振动。振动和波动的关系十分密切,波动起源于振动,即振动是产生波动的根源,波动是振动状态的传播。波动具有自己的特点,首先它具有一定的传播速度,且伴随着能量的传播;此外,波动还具有反射、折射、干涉、衍射等现象。本实验将着重研究波动固有的干涉现象——驻波的干涉现象。

弦线上所形成的驻波更具代表性,因为它直观、鲜明、易于检测,对其产生条件、现象及其规律的研究,不仅有利于加深对波动干涉的理解,而且在日常生活和工程技术中也有着潜在的使用价值。

为了满足不同学校教学要求,本实验介绍两种弦振动实验仪。

【实验目的】

1. 观察在弦线上形成驻波的波形。
2. 研究均匀弦线上横波波长与弦线张力、振动频率的关系。
3. 学会用图解法验证物理公式。

【实验原理】

设一均匀弦线,一端由劈尖 A 支住,另一端由劈尖 B 支住,实验装置如图 3－8－2、图 3－8－3 所示。对均匀弦线扰动,引起弦线上质点的振动,于是波动就沿弦线由 A 端向 B 端方向传播,称为入射波。当波动传至 B 端时,波动受到阻碍,因而被反射回来,由 B 端沿弦线朝 A 端传播,称为反射波。于是弦线上同时有入射波和反射波,这两列波的振动方向相同、频率相同、相位相同或相位差恒定、振幅相等、传播方向相反,是满足相干条件的相干波,在波的重叠区将会发生波的干涉现象。如果劈尖 B 移到适当位置,则两列波叠加而形成驻波。此时弦线分段振动,弦线上有些点的振幅最大,称为波腹;有些点的振幅为零,称为波节。驻波的形状如图3－8－1所示。设图中的两列波是沿 x 轴相向传播的振幅相同、频率相同的简谐波,向右传播的用细实线表示,向左传播的用细虚线表示,它们的合成驻波用粗实线表示。由图可见,

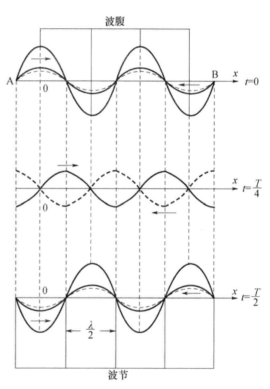

图 3－8－1　驻波的形成示意图

两个相邻波腹间的距离或两个波节间的距离都等于半个波长,这也可从波动方程推导出来。

下面用简谐波表达式对驻波进行定量描述。设沿 x 轴正方向传播的波为入射波,沿 x 轴负方向传播的波为反射波,取它们振动相位始终相同的点为坐标原点。且在 $x＝0$ 处振动质点向上达最大位移时开始计时,则它们的波动方程分别为

$$y_1＝A\cos 2\pi\left(ft-\frac{x}{\lambda}\right) \tag{3－8－1}$$

$$y_2＝A\cos 2\pi\left(ft+\frac{x}{\lambda}\right) \tag{3－8－2}$$

式中:A 为简谐波的振幅;f 为频率;λ 为波长;x 为弦线上质点的坐标位置。

两波叠加后的合成波为驻波,其方程为

$$y = y_1 + y_2 = 2A\cos 2\pi(x/\lambda)\cos 2\pi ft \qquad (3-8-3)$$

由此可见,入射波和反射波合成后,弦上各点都在以同一频率作简谐振动,它们的振幅为 $|2A\cos 2\pi(x/\lambda)|$,即驻波的振幅与时间 t 无关,而与质点的位置 x 有关(图 3-8-1)。

由于波节处振幅为零,即

$$\left| \cos 2\pi \frac{x}{\lambda} \right| = 0$$

$$2\pi \cdot \frac{x}{\lambda} = (2k+1)\frac{\pi}{2} \quad (k = 0, 1, 2, \cdots)$$

所以可得波节的位置为

$$x = (2k+1)\frac{\lambda}{4} \qquad (3-8-4)$$

而相邻两波节之间的距离为

$$x_{k+1} - x_k = \frac{\lambda}{2} \qquad (3-8-5)$$

又因为波腹处的质点振幅为最大,即

$$\left| \cos 2\pi \frac{x}{\lambda} \right| = 1$$

$$2\pi \frac{x}{\lambda} = k\pi \qquad (k = 0, 1, 2, \cdots)$$

所以可得波腹的位置为

$$x = k\frac{\lambda}{2} \qquad (3-8-6)$$

同理可知,相邻两波腹间的距离也是半个波长。因此,在驻波实验中,只要测出相邻两波节或相邻两波腹间的距离,就能确定该波的波长。

在实验中,由于固定弦的两端是由劈尖支撑的,故两端点必为波节。所以,只有当弦线的两个固定端之间的距离(弦长)l 等于半波长的整数倍时,才能形成驻波,这就是均匀弦振动产生驻波的条件,其数学表达式为

$$l = n \cdot \frac{\lambda}{2} \qquad (n = 1, 2, 3, \cdots) \qquad (3-8-7)$$

由此可得沿弦线传播的横波波长为

$$\lambda = \frac{2l}{n} \quad (n = 1, 2, 3, \cdots) \qquad (3-8-8)$$

式中:n 为弦线上驻波的段数,即半波数。

根据波动理论,弦线横波的传播速度为

$$v = \sqrt{\frac{T}{\rho}} \qquad (3-8-9)$$

式中:T 为弦线中张力;ρ 为弦线的线密度(即弦线单位长度的质量)。

根据波速、频率及波长的普遍关系式

$$v = f\lambda \qquad (3-8-10)$$

将式(3-8-10)代入式(3-8-9)得

$$\lambda = \frac{1}{f}\sqrt{\frac{T}{\rho}} \qquad (3-8-11)$$

实验中产生周期性策动力的(即外力)是载有交变电流的金属弦线在磁场中所受的安培力。当外力驱动弦线振动时,外力的频率、波长、弦线张力、线密度只有满足上述关系式时才会使弦线上出现振幅较大而稳定的驻波。

已知频率、弦长,将式(3-8-8)代入式(3-8-10)求出波速

$$v = \frac{2lf}{n} \quad (n=1,2,3,\cdots) \qquad (3-8-12)$$

已知线密度和频率,将式(3-8-12)代入式(3-8-9)可得张力为

$$T = \left(\frac{2lf}{n}\right)^2 \rho \quad (n=1,2,3,\cdots) \qquad (3-8-13)$$

式(3-8-13)可变换为

$$f = \sqrt{\frac{T}{\rho}} \cdot \frac{n}{2l} \quad (n=1,2,3,\cdots) \qquad (3-8-14)$$

由上式可知,给定张力 T、线密度 ρ、弦长 l 时,只有满足式(3-8-14)的频率 f,才能产生驻波。

Ⅰ. 固定均匀弦振动实验仪

【实验仪器】

固定均匀弦振动实验装置,砝码。

实验装置如图3-8-2所示,实验时,将接线柱上的导线与弦线连接,构成通电回路,然后接通电源。这样,通有电流的金属弦线在磁场的作用下就会振动。根据需要,可以旋转频率调节旋钮以变换变频器输出的电流频率。移动磁铁位置,将弦振动调整到最佳状态(使弦振动的振动面与磁场方向完全垂直)。移动劈尖 A、B 的位置,可以改变弦长。

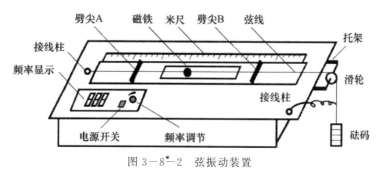

图3-8-2　弦振动装置

【实验内容】

1. 按图3-8-2装好仪器,在线端加砝码20g。接上电源,使弦线振动,改变劈尖的位置,

观察弦线上形成驻波的波形。学会调节劈尖的位置,使弦线上出现振幅较大而稳定的驻波。

2. 固定振源频率,研究波长与张力的关系。

(1)选取频率 $f=120\text{Hz}$。张力由砝码挂在弦线的一端产生,选取 15g 砝码,在张力作用下调节弦长 l,使弦上出现 n_1 段、n_2 段、n_3 段振幅较大而稳定的驻波波段。记录弦长 l,并计算波长 λ,将数据填入表 3−8−1 中。

(2)重复上述测量步骤,砝码在 15g 的基础上逐次增加 5g 直至 40g。将数据填入表 3−8−1 中。

3. 固定张力,研究波长与频率的关系。

(1)选取砝码质量 $m=20\text{g}$,振源频率 $f=70\text{Hz}$,调节劈尖的位置使弦线上出现 n_1 段、n_2 段、n_3 段振幅较大而稳定的驻波。记录弦长 l,并计算波长 λ,将数据填入表 3−8−2 中。

(2)重复上述测量步骤,频率在 70Hz 的基础上,逐次增加到 145Hz 为止。将数据填入表 3−8−2 中。

4. 用图解法验证式(3−8−11)。

为了用实验验证式(3−8−11)成立,将该式两边取对数得

$$\ln\lambda = \frac{1}{2}\ln T - \frac{1}{2}\ln\rho - \ln f$$

若固定频率 f 及线密度 ρ,改变张力 T,并测出相应波长 λ,则可做出 $\ln\lambda - \ln T$ 图,如果得到一直线,计算其斜率值,如果斜率值为 $\frac{1}{2}$,则证明了 $\lambda \propto T^{\frac{1}{2}}$ 的关系成立。同理固定张力 T 及线密度 ρ,改变频率 f,测定相应波长 λ,做 $\ln\lambda - \ln f$ 图,如果得到一条斜率为 −1 的直线,则证明了 $\lambda \propto f^{-1}$ 的关系。

【数据记录与处理】

1. 数据记录

表 3−8−1   固定频率研究波长与张力的关系数据记录

砝码质量 m/g		15	20	25	30	35	40
张力 $T=mg/\text{N}$							
$\ln T$							
n_1	l_A/m						
	l_B/m						
	l_1/m						
	λ_1/m						
...	...						
$\bar{\lambda}/\text{m}$							
$\ln\bar{\lambda}$							
$f=$ 　　　Hz							

表 3—8—2 固定张力研究波长与频率的关系数据记录

频率 f/Hz		70	85	100	115	130	145
$\ln f$							
n_1	l_A/m						
	l_B/m						
	l_1/m						
	λ_1/m						
...	...						
$\bar{\lambda}$/m							
$\ln\bar{\lambda}$							
$T=$	N						

2. 数据处理

(1) 波长与张力的关系：

① 根据式(3—8—7)计算波长,计算 $\ln T$、$\ln\lambda$。计算结果填入表 3—8—1 中。

② 以 $\ln T$ 为横坐标,$\ln\lambda$ 为纵坐标,在直角坐标纸上作 $\ln T-\ln\lambda$ 图。是否为一直线？直线斜率 K 等于多少？

(2) 波长与频率的关系：

① 根据式(3—8—7)计算波长,计算 $\ln f$、$\ln\lambda$。计算结果填入表 3—8—2 中。

② 以 $\ln f$ 为横坐标,$\ln\lambda$ 为纵坐标,在直角坐标纸上作 $\ln f-\ln\lambda$ 图。是否为一直线？直线斜率 K 等于多少？

【注意事项】

1. 要准确测出波长,关键是在弦线中要调节出振幅较大而且最稳定的驻波。实验时可以通过初步估算弦线长度,逐步近似来实现这一最佳状态。

2. 改变挂在弦线一端的砝码,待砝码稳定后再进行测量。

3. 在移动劈尖调整驻波段时,磁铁应在两劈尖之间,且不能处于波节位置。要等波形稳定后再记录数据。

4. 调节振动频率时,某些频率和其整数倍频率会引起振动源的共振,引起振动不稳定,实验时可以跳过该频段加以实验。

【思考题】

1. 弦线的粗细和弹性对实验有什么影响？如何选择？

2. 测量波长时,半波数取得多好还是少好？

3. 为了使 $\ln\lambda-\ln T$ 直线图上的数据点分布比较均匀,砝码质量应如何改变？

Ⅱ. DH4618 型弦振动研究实验仪

【实验仪器】

DH4618 型弦振动研究实验仪由弦振动实验仪、弦振动信号源、示波器等三部分组成。

　　弦振动研究实验仪由弦的支架、调节螺杆、圆柱螺母、劈尖、弦线、传感器、张力杆及砝码等组成。其示意图如图 3－8－3 所示。其中弦线所受张力的示意图如图 3－8－4 所示。驱动传感器和接收传感器是弦振动研究实验仪的重要组成部分,驱动传感器通过信号源提供的一定频率的功率信号产生交变磁力使金属弦线振动;接收传感器将弦线的振动信号转换成电信号,由示波器进行观察。示波器既可以观察信号源的波形,也可以显示接收传感器接收到的弦线振动的波形,这样可以及时观察弦线的振动现象。移动劈尖 A、B 的位置,可以改变弦长。

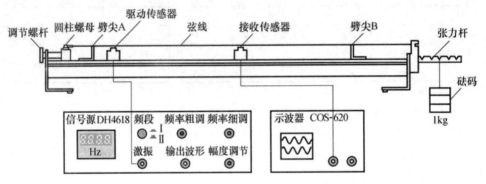

图 3－8－3　DH4618 型弦振动研究实验仪示意图

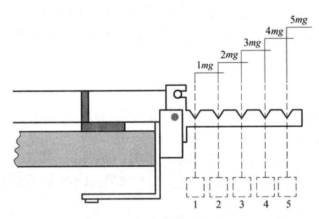

图 3－8－4　张力大小示意图

【实验内容】

1. 实验前准备

(1) 选择一条弦,将弦的带有铜圆柱的一端固定在张力杆的 U 型槽中,带孔的一端套到调节螺杆上的圆柱螺母上。

(2) 把两块劈尖(支撑板)放在弦下相距为 l 的两点上(l 即为弦长),注意应将劈尖窄的一端朝标尺,弯脚朝外,如图 3－8－3 所示。放置好驱动传感器和接收传感器,按图 3－8－3 连接好导线。

(3)在张力杆上挂质量已知的砝码,记下砝码与挂钩的总质量 m,旋动调节螺杆使张力杆水平(这样才能由挂的物块质量精确地确定弦的张力)。根据杠杆原理,通过在不同位置悬挂质量已知的物块，将获得成比例的、已知的张力，该比例是由杠杆的尺寸决定的。如图 3—8—4 所示，挂质量为"m"的重物在张力杆的挂钩槽 1 处，弦的拉紧度（张力）等于 $1mg$；挂质量为"m"的重物在张力杆的挂钩槽 3 处，弦紧度（张力）为 $3mg$，……。

注意：由于砝码的位置不同，弦线的伸长量也有变化，当张力变化时，需重新调节张力杆水平。

2. 实验内容

（1）张力、线密度和弦长一定，改变驱动频率，观察驻波现象和驻波波形，测量共振频率。

① 放置两个劈尖至合适的间距，如 60cm，装上一条弦。在张力杠杆上挂上一定质量的砝码（注意，总质量还应加上挂钩的质量），旋动调节螺杆，使张力杠杆处于水平状态。把驱动传感器放在离劈尖大约 5～10cm 处，把接收传感器放在弦的中心位置。提示：为了避免接收传感器和驱动传感器之间的电磁干扰，在实验过程中要保证两者之间的距离至少有 10cm。

② 驱动信号的频率调至最小，调节合适的信号幅度，同时调节示波器的通道增益为 10mV/格。

③ 慢慢升高驱动信号的频率，观察示波器接收到的波形的改变。注意：频率调节过程不能太快，因为弦线形成驻波需要一定的能量积累时间，太快则来不及形成驻波。通常有多个信号源频率都能激发弦线形成驻波，应找出幅度最大的那个共振信号。如果不能观察到波形，则需调大信号源的输出幅度；找到之后，仔细调节信号源的频率细调，使接收信号幅度最大。如果弦线的振幅太大，造成弦线敲击传感器，则应减小信号源输出幅度；适当调节示波器的通道增益，以观察到合适的波形大小。一般一个波腹时，信号源输出为 2～3V（峰—峰值），即可观察到明显的驻波波形，同时观察弦线，应当有明显的振幅。当弦的振动幅度最大时，示波器接收到的波形振幅最大，弦线达到了共振，这时的驻波频率就是共振频率，记下共振频率、线密度、弦长和张力、波腹个数等参数。当弦线上形成一个波腹时，此时的共振频率最低，也称为共振基频。

注意：满足式（3—8—12）中的 $n=1$ 所对应的频率 f_1 称为基频，其他 $n=2,n=3,\cdots$，对应较高的频率 $f_2,f_3,\cdots$，称为二次谐频、三次谐频、……，谐频是基频的整数倍。一般情况下，基频的振动幅度比谐频的振动幅度大，可通过示波器观察确定。

④ 再增加输出频率，连续找出几个共振频率（3～5个）并记录。注意，接收传感器如果位于波节处，则示波器上无法测量到波形，所以驱动传感器和接收传感器此时应适当移动位置，以观察到最大的波形幅度。当驻波的频率较高，弦线上形成几个波腹、波节时，弦线的振幅较小，眼睛不易观察到。这时把接收传感器移向右边劈尖，再逐步向左移动，同时观察示波器（注意波形是如何变化的），找出并记下波腹个数。

⑤ 分析信号源何种频率才能产生驻波？

（2）张力和线密度一定，改变弦长，测量共振频率。

① 选择一根弦线和合适的张力，放置两个劈尖至一定的间距，如 60cm，调节驱动频率，使弦线产生一个波腹驻波。记录相关的线密度、弦长、张力、波腹数等参数。

② 移动劈尖至不同的位置改变弦长，继续调节驱动频率使弦线上形成一个波腹，并记录此时的共振基频。

③ 作 f 与 λ 关系图，说明两者的关系。

（3）弦长和线密度一定,改变张力,测量共振频率和横波在弦上的传播速度。

① 放置两个劈尖至合适的间距,如 60cm,选择一定的张力,改变驱动频率,使弦线产生稳定的驻波。记录相关的线密度、弦长、张力等参数。

② 改变砝码的质量和挂钩的位置,调节驱动频率,使弦线产生稳定的驻波,记录共振基频。

③ 计算 $\ln f$ 和 $\ln T$,作 $\ln f - \ln T$ 关系图,说明 $f - T$ 关系。

【数据记录与处理】

1. 数据记录

表 3－8－3　固定张力、弦长和线密度研究产生驻波的共振频率数据记录

$l=$ _____ cm　$T=$ _____ kg·m/s²　$\rho=$ _____ kg/m

n/个	$\lambda=\dfrac{2l}{n}$/cm	$f_{测}$/Hz	$f_{理}=\sqrt{\dfrac{T}{\rho}}\cdot\dfrac{n}{2l}$/Hz	$v=f\lambda$/(m/s)

表 3－8－4　固定张力和线密度研究弦长与共振频率、波速关系数值记录

$T=$ _____ kg·m/s²　$\rho=$ _____ kg/m　$n=1$

l/cm	$\lambda=\dfrac{2l}{n}$/cm	f/Hz	$v=f\lambda$/(m/s)

表 3－8－5　固定弦长、线密度研究张力与共振频率、波速关系数据记录

$l=$ _____ cm　$\rho=$ _____ kg/m　$n=1$

T/(kg·m/s²)	$\ln T$	$\lambda=\dfrac{2l}{n}$/cm	f/Hz	$\ln f$	$v=f\lambda$/(m/s)	$\ln v$

2. 数据处理

（1）计算共振频率的理论值填入表 3－8－3，与实验测量的共振频率相比较，分析这两者存在差异的原因。分析是不是任意频率均可产生驻波？

（2）改变弦长，测量共振频率，计算横波的传播速度填入表 3－8－4，作 $f-\lambda$ 图，说明 $f-\lambda$ 的关系。

（3）改变张力，测量弦线的共振频率和横波的传播速度，填入表 3－8－5。验证式(3－8－14)：以 $\ln f$ 为横坐标，$\ln T$ 为纵坐标，在直角坐标系上作 $\ln f-\ln T$ 图，是否为一直线？直线斜率 K 等于多少？类似，作 $\ln T-\ln v$ 关系图，验证式(3－8－9)。

【注意事项】

1. 仪器应可靠放置，张力挂钩应置于实验桌外侧，并注意不要让仪器滑落。
2. 弦线应可靠挂放，砝码的悬挂与取放应动作轻小，以免使弦线崩断而发生事故。

【思考题】

1. 通过实验，说明弦线的共振频率和波速与哪些条件有关？
2. 换用不同弦线后，共振频率有何变化？存在什么关系？
3. 如果弦线有弯曲或者不是均匀的，对共振频率和驻波有何影响？

实验九　示波器的原理与使用

电子示波器又称阴极射线示波器。它是利用示波管内电子束在电场中的偏转，显示电信号随时间变化波形的一种观测仪器。由于电子惯性小，荷质比大，因此示波器具有较宽的频率响应，用以观察极快的电压瞬变过程，因而它具有较广的应用范围。它不仅可以定性观察电路的动态过程，还可以定量测量电信号的电压、电流、周期、频率、相位等各种参数，配以各种传感器，还可以用于各种非电量（压力、声光信号等）的测量，是一种用途极为广泛的测量与观测仪器。在器件检修方面起着重要的作用。

【实验目的】

1. 了解示波器的主要结构和显示波形的基本原理。
2. 学会用示波器观察电信号的波形以及测量电压、周期和频率。
3. 学会用李萨如图形测定未知正弦信号的频率。

【实验原理】

示波器的规格和型号很多，但其基本结构类似。示波器的主要部分有示波管、带衰减器的 Y 轴放大器、带衰减器的 X 轴放大器、扫描发生器（锯齿波发生器）、触发同步和电源等，其结构方框图如图 3－9－1 所示。为了适应各种测量的要求，示波器的电路组成是多样而复杂的，这里仅就主要部分加以介绍。

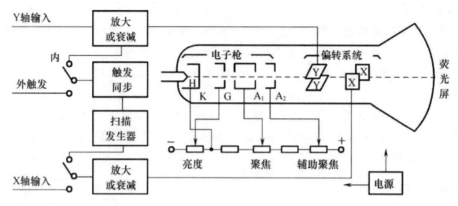

图 3-9-1   示波器原理框图

1. 示波管的结构与工作原理

如图 3-9-1 所示,示波管主要包括电子枪、偏转系统和荧光屏三部分。为了使电子运动尽可能减少与空气分子的碰撞,以上部件被安装在高真空玻璃管内。电子枪是示波管的核心。下面分别说明各部分的作用。

(1)荧光屏。

荧光屏的作用是,将电子束轰击点的轨迹显示出来,当加速聚焦后的电子打到荧光屏上时,屏上所涂的荧光物质就会发光,从而显示出电子束的位置。这样电子束随偏转板间的电场力变化而变化的运动轨迹就会在荧光屏上显示出来。当电子停止作用后,荧光剂的发光需经一定时间才会停止,称为余辉效应。

(2)电子枪。

如图 3-9-1 所示,电子枪由灯丝 H、阴极 K、控制栅极 G、第一阳极 A_1、第二阳极 A_2 组成。灯丝通电发热后使阴极发射电子。控制栅极是一个顶端有小孔的圆筒,套在阴极外面,它加有负电压(相对于阴极),电位比阴极低。调节栅极电压可控制从小孔射出的电子数量,于是荧光屏上光点的亮度也随之变化,故称为辉度(或亮度)调节。阳极电位比阴极电位高很多,所以电子被阳极加速形成射线。改变两个阳极 A_1 和 A_2 间静电场的分布可使不同发射方向发射的电子射线恰好汇聚在荧光屏上的一点,这称为聚焦调节。示波器面板上设置"辉度""聚焦"旋钮,分别控制和调节荧光屏上亮点的亮度和清晰度。

(3)偏转系统。

偏转系统由两对互相垂直的金属板 X 和 Y 组成,分别控制电子束在水平方向和竖直方向的偏转。

若互相垂直的金属板 X 和 Y 不加电压,从电子枪射出的电子束将垂直射到荧光屏中心,形成亮点;如果在垂直方向的平行板 Y 上加周期变化的电压,电子束从偏转板中间通过时受到电场力的作用而上下偏转,在荧光屏上就可以看到一条竖直的亮线;同理,在水平方向的平行板 X 上加周期变化的电压,也可以看到一条水平的亮线;如果两对偏转板都加上变化的电压,则光点在两者的共同控制下,在荧光屏平面二维方向上运动。在示波器面板上设置有 X、Y 位移调节旋钮,分别控制和调节荧光屏上显示信号波形在 X、Y 轴方向的位置。

容易证明,光点在荧光屏上偏移的距离与偏转板上所加的电压成正比,因而可将电压的测量转化为屏上光点偏移距离的测量,这就是示波器测量电压的原理。

2. 示波器波形显示原理

在示波器内,如果仅在 y 轴偏转板(简称 y 轴)加一正弦交变电压,则电子束所产生的亮点将随电压的变化在竖直方向来回运动,如果电压频率较高,由于人眼的视觉暂留现象,则看到的是一条竖直亮线,其长度与正弦波信号电压的峰值成正比,如图 3-9-2 所示。

如果在 x 轴偏转板(简称 x 轴)上加一锯齿波电压(y 轴偏转板上不加任何电压),这时荧光屏上的亮点由 A 匀速地向 B 移动(如图 3-9-3 所示),到 B 后又马上返回 A,并不断重复这一过程。我们把电子射线沿 x 轴方向从左到右作匀速的移动过程称为扫描。这种扫描电压的特点是电压随时间呈线性关系增加到最大值,然后突然回到最小,此后再重复地变化。这种扫描电压随时间变化的关系曲线形同"锯齿",用 $U_x = U_{xm}t$ 表示,故称"锯齿波电压"。产生锯齿波扫描电压的电路在图 3-9-1 中用"扫描发生器"方框表示。当只有锯齿波电压加在水平偏转板上,如果频率足够高,则荧光屏上只显示一条扫描亮线。

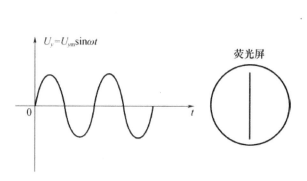

图 3-9-2 只在 y 轴偏转板上加一正弦电压的情形

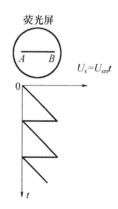

图 3-9-3 只在 x 轴偏转板上加一锯齿波电压的情形

如果在 y 轴偏转板上加正弦交流信号电压,同时在 x 轴偏转上加锯齿波电压,则电子束不仅受到竖直电场力的作用,而且还受到水平方向的电场力的作用。这时电子束的运动分析如下:如图 3-9-4 所示,设在开始时刻 a,电压 U_y 和 U_x 均为零,荧光屏上的亮点在 A 处;当时间由 a 到 b,在只有电压 U_y 作用时,亮点在竖直方向的位移为 B_y 处,屏上的亮点在 B_y 处,由于同时加 U_x,电子束既受 U_y 作用上下偏转,同时又受 U_x 作用向右偏转(亮点水平位移为 B_x),因而亮点不在 B_y 处,而在 B 处。依此类推,随着时间的推移,便可显示出正弦波形。所以,在荧光屏上看到的正弦曲线实际上是电子束在两相互垂直方向运动的合成轨迹。

由此可见,要想观测到加在 Y 偏转板上的电压 U_y 的变化规律,必须在 X 偏转板上加上扫描电压,把 U_y 产生的垂直亮线在水平方向"展开",这样就可以在荧光屏上显示出电压随时间变化的波形,这个过程称为扫描。

如果正弦电压与锯齿波扫描电压的周期相同,正弦波到 I_y 点时,锯齿波信号也正好到 I_x 点,从而亮点描完了整个正弦曲线。由于锯齿波这时马上复原,所以亮点又回到 A 点,开始周期性地在同一位置描出同一条曲线,这时我们看到这条曲线稳定地显示在荧光屏上。如果扫

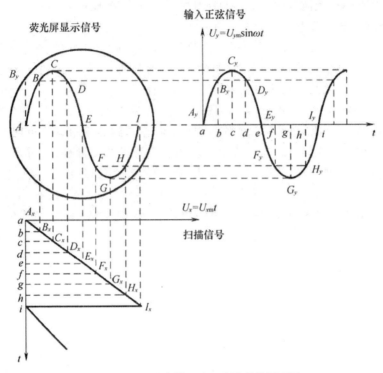

荧光屏显示信号

输入正弦信号

$U_y = U_{ym}\sin\omega t$

$U_x = U_{xm}t$

扫描信号

图 3—9—4　示波器显示正弦波形的原理图

描电压的周期 T_x 是正弦电压周期 T_y 的两倍,在荧光屏上就显示出两个完整的正弦波。由此得出结论:如果要示波器显示完整而稳定的波形,扫描电压的周期 T_x 必须为 Y 偏转电压周期 T_y 的整数倍,即

$$T_x = nT_y \qquad (n=1,2,3,\cdots) \qquad (3-9-1)$$

式中:n 为荧光屏上所显示的完整波形的数目。上式也可表示为

$$f_y = nf_x \qquad (n=1,2,3,\cdots) \qquad (3-9-2)$$

式中:f_y 为加在 Y 偏转板上的电压频率;f_x 为扫描电压的频率。

总之,在 X 偏转板上加一锯齿波扫描电压的情况下,示波管荧光屏上所显示的波形就是加在 Y 偏转板上的待测信号的波形,这就是示波器显示波形的基本原理。

3. 同步(整步)

由于信号电压和扫描电压来自两个独立的信号源,它们的频率难以调节成准确的整数倍关系,屏上出现的是一横向移动着的不稳定图形。这种情形可用图 3—9—5 说明,设锯齿波电压的周期 T_x 比正弦波电压周期 T_y 稍小,如 $T_x = \dfrac{7}{8}T_y$,在第一扫描周期内屏上显示正弦信号 0~4 点曲线段;在第二周期内,显示 4~8 点之间曲线段,起点在 4 处;第三周期内,显示 8~11 点之间曲线段,起点在 8 处。这样,荧光屏上显示的波形每次都不重叠,好像波形在向右移动。同理,如果 T_x 比 T_y 稍大,则好像向左移动。以上描述的情况在示波器使用过程中经常会出现。其原因是扫描电压的周期与被测信号的周期不相等或不成整数倍,以致每次扫描开始时波形曲线上的起点均不一样。为了使屏上的图形稳定,必须用 Y 轴的信号频率去控制扫描发生器的信号频率,使扫描频率准确地等于输入信号频率或成整数倍。电路的这个控制作用,称为"整步"或"同步",通常由放大后的 Y 轴电压控制扫描电压的产生时刻,这一过程称为触发扫描。为此,示波器上设有"扫描时间"(或"扫描范围")、"扫描微调"旋钮,用来调节锯齿波电压的周期 T_x(或频率 f_x),使之与被测信号的周期 T_y(或频率 f_y)成合适的关系,从而在屏上得到所需数目的完整的被测波形。

输入 Y 轴的被测信号与示波器内部的锯齿波电压是相互独立的,由于环境或其他因素的影响,它们的周期(或频率)可能发生微小的改变。这时,虽然可通过调节扫描旋钮将周期调到整数倍的关系,但过一会儿又变了,波形又移动起来,在观察高频信号时这种问题尤为突出。为此示波器内装有扫描同步装置,让锯齿波电压的扫描起点自动跟着被测信号改变,这就称为整步或同步。有的示波器中,需要让扫描电压与外部某一信号同步,因此设有"触发选择"键,可选择外触发工作状态,相应设有"外触发"信号输入端。

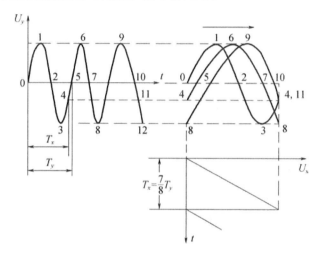

图 3-9-5 扫描不同步波形显示原理

4. 信号放大器和衰减器

示波管本身相当于一个多量程电压表,为了观察电压幅度不同的电信号波形,示波器内设有衰减器和放大器。由于示波管本身的 X 及 Y 轴偏转板的灵敏度不高(约 $0.1\sim1\mathrm{mV}$),当加在偏转板的信号过小时,要预先将小的信号电压加以放大后再加到偏转板上,为此设置 X 轴及 Y 轴电压放大器。衰减器的作用是使过大的输入信号电压变小以适应放大器的要求,否则放大器不能正常工作,使输入信号发生畸变,甚至使仪器受损。对一般示波器来说,X 轴和 Y 轴都设置有放大器和衰减器,以满足各种测量的需要。

5. 利用李萨如图形测量频率

在示波器 X 轴和 Y 轴同时输入正弦信号时,荧光屏会出现怎样的情形呢? 这时荧光屏光点的运动是两个相互垂直简谐振动的合成。设两个互相垂直振动为

$$x = A_1 \cos(2\pi f_x t + \varphi_1), y = A_2 \cos(2\pi f_y t + \varphi_2)$$

式中: f_x、f_y 为两振动的频率; φ_1、φ_2 为两振动的初相位。当 $f_x = f_y$ 时,合成振动的轨迹方程为

$$\frac{x^2}{A_1^2}+\frac{y^2}{A_2^2}-\frac{2xy}{A_1A_2}\cos(\varphi_2-\varphi_1)=\sin^2(\varphi_2-\varphi_1) \tag{3-9-3}$$

式(3−9−3)是一个椭圆方程。当 $\varphi_2-\varphi_1=0$ 或 $\pm\pi$ 时,椭圆退化为一条直线;当 $\varphi_2-\varphi_1=\pm\frac{\pi}{2}$ 时,合成轨迹为一正椭圆,如图 3−9−6 所示。

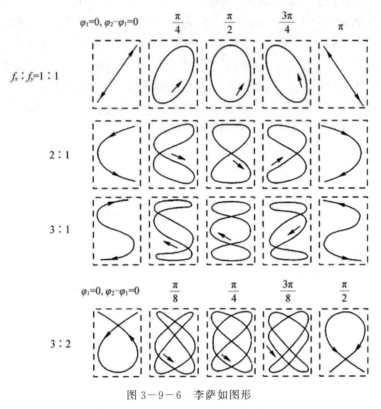

图 3−9−6　李萨如图形

当 $f_x\neq f_y$ 时,合成振动的轨迹比较复杂,在屏上将显示各种不同波形,一般得不到稳定的图形。但是,当 f_x 和 f_y 成简单整数比时,屏上光点合成运动轨迹是一个封闭的稳定几何图形,这种图形称为李萨如图形,如图 3−9−6 所示。李萨如图形不仅与信号频率有关,还随两个信号的幅值以及相位的不同而变化。

从图形中,人们总结出如下规律:如果作一个限制光点在 x,y 方向运动的假想矩形框,则图形与此矩形框相切时,一条横边上的切点数 N_x 与一条竖边上的切点数 N_y 之比恰好等于 y 轴和 x 轴输入两个正弦信号频率之比,即

$$\frac{f_y}{f_x}=\frac{N_x(李萨如图形与水平轴的切点数)}{N_y(李萨如图形与垂直轴的切点数)}$$

$$\tag{3-9-4}$$

例如,如图 3−9−7 所示,水平直线轴与图形相切点数为 1 个(a);竖直直线轴与图形的相切点数为

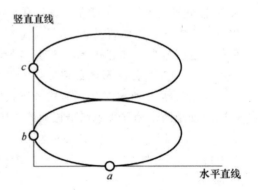

图 3−9−7　李萨如图形测量频率

2 个(b,c),则

$$\frac{f_y}{f_x} = \frac{1}{2}$$

这样,在荧光屏上只要数出李萨如图形与直线切点数 N_x 和 N_y,若 f_x 为已知,由式(3－9－4)即可求出 f_y;反之亦然。这就是用李萨如图形测量频率的方法。

【实验仪器】

示波器(YB4320)、信号发生器等。

【实验内容】

一、熟悉示波器

1. 初始设置

熟悉示波器面板上各旋钮的作用并做初始设置。参阅本实验附录一,对照示波器面板,熟悉示波器面板上各旋钮开关的作用,明确它们的功能和使用方法。在开启示波器电源之前,示波器按表 3－9－1 对主要开关旋钮做初始设置,其余按钮设置为弹出状态。

表 3－9－1　示波器主要开关旋钮工作参数设置

面板操作	应置位置	面板操作	应置位置
聚焦	居中	显示模式	CH1(或 CH2)
辉度	居中	X－Y 键	弹出
水平位移	居中	×5 扩展(2 个)	弹出
垂直位移(2 个)	居中	触发方式	自动
AC－GND－DC(2 个)	AC	触发源	内

2. 开机

按下电源开关,指示灯亮,预热几分钟后屏幕上会出现一条水平亮线,调节辉度旋钮、聚焦旋钮使光迹的亮度适中、清晰。调节竖直位移旋钮使亮线在 X 轴上。

3. 了解扫描速度概念

将"扫描速度"旋钮由数值较大逐挡旋转至数值较小,观察光点速度的变化规律,理解扫描速度的概念。

4. 校准仪器

示波器面板"校准"端子可输出电压幅值为 $U_{P-P} = 0.5(1\pm2\%)$V,频率为 $f = 1000(1\pm2\%)$Hz 的方波,该信号可作为标准信号校准示波器。校准方法如下:

(1) 将示波器校准信号输入到示波器 CH1 通道,按下显示方式"CH1"按键,调节 CH1 通道的垂直衰减旋钮、扫描速度旋钮,调节触发电平锁定旋钮使屏上显示稳定方波。

(2) 测量方波电压的峰峰值 U_{P-P} 的格数(1 格＝1DIV＝1cm,下同),则方波峰峰值电压为

$$U_{P-P} = VOLTS/DIV \times 峰峰值格数 \qquad (3-9-5)$$

测出方波信号一个周期对应水平方向格数,则方波信号周期 T 为

$$T = (\text{TIME/DIV}) \times 周期格数 \tag{3-9-6}$$

方波信号频率 f 为

$$f = \frac{1}{T} \tag{3-9-7}$$

将测量方波值 U_{P-P} 和 f 与示波器给出的标准值进行比较,根据测量的结果用垂直衰减微调旋钮和扫描速度微调旋钮对示波器进行校准。校准后各微调旋钮保持不动,测量数据记录在表 3-9-2 中。

表 3-9-2　测量校准信号

VOLTS/DIV 挡位	峰峰值 格数	TIME/DIV 挡位	周期格数	测量结果		
				U_{P-P}/V	T/s	f/Hz

二、观察波形定量测量

1. 测量交流电压

将信号发生器 50Ω 输出端连接到示波器 CH2(或 CH1)输入端,按下相应"CH2"(或"CH1")按键,示波器耦合开关选择交流信号"AC",调节垂直衰减旋钮和扫描速度旋钮,直到屏上出现合适的波形。

(1) 低频正弦信号测量。

信号发生器按下"100"频率键,波形选择"正弦",调节信号发生器的"频率"旋钮,显示在 $100\sim150\text{Hz}$ 范围内的任意值,调节"幅度调节"旋钮"VOLTS/DIV"和扫描速度旋钮"TIME/DIV",使示波器的荧光屏上出现合适的波形。波形稳定后,测量正弦波形峰峰值的格数,由式(3-9-5)计算峰峰值电压 U_{P-P},其有效值为

$$U_{有效} = \frac{U_{P-P}}{2\sqrt{2}} \tag{3-9-8}$$

(2) 高频正弦信号测量。

信号发生器按下"100K"频率范围键,波形选择"正弦"。调整出合适稳定的波形,重复步骤(1)。测量数据记录在表 3-9-3 中。

2. 测量信号的周期和频率

电路连接方法、频率键选择范围和信号类型及调节方法同"测量交流电压"。

将扫描速度微调旋钮"微调"旋到校准位置,调节垂直衰减旋钮和扫描速度旋钮,直到屏上出现合适的波形,读出波形的一个周期对应水平方向格数,由式(3-9-6)计算信号周期,由式(3-9-7)计算信号频率。

记录信号发生器上所显示的频率值 f_0,与测量值比较,计算相对误差 E。数据记录在表 3-9-4 中。

3. 观察李萨如图形和测量频率

将信号发生器 50Ω 输出端连接到示波器 CH1(X)输入端,信号发生器输出信号频率 f_x 为已知;另一信号源连接到示波器 CH2(Y)输入端,其输出频率 f_y 为待测量。按下"X-Y"键,使示波器进入 X-Y 工作模式,调节 CH1 通道和 CH2 通道垂直衰减旋钮("VOLTS/

DIV"旋钮),这时在屏幕上一般可以看到不稳定的李萨如图形。

进一步改变信号发生器频率,就可以得到如图 3-9-6 所示相对稳定的李萨如图形。按照表 3-9-5 中 $f_x:f_y$ 的要求,绘出不同比例李萨如图形中某一时刻的图形,记录不同比例李萨如图形中 f_x 及 N_x 和 N_y,填入表 3-9-5 中,由式(3-9-4)计算 f_y。

测量时注意:由于两种信号的频率随时间总是会发生一定程度的偏移,即两者的相位差会连续不断变化,所以出现的李萨如图形一般情况下都不是静止稳定的,图形总是会随时间发生如图 3-9-6 所示顺序(或逆顺序)翻滚变化。因此,调节频率只能调到图形变化最慢,相对稳定即可。

【数据记录与处理】

1. 电压测量记录与处理

表 3-9-3　测量交流电压

信号类型	低频正弦	高频正弦
VOLTS/DIV 挡位		
峰峰值格数		
U_{P-P}/V		
$U_{有效}/V$		
U_0/V(信号发生器读数)		

2. 周期频率测量记录与处理

表 3-9-4　测量信号的周期和频率

信号类型	低频正弦	高频正弦
TIME/DIV 挡位		
周期格数		
T/s		
f/Hz		
f_0/Hz(信号发生器的读数)		
$E=\dfrac{\mid f-f_0\mid}{f_0}\times100\%$		

3. 李萨如图形测频率数据记录与处理

表 3-9-5　频率测量记录表

$f_x:f_y$	1:1	2:1	3:1	3:2	1:2
$N_x:N_y$					
李萨如图形					
f_x/Hz					
$f_x:f_y$	1:1	2:1	3:1	3:2	1:2

(续)

f_y/Hz					
$\overline{f_y}/\text{Hz}$					
$E=\dfrac{\lvert f_{y0}-\overline{f_y}\rvert}{f_{y0}}\times100\%$					

注:f_{y0} 为市电频率

【注意事项】

1. 为了保护荧光屏不被灼伤,荧光屏上的亮点不可调得太亮,也不能让亮点长时间停在荧光屏的某一点上。

2. 在观察过程中,应避免经常开关电源。示波器暂时不用时不必断开电源,只需调节辉度旋钮使亮点消失,到下次使用时再调节辉度旋钮。

3. 示波器上所有开关与旋钮都有一定的强度和调节角度,调节时不要用力过猛。

4. 注意公共端的使用,接线时严禁短路。

5. 利用示波器观察波形测量电信号时,应将相应的频率微调和扫描微调旋钮旋至校准位置。

6. 利用李萨如图形测量频率要尽量调节到图形稳定时再记录频率数据。

【思考题】

1. 当打开示波器电源并预热后,荧光屏上无光点及图形出现,有几种可能的原因? 怎样调节才能使光点出现?

2. 观察李萨如图形,两相互垂直的正弦信号频率相同时,光屏上的图形还在不停的转动,为什么?

3. 用示波器观察信号波形时,屏幕上显示的波形太密或没有一个完整的波形,则扫描速度旋钮应如何调节?

4. 某同学用示波器测量正弦交流电压,与用万用电表测量值比较相差很大,分析是什么原因?

5. 用示波器观察波形时,示波器上的波形移动不稳定,为什么? 应调节哪几个旋钮使其稳定?

【附录】

一、YB4320 示波器

YB4320/40/60 前面板示意图见图 3—9—8。

1. 基本控制部分

① 电源开关(POWER)。将电源开关按键弹出即为"关"位置,将电源线接入,按电源开关,以接通电源。

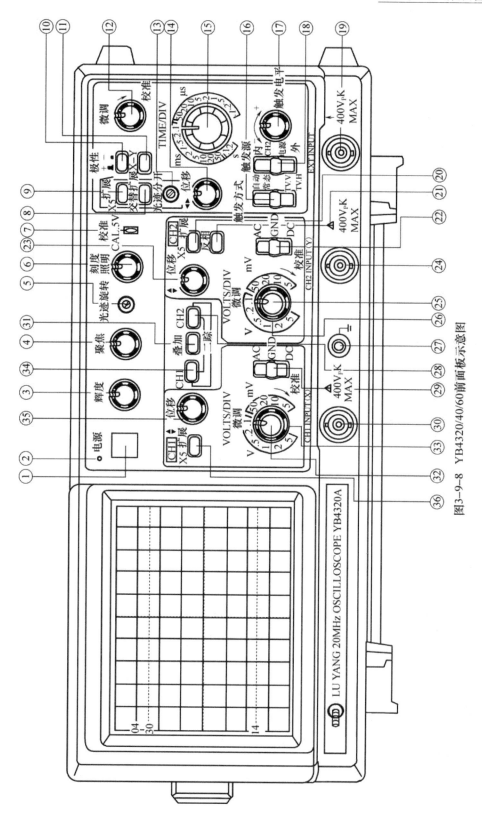

图3-9-8　YB4320/40/60前面板示意图

② 电源指示灯。电源接通时指示灯亮。

③ 辉度旋钮(INTENSITY)。顺时针方向旋转旋钮,亮度增强。接通电源之前将该旋钮旋转至"居中"的位置。

④ 聚焦旋钮(FOCUS)。用辉度旋钮将亮度调节至合适的标准,然后调节聚焦旋钮直至轨迹达到最清晰的程度,虽然调节亮度时聚焦可自动调节,但聚焦有时也会轻微变化。如果出现这种情况,需重新调节聚焦。

⑤ 光迹旋转旋钮(TRACE ROTATION)。由于磁场的作用,当光迹在水平方向轻微倾斜时,该旋钮用于调节光迹与水平刻度线平行。

⑥ 刻度照明控制钮(SCALE ILLUM)。该旋钮用于调节屏幕刻度亮度。如果该旋钮顺时针方向旋转,亮度将增加。该功能用于黑暗环境或拍照时使用。

2. 竖直方向部分

⑩通道1输入端[CH1 INPUT(X)]。该输入端用于竖直方向的输入。在 X-Y 方式时输入端的信号成为 X 轴信号。

㉔通道2输入端[CH2 INPUT(Y)]。和通道1一样,但在 X-Y 方式时输入端的信号为 Y 轴信号。

㉒、㉙交流-接地-直流耦合选择开关(AC-GND-DC)。选择竖直放大器的耦合方式。

交流(AC):竖直放大器输入端由电容器来耦合。

接地(GND):放大器的输入端接地。

直流(DC):竖直放大器输入端与信号直接耦合。

㉖、㉝竖直衰减旋钮(VOLTS/DIV)。用于选择竖直偏转灵敏度的调节。如果使用的是10:1的探头,计算时将幅度×10。在 X-Y 方式下,㉖为 Y 轴衰减旋钮,㉝为 X 轴衰减旋钮。

㉕、㉜竖直微调旋钮(VARIBLE)。竖直微调用于连续改变电压偏转灵敏度。此旋钮在正常情况下应位于顺时针方向旋到底的位置。将旋钮逆时针方向旋到底,竖直方向的灵敏度下降 2.5 倍。

⑳、㊱CH1×5 扩展、CH2×5 扩展(CH1×5MAG、CH2×5MAG)。按下×5扩展键,竖直方向的信号扩大 5 倍,最高灵敏度变为 1mV/DIV。

㉓、㉟竖直移位调节旋钮(POSITION)。分别用于调节通道2和通道1光迹在屏幕中的竖直位置。㉓在 X-Y 方式时,该旋钮用于 y 方向的移位。

竖直方式工作按钮(VERTICAL MODE),选择竖直方向的工作方式。

㉞通道1选择(CH1)。屏幕上仅显示 CH1 的信号。

㉘通道2选择(CH2)。屏幕上仅显示 CH2 的信号。

㉞、㉘双踪选择(DUAL)。同时按下 CH1 和 CH2 按钮,屏幕上会出现双踪并自动以断续或交替方式同时显示 CH1 和 CH2 上的信号。

㉛叠加(ADD)。显示 CH1 和 CH2 输入电压的代数和。

㉑CH2 极性开关(INVERT)。按此开关时 CH2 显示反相电压信号图形。

3. 水平方向

⑮扫描速度旋钮(TIME/DIV)。共 20 挡,在 0.1μs/DIV~0.2s/DIV 范围内选择扫描速度。

⑪X—Y 控制键。如 X—Y 工作方式时,以 CH1 信号为 X 轴输入,CH2 信号为 Y 轴输入,在屏上显示 X—Y 信号。

⑫扫描微调旋钮(VARIBLE)。此旋钮以顺时针方向旋转到底时处于校准位置,扫描由 TIME/DIV 旋钮指示。该旋钮逆时针方向旋转到底,扫描速度慢 2.5 倍。正常工作时,该旋钮位于校准的位置。

⑭水平移位调节旋钮(POSTTION)。用于调节光迹在水平方向的位置。顺时针方向旋转该旋钮向右移动光迹,逆时针方向旋转则向左移动光迹。

⑨扩展控制键(MAG×5)、(MAG×10,仅 YB4360)。按下时,扫描因数×5 扩展或×10 扩展。扫描时间是 TIME/DIV 旋钮指示数值的 1/5 或 1/10。例如,×5 扩展时,$100\mu s$/DIV 变为 $20\mu s$/DIV。部分波形的扩展:将波形的尖端移到水平尺寸的中心,按下×5 或×10 扩展按钮,波形将扩展 5 倍到 10 倍。

⑧交替扩展按钮(ALT—MAG)。按下此键前应先把放大部分移到屏幕中心,扫描因数×1、×5 同时显示。扩展以后的光迹可由光迹分离控制键⑬向竖直方向移位。同时使用竖直双踪方式和水平 ALT—MAG 可在屏幕上同时显示四条光迹。

4. 触发(TRIG)

⑱触发源选择开关(SOURCE)。选择触发信号源。内触发(INT):CH1 或 CH2 上的输入信号是触发信号。通道 2 触发(CH2):CH2 上的输入信号是触发信号。电源触发(LINE):电源频率成为触发信号。外触发(EXT):触发输入上的触发信号是外部信号,用于特殊信号的触发。

⑲外触发输入插座(EXT—INPUT)。用于外部触发信号的输入。

⑰触发电平旋钮(TRIG LEVEL)。用于调节被测信号在某一电平触发同步。

⑩触发极性按钮(SLOPE)。触发极性选择。用于选择信号的上升沿和下降沿触发。

⑯触发方式选择(TRIG MOOD)。自动(AUTO):在自动扫描方式时扫描电路自动进行扫描。在没有信号源输入或输入信号没有被触发同步时,屏幕上仍然可以显示扫描基线。常态(NORM):有触发信号才能扫描,否则屏幕上无扫描线显示。当输入信号的频率低于 20Hz 时,请用常态触发方式。

TV. H:用于观察电视信号中行信号波形。

TV. V:用于观察电视信号中场信号波形。

(注意:仅在触发信号为负同步信号时,TV. H 和 TV. V 同步。)

㊲Z 轴输入连接器(Z AXIS INPUT)(后面板)。Z 轴输入端。加入正信号时,辉度降低;加入负信号时,辉度增加。常态下的 $5U_{P-P}$ 的信号就能产生明显的调辉。

㊳通道 1 输出(CH1 OUT)(后面板)。通道 1 信号输出连接器,可用于频率计数器输入信号(仅 YB4320C 有 CH1 输出)。

⑦校准信号(CAL)。电压幅度为 $0.5U_{P-P}$。频率为 1kHz 的方波信号。

㉗接地柱⊥。这是一个接地端。

二、SG1641 型信号发生器

SG1641 型信号发生器面板如图 3—9—9 所示,面板说明见表 3—9—6。

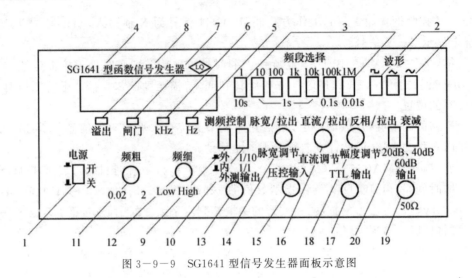

图 3—9—9　SG1641 型信号发生器面板示意图

表 3—9—6　SG1641 型信号发生器面板说明

序号	面板标示	名　称	作　用
1	电源	电源开关	按下开关则接通 AC 电源,同时频率计显示
2	波形	波形选择按键	按下 3 个按键中的任 1 个,输出其相对应的波形,如果 3 个按键均未按下则无信号输出,此时可精确地设定直流电平
3	1M～1M 10s～0.01s	频率范围按键及频率计闸门	(1)选择所需频率范围按下其相对应按键,由频率计 LED 显示的数值即为主信号发生器的输出频率; (2)当外测频率时,可按下相应地闸门时基而决定频率及显示频率的分辨率
4	数字 LED	计频显示用 LED	所有内部产生频率或外测时的频率均由此 6 个 LED 显示
5	Hz	赫兹、指示频率单位	当按下 1、10、100 频率范围任一挡按键时,则此时 Hz 灯亮
6	kHz	千赫兹、指示频率单位	当按下 1k、10k、100k、1M 范围任一挡按键时,则此时 kHz 灯亮
7	闸门	闸门时基指示灯	此灯闪烁代表频率计正在工作
8	溢出	频率溢位显示灯	当频率超过 6 个 LED 所显示范围的,溢出灯即亮
9	内外	内外测频率按键	将此开关按下,则可测出外接信号频率;不按时,则当内部频率计使用
10	1/10,1/1	外测频率输入衰减器	当外测信号幅度大于 10V 时,请将此按键按下,以确保频率计性能稳定
11	频粗	频率粗调旋钮	此旋钮可以从设定的频率范围内,选择所需频率,直接从 LED 读数
12	频细	频率微调旋钮	此旋钮有利于选择较精确的频率,它的频率变化范围仅为频粗的 1/5
13	外测输出	外测频率输出端	外测信号频率由此输入,其输入阻抗为 1MΩ(最大输入 150V,最高频率 10MHz)
14	脉宽/拉出脉宽调节	斜波、脉冲波调节旋钮	拉出此旋钮可以改变输出波形对称性,产生斜波、脉冲波,且占空比可调。将此旋钮推下则为对称波形
15	压控输入	VCF 输入端	外加电压控制频率的输入端(0～5V DC)

154

（续）

序号	面板标示	名　称	作　用
16	直流/拉出 直流调节	直流偏置 调节旋钮	拉出此旋钮可设定任何波形的直流工作点,顺时针为正工作点,逆时针为负工作点,将此旋钮推下则直流电位为零
17	TTL输出	TTL输出插座	此输出为主信号频率同步的TTL固定电平
18	反向/拉出 幅度调节	幅度调节旋钮 及反相开关	(1)高速输出波形振幅的大小,顺时针转至底为最大输出,反之有20dB衰减率量; (2)将此开关拉出,则斜波、脉冲波反相
19	输出	输出端	输出波形由此端输出,其输出阻抗为50Ω
20	20dB,40dB, 60dB	输出衰减开关	按下其中1只,有20dB或40dB的衰减量;2只同时按下,有60dB的衰减量

实验十　静电场的描绘

随着静电场应用、静电防护和静电现象的研究,常需要确定带电体周围的电场分布情况。静止电荷产生的静电场分布情况,可以用计算法或者实验法得到。对于具有一定对称性的规则带电体的电场分布,原则上可由高斯定理求得解析解。但大多数情况下并非如此,如示波器、电子显微镜、加速器等内部的聚焦电场尽管具有对称性,但求不出解析解,只能用数值解法求近似解,计算过程复杂。在实际工作中还有一些不对称、不规则的带电体所形成的电场,即使使用数值法也难以求解,于是需要采用实验法获取电场分布情况。

但是,直接对静电场进行测量是相当困难的事情。由于测量仪器通常采用磁电式仪表,任何磁电式电表都需要电流通过才能偏转,而静电场中无电流,静电场对这些仪表不起作用。另外磁电式仪表本身总是由导体或电介质组成,一旦把仪器引入静电场中,由于静电感应会使原电场电荷分布发生变化,导致被测电场畸变。因此,直接测量静电场的分布十分困难,于是人们在测量中常采用模拟法,即运用稳恒电流场的规律与静电场的规律在数学形式和边值条件上的相似性,采用数学模拟法,用稳恒电流场的电势分布来模拟测绘静电场的电势分布,这是研究静电场的一种方便有效的实验方法。

模拟法本质上是用一种易于实现、便于测量的物理状态或过程模拟不易实现、不便测量的状态或过程。只要这两种状态或过程都满足数学形式基本相同的方程及边界条件,它们便可以相互模拟。模拟法已经广泛地用于电子管、示波器、电子显微镜、电缆等内部电场分布的研究。除此之外,稳恒电流场还可以模拟测量不随时间变化的温度场、流体场等。

【实验目的】

1. 了解用模拟法测绘静电场分布的原理。
2. 用模拟法测绘静电场的分布,做出等势线和电场线。
3. 加深对电场强度和电势概念的理解。

【实验原理】

1. 模拟的理论依据

静电场与稳恒电流场是两种不同的场,它们两者在一定条件下具有相似的空间分布,即两

种场遵守的数学规律在形式上是相似的。对静电场,电场强度在无源区域内满足以下积分关系

$$\oint_S \boldsymbol{E} \cdot \mathrm{d}\boldsymbol{S} = 0 \qquad \oint_L \boldsymbol{E} \cdot \mathrm{d}\boldsymbol{L} = 0$$

而对于稳恒电流场,电流密度矢量 $\boldsymbol{J}$ 在无源区域内也满足类似的积分关系

$$\oint_S \boldsymbol{J} \cdot \mathrm{d}\boldsymbol{S} = 0 \qquad \oint_L \boldsymbol{J} \cdot \mathrm{d}\boldsymbol{L} = 0$$

由此可见,$\boldsymbol{E}$ 和 $\boldsymbol{J}$ 在各自区域中满足同样的数学规律。若稳恒电流场空间内均匀地充满了电导率为 σ 的不良导体,不良导体内的电场强度 $\boldsymbol{E}'$ 与电流密度矢量 $\boldsymbol{J}$ 之间遵循欧姆定律

$$\boldsymbol{J} = \sigma \boldsymbol{E}'$$

因而,$\boldsymbol{E}$ 和 $\boldsymbol{E}'$ 在各自区域中满足同样的数学规律。因此,我们可以用稳恒电流场来模拟静电场。也就是说,在相同边界下,静电场的电场线和等势线与稳恒电流场的电流密度矢量和等势线具有相似的分布,所以测定出稳恒电流场的电势分布也就求得了与它相似的静电场的电场分布。

2. 长同轴柱面间的静电场模拟

为了便于实验结果与理论值的比较,以长同轴圆柱面间(同轴电缆)的静电场模拟为例,推导出同轴圆柱面间的静电场数学公式和相应的稳恒电流场数学公式,说明用稳恒电流场模拟静电场的有效性。

(1)静电场。

如图 3-10-1(a)所示,在真空中有一半径为 a 的长圆柱导体 A 和另一个半径为 b 的长圆柱筒形导体 B,它们同轴放置,分别带等量异号电荷,A 和 B 间为真空。由高斯定理可知,在垂直于轴线上的任一界截面 P 内,均匀分布辐射状电场线,其等势面为一簇同轴圆柱面。因此,只要研究任一垂直轴的横截面 P 上的电场分布即可。

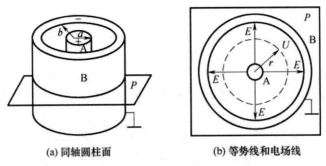

(a) 同轴圆柱面   (b) 等势线和电场线

图 3-10-1 长同轴圆柱面间静电场

如图 3-10-1(b),距轴心半径为 r 处的各点电场强度为

$$E = \frac{\lambda}{2\pi\varepsilon_0 r} \tag{3-10-1}$$

式中:λ 为 A(或 B)的电荷线密度。其电势为

$$U_r = U_a - \int_a^r E\,\mathrm{d}r = U_a - \frac{\lambda}{2\pi\varepsilon_0}\ln\frac{r}{a} \tag{3-10-2}$$

令 $r=b$ 时,$U_b=0$(接地),则有

$$\frac{\lambda}{2\pi\varepsilon_0}=\frac{U_a}{\ln\frac{b}{a}} \qquad (3-10-3)$$

将式(3-10-3)代入式(3-10-2)得

$$U_r=U_a\frac{\ln\frac{b}{r}}{\ln\frac{b}{a}} \qquad (3-10-4)$$

距中心 r 处的场强为

$$E_r=-\frac{\mathrm{d}U_r}{\mathrm{d}r}=\frac{U_a}{\ln\frac{b}{a}}\cdot\frac{1}{r} \qquad (3-10-5)$$

由式(3-10-4)可知,等势面半径 r 为

$$r=\frac{b}{\left(\frac{b}{a}\right)^{U_r/U_a}}=a^n\times b^{1-n} \qquad (3-10-6)$$

式中: $n=U_r/U_a$ 。式(3-10-6)的物理意义很明显,电势 U_r 越高(越接近 U_a),其相应的等势线半径 r 越小。而电场强度 E_r 由式(3-10-5)决定,与半径 r 成反比,越靠近内电极 A,电场越强,电场线越密。

（2）模拟场。

如图3-10-2(a)所示,若在 A、B 的整个空间内充满均匀的不良导体(其电阻率为 $\rho=\frac{1}{\sigma}$),且 A 和 B 分别与电池的正极和负极相连,A 和 B 之间形成径向电流,建立了一个恒定电流场 $\boldsymbol{E}'$,如图3-10-2(b)。同样的,我们可取厚度为 δ 的同轴圆柱片来研究。如图3-10-2(c)所示,半径 r 到 $r+\mathrm{d}r$ 之间的圆柱片的径向电阻为

$$\mathrm{d}R=\frac{\rho}{2\pi\delta}\cdot\frac{\mathrm{d}r}{r}$$

半径 r 到 b 之间的圆柱片电阻为

$$R_{rb}=\frac{\rho}{2\pi\delta}\int_r^b\frac{\mathrm{d}r}{r}=\frac{\rho}{2\pi\delta}\ln\frac{b}{r} \qquad (3-10-7)$$

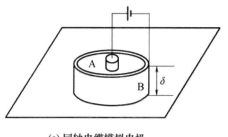 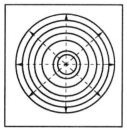 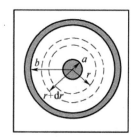

(a) 同轴电缆模拟电极　　(b) 电场线和等势线　　(c) 微分几何图像

图3-10-2　长同轴圆柱面间电流场

半径由 a 到 b 之间的圆柱片电阻为

$$R_{ab} = \frac{\rho}{2\pi\delta} \ln \frac{b}{a} \qquad (3-10-8)$$

若设 $U_b = 0$,则径向电流为

$$I = \frac{U_a}{R_{ab}} = \frac{2\pi\delta U_a}{\rho \ln \dfrac{b}{a}} \qquad (3-10-9)$$

距中心 r 处的电势为

$$U'_r = IR_{rb} = U_a \frac{\ln \dfrac{b}{r}}{\ln \dfrac{b}{a}} \qquad (3-10-10)$$

距中心 r 处的场强为

$$E'_r = -\frac{\mathrm{d}U'_r}{\mathrm{d}r} = \frac{U_a}{\ln \dfrac{b}{a}} \cdot \frac{1}{r} \qquad (3-10-11)$$

式(3-10-10)和式(3-10-4)具有相同的形式,说明稳恒电流场与静电场的电势分布是相同的;式(3-10-11)和式(3-10-5)具有相同的形式,说明稳恒电流场的电场分布与静电场的电场分布也是相同的。由此可见,稳恒电流场与静电场的分布是相同的。

由于稳恒电流场和静电场具有这种等效性,因此,我们可以用稳恒电流的电场来模拟静电场,这是用电流场模拟静电场的依据。

3. 模拟条件

模拟方法的使用有一定的条件和范围,不能随意推广,否则将会得到荒谬的结论。用稳恒电流场模拟静电场的条件可以归纳为以下三点:

(1)稳恒电流场中的电极形状应与被模拟的静电场中的带电体几何形状完全相同。

(2)稳恒电流场中的导电介质是不良导体且电导率分布均匀,并满足 $\sigma_{电极} \gg \sigma_{导电质}$ 才能保证电流场中电极(良导体)的表面也近似是一个等势面。

(3)模拟所用的电极系统与被模拟电极系统的边界条件相同。

4. 静电场的测绘方法

由式(3-10-5)可知,场强 E 在数值上等于电势梯度,方向指向电势降落的方向。考虑到 E 是矢量,U 是标量,从实验测量来讲,测定电势比测定场强容易实现,所以可先测绘等势线,然后根据电场线与等势线正交原理,画出电场线。这样就可以由等势线的间距及电场线的疏密和指向,将抽象的电场形象地反映出来。

实际模拟时,电极周围的电场是空间分布的,等势面是一簇互不相交的曲面,为简单起见,在此仅研究横截面上的平面电场分布,如图 3-10-2(b)所示。

【实验仪器】

AC-12 型静电场描绘仪,静电场描绘仪电源等。

如图 3-10-3 所示,静电场描绘仪由双层固定支架、导电微晶、电极、同步探针和手柄等组成。支架采用双层式结构,上层放记录纸,下层放电导率远小于电极且各向均匀的导电介质微晶。注意:有些型号的静电场描绘仪电极已直接制作在导电微晶上,并将电极引线接出到外接线柱上。在导电微晶和记录纸上方各有一探针,称为同步探针,通过金属探针臂把两探针固定在同一手柄上,下探针接触导电微晶,用来探测稳恒电流场各处的电势数值,上探针略向上翘起,两探针始终保持在同一铅垂线上。移动手柄座时,可保持两探针的运动轨迹是一样的。移动手柄座,使下探针在电极架下层的导电微晶上自由移动,当下探针探出等势点后,用手指轻轻按下记录纸上探针上的揿钮,上探针针尖就在记录纸上留下一个对应的等势点标记。移动同步探针在导电微晶上找出若干电势相同的点,由此可描绘出等势线。

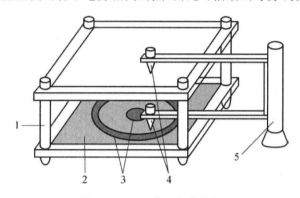

图 3—10—3 静电场描绘仪

1—双层固定支架;2—导电微晶;3—电极;4—同步探针;5—手柄。

静电场描绘仪配有同轴电缆电极、平行输出线电极、聚焦电极,其外形如图 3—10—4 所示。

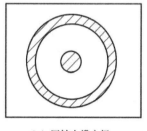
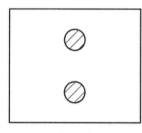
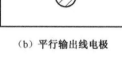
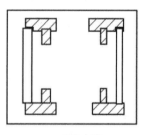

（a）同轴电缆电极　　　（b）平行输出线电极　　　（c）聚焦电极

图 3—10— 4 电极板

【实验内容】

1. 往同轴电缆电极水槽中注入适量清水,以淹没电极为限,将水槽放置于电极架(静电场描绘仪)下方。将记录纸放在静电场描绘仪的上层并用磁条压好。按图 3—10—5 所示,连接电路,经检查无误后打开电源开关。

2. 调节输出电压为 10V。将静电场描绘电源中功能开关打向"输出",调节"电压调节"使输出电压为 10V。

3. 描绘等势线。将静电场描绘电源中功能开关打向"测量"。移动同步探针手柄,使探针

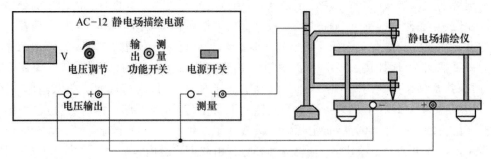

图 3—10—5　实验电路连接示意图

在水中缓慢移动,找到 10V 等势点时按一下方格纸上的探针,记录纸上记录了 10V 等势点的位置。继续找寻 10V 等势点,每条等势线不得少于 8 个点。测量电位为 0V、1V、3V、5V、7V、9V、10V 等 7 条等势线。

4. 在记录纸上把各等势点连接成光滑的等势线。根据等势线和场强线正交关系,以适当的密度做出电场线分布图,在图中注明每一条等势线的电势值,标出电场线的方向。

5. 将电极更换为一个平行输出线电极,重复步骤 3、4,描绘平行输出线电极电场分布。

6. 将电极更换为一个聚焦电极,重复步骤 3、4,描绘聚焦电极电场分布。

【数据记录和处理】

1. 数据记录(同轴电缆电极)

$a =$ _____ cm　　　　　　　$b =$ _____ cm　　　　　　　$U_a = 10V$

表 3—10—1　测同轴电缆的静电场分布记录表

U_r/V		0	1.0	3.0	5.0	7.0	9.0	10.0
$n = U_r/U_a$		0	0.1	0.3	0.5	0.7	0.9	1.0
r_i/cm	1							
	2							
	3							
	4							
	5							
	6							
	7							
	8							
$\bar{r}/cm$								
$r_{理}/cm$								
$E_{相} = \dfrac{\lvert r_{理} - \bar{r} \rvert}{r_{理}} \times 100\%$								

2. 数据处理

(1) 计算各等势线圆半径 $\bar{r}$，根据式(3-10-6)计算各等势线圆半径的理论值 $r_{理}$，求出相对误差 $E_{相}$ 填入表 3-10-1 中，分析产生误差的原因。

(2) 分别在记录纸上描绘出同轴电缆电极、平行输出线电极、聚焦电极的静电场分布。

【注意事项】

1. 由于导电微晶边缘处电流只能沿边缘流动，因此等势线必然与边缘垂直，使该处的等势线和电场线严重畸变，这就是用有限大的模型去模拟无限大的空间电场时必然会受到"边缘效应"的影响。如要减少这种影响，则要使用"无限大"的导电微晶进行实验。

2. 扎点时用力要轻，以不戳破为宜。

3. 实验完成后，将水槽中的自来水倒干净。

4. 测等势线时，在曲线急转弯处，应密集取点记录。

【思考题】

1. 电场线和等势线之间有何关系？

2. 试总结出几条主要的模拟条件。

3. 如果电源电压增加一倍，等势线和电场线的形状是否发生变化？电场强度和电势分布是否发生变化？为什么？

实验十一　惠斯通电桥

电桥分为交流电桥和直流电桥两大类。惠斯通电桥是直流电桥中的一种，它是测量中值电阻的重要仪器。它是用比较法进行测量的，即在平衡条件下，将待测电阻与标准电阻进行比较以确定其阻值。它具有测试灵敏、精确、方便等优点。

电桥不仅可以测量电阻，不同的电桥还可以测量电容、电感、温度、压力、真空度等物理量，已被广泛地应用于电工技术和非电量电测中。

【实验目的】

1. 掌握惠斯通电桥的原理和使用方法。

2. 用惠斯通电桥测量电阻。

3. 学会使用箱式惠斯通电桥分析电桥不确定度。

【实验原理】

我们知道，在用伏安法测电阻 R_x 时，需测出流过待测电阻的电流 I 和两端的电压 U，利用欧姆定律 $R_x = U/I$ 求得 R_x。由于表头内阻的存在，并且有电流流经表头，无论是将电流表内接法还是外接法均不能同时测得准确的 I 和 U 值，即总有相应的系统误差存在，故无法精确测量电阻值。为精确测量中等阻值电阻，可采用惠斯通电桥。

惠斯通电桥的原理如图 3-11-1 所示，它是由电阻 R_1、R_2、R_0 和待测电阻 R_x 组成一个四边型 ABCD,在对角线 A、C 上接电源,在对角线 B、D 上接检流计,所谓"桥"是指接入检流计的对角线,它的作用是利用检流计将桥的两个端点的电位直接进行比较,当 B、D 两点电位相等时,检流计中无电流通过,这种状态称作电桥平衡。电桥平衡时

$$U_{AD} = U_{AB}, U_{DC} = U_{BC}$$

即　　　　$I_1 R_1 = I_x R_x, I_2 R_2 = I_0 R_0$

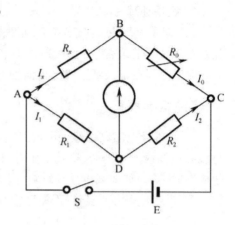

图 3-11-1　惠斯通电桥原理图

因为检流计中无电流,所以 $I_1 = I_2$,$I_x = I_0$,上列两式相除,得

$$\frac{R_1}{R_2} = \frac{R_x}{R_0}$$

即　　　　　　$$R_x = \frac{R_1}{R_2} R_0 \qquad (3-11-1)$$

式(3-11-1)即为电桥平衡条件。由式(3-11-1)可知,只要知道比值 $\frac{R_1}{R_2}$ 和 R_0 值,便可求得 R_x。式(3-11-1)中,$\frac{R_1}{R_2}$ 叫比率,R_0 叫比较电阻,4 个电阻 R_1、R_2、R_0、R_x 均为"桥臂"。

实验室常用的惠斯通电桥有滑线式和箱式两种形式,在滑线式电桥(图3-11-2)的情形下,R_1 和 R_2 为同一根均匀电阻丝上两不同部分的电阻。电阻丝上有一滑键 D 可来回移动,它把电阻丝划分为 L_1 和 L_2 两部分,对于均匀的电阻丝,其电阻是和长度成正比的,因此,移动滑键就能改变 R_1 和 R_2,它们与电阻丝的长度有如下关系:$\frac{R_1}{R_2} = \frac{L_1}{L_2}$,代入式(3-11-1),得

$$R_x = \frac{L_1}{L_2} R_0 \qquad (3-11-2)$$

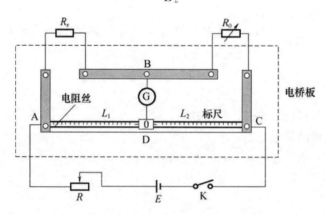

图 3-11-2　滑线式惠斯通电桥示意图

上述讨论是假设电阻丝的阻值是均匀的,但由于电阻丝加工、使用的原因,实际上电阻丝的阻值是不均匀的,所以不能保证 L_1/L_2 等于 R_1/R_2。为了修正由于电阻丝阻值不均匀造成的系统误差,我们可以采用交换法消除这种误差,实验中在保持 L_1/L_2 不变的条件下,交换

R_0 和 R_x 的位置,再测一次。如果电桥平衡时 R_0 变成 R_0',则

交换前
$$R_x = \frac{L_1}{L_2} R_0$$

交换后
$$R_x = \frac{L_2}{L_1} R_0'$$

以上两式相乘得

$$R_x = \sqrt{R_0 R_0'}$$

由上式可知,通过交换法测量出来的 R_x 的值仅与 R_0 和 R_0' 有关,与比值 L_1/L_2 无关,这样就消除了电阻丝阻值不均匀引起的系统误差对测量 R_x 的影响。这种将测量中的某种元件相互交换位置从而抵消系统误差的方法,是处理系统误差的基本方法之一,称为交换法。

【实验仪器】

QJ23 型惠斯通电桥,滑线式惠斯通电桥,检流计,旋转式电阻箱,滑线变阻器,直流稳压电源等。

QJ23 型箱式惠斯通电桥组成及使用如下:

1. 仪器各部分组成

仪器组成部分如图 3－11－3 所示。

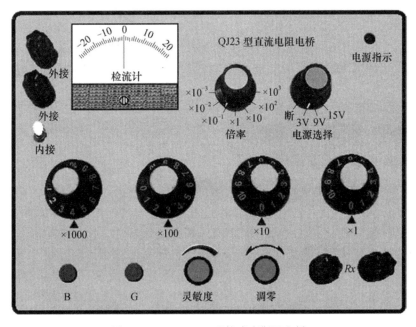

图 3－11－3　QJ23 型箱式惠斯通电桥

(1) 检流计。

(2) G 外接端钮。可通过此端钮外接检流计来代替仪器内部检流计。

(3) 内外接检流计转换开关。若用仪器内检流计选择"内接",若用外接检流计选择"外接"。

(4) 测量盘。有×1000、×100、×10、×1 四个旋钮调节,组合使用构成比较电阻 R_0。

(5) 比例臂。通过选择不同挡位确定倍率 k。

(6) 电源选择。通过不同挡位来选择不同电压。

(7) 电源按钮 B。通过按入、按出来控制整个电路的通断。

(8) 检流计按钮 G。通过按入、按出来控制检流计的通断。

(9) 灵敏度。调整检流计的灵敏度,顺时针增加,逆时针减小。

(10) 调零。检流计调零旋钮。

(11) 端钮 R_x。此端钮接待测电阻 R_x。

2. 仪器的使用说明

(1) 调零。先检查检流计指针是否指在机械零位上,如不指在零位时,可调节检流计表盖上的调零螺丝,使指针指零。

(2) 将待测电阻 R_x 两端分别接在电桥上 R_x 的两接线端钮处,按下电桥箱后侧面的电源开关,检流计转换开关拨向"内接","电源选择"开关拨向"3V",灵敏度旋钮调至适当值,按下 G 按钮,接通检流计,调节检流计调零旋钮,使检流计指针指零。调节指针指零后松开 G 按钮。

(3) 根据所给电阻的大约值,调比例臂旋钮于适当值 k(注意:该值的选取务必使测量盘上的比较电阻 R_0 能有 4 位有效数字),再将比较电阻 R_0 的四个旋钮调节到适当位置,其他旋钮也按大约值调好。

(4) 按下电源按钮 B,接通电阻电路,按下检流计按钮 G,观察检流计指针方向。若指针向"−"方向偏转,说明 R_0 取值大于实际值,要将比较电阻 R_0 旋钮取值减小;若指针向"+"方向偏转,说明 R_0 取值小于实际值,需将比较电阻 R_0 旋钮取值增大。反复调节,直至检流计指针指零,记录下比例臂旋钮 k 值、比较电阻旋钮 R_0 电阻值,根据公式 $R_x = kR_0$ 即可求得待测电阻 R_x。

(5) 测量完毕,松开 G 按钮、B 按钮,检流计转换开关拨向"外接",电源选择开关拨向"断",关闭电源开关,整理好导线。

【电桥测量误差和不确定度分析】

应用电桥测量电阻时,若进行多次测量,则总要改变桥臂 R_1、R_2 和 R_0 的阻值,这样电桥灵敏度也必然随之改变,所进行的多次测量将是不等精度测量。因此既不能求多次测量的平均值,也不能计算其随机误差,只能按单次测量分析和估算测量误差和不确定度。

1. 电桥灵敏度引起的不确定度 u_1

式(3−11−1)是在电桥平衡条件下导出的,而电桥是否平衡实际上是看检流计有无偏转来判断的,但检流计的灵敏度总是有限的。当电桥平衡时$\left(假设\dfrac{R_1}{R_2}=1\right)$,则有 $R_x = R_0$。这时若把 R_0 改变一个小量 ΔR_0,电桥失去平衡,从而有电流 I_g 流过检流计,如果 I_g 很小,以至于检流计指针几乎不动,则认为电桥是平衡的。ΔR_0 就是由于检流计灵敏度不够而带来的测量误差 ΔR_x。为此引入电桥灵敏度 S 的概念,并定义为

$$S = \frac{\Delta n}{\dfrac{\Delta R_0}{R_0}} \tag{3−11−3}$$

式中:ΔR_0 为在电桥平衡后 R_0 的微小改变量;Δn 为由于电桥偏离平衡位置而引起的检流计指针偏转的格数。

S 越大,说明电桥越灵敏,误差也就越小。例如,S 等于 1 格(1%)时,也就是当 R_0 改变 1% 时,检流计可以有 1 格的偏转。通常我们能觉察出 0.2 格的偏转,也就是说,当电桥平衡后,R_0 只要改变 0.2%,我们就可以觉察出来。这样,由于电桥灵敏度的限制所带来的误差不会大于 0.2%。

式(3-11-3)可变形为

$$S = \frac{\Delta n}{\Delta I_g} \cdot \frac{\Delta I_g}{\frac{\Delta R_0}{R_0}} = S_I S_L \tag{3-11-4}$$

式中:$S_I = \dfrac{\Delta n}{\Delta I_g}$ 为检流计的电流灵敏度;$S_L = \dfrac{\Delta I_g}{\Delta R_0 / R_0}$ 为电桥线路灵敏度。

惠斯通电桥的线路灵敏度可以近似表示为

$$S_L = \frac{E}{(R_1 + R_2 + R_x + R_0) + R_g \left[2 + \left(\frac{R_1}{R_x} + \frac{R_0}{R_2} \right) \right]} \tag{3-11-5}$$

式中:E 为电源电动势;R_g 为检流计内阻。

从式(3-11-4)和式(3-11-5)可以看出,电桥灵敏度是一个很复杂的变量。提高工作电源电压或使用高灵敏度、低内阻的检流计都可以提高电桥的灵敏度,减小桥臂电阻也可以提高灵敏度。此外,当被测电阻 R_x 阻值过大或过小均会使电桥线路的灵敏度降低,所以惠斯通电桥最适宜测量中等阻值的电阻。

实验中,人的眼睛能觉察到的界限是 0.2 格,所以式(3-11-3)中 Δn 取 0.2 格时,对应的被测量变化 ΔR_x 为

$$\Delta R_x = \frac{0.2 R_x}{S} = u_1 \tag{3-11-6}$$

该值为电桥灵敏度产生的电阻误差,将该值定义为电桥灵敏度产生的不确定度 u_1。只要测出 S 就可以计算出 u_1。

2. 电桥臂 R_1、R_2 和 R_0 的仪器误差引入的不确定度 u_2

由式(3-11-1)得

$$\frac{\Delta R_x}{R_x} = \sqrt{\left(\frac{\Delta R_1}{R_1} \right)^2 + \left(\frac{\Delta R_2}{R_2} \right)^2 + \left(\frac{\Delta R_0}{R_0} \right)^2}$$

所以由电阻箱仪器误差引入的不确定度为

$$u_2 = \Delta R_x = R_x \sqrt{\left(\frac{\Delta R_1}{R_1} \right)^2 + \left(\frac{\Delta R_2}{R_2} \right)^2 + \left(\frac{\Delta R_0}{R_0} \right)^2}$$

在本实验中,QJ23 型电桥是一种典型便携式单臂电桥。根据国家标准 GB 3930—83,电桥的基本误差为

$$\Delta_{仪} = a\% \cdot \left(\frac{R_N}{10} + R_x \right) \tag{3-11-7}$$

式中:a 为电桥的准确度等级;R_x 为测量盘示值;R_N 为基准值,即为相应有效量程内 10 的最高整数幂。QJ23 型电桥主要技术参数如表 3-11-1 所列。

表 3-11-1 QJ23 型电桥主要技术参数

量程倍率 k	有效量程/Ω	R_N/Ω	准确度等级	电源电压/V
$\times 10^{-3}$	$1\sim 11.11(9.999)$	10	0.5	
$\times 10^{-2}$	$10\sim 111.1(99.99)$	10^2	0.2	
$\times 10^{-1}$	$100\sim 1111(999.9)$	10^3		4.5
$\times 1$	$1000\sim 1111\times 10(9999)$	10^4	0.1	
$\times 10$	$10^4\sim 1111\times 10^2(9999\times 10)$	10^5		
$\times 100$	$10^5\sim 1111\times 10^3(9999\times 10^2)$	10^6	0.2	9
$\times 1000$	$10^6\sim 1111\times 10^4(9999\times 10^3)$	10^7	0.5	15
注:括号内是旧式电桥的量程				

本实验中,$u_2 = \Delta_仪$,这样电阻 R_x 测量结果的总不确定度为

$$U_R = \sqrt{u_1{}^2 + u_2{}^2} \qquad (3-11-8)$$

如果灵敏度合适,即第一项小于第二项的 1/3,则可以忽略不计。

【实验内容】

(一)电阻的测量

1. 实验步骤

(1)按照图 3-11-2 接好滑线式电桥线路,标准电阻 R_0 用电阻箱代替,把滑线变阻器的阻值置于最大。

(2)把滑键 D 推至电阻丝中点附近(这种情况下测量的误差较小,具体证明参见第一章第五节"三"),按下滑键 D,调节电阻箱 R_0,使检流计指针偏转较小。

(3)一边减小滑线变阻器的电阻 R,一边慢慢调节电阻箱 R_0,直到最后滑线变阻器 $R=0$,检流计的指针无偏转。至此,电桥平衡,记下电阻箱 R_0 数值,填入表 3-11-2。

(4)保持滑键 D 的位置不变,将原来的 R_x 和 R_0 交换位置,重复步骤(2)、(3),读出电桥平衡时 R_0 的数值 R'_0,填入表 3-11-2。

(5)更换另一只待测电阻 R_x,重复上述步骤。

(6)用 QJ23 型箱式惠斯通电桥测量同一待测电阻,测量一次,记做 $R_箱$,填入表 3-11-2。

2. 数据记录与处理

(1)数据记录。

表 3-11-2 滑线式电桥测量电阻数据表

测量内容 待测电阻	滑线式电桥测量 R_x/Ω			箱式电桥 测量 $R_箱/\Omega$	$E = \dfrac{|R_x - R_箱|}{R_箱} \times 100\%$
	R_0	R'_0	$R_x = \sqrt{R_0 R'_0}$		
R_{x1}/Ω					
R_{x2}/Ω					

（2）数据处理。

计算待测电阻 R_x，计算箱式电桥测量结果相对于滑线式电桥测量结果的相对误差 $E = \dfrac{|R_x - R_箱|}{R_箱} \times 100\%$。

（二）电桥的不确定度分析

1. 实验步骤

（1）阅读 QJ23 型电桥的使用及操作方法。

（2）将待测电阻接到电桥上 R_x 处，选择合适的比例 k（参考表 3－11－1 的有效量程），使 R_0 的千位旋钮不为零。按照电桥操作使用方法调节电桥平衡，记下 R_0 和倍率 k 的大小，计算 R_x 数值，填入表 3－11－3。

（3）在电桥平衡时，改变电阻 R_0 数值，使检流计指针偏转 n 格（$n = 5 \sim 20$）。具体操作如下：

电桥平衡后，调节 R_0，使检流计 G 左偏 n 格，记下 R_0 的改变量 $\Delta R_{0左}$；平衡后再调节 R_0，使检流计 G 右偏同样的格数 n，记下 R_0 的改变量 $\Delta R_{0右}$。

（4）从表 3－11－1 查出准确度等级 α、基准值 R_N。将上述数据填入表 3－11－3 中。

表 3－11－3　箱式电桥测电阻数据表（电阻单位：Ω）

待 测 电 阻		R_{x1}	R_{x2}
倍率 k			
准确度等级 a			
基准值 R_N			
R_0			
$R_x = kR_0$			
平衡后将 G 调偏格数 n			
调偏 n 格 R_0 的改变量	左偏 $\Delta R_{0左}$		
	右偏 $\Delta R_{0右}$		
$\overline{\Delta R_0} = \dfrac{1}{2}(\Delta R_{0左} + \Delta R_{0右})$			
$S = \dfrac{nR_0}{\overline{\Delta R_0}}$			
$u_1 = \dfrac{0.2R_x}{S}$			
$u_2 = a\% \cdot \left(\dfrac{R_N}{10} + R_x\right)$			
$U_{R_x} = \sqrt{u_1^2 + u_2^2}$			
测量结果 $R_x' = R_x \pm U_{R_x}$			

（5）重复步骤（2）、（3）、（4）测量另一个电阻 R_{x2} 的数值。

（6）计算各种误差。

2. 数据记录与处理

（1）数据记录。

（2）数据处理。

按式(3-11-3)计算电桥灵敏度 S。按式(3-11-6)计算电桥灵敏度产生的不确定度 u_1。按式(3-11-7)计算电桥设备产生的不确定度 u_2。按式(3-11-8)计算待测电阻总不确定度 U_{R_x}。将计算结果填入表 3-11-3 中,写出测量结果一并填入表中。

【注意事项】

1. 按下开关 B、G 的时间不能太长。接通电路时,先按 B,后按 G;断开时,先放 G,后放 B。

2. 为了保证测量准确度,让测量盘的 4 个旋钮都用上,需要先估计待测电阻的数值,选择适当的倍率。

3. 电桥用毕,检查 B、G 按键,如不慎锁紧应将其松开,不然将损坏检流计或耗尽电桥电源。

【思考题】

1. 通过实验了解电桥的灵敏度与哪些因素有关?

2. 为什么用电桥测电阻一般比伏安法的测量结果准确度高?

3. 设计一个测毫安表内阻的实验。要求:①画出原理图;②提出所用仪器装置;③列出注意事项。

4. 在图 3-11-2 中,滑线变阻器 R 起何作用?为什么在开始时要把阻值调至最大,而以后又要逐渐降为零?

实验十二　导体电阻率的测量

电阻按阻值大小可分为高值电阻(100kΩ 以上)、中值电阻(1Ω～100kΩ)和低值电阻(1Ω以下)三种。不同阻值的电阻,应采用不同的测量方法。

用惠斯通电桥测电阻时,忽略了电路中的引线电阻和接触电阻(两者统称为附加电阻)。一般附加电阻的大小为 $10^{-5}\sim10^{-2}\Omega$ 数量级。在测量中值电阻时,附加电阻是可以忽略不计的,但在测量低值电阻时就必须考虑附加电阻的影响。例如,若被测电阻为 0.1Ω,附加电阻为 0.01Ω,附加电阻所带来的误差可达 10%。为了消除附加电阻的影响,科学家在惠斯通电桥的基础上设计出了双臂电桥。本实验要求在掌握双臂电桥工作原理的基础上,学会使用双臂电桥测量金属材料的电阻率。

【实验目的】

1. 了解四端引线法的意义及双臂电桥的结构。

2. 学会用双臂电桥测低值电阻的方法。

3. 学习测量导体的电阻率。

【实验原理】

1. 四端引线法减小附加电阻的原理

图 3-12-1 是用伏安法测电阻时的两端引线的原理图。电流 I 经 A 流入被测电阻 R_x,然后从 B 点流出。在 A 点与 B 点都存在附加电阻,设阻值为 r_1、r_2、r_3、r_4,其等效电路如

图 3-12-2 所示。在测量电压支路内,由于电压表的内阻远远大于附加电阻 r_3、r_4,r_3、r_4 产生的电压降可忽略,所以电压表指示的电压实际上是($r_1+R_x+r_2$)上的电压降。如果接触电阻(r_1+r_2)的大小具有与被测电阻值 R_x 相当的数量级,或者大些,那么根据欧姆定律所计算出的电阻值将与 R_x 的真实值相差甚远,误差很大。

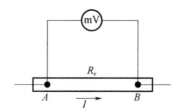

图 3-12-1　二端引线法电路图

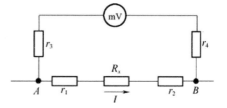

图 3-12-2　二端引线法等效电路图

如果把接线方式改成如图 3-12-3 所示的四端引线法,即把接线端"A"中 C_1、P_1 和接线端"B"中 P_2、C_2 分开,并且把测量电压接线端 P_1、P_2 放在电流的接线端 C_1、C_2 内侧。虽然附加电阻 r_1、r_2、r_3、r_4 仍然存在,但由于所处的位置不同,构成的等效电路如图 3-12-4 所示。由于电压表的内阻远远大于附加电阻,r_3、r_4 的作用可忽略,所以电压表精确测量的是 P_1、P_2 之间一段低电阻 R_x 两端的电压降,这样就避免了 r_1 和 r_2 对 R_x 测量的影响。这种测量低值电阻或低值电阻两端电压的测量方法叫做四端引线法,广泛应用于各种测量领域中。

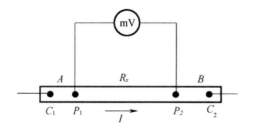

图 3-12-3　四端引线法电路图

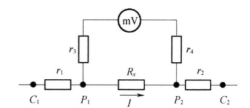

图 3-12-4　四端引线法等效电路图

需要说明的是四端引线法并没有消除附加电阻,而是巧妙地避免了它们对测量电阻的影响,即将它们引到其他支路上去了,而在其他支路上,它们的作用往往可以忽略不计。

2. 双臂电桥(开尔文电桥)测量电阻的原理

将四端引线法减小附加电阻的原理移植到单臂电桥中,并作适当改进就构成了双臂电桥,如图 3-12-5 所示。它有三大特点:一是待测电阻 R_x 和标准比较电阻 R_0 都采用四端引线法接入电路;二是电路中增加了 R_3 和 R_4 两个电阻,即多了一组桥臂。由于有两组桥臂,所以称为双臂电桥;三是桥臂电阻 R_1、R_2、R_3、R_4 远大于待测电阻 R_x 和标准比较电阻 R_0。下面分析双臂电桥测量低值电阻的原理:

在测量低值电阻时,R_x 和 R_0 都很小,所以与待测电阻 R_x 相连的 4 个接点 C_1、P_1、P_2、C_2 的附加电阻(引线电阻和接触电阻之和),以及与标准比较电阻 R_0 相连的 4 个接点 C'_1、P'_1、P'_2、C'_2 的附加电阻必须考虑。设电路中节点 C_1、P_1、P_2、P'_1、P'_2、C'_2 处产生的附加电阻分别为 r_1、r_2、r_3、r_4、r_5、r_6,P_2、P'_1 之间总的附加电阻为 r,于是双臂电桥的等效电路如图 3-12-6 所示。

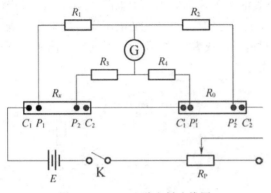

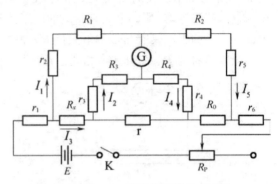

图 3-12-5 双臂电桥连线图　　　　图 3-12-6 双臂电桥等效电路图

由于 r_1、r_6 与电源 E 串联，r_1、r_6 的作用可以并入电源内阻，对测量回路无影响；为了使附加电阻 r_2、r_3、r_4、r_5 的影响可以忽略，在双臂电桥电路设计中要求桥臂电阻 R_1、R_2、R_3 和 R_4 足够大，即 $R_1 \gg r_2$、$R_2 \gg r_5$、$R_3 \gg r_3$、$R_4 \gg r_4$；同时 C_2、C'_1 的连接采用粗导线，使得附加电阻 r 很小，以满足 $I_3 \gg I_1$ 和 $I_3 \gg I_2$ 的条件；调节 R_1、R_2、R_3、R_4 和 R_0 使检流计 G 电流为零，此时，$I_1=I_5$，$I_2=I_4$，简化的线路如图 3-12-7 所示。

根据基尔霍夫电压定律可得：

$$\left. \begin{array}{l} I_1R_1=I_3R_x+I_2R_3 \\ I_1R_2=I_2R_4+I_3R_0 \\ I_2(R_3+R_4)=(I_3-I_2)r \end{array} \right\} \quad (3-12-1)$$

解此方程组，得

$$R_x=\frac{R_1}{R_2}R_0+\frac{R_4\times r}{R_3+R_4+r}\left(\frac{R_1}{R_2}-\frac{R_3}{R_4}\right)$$

$$(3-12-2)$$

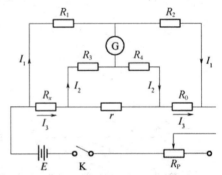

图 3-12-7 双臂电桥等效简化电路图

适当选择电阻 R_1、R_2、R_3、R_4，使

$$\frac{R_1}{R_2}=\frac{R_3}{R_4} \quad (3-12-3)$$

于是式(3-12-2)中的第二项为0，则

$$R_x=\frac{R_1}{R_2}R_0=kR_0 \quad (3-12-4)$$

式(3-12-4)的形式与式(3-11-1)形式完全相同。

通过三点改进，双臂电桥将 R_0 和 R_x 的附加电阻巧妙地转移到电源内阻和阻值很大的桥臂电阻中，又通过 $R_1/R_2=R_3/R_4$ 设定，消除了电阻 r 的影响，从而保证了测量低值电阻的准确度。

3. 导体电阻率的测量

导体电阻与其材料的性质和几何形状有关。有一长度为 L 截面积为 S 的圆柱导体，其电阻 R 为

$$R=\rho\frac{L}{S} \quad (3-12-5)$$

式中:比例系数 ρ 为导体的电阻率。设圆柱导体的直径为 d,则导体的电阻率公式为

$$\rho = R\frac{\pi d^2}{4L} \qquad\qquad (3-12-6)$$

导体的电阻值 R 较小,用双臂电桥测量,测出导体长度和直径,就可计算出导体的电阻率。

【实验仪器】

QJ44 型直流双臂电桥,SB−82 型滑线式直流双臂电桥,DHSR 四端电阻器,螺旋测微计,检流计,滑线变阻器,稳压电源,待测电阻(金属棒)等。

1. DHSR 四端电阻器

DHSR 四端电阻器的面板如图 3−12−8 所示,C_1、P_1、C_2、P_2 为接线端钮,①、②、④ 为被测金属棒的固定柱,③ 为测试滑动柱。面板上带有标尺可以读出 P_1 与 P_2 之间的距离。C_1 与 ①之间、P_1 与②之间、P_2 与③之间、C_2 与④之间有导线相连。

图 3−12−8 DHSR 四端电阻器面板图

2. QJ44 型直流双臂电桥

QJ44 型直流双臂电桥的面板如图 3−12−9 所示。仪器面板上有一检流计,它带"调零"和"灵敏度"调节旋钮。C_1、C_2 和 P_1、P_2 分别为待测电阻的电流接线柱和电压接线柱。步进

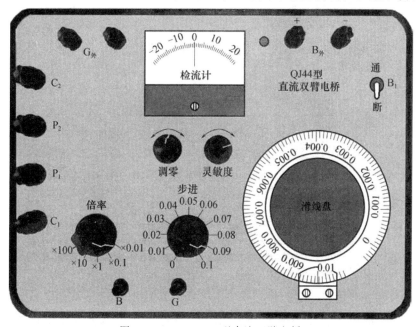

图 3−12−9 QJ44 型直流双臂电桥

读数旋钮和滑线读数盘之和为标准电阻 R_0(步进读数旋钮为粗调,滑线读数盘为细调)。倍率旋钮用来选择倍率 K。B 为工作电源按钮开关。G 为检流计按钮开关。QJ44 型直流双臂电桥的主要技术参数如表 3−12−1 所列。

表 3−12−1 QJ44 型直流双臂电桥主要技术参数

倍率 K	量程/Ω	基准电阻 R_N/Ω	准确度等级 a	电动势 E/V
$\times 10^{-2}$	$10^{-5} \sim 0.0011$	10^{-3}	1	
$\times 10^{-1}$	$10^{-4} \sim 0.011$	10^{-2}	0.5	
$\times 1$	$10^{-3} \sim 0.11$	10^{-1}		1.5
$\times 10$	$10^{-2} \sim 1.1$	1	0.2	
$\times 100$	$10^{-1} \sim 11$	10		

使用方法如下:

(1) 将待测电阻利用四端引线法接入四端电阻器中,拧紧 4 个旋钮(P_1 和 P_2 之间的距离为 $30.00 \sim 40.00$ cm),并连接到双臂电桥的对应接线柱上。

(2) 接通仪器后侧面电源开关,待放大器稳定后,接通检流计后,将检流计的指针调零。

(3) 估计待测电阻的大小,调节倍率旋钮,选取适当的倍率 K。

(4) 调节检流计灵敏度至较低位置,按下按钮 B 和 G,调节步进旋钮和滑线盘,使检流计指针指零,使电桥达到平衡。

(5) 逐渐将灵敏度调至最大,调节步进旋钮和滑线盘,使检流计指针指零,电桥达到平衡。

(6) 依次松开按钮 G 和 B,读取倍率旋钮、步进旋钮和滑线盘的数值。根据式(3−12−4)计算待测电阻的数值。

(7) 使用完毕,断开仪器后侧面电源开关。

3. SB−82 型滑线式直流双臂电桥

SB−82 型滑线式直流双臂电桥面板接线图如图 3−12−10 所示。i、j 之间连接电源等元件;a、b、c、d 为待测电阻四端接线;e、f 为"粗导线";g、h 为"标准比较电阻";$\times 0.1$、$\times 1$、$\times 10$ 为倍率接线处。其使用方法如下:

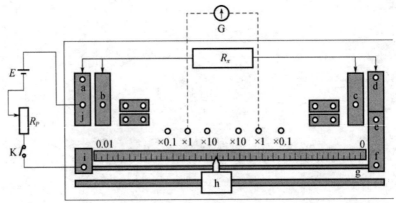

图 3−12−10 SB−82 型滑线式直流双臂电桥面板接线图

(1) 将被测金属棒(R_x)按照图 3−12−10 所示的四端接线法紧夹在接线柱 a、d 之间,电压接点为 b、c。

（2）估计被测电阻的阻值，将检流计 G 接在相应倍率的两接线柱之间，接通检流计开关，将检流计调整到零位，其灵敏度调至较低位置。

（3）在电流端接头 i、j 之间接直流稳压电源 E、滑线变阻器 R_P 和电键开关 K。

（4）接通电源并调节滑线变阻器，使电流在 1A 左右，调节滑动接触片 h 使检流计重新回到零位（即电桥平衡）。

（5）继续调节滑线变阻器使电流逐步增大到 2A 左右，然后调节接触片 h 使检流计指零位，逐步增加灵敏度至最大，再次调节接触片 h 使检流计指零位（即保持电桥平衡），则被测电阻值为

$$R_x = \frac{R_1}{R_2}R_0 = kR_0$$

式中：k 为倍率，从倍率接线柱上直接读出；R_0 为比较电阻，从滑动接触片 h 的位置可以直接读出其阻值。

（6）使用完毕，断开电源开关和检流计开关。

【实验内容】

1. 使用 QJ44 型直流双臂测量导体的电阻率

（1）连接线路，按照 QJ44 型直流双臂电桥仪器使用方法测量金属导体（铜棒、铝棒或铁棒）的电阻。

（2）用螺旋测微计测量金属导体的有效直径 d，在不同的位置测量 6 次（表 3−12−2）。

（3）从四端电阻器中读出 P_1 和 P_2 之间的距离，即为金属导体的有效长度 L。

（4）计算金属导体的电阻率。

2. 使用滑线式直流双臂电桥测量导体的电阻率

（1）根据图 3−12−10 连接线路，按照滑线直流双臂电桥仪器使用方法测量金属导体（铜棒、铝棒或铁棒）的电阻（表 3−12−3）。

（2）用螺旋测微计测出金属导体的有效直径 d。

（3）用毫米刻度尺测量导体在电压接线端 b、c 的距离，即为金属导体的有效长度 L。

（4）计算金属导体的电阻率。

【数据记录与处理】

1. QJ44 型箱式直流双臂电桥测量数据

（1）数据记录。

表 3−12−2　QJ44 型箱式直流双臂电桥测量数据记录表

待测量 导体	d/mm							L/cm	倍率 k	R_0/Ω	R_x/Ω
	d_1	d_2	d_3	d_4	d_5	d_6	$\bar{d}$				
铜											
铝（铁）											

（2）数据处理。

计算铜棒长度 L、直径 d 和电阻 R_x 的不确定度并写出各测量量的测量结果；计算铜棒电

阻率 ρ 和不确定度并写出测量结果。

2. 滑线式双臂电桥测量数据

（1）数据记录。

表 3-12-3　滑线式直流双臂电桥测量数据记录表

待测量　　导体	$\bar{d}/\text{mm}$	L/cm	倍率 k	R_0/Ω	R_x'/Ω
铜					
铝（铁）					

（2）数据处理。

计算导体电阻率 ρ，以 QJ44 型箱式直流双臂电桥测得电阻率作为标准值 $\rho_{标}$，计算相对误差 $E = \left| \dfrac{\rho - \rho_{标}}{\rho_{标}} \right| \times 100\%$。

【注意事项】

1. 检流计灵敏度开始时应放在较低位置，待电桥初步平衡后再提高，直至灵敏度最高时电桥达到平衡，这样做可以防止检流计指针损坏。

2. 在测量带有电感电路的直流电阻时，应先接通电源 B，再按下"G"按钮；断开时，应先断开"G"按钮；后断开电源 B。

3. 电桥使用完毕，应将 B 和 G 按钮复位，仪器后侧面电源开关应关掉。

【思考题】

1. 双臂电桥与惠斯通电桥有哪些异同？

2. 双臂电桥怎样消除附加电阻的影响？

3. 如果待测电阻的两个电压端引线电阻较大，对测量结果有无影响？

4. 如何提高测量金属丝电阻率的准确度？

实验十三　十一线板式电位差计

电位差计是利用补偿原理和比较法精确测量直流电位差或电源电动势的常用仪器，其突出优点是在测量电学量时，不消耗被测电路任何能量，也不影响被测电路的状态和参数，它准确度高、使用方便，测量结果稳定可靠，还常被用来精确地间接测量电流、电阻和校正各种精密电表。在现代工程技术中，电子电位差计还被广泛应用于各种自动检测和自动控制系统。板式电位差计是一种教学型电位差计，它结构简单、直观性强，通过它的解剖式结构，可以更好地学习和掌握电位差计的基本工作原理和操作方法。

【实验目的】

1. 学习和掌握电位差计的补偿原理。

2. 学会用十一线板式电位差计测量电池的电动势和内阻。

3. 培养分析线路和实验过程中排除故障的能力。

【实验原理】

在图 $3-13-1$ 中,将电压表并联在电源的两端,根据闭合回路的欧姆定律可知,电压表指示的值是电源的端电压 $U=E-Ir$,而不是它的电动势。因为电压表并联到电源两端,就有电流 I 通过电源的内部,由于电源有内阻 r ,在电源内部不可避免地存在电位降 Ir 。显然,为了能够准确的测量电源的电动势,必须使通过电源的电流 $I=0$,此时电源的端电压 U 才等于其电动势 E 。怎样才能使电源内部没有电流通过而又能测定电源的电动势呢?

1. 补偿原理

在图 $3-13-2$ 中,将被测电动势的电源 E_x 与一个已知可调节的标准电源 E_0 和检流计 G 连成闭合回路。这一回路可能出现两种情况:

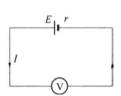

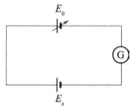

图 $3-13-1$　电压表测量电池的端电压　　　　图 $3-13-2$　补偿原理图

(1) 如果 $E_x \neq E_0$,则回路中必有电流,检流计指针偏转。

(2) 如果调节 E_0 的大小,使 $E_x = E_0$,则回路中无电流,检流计指针指零。此时,两个电源的端电压相等,电路达到补偿状态,即待测电动势 E_x 与已知电动势 E_0 相互补偿。在补偿条件下,若已知 E_0 ,可求出 E_x 。这种测量电动势的方法称为补偿法,该电路称为补偿电路。

2. 电位差计测量电动势

电位差计是根据补偿原理设计的测量电动势(电压)的测量仪器。

要达到电位补偿的关键是如何获得可调节的标准电源,但这种标准电源在现实中很难找到,如果能找到连续可调的标准电压即可替代可调节的标准电源。于是,人们根据补偿原理设计了一种简单的高精度分压装置:在一个阻值连续可调的标准电阻上通过恒定的工作电流,则该电阻两端的电压便可作为连续可调的标准电压,然后用已知标准电压与待测的电压进行比较,达到测量电动势的目的。实现上述电路设计思想的仪器就是电位差计。

电位差计按结构不同,分为板式电位差计和箱式电位差计。图 $3-13-3$ 是一种直流板式电位差计的原理图,它由两个基本回路组成。

(1) 工作电流回路(或辅助回路)。由工作电源 E 、限流电阻箱 R_P 、粗细均匀电阻丝 R_{MN} 组成。它提供稳定的工作电流 I_0 ,并在电阻 R_{MN} 上产生均匀的电压降。改变 R_{MN} 上滑动触头 A 、D 的位置,则 A 、D 之间的电压 U_{AD} 将产生改变,从而引

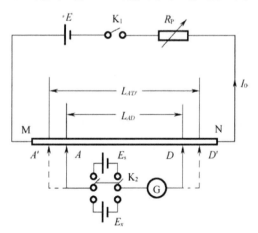

图 $3-13-3$　电势差计原理图

出大小连续变化的标准电压,起到了可调节标准电源 E_0 的作用。

(2) 补偿回路。由检流计、标准电池 E_s(或待测电动势)、均匀电阻丝 R_{AD}(或均匀电阻丝 $R_{A'D'}$)组成。

要测量电动势(电位差)E_x,分两步进行:

① 定标。利用标准电池 E_s 精确度高的特点,使得工作回路中的电流 I 能准确地达到某一标定值 I_0。它的操作方法如图 3-13-3 所示,合上开关 K_1,将双刀双掷开关 K_2 倒向标准电池,将 A、D 之间的长度初步设在某数值上,调节限流电阻 R_P 和"D"点的位置,以改变工作电流的大小,使检流计指针为零,这时工作电流被精确地校准到标准值 I_0,A、D 之间电阻产生的电压降 U_{AD} 与标准电池 E_s 达到补偿。A、D 之间的长度记为 L_{AD},此时有

$$E_s = U_{AD} = I_0 R_{AD} = I_0 \frac{\rho}{S} L_{AD} \qquad (3-13-1)$$

由于电阻 R_{MN} 是均匀电阻丝,令

$$V_0 = I_0 \frac{\rho}{S} \qquad (3-13-2)$$

则式(3-13-1)可写成

$$E_s = V_0 L_{AD} \qquad (3-13-3)$$

很显然,V_0 是电阻丝 R_{MN} 上单位长度的电压降,称为工作电流标准化系数,单位是 V/m。

由式(3-13-3)可计算出 V_0,这一过程称为电位差计的定标,也称为工作电流标准化。

② 测量 E_x。测量待测电动势 E_x 的过程与工作电流标准化的过程正好相反。它的操作方法如图 3-13-3 所示,将双刀双掷开关 K_2 倒向待测电池,保持 R_P 不变(即 V_0 或 I_0 不变),调节 A、D 到 A'、D' 位置,使检流计指针无偏转,这样 A'、D' 两点间电位差 $U_{A'D'}$ 与待测电池电动势 E_x 达到补偿。A'、D' 之间的长度记为 $L_{A'D'}$,则

$$E_x = U_{A'D'} = I_0 R_{A'D'} = I_0 \frac{\rho}{S} L_{A'D'} \qquad (3-13-4)$$

将式(3-13-2)代入式(3-13-4)得

$$E_x = V_0 L_{A'D'} \qquad (3-13-5)$$

由式(3-13-5)可见,V_0 已经算出,只要测出 A'、D' 之间的距离 $L_{A'D'}$,就可计算出待测电池的电动势。这就是电位差计测电动势的工作原理。

3. 电池内阻的测量

电位差计直接测量的是电位差,通过测量电位差也可以间接测量电流、电阻等电学量。下面讨论怎样用电位差计测量电池的内阻。

按图 3-13-4 连接线路,在待测电池(图 3-13-4 虚线所示)上并联一固定电阻 R,为了测定电池内阻 r,电池要放出一定的电流 I,通常情况下 r 为常数。根据全电路欧姆定律可知

$$I = \frac{E_x}{R+r} \text{ 和 } U = IR \qquad (3-13-6)$$

由此可得

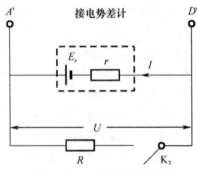

图 3-13-4 测量电池内阻
的原理图

$$r = \frac{E_x - U}{U} R \qquad (3-13-7)$$

U 为待测电池并联一个固定电阻 R 接在电势差计 A'、D' 两端的电压。U 的测量方法与测量 E_x 相同,即

$$U = \frac{L_U}{L_s} E_s \qquad (3-13-8)$$

将式(3-13-8)代入式(3-13-7)中得

$$r = \left(\frac{L_x}{L_U} - 1 \right) R \qquad (3-13-9)$$

式中:L_x 为待测电池达到补偿时 A'、D' 两点间的长度;L_U 为待测电池并联一个固定电阻 R,电路达到补偿时 A'、D' 之间的长度。

R 已知,只要测得 L_x 和 L_U,由式(3-13-9)即可求得电池内阻 r。

4. 补偿法的优缺点

(1)电位差计是一个电阻分压装置,它将被测电动势和一个标准电动势间接比较,E_x 的值仅与电阻比 R_x/R_s(板式电势差计为长度比 $L_{A'D'}/L_{AD}$)和 E_s 有关,由于电阻 R_{MN} 可以做得很精密,标准电池的电动势精确且稳定,因而能够达到较高的测量准确度。

(2)上述"定标"和"测量"两步骤中,检流计两次均指零,表明测量时既不从标准电动势源(通常用标准电池)中也不消耗测量回路电能。因此,不改变被测回路的原有状态及电压等参量,同时可避免测量回路导线电阻,标准电池的内阻及被测回路等效内阻等对测量准确度的影响,这是补偿法测量准确度较高的另一个原因。

(3)电位差计在测量过程中,其工作条件易发生变化(如辅助回路电源 E 不稳定、可变电阻 R_P 变化等),所以测量时为保证工作电流标准化,每次测量都必须经过定标和测量两个基本步骤,且每次达到补偿都要进行细致的调节,所以操作烦琐、费时。

【实验仪器】

十一线板式电位差计,检流计,滑线变阻器,电阻箱,标准电池,待测电池,稳压电源,单刀开关,双刀双掷开关。

十一线板式电位差计如图 3-13-5 所示,它具有结构简单、直观、便于分析讨论等优点,测量结果亦较准确。图中 MN 为粗细均匀的电阻线,全长为 11m,往复绕在木板 0,1,2,…,10 的 11 个接线插孔上,每两个插孔间电阻线长 1m,剩余的 1m 电阻线 0N 下面固定一根标有毫米刻度的米尺。利用插头 A 选插在 0 号~10 号插孔中任意一个位置,触头 D 在 0N 上滑动,接头 A,D 间电阻线长度在 0m~11m 范围内连续可调。例如,要取接头 A,D 间电阻线长度为 3.1930m,可将 A 插在插孔"3"中,滑键 D 的触头按在米尺 0.1930m 处。这时接头 A,D 之间的电阻线长度即为所求。

图 3-13-5 中,可调稳压电源 E 与均匀电阻丝 MN 和可变电阻 R_P 组成串联电路,用来调节工作电流,在 MN 上产生连续可调的标准电压;双刀双掷开关 K_2 用来选择接通标准电池 E_s 或待测电池 E_x;保护电阻 R_W 用来保护标准电池和检流计。在校准和测量过程中,首先调节 R_W 最大,对电路进行粗调,使电位差计接近补偿状态,然后调节电阻 R_W 最小,再进行细

调,以提高测量的灵敏度,直到达到补偿状态。

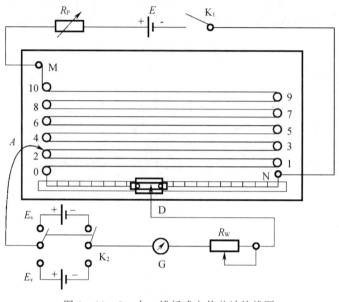

图 3—13—5　十一线板式电势差计接线图

【实验内容】

1. 连接线路

按图 3—13—5 连接线路。接线时需要断开所有的开关,R_P 用电阻箱。注意可调稳压电源 E 的正、负极应与标准电池和待测电池的正、负极相对应,否则检流计的指针不会指到零。

2. 电位差计定标

(1) 计算出室温下标准电池的电动势(如 20℃,$E_s(20)=1.0186$V)。

(2) 经教师检查线路无误后接通开关 K_1,将保护电阻 R_W 调至最大,双刀双掷开关 K_2 倒向标准电池;初步取电阻丝 A、D 为某一长度(如取 A、D 为 6.5m),断续按下触头"D"观察检流计指针偏转情况,调节限流电阻 R_P,使检流计指针接近指零;然后将保护电阻 R_W 调至最小,再调节限流电阻 R_P 和"D"点的位置,直到检流计指针指零,记下此时 A、D 之间的长度 L_{AD} 和 R_P 填入表 3—13—1,根据式(3—13—3)计算出 V_0 填入表 3—13—1,此时,电阻丝上单位长度的电压降已调整为 V_0,定标完毕。

3. 测量未知电动势 E_x

保持 E、R_P 不变,将保护电阻 R_W 调至最大,开关 K_2 倒向待测电池,滑动触头 D 移至米尺 0 处(零位),同时移动插头 A,找出使检流计指针偏转方向改变的两相邻插孔,将插头 A 插入数字较小的插孔上,然后向右移动滑动触头 D,直至检流计指针指零(无偏转)。然后将保护电阻 R_W 调至最小,再次移动触头"D"的位置,使检流计指针指零,记下此时电阻丝 A'、D' 之间的长度 $L_{A'D'}$,填入表 3—13—1。

4. 重复测量

重新选取电阻丝 A、D 之间的长度,重复步骤 2,3 进行定标和测量,数据填入表 3—13—1 中。

5. 测量待测电池内阻(选作)

将一精密电阻箱 R 和开关 K_3 连接成图 3-13-4 所示情形。取 R 为定值,断开 K_3,调节 A'、D' 的长度使检流计无偏转,记下此时长度 L_x;然后再合上 K_3,继续调节 A'、D' 的长度,使检流计中无偏转,记录此时长度 L_U。数据记录表格自拟。

【数据记录与处理】

1. 数据记录

(1)实验参数记录。

实验室温度 $t=$　　　　　　　　　　　稳压电源 $E=$

标准电池的电动势 $E_s=$

(2)校准电流和测量电动势数据记录。

表 3-13-1　定标和测量电动势数据记录表

次数	电阻丝长度 L_{AD}/m	限流电阻 R_P/Ω	单位长度电阻丝 电压降 $V_0/(V/m)$	电阻丝长度 $L_{A'D'}/m$	待测电动势 E_x/V
1					
...	...	...	...	...	...

(3)测量待测电池内阻数据记录(自拟表格)。

2. 数据处理

(1)误差分析。

板式电位差计产生误差的来源较多,主要有如下几方面:电阻丝粗细不均匀和测量读数带来的误差;工作电流调节电阻细调不够产生的误差;检流计灵敏度不够产生的误差;工作电源电压不稳定产生的误差;温差电动势产生的误差;元件误差(标准电池)等。

(2)数据处理要求。

由于误差来源复杂,电位差计的数据可简化处理。试分析误差产生的原因,试用不确定度表示测量结果。

【注意事项】

1. 检流计不能通过较大电流,因此,在 A、D 接入时,电键 D 按下的时间应尽量短。

2. 接线时,所有电池的正、负极不能接错,否则补偿回路不可能调到补偿状态。

3. 标准电池应防止振动、倾斜等。不允许通过大电流,否则将使电动势下降,与标准值不符;不允许用一般电压表或多用表去测量它的电动势,更不允许把它作为电源使用,否则会损坏该标准电源。

4. 十一线电位差计实验板上的电阻丝不要任意去拨动,以免影响电阻丝的长度和粗细均匀。

【思考题】

1. 电位差计有几个回路?各是什么作用?

2. 电位差计的测量精度与哪些因素有关?

3. 为保护标准电池和检流计,应注意哪些问题?

4. 在电位差计调节过程中,发现无论怎样调节检流计指针始终偏向一个方向,试分析可能是什么原因。

5. 测量时,若被测电压的极性接反了,会发生什么现象?

6. 电位差计处于补偿状态时,补偿回路有无电流流过?

7. 工作电源的电压不稳定对电位差计的测量有什么影响?

实验十四　直流电表的改装与校准

常用的直流电流表和电压表,都是由表头改装而成的。表头通常是一只磁电式的电流计,只允许通过微安级或毫安级的电流,一般只能测量很小的电流和电压。在实际使用时,如要测量较大的电流或电压,就必须对它进行改装,以扩大其量程。改装而成的电表要用标准表进行校准,并确定其准确度等级。

【实验目的】

1. 掌握将表头改装成电流表和电压表的基本原理与方法。
2. 学会校准电表及确定电表准确度等级的方法。
3. 学习滑线式变阻器的分压接法。

【实验原理】

1. 将表头改装成电流表

当表头指针指到满刻度时,所对应的电流 I_g 称为表头的电流量程。电流量程越小,表头灵敏度越高。表头内部线圈的电阻 R_g 称为表头内阻。表头的电流量程很小,若要测量较大电流,就必须扩大它的量程。扩大量程的办法是在表头上并联一个分流小电阻 R_s(图 3-14-1)。这样,被测电流的大部分将从分流电阻 R_s 流过。选用不同大小的分流电阻,可得到不同量程的电流表。

设改装后电流表的量程为 I,由欧姆定律得

$$(I-I_g)R_s=I_gR_g$$

所以

$$R_s=\frac{I_gR_g}{I-I_g} \tag{3-14-1}$$

若扩大后的量程 I 为表头量程 I_g 的 n 倍,即 $I=nI_g$,则

$$R_s=\frac{R_g}{n-1} \tag{3-14-2}$$

可见,若要将表头的电流量程扩大为原来的 n 倍,只需在该表头上并联一阻值为 $R_s=R_g/(n-1)$ 的分流电阻即可。

以上讨论的是单量程电流表并联电阻的算法。实际上,电表往往是多量程的,多量程电流表是在表头上同时串联或并联几个低值电阻构成的,对各电阻的计算要根据实际的串并联情

况加以确定。图 $3-14-2$ 是将量程为 I_g、内阻为 R_g 的表头改装成具有两个量程 I_1 和 I_2 的电流表的实际线路。其分流电阻 R_1 和 R_2 可用下述算法求出。

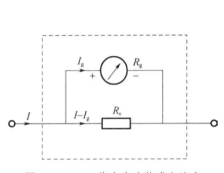

图 $3-14-1$ 将表头改装成电流表

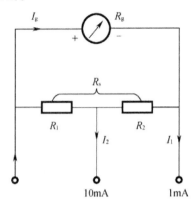

图 $3-14-2$ 两量程电流表

先按最小电流量程 I_1 计算出分流电阻的总阻值,由式 $(3-14-2)$ 得

$$R_s=\frac{R_g}{n_1-1} \qquad \left(其中 \ n_1=\frac{I_1}{I_g}\right)$$

再计算量程为 I_2 的分流电阻 R_1。由图 $3-14-2$ 可知

$$I_g(R_g+R_2)=(I_2-I_g)R_1 \tag{3-14-3}$$

$$R_2=R_s-R_1 \tag{3-14-4}$$

由式 $(3-14-3)$ 和式 $(3-14-4)$ 解出

$$R_1=(R_g+R_s)\frac{I_g}{I_2}=(R_g+R_s)\frac{1}{n_2} \qquad \left(其中 \ n_2=\frac{I_2}{I_g}\right)$$

再由式 $(3-14-4)$ 确定 R_2。

用电流表测量电流时,应串联在电路中。为了能测出电路中实际电流值,不致因它的接入而改变原电路中电流的大小,因此电流表应有较小的内阻。

2. 将表头改装成电压表

表头也可用来测电压。用电流量程为 I_g,内阻为 R_g 的表头测电压时,电压量程为 $U_g=I_gR_g$。表头的电压量程也是很小的,一般只有零点几伏。若要测较大的电压,就必须把它进行改装,即扩大它的电压量程。把表头改装成电压表的方法是在表头上串联一个阻值较大的分压电阻 R_P,如图 $3-14-3$ 所示。这样就使被测电压的大部分压降落在分压电阻上。选用不同的 R_P,可得到不同量程的电压表。

设改装后电压表的量程为 U,由欧姆定律得

$$U=I_g(R_g+R_P)$$

则

$$R_P=\frac{U}{I_g}-R_g=\frac{U}{U_g}\cdot R_g-R_g=(n-1)R_g \tag{3-14-5}$$

式中:$n=\frac{U}{U_g}$ 是电压表量程扩大倍数。

式(3—14—5)表明,要将表头的电压扩大为原来的 n 倍,只需在表头上串联一个阻值为 $(n-1)R_g$ 的分压电阻即可。

若要制成多量程电压表,则可按上述方法计算出不同的分压电阻。图3—14—4为两个量程电压表的内部电路,图 3—14—4(a)为共分压电阻的电路,图3—14—4(b)为单独配用分压电阻的电路。

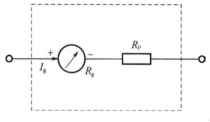

图 3—14—3　将表头改装成电压表

用电压表测电压时,电压表应并联在被测电路上,为了不致因电压表的分流而改变电路中的工作状态,要求电压表有较高的内阻。

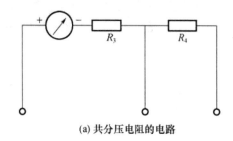
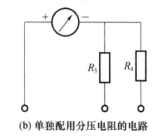

(a) 共分压电阻的电路　　　　　　(b) 单独配用分压电阻的电路

图 3—14—4　两量程电压表

3. 校准改装表

经过改装后的电表必须进行校准。校准的方法是用改装表和一个准确度等级较高的标准表同时测量一定的电流(或电压),看其指示值与相应的标准值(从标准表读得)相符的程度。具体来说,校准分如下两步进行(以电流表为例)。

(1) 校准改装表的量程。按照设计要求,当改装表的指针指在满刻度处,标准表的指针应正好指在预先设计的量程 I 处。但是,由于表头本身的量程 I_g 以及表头内阻 R_g 存在误差,导致 R_s 的理论值可能与实际要求不符,这就需要对分流电阻 R_s 进行调节,使改装表的量程符合设计要求。

(2) 校准改装表的刻度。所谓的校准改装表的刻度,就是分别读出改装表各个刻度(或整刻度)的指示值 I_x 和标准表所对应的指示值 I_s,求出各刻度(或整刻度)的修正值 $\delta_I = I_s - I_x$。然后以 I_x 为横坐标,δ_I 为纵坐标,作出电流表的校准曲线,如图 3—14—5 所示。

根据改装表的校准曲线,可查出指示值的偏差,以便对改装表的读数值进行修正,得到比较准确的结果。当然,通过校准来减少误差也是有限度的,一般只能减小约半个数量级。而且如果电表使用的环境和校准的环境不同或校准的日期过久,校准的数据也会失效。

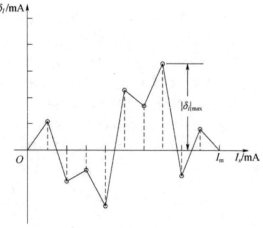

图 3—14—5　校准曲线

4. 确定改装表的准确度等级

电表的准确度等级反映了电表误差的大小。根据式(1−3−3)电表准确度级别的定义,要确定改装表的等级,首先要确定它的最大误差。如果"标准"表是完全标准的,那么改装电表的最大误差就应该是它与标准表读数差值的最大值 $|\delta_I|_{max}$。事实上,标准表是相对的,它本身也有误差。标准表的误差 $\Delta I_s =$ 标准表所用的量程×标准表准确度等级百分数。因此,改装表的最大误差 ΔI_{max} 应包括两部分,即

$$\Delta I_{max} = \sqrt{|\delta_I|_{max}^2 + \Delta I_s^2} \qquad (3-14-6)$$

设改装表量程为 I_m,根据式(1−3−3)改装表准确度等级 a 为

$$a = 100 \times \frac{\Delta I_{max}}{I_m} \qquad (3-14-7)$$

例如,若 $a = 100 \times \dfrac{\Delta I_{max}}{I_m} = 0.87$,由于 0.87 介于国家标准的 0.5 和 1.0 级之间,为保险起见,应将改装表级别定低一些,即定为 1.0 级。

式(3−14−6)和式(3−14−7)也适用于改装电压表准确度等级的计算。

【实验仪器】

直流稳压电源,表头(微安表),电阻箱,滑线式变阻器,直流电流表,直流电压表,开关等。

【实验内容】

1. 用替代法测量表头的内阻

先将电源电压 E 调至 0V,按图 3−14−6 连接电路,接通电源,将开关打到 1 上,调节电源电压使改装表表头满偏,记录标准表的读数 I_{mA}。再将开关打到 2 上,调节电阻箱 R_s 使标准电流表的电流保持不变,记录电阻箱的数值即为被测表头内阻 R_g。注意,此过程中电源电压 E 和滑动变阻器 R_W 保持不变。

2. 将量程为 100μA 的表头改装成量程为 5mA 的电流表

(1)根据表头量程 I_g、表头内阻 R_g 以及改装后电流表的量程,由式(3−14−1)计算出分流电阻的理论值 R_s。将电阻箱调节到分流电阻的理论值 R_s,并与表头并联构成改装电流表。按图 3−14−7 连接改装电流表校准电路。

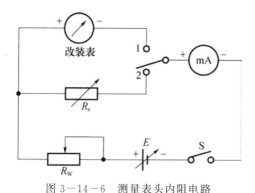

图 3−14−6 测量表头内阻电路

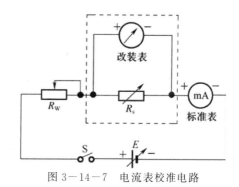

图 3−14−7 电流表校准电路

（2）校准量程。检查标准表和表头的机械零点，如不指零应进行调零。将电源电压调到最小，接通电源，再将电源电压慢慢调大，使改装表头正好指到满刻度，观察标准表示数是否为5mA。若不是，则稍微改变一下电阻箱的阻值(零点几欧姆至几欧姆)，并调节电源电压，使改装表头满偏同时标准表示数为5mA，这一过程称为校准改装表的量程。校准量程后电阻箱的读数 R'_s 为分流电阻的实际值。注意，改变电阻箱的阻值时应避免出现短路。

（3）校准刻度。校准量程后，调节电源电压，使电流逐渐从大到小，然后再从小到大变化到满刻度。改装表每改变1mA，记下对应的标准表的读数 I_s，填入表3-14-1中。

（4）作校准曲线。根据标准表和改装表的对应数值，计算出它们的修正值 $\delta_I = I_s - I_x$。在坐标纸上画出以 δ_I 为纵坐标，I_x 为横坐标的校准曲线。

（5）确定准确度度等级 a。

3. 将量程为 100μA 的表头改装成量程为 5V 的电压表

（1）根据表头量程 I_g、表头内阻 R_g 以及改装后电压表的量程，由式(3-14-5)计算出分压电阻的理论值 R_P。将电阻箱调节到分压电阻的理论值 R_P，并与表头串联构成改装电压表。按图3-14-8连接改装电压表校准电路。

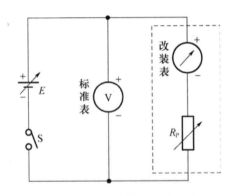

图 3-14-8 电压表校准电路

（2）校准量程，校准刻度，画校准曲线，确定准确度等级，其要求与改装电流表类似，将相关数据填入表3-14-2中。

【数据记录与处理】

1. 数据记录

（1）表头数据记录。

量程 $I_g =$ _____ μA   内阻 $R_g =$ _____ Ω

（2）将改装电流表数据填入表3-14-1中。

表 3-14-1 校准电流表数据记录表

理论值 $R_s =$ Ω			实际值 $R'_s =$ Ω			
表头刻度/μA	0	20	40	60	80	100
改装表读数 I_x/mA	0.000	1.000	2.000	3.000	4.000	5.000

（续）

理论值　$R_s=$　　　Ω				实际值　$R_s'=$　　　Ω		
标准表读数 I_s/mA	由大到小					
	由小到大					
	平均值 $\bar{I}_s$					
误差 $\delta_I=\bar{I}_s-I_x$						

（3）将改装电压表数据填入表 3－14－2 中。

表 3－14－2　校准电压表数据记录表

理论值　$R_P=$　　　Ω				实际值　$R_P'=$　　　Ω		
表头刻度/μA		0	20	40	60	80	100
改装表读数 V_x/V		0.000	1.000	2.000	3.000	4.000	5.000
标准表读数 V_s/V	由大到小						
	由小到大						
	平均值 $\bar{V}_s$						
误差 $\delta_V=\bar{V}_s-V_x$							

2. 数据处理

（1）改装电流表数据处理。

① 作校准曲线。根据表 3－14－1，作出改装电流表的 δ_I-I_x 校准曲线。

② 根据式（3－14－6）和式（3－14－7）计算改装电流表的准确度等级 a。

（2）改装电压表数据处理。

① 作校准曲线。根据表 3－14－2，作出改装电压表的 δ_V-V_x 校准曲线。

② 根据式（3－14－6）和式（3－14－7）计算改装电压表的准确度等级 a。

【注意事项】

1. 按电路图连接仪器，经教师检查后，方可通电开始实验。

2. 所用的标准电流表、电压表的级别由实验室提供。

3. 按国家标准规定，仪表准确度等级分为：0.1、0.2、0.5、1.0、1.5、2.5、5.0 共 7 个级别。

【思考题】

1. 在校准量程时，如果改装表读数偏高或偏低，应怎样调节分流电阻或分压电阻？

2. 绘制校准曲线有何实际意义？

3. 在 20℃ 时校准的电表拿到 30℃ 的环境中使用，校准是否仍然有效？这说明校准和测量之间有什么应注意的问题？

【附录】

箱式直流电表改装仪使用说明

箱式直流电表改装仪采用组合式设计，包括工作电源、标准电表、被改装表、调零电路和电阻箱等电路和元件。使用时只需要根据电路图在实验仪面板上找到相应的元件,利用导线直接连接、插线即可。

1. FB 308—1 型电表改装与校准实验仪面板如图 3—14—9 所示

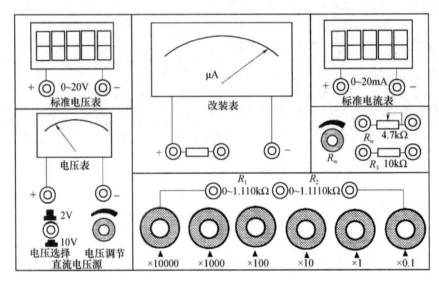

图 3—14—9 FB 308—1 型电表改装与校准实验仪面板示意图

2. 仪器主要技术参数

(1)电压源。

共分为 2V 和 10V 两个量程,通过按钮开关转换,电压均可以从 0V 起连续可调,并有指针式电压指示输出电压,该电压表的指示在 2V 量程时满刻度是 2V,10V 量程时满刻度为 10V。

(2)改装表。

采用宽表面表头,量程 100μA,内阻 1.6kΩ,准确度为 1.5 级。

(3)标准电压表。

量程为 20V,准确度为 0.1 级。

(4)标准电流表。

量程为 20mA,准确度为 0.1 级。

(5)电阻箱。

由 R_1 和 R_2 串联组成,其中 R_1 的阻值范围为 $0 \sim 110$kΩ,R_2 的调节范围为 $0 \sim$ 1.1110kΩ,所以总阻值为 111.1110kΩ,准确度为 0.1 级。

(6)使用方法。

根据电路图在实验仪面板上找到相应的元件,利用导线直接连接、插线即可。

实验十五 霍耳效应实验

1879 年,美国霍普金斯大学研究生霍耳(E. H. Hall,1855—1938)在研究载流导体在磁场中的受力性质时发现了一种电磁现象,当电流垂直于外磁场通过导体时,在导体的垂直于磁场和电流方向的两个端面之间会出现电势差,这一现象称为霍耳效应。这个电势差称为霍耳电势差。半个多世纪以后,人们发现了半导体也有霍耳效应,而且半导体的霍耳效应比金属强得多。

在霍耳效应发现约 100 年后,1980 年德国物理学家冯·克利青(K. von Klitzing,1943—)等在研究极低温度和强磁场中的半导体时发现了量子霍耳效应,这是当代凝聚态物理学令人惊异的进展之一,克利青为此获得了 1985 年的诺贝尔物理学奖。之后,美国物理学家劳克林(R. B. Laughlin)、施特默(H. L. Stormer)、美籍华裔物理学家崔琦(D. C. Tsui)在更强磁场下研究量子霍耳效应时发现了分数量子霍耳效应,这个发现使人们对量子现象的认识更进一步,他们为此获得了 1998 年的诺贝尔物理学奖。现在霍耳效应已经是研究半导体材料物理和电学性能的最基本、最重要的实验手段之一。

霍耳(E. H. Hall)　　冯·克利青(K. von. Klitzing)　　劳克林(R. B. Laughlin)　　施特默(H. L. Strmer)　　崔琦(D. C. Tsui)

霍耳效应的应用非常广泛,其中最典型的有:磁感应强度测定仪(又称特斯拉计)、霍耳位置检测器、无节点开关、霍耳转速测定仪、大电流测量仪、电功率测量仪等。电流体中的霍耳效应也是目前处于研究中的"磁流体发电"的理论基础。霍耳效应还用于确定电阻的自然基准,精确地测量光谱精细结构常数等。本实验主要介绍利用霍耳效应测量磁场强度(或霍耳系数)的方法。

为了满足不同学校教学要求,本实验介绍两种霍耳效应实验装置。

【实验目的】

1. 了解霍耳效应现象及产生机理。
2. 学习用霍耳元件测量磁场的原理和方法。
3. 学习用"对称换向测量法"消除副效应原理的方法。

【实验原理】

1. 霍耳元件测量磁场的原理

霍耳效应从本质上讲是运动的带电粒子在磁场中受洛伦兹力作用而引起的偏转。当带电粒子(电子或空穴)被约束在固体材料中,这种偏转就导致在垂直电流和磁场的方向上产生正负电荷的聚积,从而形成附加的横向电场,即霍耳电场。由此形成的电压称为霍耳电压。具体测量原理如下。

如图 3-15-1 所示的一块 n 型半导体薄片(电子导电),它的 4 个边分别焊有 4 个电极,这就是最简单的霍耳元件。将霍耳元件置于图 3-15-1 所示的均匀磁场中(B 方向沿 z 轴向上），两个侧面 A 和 A' 通以工作电流 I_S，则霍耳元件内作定向运动的电子将受到洛伦兹力 f_B 作用，方向如图 3－15－1 所示，其大小为

$$f_B = evB \tag{3-15-1}$$

式中：e 为电子电量；v 为电子运动速度；B 为磁感应强度。

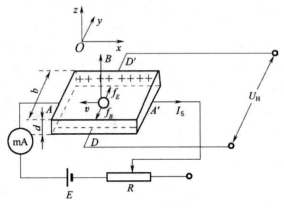

图 3－15－1 霍耳效应原理

显然，由于洛伦兹力的作用，霍耳元件的两侧 D 和 D' 将分别堆积负、正电荷，从而形成一个自 D' 指向 D 方向的霍耳电场 E_H，此电场对运动电子也有电场力的作用，方向如图 3－15－1 所示，其大小为

$$f_E = eE_H \tag{3-15-2}$$

当磁场恒定，电流 I_S 一定时，f_B 大小恒定，而式（3－15－2）中的 f_E 则是随着电荷积累的增加而增大的。此力将阻止电子的继续迁移。当电子积累到一定程度时，有 $f_B = f_E$，即

$$evB = eE_H$$

整理得

$$vB = E_H \tag{3-15-3}$$

此时电子积累达到动态平衡，在霍耳元件的 D 和 D' 两侧形成一个稳定的霍耳电势差，其大小为

$$U_H = E_H \cdot b = vBb \tag{3-15-4}$$

式中：b 为霍耳元件的宽度。b、U_H 容易测量，但电子运动速度 v 是微观量，无法直接测得，故需将 v 变换成其他量来表达。由电流强度的定义可知

$$I_S = envbd \tag{3-15-5}$$

式中：d 为霍耳元件的厚度；n 为载流子浓度（即单位体积内载流子数目）。

将式（3－15－5）代入式（3－15－4），有

$$U_H = \frac{I_S}{enbd}Bb = \frac{1}{en} \cdot \frac{I_S B}{d} \tag{3-15-6}$$

令 $R_H = \frac{1}{ne}$，R_H 称为霍耳系数，其单位为 $\mathrm{m^3/C}$。R_H 是反映材料霍耳效应强弱的重要参数，则

$$U_H = R_H \frac{I_s B}{d}$$

所以霍耳系数等于

$$R_H = \frac{U_H d}{I_s B} \qquad (3-15-7)$$

由式(3-15-6)、式(3-15-7)可得如下结论：

(1) 载流子若为电子,霍耳系数为负,则 $U_H < 0$;反之,若载流子为空穴,霍耳系数为正,则 $U_H > 0$。若实验中能测得霍耳元件的电流强度 I_s,磁感应强度 B,霍耳电压 U_H,样品厚度 d (实验室给出),就可求出霍耳系数 R_H 值。根据 R_H 的正负,可以判定半导体样品导电的类型 (N 型或 P 型)。

(2) 霍耳电势差 U_H 与载流子浓度 n 成反比,霍耳元件材料的载流子浓度 n 越大(霍耳系数 R_H 越小),霍耳电势差 U_H 就越小。一般金属中的载流子是自由电子,其浓度很大(约 10^{22}/cm³),所以金属材料的霍耳系数很小,霍耳效应不显著。但半导体材料的载流子浓度要比金属小得多,能够产生较大的霍耳电势差,从而使霍耳效应有了实用价值。

(3) 根据 $R_H = \frac{1}{ne} = \frac{U_H d}{I_s B}$ 可得

$$n = \frac{I_s B}{U_H d e} \qquad (3-15-8)$$

若已知 U_H、I_s、B(由实验测定)、d(由实验室给出),就可根据式(3-15-8)确定该材料的载流子浓度 n。严格一点,应考虑载流子的速率统计分布规律,需引入 $\frac{3\pi}{8}$ 的修正因子(可参阅黄昆、谢希德编著的《半导体物理学》)。

(4) 根据式(3-15-6),令

$$K_H = \frac{1}{end} \qquad (3-15-9)$$

则

$$U_H = K_H I_s B \qquad (3-15-10)$$

K_H 称为霍耳元件的灵敏度。K_H 表示霍耳元件在单位磁感应强度 B 和流经单位电流 I_s 时的霍耳电势差 U_H 的大小。其值由材料的性质及元件尺寸决定。K_H 单位为 V/(A·T),常用单位是 mV/(mA·T)。

由式(3-15-10)可知,在给定的霍耳元件(K_H 由实验室给出)通以稳恒电流 I_s 的情况下,霍耳电压 U_H 和磁感应强度 B 成正比。实验中,I_s、U_H 值分别由仪器测定,代入式(3-15-10)求出磁场。这就是利用霍耳效应测量磁场的原理,也是制作测量磁场的仪器——毫特斯拉计的原理。

2. 霍耳效应的副效应及其消除方法

在制造霍耳元件时受到生产工艺水平的限制,样品电极的接触点不可能完全对称,而且电极与样品材料不同,因此伴随霍耳效应还会有热电现象和温差电现象发生,并由此引起一些副效应,各种副效应产生的附加电压叠加在霍耳电压上,造成 U_H 测量中的系统误差。这些副效应有：

1) 不等位电势差 U_0

由于霍耳元件的材料本身不均匀,以及工艺制作时很难保证将霍耳元件的电压输出电极(D、D')焊接在同一等势面上,如图 3—15—2 所示,当电流流过样品时,即使不加磁场,在电压输出电极 D、D' 之间也会产生一电势差,称为不等位电势差 U_0,$U_0 = I_S R_r$,R_r 是两等位面间的电阻。由此可见,在 R_r 确定的情况下,U_0 与 I_S 的大小成正比,且其正负随着 I_S 的方向而改变,与磁场无关。U_0 的大小在所有附加电势差中居首位。

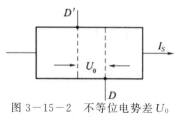

图 3—15—2　不等位电势差 U_0

2) 爱廷豪森效应电势差 U_E

由于实际上载流子迁移速率 v 服从统计分布规律,构成电流的载流子速度不同。若速度为 v 的载流子所受的洛伦兹力与霍耳电场的作用力刚好抵消,则速度小于 v 的载流子受到的洛伦兹力小于霍耳电场的作用力,将向霍耳电场作用力方向偏转,速度大于 v 的载流子受到的洛伦兹力大于霍耳电场的作用力,将向洛伦兹力方向偏转。这些载流子的动能将转化为热能,这样霍耳元件两侧的温度不同,形成一个横向温度梯度,从而在 D、D' 之间引起温差电动势 U_E,很显然,$U_E \propto I_S B$,这种现象称为爱廷豪森效应。由上式可知 U_E 正负与 I_S、B 的方向均有关。

3) 能斯特效应电势差 U_N

由于控制电流的两个电极与霍耳元件的接触电阻不同,控制电流在两电极处将产生不同的焦耳热,引起两电极间的温差电动势,此电动势又产生温差电流(又称热电流)I_Q,热电流在磁场的作用下将发生偏转,结果在 y 方向(横向)产生附加的电势差 U_N,且 $U_N \propto I_Q B$,这一效应称为能斯特效应,由上式可知 U_N 的正、负只与 B 的方向有关。

4) 里纪—勒杜克效应电势差 U_R

由 3)所述热电流在磁场作用下,除了在 y 方向产生电势差外,还由于热电流 I_Q 中的载流子的迁移速率不同,将在 y 方向引起霍耳元件两侧的温差,此温差在 y 方向上产生附加温差电动势 U_R(类似爱廷豪森效应),且 $U_R \propto I_Q B$,这一效应称为里纪—勒杜克效应,由上式可知 U_R 的正、负只与 B 的方向有关。

综上所述,由于四种副效应所产生的电势差的存在,实际测量的电压,既包括霍耳电压 U_H,也包括 U_0、U_E、U_N、U_R 等副效应所产生的电势差,有时副效应产生的电势差甚至远大于 U_H,形成测量中的系统误差,以致使 U_H 难以准确测量。为了减少和消除这些效应引起的附加电势差,我们可以利用附加电势差的正负与样品电流 I_S、磁场 B 的方向(即励磁电流 I_M 方向)关系的特点,测量时改变电流 I_S 和磁场 B 的方向,这样基本上可消除这些附加电势差的影响,具体方法如下:

设在图 3—15—1 所示 I_S,I_M 为正方向的条件下,测得 D 和 D' 两点间的电势差为 U_1,则

$$当(+I_M, +I_S)时, \qquad U_1 = U_H + U_0 + U_E + U_N + U_R$$
$$当(+I_M, -I_S)时, \qquad U_2 = -U_H - U_0 - U_E + U_N + U_R$$
$$当(-I_M, -I_S)时, \qquad U_3 = U_H - U_0 + U_E - U_N - U_R$$
$$当(-I_M, +I_S)时, \qquad U_4 = -U_H + U_0 - U_E - U_N - U_R$$

以上 4 个等式做简单运算,得

$$U_H = \frac{1}{4}(U_1 - U_2 + U_3 - U_4) - U_E \qquad (3-15-11)$$

可见,除爱廷豪森效应以外的其他副效应产生的电势差会全部消除,因爱廷豪森效应所产生的电势差 U_E 的正负和霍耳电势差 U_H 的正负与 I_S 及 I_M 的方向关系相同,故无法消除,但在非大电流、非强磁场下,$U_H \gg U_E$,因而 U_E 可以忽略不计。因此式(3-15-11)可以写成

$$U_H = \frac{1}{4}(U_1 - U_2 + U_3 - U_4) \qquad (3-15-12)$$

这种方法称为对称换向测量法。式(3-15-12)为测量霍耳电势差的公式。

Ⅰ. HL 型霍耳效应实验装置

【实验仪器】

霍耳效应实验仪,HL-CF 型霍耳效应测试仪。

【实验内容】

1. 连接电路

霍耳效应测量装置如图 3-15-3 所示,将霍耳效应实验仪上的工作电流 I_S 输入、励磁电流 I_M 输入和霍耳电势差 U_H 输出三对接线柱分别与霍耳效应测试仪面板上的 I_S 输出、I_M 输出和 U_H 输入三对相应的接线柱对应连接好。换向开关 K_1、K_2、K_3 倒向上方接通电路,表明 I_M、U_H、I_S 均为"+",反之为"-"。

2. 研究霍耳元件的导电类型

霍耳元件调至电磁铁气隙内的中心位置附近,调节工作电流 $I_S = 2.00\text{mA}$,励磁电流 $I_M = 600\text{mA}$,由测定的 U_H 值正、负,判断霍耳元件的导电类型。

3. 研究不等位电势差 U_0

断开励磁电流 I_M,改变工作电流 $I_S = 3.00\text{mA}$,4.00mA,$\cdots$,10.00mA,测量不等位电势 U_0,填入表 3-15-1 中。

4. 研究霍耳电势差 U_H 随工作电流 I_S 的线性变化关系

霍耳元件调至电磁铁气隙内的中心位置附近,调节励磁电流 $I_M = 800\text{mA}$,改变工作电流 $I_S = 1.00\text{mA}$,2.00mA,$\cdots$,8.00mA,并分别改变 I_S、I_M 的方向,测出相应的霍耳电势差 U_H,填入表 3-15-2 中。

5. 研究霍耳电势差 U_H 随励磁电流 I_M 的变化关系

霍耳元件仍置于电磁铁气隙的中心,调节工作电流 $I_S = 8.00\text{mA}$,改变励磁电流 $I_M = 100\text{mA}$,200mA,$\cdots$,1000mA,并分别改变 I_S、I_M 的方向,测出相应的霍耳电势差 U_H,填入表 3-15-3中。

6. 研究磁感应强度 B 沿水平方向的分布规律

霍耳元件置于电磁铁气隙的中心,调节励磁电流 $I_M = 500\text{mA}$,调节工作电流 $I_S = 6.00\text{mA}$,移动标尺,使霍耳元件横穿磁铁缝隙,测出相应的霍耳电势差 U_H,填入表 3-15-4 中,根据式(3-15-10)计算出磁感应度 B 的大小(K_H 由实验室提供)。

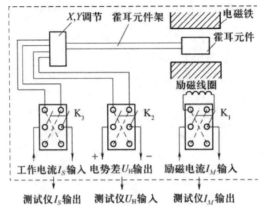

(a) 霍耳效应实验仪示意图

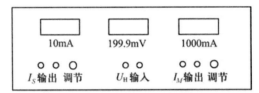

(b) 霍耳效应测试仪面板图

图 3－15－3　霍耳效应测量装置图

【数据记录与处理】

1. 数据记录

（1）测量不等位电势差 U_0。

表 3－15－1　不等位电势差随 I_S 变化数据记录表

I_S/mA	3.00	4.00	5.00	6.00	7.00	8.00	9.00	10.00
U_0								

（2）霍耳电势差 U_H 随工作电流 I_S 的变化关系。

表 3－15－2　霍耳电势差 U_H 随工作电流 I_S 的变化数据记录表　$I_M=800$mA

I_S/mA	U_1/mV	U_2/mV	U_3/mV	U_4/mV	U_H/mV
	$+I_M,+I_S$	$+I_M,-I_S$	$-I_M,-I_S$	$-I_M,+I_S$	
1.00					
2.00					
...	...	...	...	...	...
7.00					
8.00					

（3）霍耳电势差 U_H 随励磁电流 I_M 的变化关系。

表 3－15－3 霍耳电势差 U_H 随励磁电流 I_M 的变化数据记录表 $I_S=8.00\text{mA}$

I_M/mA	U_1/mV	U_2/mV	U_3/mV	U_4/mV	U_H/mV
	$+I_M,+I_S$	$+I_M,-I_S$	$-I_M,-I_S$	$-I_M,+I_S$	
100					
200					
...	...	...	...	...	...
900					
1000					

（4）磁场 B 沿水平方向（X）的分布规律。

表 3－15－4 磁场 B 沿水平方向（X）的分布规律数据记录表 $I_M=500\text{mA}$ $I_S=6.00\text{mA}$

X/mm	U_1/mV	U_2/mV	U_3/mV	U_4/mV	U_H/mV	B/mT
	$+I_M,+I_S$	$+I_M,-I_S$	$-I_M,-I_S$	$-I_M,+I_S$		
0						
...	...	...	...	...	...	...

2. 数据处理

（1）根据表 3－15－1，作 $U_0\sim I_S$ 曲线，求其斜率，即求出不等位电阻 R_r，理解不等位电势差的概念。

（2）根据表 3－15－2，作 $U_H\sim I_S$ 曲线，验证二者之间的线性关系。

（3）根据表 3－15－3，作 $U_H\sim I_M$ 曲线，验证二者之间的线性关系，分析当 I_M 达到一定值以后，$U_H\sim I_M$ 直线斜率变化的原因。

（4）根据式（3－15－10）求出相应的 B 值，填在表 3－15－4 中。作 $B\sim X$ 曲线。

【注意事项】

1. 绝不允许将测试仪上的励磁电流"I_M 输出"错接到实验仪的 I_S 或 U_H 换向开关上，否则，一旦通电，霍耳元件立即烧毁。

2. 霍耳元件及移动装置易折断、变形，要注意保护，应避免挤压、碰撞等；引线的接头细小，容易损坏，旋进旋出时，操作动作要轻缓。

3. U_1、U_2、U_3、U_4 本身含有"＋"、"－"号，测量记录时不要忘记。

4. 为了不使电磁铁过热而受到损坏，以致影响测量精度，除读取有关数据的短时间内通以励磁电流 I_M 外，其余时间要断开励磁电流开关。

5. 为避免火花产生，应调节励磁电流 I_M 小于 100mA 的情况下切换开关。

【思考题】

1. 根据式（3－15－10）和表 3－15－3 的数据，计算出每个励磁电流所对应的磁感应强度，绘制 $B\sim I_M$ 曲线，并回答二者之间是否呈线性关系？为什么？

2. 霍耳电势差是怎样形成的？

3. 实验中在产生霍耳效应的同时,还会产生哪些副效应,它们与励磁电流 I_M 和电流 I_S 有什么关系,如何消除副效应的影响?

4. 用交流电源给霍耳元件供电能否判断霍耳元件的导电类型?

Ⅱ. DH4512 型霍耳效应装置

【实验仪器】

DH4512 型霍耳效应双线圈实验仪、DH4512 型霍耳效应测试仪。

DH4512 型霍耳效应装置由霍耳效应双线圈实验仪和霍耳效应测试仪两部分组成,如图 3-15-4 所示。磁场是由双线圈通过励磁电流产生,霍耳元件置于双线圈中间,可沿 x,y 两个方向移动。测试仪内有两组恒流源,第一组为霍耳元件提供工作电流 I_S,第二组为双线圈提供励磁电流 I_M,两组电源彼此独立,输出电流大小可调节,电流方向可通过转换开关按下、按上实现(I_S 和 I_M 换向开关突出来时 I_S 和 I_M 为正值,按下去为负值)。实验仪面板上"I_S 输入""I_M 输入""U_H 输出"三对接线柱应分别和测试仪上的三对相应的接线柱相连接。

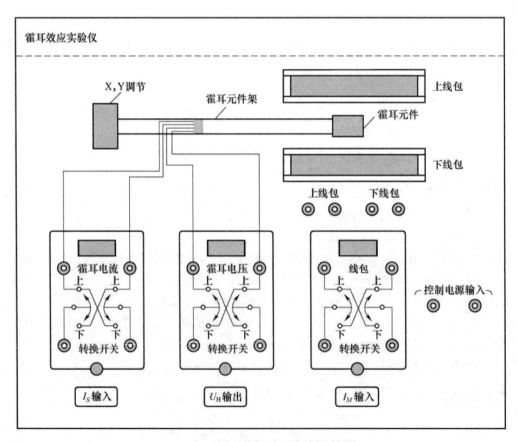

(a) DH4512霍耳效应双线圈实验仪面板图

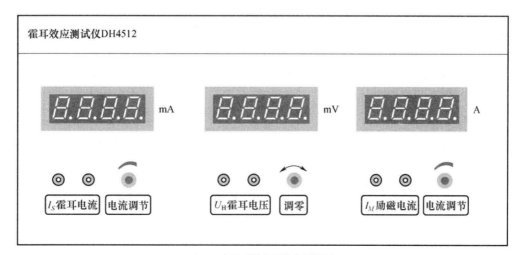

(b) DH4512霍耳效应测试仪面板图

图 3－15－4　DH4512 型霍耳效应装置图

【实验内容】

1. 连接电路

（1）将霍耳效应测试仪面板右下方的励磁电流 I_M 的直流恒流源输出端接霍耳效应实验仪上的 I_M 磁场励磁电流的输入端（红接线柱与红接线柱对应相连,黑接线柱与黑接线柱对应相连）。

（2）测试仪左下方供给霍耳元件工作电流 I_S 的直流恒流源输出端接实验仪上 I_S 霍耳元件工作电流输入端（红接线柱与红接线柱对应相连,黑接线柱与黑接线柱对应相连）。

（3）测试仪上 U_H 霍耳电压输入端接实验仪中部的 U_H 霍耳电压输出端。

注意：以上三组线千万不能接错,以免烧坏霍耳元件。

2. 研究霍耳元件的导电类型

霍耳元件移至线圈中心位置,调节工作电流 $I_S = 3.00\text{mA}$,励磁电流 $I_M = 500\text{mA}$,实验仪三组换向开关均突出来,测量 U_H 值正、负,判断霍耳元件的导电类型。U_H 为正,霍耳元件为 P 型半导体；U_H 为负,则霍耳元件为 N 型半导体。

3. 测量霍耳元件的零位（不等位）电压 U_0 和不等位电阻 R_r

（1）用连接线将中间的霍耳电压输入端短接,调节调零旋钮使电压表显示 0mV 。

（2）断开励磁电流 I_M（或将 I_M 电流调节到最小）。改变工作电流 $I_S = 0.50\text{mA}$,$I_S = 1.00\text{mA}$,$\cdots$,$I_S = 3.00\text{mA}$,测量零位（不等位）电压 U_0 ,填入表 3－15－5 中。

4. 测量霍耳电势差 U_H 与工作电流 I_S 的关系

（1）先将 I_S 、I_M 调零,调节霍耳电压表,使其显示为 0mV 。

（2）将霍耳元件调至线圈中心,调节励磁电流 $I_M = 500\text{mA}$,改变工作电流 $I_S = 0.50\text{mA},1.00\text{mA},\cdots,3.00\text{mA}$,并分别改变 I_S 、I_M 的方向,测出相应的霍耳电势差 U_H ,填入表 3－15－6 中。

5. 测量霍耳电势差 U_H 与励磁电流 I_M 的关系

霍耳元件仍置于线圈中心,调节 I_S 至 3.00mA,改变励磁电流 $I_M = 100$mA,150mA,…,500mA。并分别改变 I_S、I_M 的方向,测出相应的霍耳电势差 U_H,填入表 3−15−7 中。

6. 测量通电双线圈中磁感应强度 B 的分布

将霍耳元件置于线圈中心,调节励磁电流 $I_M = 500$mA,调节工作电流 $I_S = 3.00$mA,将霍耳元件从中心向边缘移动,每移动 5mm 测一次霍耳电势差 U_H 值,填入表 3−15−8 中,根据式(3−15−10)计算出磁感应强度 B 的大小,并绘 $B \sim X$ 图,得出通电双线圈内磁感应强度 B 的分布。

【数据记录与处理】

1. 数据记录

(1)测量不等位电压 U_0。

表 3−15−5　不等位电压 U_0 随 I_S 变化数据记录表

$I_S/$mA	0.50	1.00	1.50	2.00	2.50	3.00
$U_0/$mV						

(2)霍耳电势差 U_H 与工作电流 I_S 的关系。

表 3−15−6　霍耳电势差 U_H 与工作电流 I_S 的关系数据记录表　　　　$I_M = 500$mA

| $I_S/$mA | $U_1/$mV | $U_2/$mV | $U_3/$mV | $U_4/$mV | $U_H/$mV |
	$+I_S +I_M$	$+I_S -I_M$	$-I_S -I_M$	$-I_S +I_M$	
0.50					
1.00					
…	…	…	…	…	…
3.00					

(3)霍耳电势差 U_H 与励磁电流 I_M 的关系。

表 3−15−7　霍耳电势差 U_H 与励磁电流 I_M 的关系数据记录表　　　　$I_S = 3.00$mA

| $I_M/$mA | $U_1/$mV | $U_2/$mV | $U_3/$mV | $U_4/$mV | $U_H/$mV |
	$+I_S +I_M$	$+I_S -I_M$	$-I_S -I_M$	$-I_S +I_M$	
100					
150					
…	…	…	…	…	…
500					

(4)通电双线圈中磁感应强度 B 沿水平 X 方向的分布规律。

表 3－15－8　通电双线圈中磁感应强度 B 沿水平 X 方向的分布规律数据记录表

$$I_M = 500\text{mA} \qquad I_S = 3.00\text{mA}$$

| X/mm | U_1/mV | U_2/mV | U_3/mV | U_4/mV | U_H/mV | B/mT |
	$+I_S+I_M$	$+I_S-I_M$	$-I_S-I_M$	$-I_S+I_M$		
0						
5						
…	…	…	…	…	…	…
25						

2. 数据处理

(1)根据表 3－15－5,作 $U_0 \sim I_S$ 曲线,求其斜率,即求出不等位电阻 R_r,理解不等位电压概念。

(2)根据表 3－15－6,作 $U_H \sim I_S$ 曲线,验证二者之间线性关系。

(3)根据表 3－15－7,作 $U_H \sim I_M$ 曲线,验证线性关系的范围,分析当 I_M 达到一定值以后,$U_H \sim I_M$ 直线斜率变化的原因。

(4)表 3－15－9 给出双个圆线圈(DH4512、DH4512A)的励磁电流 I_M 与总的磁感应强度 B 对应表。找出表 3－15－9 中 I_M 对应的中心磁感应强度 B 与表 3－15－7 中相等的 I_M 相对应的 U_H,根据式 3－15－10 计算出霍耳元件的霍耳灵敏度 K_H。

表 3－15－9　励磁电流 I_M 与总的磁感应强度 B 对应数据表

I_M/mA	100	200	300	400	500
中心磁感应强度 B/mT	2.25	4.50	6.75	9.00	11.25

(5)根据(4)计算得到 K_H,并根据式 3－15－10 求出相应的 B 值,填在表 3－15－8 中。作 $B \sim X$ 曲线。

【注意事项】

1. 实验仪和测试仪的连线要正确。

2. 接通电源前必须保证测试仪的 I_S、I_M 调节旋钮均置于零位,严防电流未调至零就开机。

3. 霍耳元件易碎,电极易断,严禁用手触摸。

实验十六　巨磁电阻效应实验

磁电阻效应,是指材料的电阻率在外磁场的作用下发生变化的现象。磁电阻效应包括庞磁电阻效应、巨磁电阻效应、隧穿磁电阻效应、微粉磁电阻效应、超常磁电阻效应等。本实验主要讨论巨磁电阻效应。

巨磁电阻(GMR)效应是指磁性材料的电阻率在有外磁场作用时较之无外磁场作用时存在巨大变化的现象。它是一种量子力学和凝聚态物理学现象,在磁性材料和非磁性材料交替叠合的超晶格薄膜中可以观察到。超结构薄膜的电阻值与其中铁磁层的磁矩方向有关,而外加磁场可以很容易控制铁磁层的磁矩方向,因此超结构薄膜的电阻率在外磁场作用下

彼得·格林贝尔(左)　　　阿贝尔·费尔(右)

发生显著变化。2007年,法国的阿贝尔·费尔以及德国的彼得·格林贝尔由于在磁电阻效应方面的巨大贡献共同获得了当年的诺贝尔物理学奖。

【实验目的】

1. 了解巨磁电阻效应原理,掌握巨磁电阻传感器原理及其特性。
2. 学习巨磁电阻传感器的定标方法,用巨磁电阻传感器测量弱磁场。
3. 测量巨磁阻传感器敏感轴与被测磁场间夹角与传感器灵敏度的关系。
4. 测量巨磁阻传感器的灵敏度与工作电压的关系。

【实验原理】

1. 巨磁电阻原理

(1)自旋散射与巨磁电阻效应。

根据导电的微观机理,电子在导电时并不是沿电场直线前进,而是不断和晶格中的原子产生碰撞(又称散射),每次散射后电子都会改变运动方向,总的运动是电场对电子的定向加速与这种无规散射运动的叠加。电子在两次散射之间走过的平均路程称为平均自由程,电子散射几率小,则平均自由程长,电阻率低。在电阻定律 $R = \rho \dfrac{l}{s}$ 中,把电阻率 ρ 视为常数,与材料的几何尺度无关,这是忽略了边界效应。当材料的几何尺度小到纳米量级,只有几个原子的厚度时,电子在边界上的散射几率大大增加,可以观察到随着材料厚度减小,电阻率明显增加的现象。

巨磁电阻效应最早是在超晶格薄膜中观察到的,如图3—16—1所示,由厚度为几纳米的铁磁金属层(Fe、Co、Ni等)和非磁性金属层(Cr、Cu、Ag等)交替制成,相邻铁磁金属层的磁矩方向相反,这种多层膜的电阻随外磁场变化而显著变化。当外磁场为零时,材料的电阻最大;当外磁场足够大时,原本反平行的各层磁矩都沿外磁场方向排列,材料的电阻最小。

(2)利用 Mott 的二流体模型解释巨磁阻效应原理。

电子除携带电荷外,还具有自旋特性,自旋磁矩有平行

无外磁场时顶层铁磁磁矩方向

顶层铁磁膜

中间导电层

底层铁磁膜

无外磁场时底层铁磁磁矩方向

图3—16—1　多层膜 GMR 结构图

或反平行于外磁场两种可能取向。电子自旋磁矩与外磁场方向平行时,所受散射几率远小于二者反平行时的情况。

在图 3-16-2(a)所示情况下,FM1 和 FM2 表示磁性材料,NM 表示非磁性材料层,磁性材料中的箭头表示磁化方向,且由图可知两个磁性材料的磁化方向相同。电子自旋方向如图所示。当一束电子的自旋方向与磁性材料的磁化方向相同时,电子较容易通过两层磁性材料,宏观表现为 FM1 和 FM2 呈现小电阻 r_1 和 r_2。当一束自旋方向与磁性材料磁化方向都相反的电子通过时,电子较难通过两层磁性材料,由于散射作用,通过的电子数减少,从而使电流减小,宏观表现为 FM1 和 FM2 呈现大电阻 R_1 和 R_2;电流通过两层磁性材料时,r_1 和 r_2 相当于串联,得到一个小电阻,R_1 和 R_2 相当于串联,得到一个大电阻;最后两条支路并联,所以得到较小电阻。

在图 3-16-2(b)所示的符号与图 3-16-2(a)说明一样。当一束自旋方向与第一层磁性材料的磁化方向相同而与第二层磁性材料磁化方向相反的电子通过时,电子较容易通过 FM1 呈现小电阻 r_1,电子较难通过 FM2 呈现大电阻 R_2,两者相当于串联,得到一个大电阻。同样,当电子束的自旋方向与第一层磁性材料的磁化方向相反而与第二层磁性材料磁化方向相同时,呈现有大电阻 R_1,小电阻 r_2,两者相当于串联,得到一个大电阻。最后两条支路并联,得到一个大电阻。

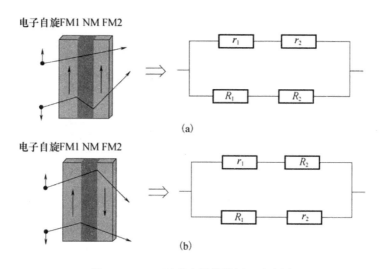

图 3-16-2　巨磁电阻等效原理示意图

总之,在这种超晶格薄膜中,总电流是两类自旋电流之和;总电阻是两类自旋电阻的并联电阻,这就是所谓的两流体模型。磁性金属多层膜的巨磁电阻效应与磁场的方向无关,是各向同性的,它仅依赖于相邻铁磁层的磁矩的相对取向,而外磁场的作用不过是改变相邻铁磁层的磁矩取向。

2. 巨磁电阻传感器

(1)巨磁电阻传感器工作原理。

如图 3-16-3 所示,巨磁电阻传感器是将四个巨磁电阻构成惠斯通电桥结构,该结构可以减少外界环境对传感器输出稳定性的影响,增加传感器灵敏度。对于电桥结构,如果 4 个 GMR 电阻对磁场的响应完全同步,就不会有信号输出。传感器在工作时,"输入端"接入稳定的电压,"输出端"在外磁场的作用下输出电压信号。传感器的电压输出为

$$U_{输出} = U_{out+} - U_{out-} = U_{in} \cdot R_3/(R_3+R_4) - U_{in} \cdot R_2/(R_1+R_2) \quad (3-16-1)$$

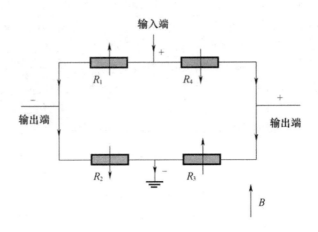

图 3-16-3   GMR 传感器原理图

若 **B** 为外磁场,当 **B** 在一定范围内增大时,巨磁电阻 R_1 和 R_3 的阻值将会增大,而 R_2 和 R_4 的阻值将会减小,因此,在"输入端"接入工作电压 U_{in} 时,"输出端"就会有电压 $U_{输出}$。显然,若 $R_1=R_2=R_3=R_4$,则在无外加磁场 **B** 的情况下,$U_{输出}=U_{out+}-U_{out-}=0$。

当存在外磁场时,$U_{输出}=U_{out+}-U_{out-}=U_{in} \cdot (R_1-R_2)/(R_1+R_2)$。

(2)巨磁电阻传感器的灵敏度。

磁阻传感器的输出电压与外加磁场的关系可用传感器的灵敏度 S 表示,即

$$S = \frac{\Delta U}{\Delta B \times U_{in}} \times 100\% \quad (3-16-2)$$

式中:$\Delta U_{输出}$ 为输出电压的增量;ΔB 为所加外磁场的增量,单位取高斯($1\text{mT}=10\text{Gs}$);U_{in} 为输入端的工作电压。

(3)传感器灵敏度与外磁场角度的关系。

在相同场强下,当外磁场方向平行于传感器敏感轴方向时,传感器输出电压最大。当外磁场方向偏离传感器敏感轴方向时,传感器输出与偏离角度成余弦关系,因此传感器的灵敏度亦有以下关系,即

$$S(\theta) = S(0)\cos(\theta) \quad (3-16-3)$$

式(3-16-3)中角度 θ 如图 3-16-4 所示。

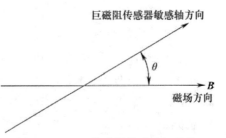

图 3-16-4   传感器敏感轴与磁场
方向关系图

3. 亥姆霍兹线圈及轴线上的磁场分布

根据比奥—萨伐尔定律,载流圆线圈在轴线上(通过圆心并与线圈平面垂直的直线)某点处的磁感应强度为

$$B' = \frac{\mu_0 R^2}{2(R^2+x^2)^{\frac{3}{2}}}NI \tag{3-16-4}$$

式中：I 为通过线圈的励磁电流强度；N 为线圈的匝数；R 为线圈半径；x 为圆心到该点的距离；μ_0 为真空磁导率。因此，圆心处的磁感应强度为

$$B_0' = \frac{\mu_0}{2R}NI \tag{3-16-5}$$

亥姆霍兹线圈是一对匝数和半径相同的共轴平行放置的圆线圈，两线圈内的电流方向一致，大小相同，且两线圈间的距离 d 恰好等于线圈的平均半径 R。设亥姆霍兹线圈中轴线上某点离中心点的距离为 Z，可以证明，亥姆霍兹线圈轴线上任意一点处的磁感应强度为

$$B = \frac{1}{2}\mu_0 NIR^2 \left\{ \left[R^2 + \left(\frac{R}{2}+Z \right)^2 \right]^{-\frac{3}{2}} + \left[R^2 + \left(\frac{R}{2}-Z \right)^2 \right]^{-\frac{3}{2}} \right\} \tag{3-16-6}$$

此时，亥姆霍兹线圈中心处的磁感应强度为

$$B_0 = \frac{\mu_0 NI}{R} \cdot \frac{8}{5^{\frac{3}{2}}} \tag{3-16-7}$$

本实验取线圈匝数 $N=500$，平均半径 $R=110\text{mm}$。亥姆霍兹线圈的特点是能在其公共轴线中点附近 $-\frac{d}{2} \sim \frac{d}{2}$ 范围内产生比较均匀的磁场，所以在生产和科研中有较大的使用价值，本实验就是用该线圈产生的匀强磁场。

【实验仪器】

DH－JMR－2巨磁阻效应实验仪。

【实验内容】

1. 计算传感器灵敏度

（1）如图 3－16－5 所示，将所有旋钮按照仪器面板上的方向标示调到最小位置。将可移动线圈固定在 $10(R)$ 处后，按照面板标示连接所有的信号线。检查无误后，开启电源。其中，V_{CC} 为巨磁阻传感器的工作电压；V_i 为巨磁阻传感器的输出电压。

（2）将传感器转盘的角度刻度转到 0 刻度上。将"切换开关"打到"V_{CC}"端，调节"电压调节"旋钮，使传感器的"工作电压"调到 5V，将"励磁电流"调到 500mA。静置 3min 后，"励磁电流"调到 0mA。

（3）将"切换开关"打到"V_i"端，按照表 3－16－1 中的参数，将"工作电压"分别调到 5V、10V、15V 进行灵敏度测量。（注意：每次改变巨磁阻工作电压后，传感器输出要重新调零）。如先将"工作电压"调到 5V，"励磁电流"调节到 0mA，"输入信号"调零。按照式(3－16－7)计算亥姆霍兹线圈磁感应强度，记录传感器电压输出值，计算 $\Delta U=U_i-U_{i-1}$，数据填在表格 3－16－1 中。

（4）交换亥姆霍兹线圈"励磁电流"的方向，即交换"励磁电流"的正负接线柱的位置，重复上述步骤(2)、(3)。

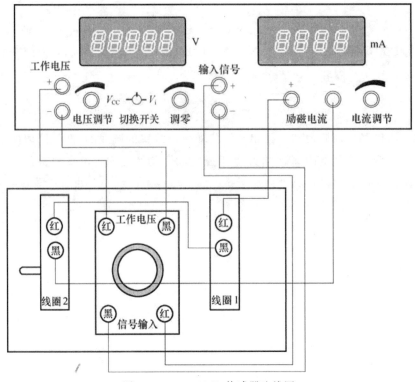

图 3—16—5　GMR 传感器连线图

（5）按照式（3—16—2）计算灵敏度。以亥姆霍兹线圈磁感应强度 B 为横坐标，以传感器输出的电压值 U_i 为纵坐标，画传感器的磁场电压输出曲线。

2. 巨磁阻传感器敏感轴与被测磁场间夹角与传感器灵敏度的关系

（1）将传感器转盘的角度刻度转到 0 刻度上。将"切换开关"打到"V_{cc}"端，调节"电压调节"旋钮，使传感器的"工作电压"调到 5V，将"励磁电流"调到 500mA。静置 3min 后，"励磁电流"调到 0mA。

（2）将传感器的"工作电压"分别调到 5V、10V、15V。将"切换开关"打到"V_i"端，输入信号调零，将励磁电流调到 50mA。顺时针或逆时针转到 θ 角度，按照表 3—16—1 测量灵敏度的方法，将对应的输出电压填入表 3—16—2，按照式（3—16—2）计算灵敏度。

3. 巨磁阻传感器的灵敏度与工作电压的关系

（1）传感器的"工作电压"调到 5V，将"励磁电流"调到 500mA。静置 3min 后，"励磁电流"调到 0mA。将"切换开关"打到"V_i"端，输入信号调零。参照表格 3—16—1，测量励磁电流 20～100mA 时的输出电压，计算传感器灵敏度的平均值。

（2）改变传感器的工作电压，按照式（3—16—2）计算传感器不同工作电压下的灵敏度，将数据填入表 3—16—3。

（3）根据测量数据绘制巨磁电阻传感器灵敏度与工作电压的关系曲线，观察其对应的关系。

【数据记录与处理】

1. 数据记录

表 3－16－1　传感器灵敏度数据记录表　　　工作电压＿＿＿＿＿＿V

序号	励磁电流 I/mA	线圈磁强度 B_0/Gs	输出电压 U/V	ΔU/V	S/(mV/(Gs·V))	S/(mV/(Gs·V))
0	0					
1	10					
2	20					
...	...					
30	300					

表 3－16－2　敏感轴与被测磁场间夹角与传感器灵敏度的关系

工作电压＝＿＿＿＿＿＿V　　I＝50mA

序号	θ/(°)	线圈磁强度 B_0	输出电压 U/V	S/(mV/(Gs·V))
0	60			
1	45			
2	30			
3	0			
4	30			
5	45			
6	60			

表 3－16－3　灵敏度与工作电压关系数据表

工作电压 V/V	5	6	7	...	15
灵敏度 S/(mV/(Gs·V))					

2. 数据处理

（1）根据表 3－16－1 数据,计算平均灵敏度,并分析产生较大误差的原因。

（2）参照表 3－16－2,观察传感器敏感轴与磁场间的夹角 θ 对应的传感器灵敏度 $S(\theta)$,与传感器敏感轴与磁场间的夹角 θ 为 0°时对应的传感器灵敏度 $S(0)$ 的关系,是否满足余弦关系。考虑到有地磁场的影响,会与理论值有一定的误差。

（3）根据表 3－16－3 数据,绘制巨磁电阻传感器灵敏度与工作电压的关系曲线,观察其对应的关系。

【注意事项】

1. 传感器的工作电压范围为 5～15V,典型值是 5V,不要超过 16.5V。

2. 每次改变巨磁阻工作电压后,传感器输出要重新调零。

3. 本实验仪器的励磁电流负载能力是 0～500mA,该电流已充分满足实验要求。由于磁阻传感器线性范围：－8.0～8.0Gs,饱和磁场 15Gs。亥姆霍兹线圈励磁电流到达一定值时,巨磁阻传感器输出已经饱和,输出变化很小,此时就不需要继续增大励磁电流了。通常励磁电流 $I \leqslant 300$mA。

4. 使用磁性传感器时,应尽量避免铁质材料和可疑产生磁性的材料在传感器附近出现。

注意我们实验室是自己产生磁场并进行测量,注意相互之间的距离,即仪器之间的磁串扰。

【思考题】

1. 传感器遇到强磁场时会产生饱和现象,此时其灵敏度是否会降低?
2. 把实验用亥姆霍兹线圈中心的磁感应强度提高100倍,有哪些方法?
3. 巨磁阻传感器和霍耳传感器在工作原理和使用方法上各有什么特点和区别?

实验十七　等厚干涉

光的干涉是重要的光学现象之一,它为光的波动性提供了重要的实验证据。当薄膜层的上、下表面有一个很小的倾角时,由同一光源发出的光,经薄膜的上、下表面反射后在上表面附近相遇时产生干涉,并且厚度相同的地方形成相同干涉条纹,这种干涉就叫等厚干涉。其中牛顿环和劈尖是等厚干涉两个最典型的例子。光的等厚干涉原理在生产实践中具有广泛的应用,它可用于测量光波波长,精确地测量微小物体的长度、厚度和角度,检测工件表面的光洁度和平整度及机械零件的内应力分布等。

【实验目的】

1. 观察等厚干涉现象,了解干涉的应用。
2. 掌握用牛顿环仪测定凸透镜曲率半径的原理和方法;学习用劈尖法测量细丝直径或薄片厚度。
3. 学习读数显微镜的使用方法。

【实验原理】

1. 牛顿环干涉

在一块平板玻璃片P上,放一曲率半径R很大的平凸透镜L,把它们装在框架F中,这样就组成了牛顿环仪,如图3-17-1所示。框架上有三个螺钉H,用来调节P和L的相对位置,以改变牛顿环的形状和位置。实验中尽可能将框架上的螺钉松开,以避免接触压力过大使平凸透镜或平板玻璃表面发生形变,甚至破裂。

在平凸透镜的凸面与玻璃片之间形成一个上表面是球面,下表面是平面的空气薄层,其厚度由中心接触点到边缘逐渐增大,等厚空气膜的轨迹是以接触点为中心的圆环。若以平行单色光S垂直照射时,经空气层上下表面反射的两束光线有光程差,在平凸透镜凸面相遇后,将发生干涉。用读数显微镜观察,便可以清楚地看到中心为一小暗斑,周围是明暗相间且宽度向外逐渐减小的许多同心圆环,如图3-17-2所示,此即等厚干涉条纹。这种等厚干涉条纹称为牛顿环。

由光路分析可知,与中心相距r处,由B、C两点反射的两束相干光的光程差为

$$\delta = 2e + \frac{\lambda}{2} \qquad (3-17-1)$$

式中:e为半径r处空气层的厚度;$\frac{\lambda}{2}$为附加光程差,它是由于光从光疏媒质射入光密媒质在

C 点反射时引起的半波损失。

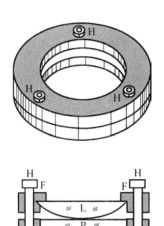

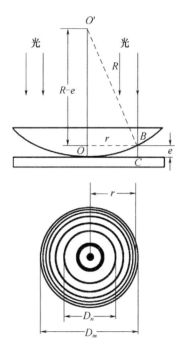

图 3—17—1 牛顿环装置   图 3—17—2 等厚干涉原理图

由式(3—17—1)可以看出,光程差 δ 取决于产生反射光的薄膜厚度,同一条干涉条纹所对应的空气膜厚度相同,故称为等厚干涉。

代入干涉条件公式得

$$\begin{cases} 2e+\dfrac{\lambda}{2}=k\lambda & (k=1,2,3,\cdots)\text{明纹} \\[2mm] 2e+\dfrac{\lambda}{2}=(2k+1)\dfrac{\lambda}{2} & (k=0,1,2,3,\cdots)\text{暗纹} \end{cases} \tag{3—17—2}$$

式中:k 为环纹的序号,又叫级数。从图 3—17—1 中的直角三角形 $OO'B$ 可知

$$r^2=R^2-(R-e)^2=2Re-e^2$$

式中:r 为牛顿环的半径;R 为透镜的曲率半径。

因为 $e\ll R$,故可略去二级微小量 e^2,于是有

$$e=\frac{r^2}{2R} \tag{3—17—3}$$

将式(3—17—3)与式(3—17—2)中暗环条件联立得

$$\delta=\frac{r_k^2}{R}+\frac{\lambda}{2}=(2k+1)\frac{\lambda}{2}$$

由此可解得第 k 级暗环的半径为

$$r_k^2=k\lambda R \qquad (k=0,1,2,\cdots) \tag{3—17—4}$$

式中:k 为干涉条纹的级数;r_k 为第 k 级暗纹的半径。上式表明,当 λ 已知时,只要测出第 k 级暗环的半径,就可计算出透镜的曲率半径 R;相反,当 R 已知时,即可计算出 λ。

公式(3−17−4)成立的条件是透镜与平板玻璃相切于一点,即 $e=0$ 时的情况。但实际上观察牛顿环时会发现,牛顿环中心不是一点,而是一个或明或暗的小圆斑。其原因是透镜和平板玻璃接触时,由于接触压力引起弹性形变,使接触处为一圆面,此时 $e<0$;或因镜面上可能有微小灰尘等存在,使得中心处 $e>0$,从而引起附加的光程差。所以用公式(3−17−4)很难准确地判定干涉级次 k,这会给测量带来较大的系统误差。因此实验中用以下方法来计算曲率半径 R。

我们通过测量距离中心较远的、比较清晰的两个暗环纹半径的平方差来消除附加光程差带来的误差。假定附加厚度为 b,由式(3−17−2)光程差满足暗条纹的条件为

$$\delta=2(e\pm b)+\frac{\lambda}{2}=(2k+1)\frac{\lambda}{2} \tag{3−17−5}$$

将式(3−17−5)代入式(3−17−3)得

$$r^2=k\lambda R\pm 2bR \tag{3−17−6}$$

上式是暗条纹半径满足的方程。取第 m、n 级暗条纹,由式(3−17−6)可得对应暗环半径为

$$\begin{cases} r_m^2=m\lambda R\pm 2bR \\ r_n^2=n\lambda R\pm 2bR \end{cases} \tag{3−17−7}$$

将两式相减,得

$$r_m^2-r_n^2=(m-n)R\lambda \tag{3−17−8}$$

由式(3−17−8)可见 $r_m^2-r_n^2$ 与附加厚度 b 无关。由于暗环圆心不易确定,故取暗环的直径替换,因而,透镜的曲率半径为

$$R=\frac{D_m^2-D_n^2}{4(m-n)\lambda} \tag{3−17−9}$$

此式为曲率半径 R 的计算公式。曲率半径 R 有以下特点:

(1) 曲率半径 R 与两环级数差 $m-n$ 有关,而不决定于级数本身。$m-n$ 值取得大些,可减少测量结果的不确定度。

(2) 在实验中牛顿环的中心较难确定。由图 3−17−3 所示,利用平面几何勾股定理可以证明,两同心圆直径平方差等于对应弦的平方差,即

$$(A'A)^2-(B'B)^2=(C'C)^2-(D'D)^2 \tag{3−17−10}$$

因此,测量时无须确定环心位置,只要测出同心暗环对应的弦长即可。

本实验已知入射光波长 $\lambda=589.3\text{nm}$,只要测出 D_m 和 D_n,就可求出透镜的曲率半径。

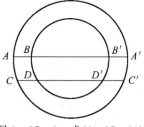

图 3−17−3　式(3−17−10)的证明图

2. 劈尖干涉

在劈尖架 F 上,把两块光学平板玻璃 P 叠放在一起,劈尖架 F 上有两个螺钉 H,用来固定劈尖架,在两平板玻璃中间的一端插入一薄片(或细丝),则在两平板玻璃片之间形成一个劈尖形状的空气薄膜,称为"劈尖"。如图 3−17−4(a)所示。当一束平行单色光垂直照射时,在此空气劈尖的上下两表面产生两束反射光,二者在上表面相遇后产生干涉,产生的干涉条纹是一簇与两玻璃板棱边相平行的、间隔相等、明暗相间的干涉直条纹,如图 3−17−4(b)、(c)所示,

它也是一种等厚干涉条纹。

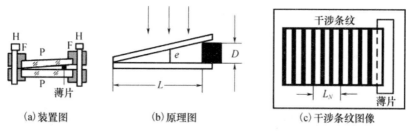

图 3-17-4　劈尖干涉测量厚度示意图

设单色光的波长为 λ，在空气劈尖厚度为 e 处产生干涉的两束光线的光程差为

$$\delta = 2e + \frac{\lambda}{2} \qquad (3-17-11)$$

根据光学的干涉理论，要形成暗条纹，上式应满足

$$\delta = 2e + \frac{\lambda}{2} = (2k+1)\frac{\lambda}{2} \qquad (k=0,1,2,\cdots) \qquad (3-17-12)$$

所以，第 k 级暗条纹处所对应薄膜的厚度 e 为

$$e = \frac{k\lambda}{2} \qquad (k=0,1,2,\cdots) \qquad (3-17-13)$$

当 $k=0$ 时，$e=0$，即在两玻璃板交界线处呈现零级暗条纹。若薄纸片处暗条纹级数为 N，由式(3-17-13)可求出待测物体的厚度 D 为

$$D = \frac{N\lambda}{2} \qquad (3-17-14)$$

由于 N 数目很大，实验测量不方便，可先测量出单位长度的暗条纹数 N_0 为

$$N_0 = \frac{n}{L_N} \qquad (3-17-15)$$

式中：n 个暗条纹间隔所对应的长度为 L_N，再测出两玻璃交线处至薄片的距离 L，如图 3-17-4(b)所示，则

$$N = N_0 L = \frac{nL}{L_N} \qquad (3-17-16)$$

将式(3-17-16)代入式(3-17-14)，就可计算出薄片(或细丝直径)的厚度 D

$$D = \frac{Ln\lambda}{2L_N} \qquad (3-17-17)$$

【实验内容】

1. 牛顿环

(1) 如图 3-17-5 所示，接通钠光灯电源，预热 5min 后，转动读数显微镜测微鼓轮转柄，使读数显微镜目镜对准牛顿环中央部分。

(2) 调节读数显微镜目镜，看清叉丝，使叉丝的一条刻线与标尺平行，然后调节物镜与钠灯的高度，直到能从显微镜中清楚地看到明暗相间的条纹，且条纹与叉丝无视差。

（3）测量前应将牛顿环调整在量程范围内，即转动读数显微镜上的测微鼓轮，使叉丝对准右 25 暗环，也能看清环纹，说明光路调好，牛顿环在量程内。

（4）用右手反转测微鼓轮，将十字叉丝移到右 25 暗环时再用右手正转，使叉丝开始向左推进。为了避免螺旋空转引起的误差，使目镜中叉丝均由右手靠近目的物，直到叉丝竖线压到第 20 暗环环纹中央（因环纹有一定宽度），记下此时读数显微镜的读数即该暗环标度 X_{20}。再缓慢转动副尺轮，使叉丝竖线依次对准第 20，19，18，…，5 等暗环环纹中央，记下每次暗环的标度 X_{20}，X_{19}，X_{18}，…，X_5。将数据记入表 3—17—1 中。

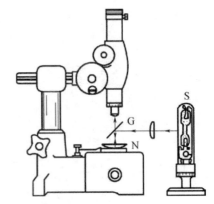

图 3—17—5　牛顿环测量装置图
G—透光反射镜；N—牛顿环（或劈尖）；S—钠灯。

（5）继续转动测微鼓轮，使叉丝竖线经过牛顿环中心暗斑到另一方（这时不需要记录读数，但仍要数环号，以核对环号是否有错），对准第 5 环～第 20 环，依次记下相应的标度 X_5'～X_{20}'。

2. 劈尖法测薄片厚度（细丝直径）

（1）将劈尖装置置于读数显微镜载物台上，使劈尖的有效长度在可测量范围内。

（2）调节读数显微镜目镜、物镜焦距，从目镜中看到明暗相间的干涉条纹。如果干涉条纹与两玻璃片交线不平行，则可能是劈尖压紧螺钉松紧不合适或薄片上有灰尘。适当调整压紧螺钉的松紧或者擦干净薄片，使干涉条纹与两玻璃片边缘平行。调整劈尖在工作台上的位置，使干涉条纹与十字叉丝的纵线平行。

（3）在劈尖中部干涉条纹清晰处，使十字叉丝竖线和某暗条纹中心相重合，记下读数显微镜初读数，然后每隔 1 个暗条纹读一次数，共计 10 个读数。用逐差法计算 L_N，其中 $n=10$。

（4）用游标卡尺从劈尖两侧面测量劈尖有效长度 L，即从两玻璃片交线处到薄片边缘的距离，如图 3—17—4(b)所示，测量多次求平均值。

（5）根据式（3—17—17）计算薄片厚度 D。

【数据记录与处理】

1. 记录数据

（1）牛顿环数据记录。

表 3—17—1　牛顿环直径测量数据记录表　　　　　　（单位：mm）

级数 m	读数 x		直径 D_m	级数 n	读数 x		直径 D_n	$D_m^2 - D_n^2$	$\overline{D_m^2 - D_n^2}$
	左	右			左	右			
20				10					
19				9					
18				8					
17				7					
16				6					
15				5					

（2）劈尖测薄片数据记录。

数据记录表格自拟。

2. 数据处理

（1）用逐差法处理牛顿环数据。求出平凸透镜曲率半径 R 的平均值，计算凸透镜曲率半径的不确定度，写出测量结果表达式。

（2）用逐差法处理薄片厚度数据。求出薄片厚度的平均值，计算薄片厚度的不确定度，写出测量结果表达式。

【注意事项】

1. 使用读数显微镜时，为了避免鼓轮"空转"而引起的回程差，在每次测量中，鼓轮只能向一个方向转动，中途不可倒转。稍有反转，因为"回程差"将使全部数据作废。

2. 取放牛顿环和劈尖装置时，不要用手触摸光学面。如有尘埃时，应用专用揩镜纸轻轻揩擦。实验中要轻拿轻放以免摔坏。

3. 读数显微镜在调节镜筒焦距过程中应缓慢移动，以避免 45°透光反射镜与牛顿环相碰。

4. 牛顿环仪上的 3 支螺丝不要拧得过紧，以免发生形变，严重时会损坏牛顿环仪。实验完毕应将牛顿环仪上的三个螺丝松开。

5. 由于计算时只需知道环数差 $m-n$，因此哪一条暗环作为第一环可以任意选定，一旦选定，在整个测量过程中不能再改变。

【思考题】

1. 为什么牛顿环离中心越远，条纹越密？

2. 如果牛顿环中心不是一个暗斑，而是一个亮斑，这是什么原因引起的？对测量有无影响？

3. 从牛顿环仪透射出到环底的光能形成干涉条纹吗？如果能形成干涉环，则与反射光形成的条纹有何不同？

4. 实验中为什么要测牛顿环直径，而不测其半径？

5. 如何用劈尖干涉现象检验光学平面的表面质量？

实验十八 迈克尔逊干涉仪的调节和使用

1881 年美国物理学家迈克尔逊（A.A.Michelson,1852—1931）为测量光速，依据分振幅产生双光束实现干涉的原理精心设计了这种干涉测量装置。用它可以观察光的干涉现象（包括等倾干涉条纹、等厚干涉条纹、白光干涉条纹），也可以研究许多物理因素对光的传播的影响，同时还可以测定单色光的波长，光源的相干长度以及透明介质的折射率等。1887 年迈克尔逊和莫雷（E.W.Morley）用此仪器完成了在相对论研究中有重要意义的"以太"漂移实验。实验结果否定了"以太"的存在，解决了当时关于"以太"的争论，并为爱因斯坦发现相对论提供了实验依据。迈克尔逊干涉仪设计精巧、应用广泛，许多现代干

迈克尔逊（A.A.Michelson）

涉仪都是由它衍生发展出来的。

迈克尔逊因用精密光学仪器所作的精密计量和光谱研究而获得 1907 年诺贝尔物理学奖。

【实验目的】

1. 了解迈克尔逊干涉仪的干涉原理和迈克尔逊干涉仪的结构,学习其调节方法。
2. 观察定域和非定域干涉条纹,测量激光的波长。
3. 测量钠光双线的波长差。
4. 学习用逐差法处理实验数据。

【实验仪器】

迈克尔逊干涉仪,He—Ne 激光器,钠光灯,白炽灯,毛玻璃屏,扩束镜等。

迈克尔逊干涉仪的光路图如图 3—18—1 和实物图如图 3—18—2 所示。M_1、M_2 是一对精密磨光的平面反射镜,M_2 的位置是固定的,M_1 可沿导轨前后移动。G_1、G_2 是厚度和折射率都完全相同的一对平行玻璃板,与 M_1、M_2 均成 45°角。G_1 的一个表面镀有半反射、半透射膜 P,使射到其上的光线分为光强度差不多相等的反射光①和透射光②,故 G_1 又称为分光板。G_2 与 G_1 平行放置。当光照到 G_1 上时,在半透膜上分成相互垂直的两束光,透射光②射到 M_2,经 M_2 反射后,透过 G_2,在 G_1 的半透膜上反射后射向 E;反射光①射到 M_1,经 M_1 反射后,透过 G_1 射向 E。由于光线①前后共通过 G_1 三次,而光线②只通过 G_1 一次,有了 G_2,它们在玻璃中的

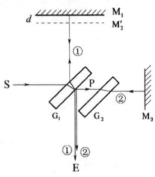

图 3—18—1 迈克尔逊
干涉仪光路图

光程便相等了,于是计算这两束光的光程差时,只需计算两束光在空气中的光程差就可以了,所以 G_2 称为补偿板。当观察者从 E 处向 G_1 看去时,除直接看到 M_1 外还看到 M_2 的像 M_2'。于是①、②两束光如同从 M_1 与 M_2' 反射来的,因此迈克尔逊干涉仪中所产生的干涉和 $M_1\sim M_2'$ 间"形成"的空气薄膜的干涉等效。

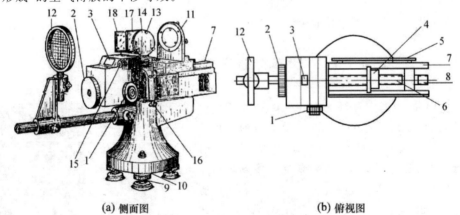

(a) 侧面图   (b) 俯视图

图 3—18—2 迈克尔逊干涉仪结构图

1—微调手轮;2—粗调手轮;3—粗调手轮读数窗口;4—丝杆啮合螺母;5—毫米刻度尺;6—丝杆;

7—导轨;8—丝杆顶进螺帽;9—调平螺丝;10—锁紧螺丝;11—可动镜 M_1;12—观察屏;

13—倾度微调;14—固定镜 M_2;15—水平微调螺丝;16—竖直微调螺丝;17—补偿板 G_2;18—分光板 G_1。

反射镜 M_1 的移动采用蜗轮蜗杆传动系统,通过支座下的拖板与一精密丝杆相连,转动粗调手轮或微调手轮,可转动丝杆,使 M_1 在导轨上沿丝杆的轴向前或向后移动。M_1 的位置读数由导轨毫米刻度尺、粗调手轮读数窗口刻度盘和微调手轮三部分组成。导轨左侧的标尺分度值为 1mm;粗调手轮读数窗读数,分度值为 0.01mm;微调手轮分度值 0.0001mm,可估读到 0.00001mm。三者读数之和为 M_1 位置坐标数。读数范例见图 3－18－3。M_1、M_2 背后有三个螺丝,用来调节镜面的方位。平面镜 M_2 不能移动,通过其背后的方位调节螺丝可调到与 M_1 垂直。M_2 水平方向的微调螺丝可使 M_2 在水平方向转过一个微小的角度,干涉条纹在水平方向微动;M_2 竖直方向的微调螺丝可使 M_2 在垂直方向转过一个微小的角度,干涉条纹上下微动。

（a）毫米刻度尺　　　（b）粗调手轮读数窗口　　　（c）微调手轮

图 3－18－3　迈克尔逊干涉仪读数系统范例(读数为 31.49426mm)

需要注意,转动微调手轮时,粗调手轮随之转动;但在转动粗调手轮时,微调手轮并不随之转动,因此在读数前必须调整零点。

【实验原理】

用迈克尔逊干涉仪可观察非定域干涉和定域干涉,这取决于光源的性质。定域干涉又可以分为等倾干涉和等厚干涉,这取决于 M_1 和 M_2 是否垂直。

1. 点光源产生的非定域干涉图像

激光器发出的光,经凸透镜 L 后汇聚 S 点,S 点可视为一个点光源。从光源 S 发出的光经平面反射镜 M_1 和 M_2 反射后,相当于是由两个虚光源 S_1' 和 S_2' 发出的干涉光束如图 3－18－4 所示。其中,S' 是 S 的等效光源,是经半反射面 P 所成的虚像,S_1' 是 S' 经 M_1 所成的虚像。S_2' 是 S' 经 M_2' 所成的虚像。根据几何光学,S_1' 与 S_2' 间的距离为 M_1 和 M_2' 的距离 d 的两倍,即 $S_1'S_2'$ 等于 $2d$。由图 3－18－4 中可知,虚光源 S_1' 和 S_2' 发出的球面波在它们相遇的空间处处相干,即只要观察屏放在两点光源发出光波的重叠区域内,都能看到干涉现象。因此,这种干涉称为非定域干涉现象。

若用平面屏观察干涉花样,在不同的地点的不同方向可以观察到圆、椭圆、双曲线、直线等不同形

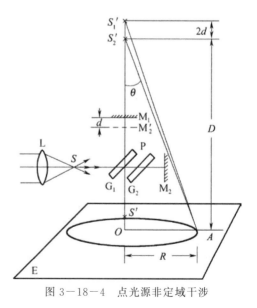

图 3－18－4　点光源非定域干涉

状的干涉图样。在迈克尔逊干涉仪的实际情况下,由于干涉光是由平面镜反射成的虚光源发出的,因而放置观察屏的空间是有限的,只有圆型和椭圆型干涉条纹容易出现。通常把观察屏 E 垂直于连线 $S'_1S'_2$ 放置,则对应的干涉图样是一组同心圆,圆心 O 就是 S'_1 和 S'_2 连线与屏的交点。

下面分析非定域干涉条纹的特点。

如图 3－18－4 所示,虚光源 S'_1、S'_2 到屏上任一点 A 的两条光线的程差为$\delta＝S'_1A－S'_2A$。一般情况下,θ 较小,且 $D\gg d$,可以证明

$$\delta＝2d\cos\theta \qquad (3－18－1)$$

根据干涉条件

$$\delta＝2d\cos\theta\begin{cases}k\lambda & \text{(明纹)}\\(2k+1)\lambda/2 & \text{(暗纹)}\end{cases} \qquad (3－18－2)$$

式中:k 为干涉条纹的级次;λ 为光的波长。这种由点光源产生的圆环状干涉条纹,无论将观察屏 E 沿着 $S'_1S'_2$ 方向移动到什么位置都可以看到。

由式(3－18－2)可知非定域干涉有如下特点:

(1) d、λ 一定时,若 $\theta＝0$,光程差 $\delta＝2d$ 最大,即圆心所对应的干涉级次最高,从圆心向外的干涉级次依次降低(与牛顿环的干涉相反)。

(2) k、λ 一定时,d 若增大,θ 随之增大,则条纹的半径也增大。即为保持 δ 不变,圆环一个个从中心"涌出"后向外扩张,干涉圆环的间隔变小,看上去条纹变细变密;反之,当 d 减小时,θ 随之减小,条纹的半径也减小,圆环向中心处逐渐收缩,最后"淹没"在中心处,干涉条纹变粗变疏。

(3) 对 $\theta＝0$ 的明条纹,有:$\delta＝2d＝k\lambda$,可见每"涌出"或"淹没"一个圆环,相当于 $S'_1S'_2$ 的光程差改变了一个波长 λ。当 d 变化了 Δd 时,相应地"涌出"(或"淹没")的环数为 N,则

$$\delta＝2\Delta d＝N\lambda$$

即

$$\lambda＝2\Delta d/N \qquad (3－18－3)$$

从迈克尔逊干涉仪的读数系统上测出 M_1 移动的距离 Δd,并数出相应的"涌出"或"淹没"环数 N,就可以求出光的波长 λ。

2. 用扩展光源产生的定域干涉图样

当在扩束透镜和分光板之间加一毛玻璃,或者钠灯和分光板之间加一毛玻璃,从毛玻璃射出的光可作为扩展的面光源,这时只能获得定域干涉。定域干涉条纹的形状和定域的位置取决于 M_1、M_2 的位置和取向,可分为等倾干涉和等厚干涉。

(1) 等倾干涉。

当 M_1、M'_2 完全平行时,从扩展光源 S 发出入射角为 θ 的光线经 M_1 和 M'_2 反射形成的光束(1)和(2)互相平行,在无穷远处相交产生干涉。如图 3－18－5 和图 3－18－6 所示,若在 E 处放置凸透镜(或用眼睛看),两束光汇聚在焦平面上形成干涉图像,这两条光束的光程差 δ 为

$$\delta＝AB+BC－AD＝\frac{2d}{\cos\theta}－2d\tan\theta\cdot\sin\theta＝2d\cos\theta \qquad (3－18－4)$$

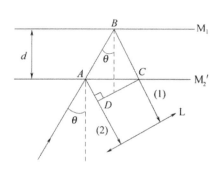

图3－18－5　等倾干涉光程差计算图

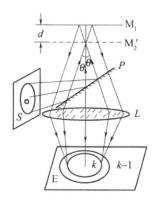

图3－18－6　等倾干涉光路图

由式（3－18－4）可知，当 M_1 和 M_2' 的距离 d 一定时，所有入射角相同的光束都有相同的光程差，干涉情况完全相同，入射角不同的光，在透镜焦平面上汇聚于不同的位置。这时在透镜焦平面上看到的干涉条纹是一系列与不同入射角 θ 相对应的明暗相间的同心圆环，这种干涉条纹的相长、相消取决于光线入射角 θ 的干涉称为等倾干涉。干涉圆环条件

$$\delta = 2d\cos\theta = \begin{cases} k\lambda & \text{（明环）} \\ (2k+1)\lambda/2 & \text{（暗环）} \end{cases} \qquad (3-18-5)$$

和非定域干涉花样类似，等倾干涉的花样中，干涉级别以圆心为最高。当眼睛盯着第 k 级明环不放，改变 M_1 的位置，使其间隔 d 增大，但要保持 $2d\cos\theta = k\lambda$ 不变，则必须以减小 $\cos\theta$ 来实现，因此 θ 必须增大——这就意味着干涉条纹从中心向外"涌出"，条纹变细变密；反之当 d 减小时，则 $\cos\theta$ 必然增大，这就意味着 θ 减小，所以相当于干涉圆环一个一个地向中心"淹没"，条纹变粗变稀，如图3－18－7所示。在圆环中心 $\theta = 0$，故 $2d = k\lambda$。由此可见，每"涌出"或"淹没"一个圆环，相当于光程差改变了一个波长 λ。据此可测定光波的波长及微小长度。

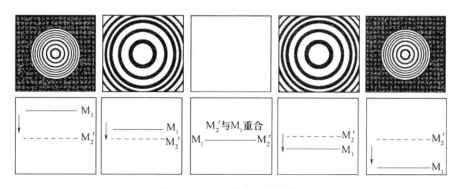

图3－18－7　等倾干涉图像

（2）等厚干涉和白光干涉。

当 M_1 和 M_2 不垂直，也就是 M_1、M_2' 不平行而是有一个很小的夹角 α 时，如图3－18－8所示，M_1、M_2' 之间形成空气劈尖，用扩展光源 S 发出的不同方向光线（1）和（2），经 M_1、M_2' 反射后在镜面附近相交，产生等厚干涉条纹，定域在镜面附近。若用眼睛观测，应将眼睛聚焦在

M_1 附近,也可用透镜观察到干涉条纹。当夹角 α 很小时,光线(1)和(2)的光程差仍然可以近似的用 $\delta = 2d\cos\theta$ 表示。其中,d 为观察点空气层的厚度,θ 仍为入射角。如果入射角 θ 很小且夹角 α 也很小时

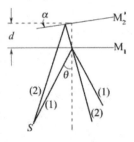

$$\delta = 2d\cos\theta = 2d\left(1 - 2\sin^2\frac{\theta}{2}\right) = 2d\left(1 - \frac{\theta^2}{2}\right) = 2d - d\theta^2$$

$$(3-18-6)$$

图 3-18-8　等厚干涉原理

由上式可见,等厚干涉实际上是一种与入射角和空气层厚度有关的干涉。

当 M_1 和 M_2' 相交时,在交棱上的 $d=0$,则 $\delta=0$,考虑到光线在不同界面产生反射时的半波损失,故在交线处为暗条纹,称为中央条纹,在交棱两侧是两个劈尖干涉。在交棱附近,δ 中第二项 $d\theta^2$ 可以忽略,光程差主要决定于厚度 d,所以在空气劈尖上厚度相同的地方光程差相同,观察到干涉条纹是平行于两镜交棱的等间隔的直线条纹。在远离交棱处,$d\theta^2$ 项(与波长大小可比)的作用不能忽视,而同一条干涉条纹上光程差相等,为使 $\delta = 2d(1 - \theta^2/2) = k\lambda$ 相等,必须用增大 d 来补偿由于 θ 的增大而引起的光程差的减小,所以干涉条纹在 θ 逐渐增大的地方要向 d 增大的方向移动,使得干涉条纹逐渐变成弧形,而且条纹弯曲的方向是凸向两镜交棱的方向,即弯曲的方向是凸向中央条纹。离交棱越远,d 越大,条纹越弯曲,如图 3-18-9 所示。

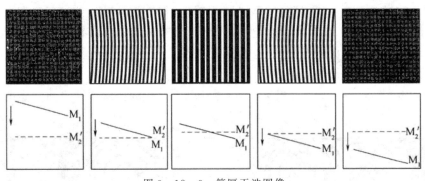

图 3-18-9　等厚干涉图像

等厚干涉中,若改用白光照射,由于白光是复色光,而干涉条纹的明暗决定于光程差 δ 与照明光源的波长 λ 间的关系。因此,只有在 $d=0$ 的对应位置上,各种波长的光到达屏上时,光程差均为 $\delta=0$,由于存在反射半波损失,所以中央条纹是一直线暗条纹,在它的两旁分布有几条彩色的直条纹。极大和极小很明显。稍远处,由于不同波长、不同级次的明暗纹相互重叠,便看不清干涉条纹了。由于白光等厚干涉条纹能准确确定等光程位置,因此,利用迈克尔逊干涉仪可以测定透明薄片的厚度,也可以测量气体的折射率。

3. 钠黄光双线波长差的测量

一般光学实验中所用的单色光源发出的光不是绝对单色光,只能说近似于单色光,即使是单色性很好的激光光源,它辐射的光波也有一定的波长范围 $\Delta\lambda$,只是较其他光源的 $\Delta\lambda$ 小而已。实验所用的钠光灯,其光强最强的谱线有两条,一条波长为 $\lambda_1 = 589.6\text{nm}$,另一条

波长为 $\lambda_2=589.0\text{nm}$。其产生的等倾干涉条纹是两波长的光分别产生干涉条纹叠加在一起的图样。

由于 λ_1 与 λ_2 十分接近,两组干涉条纹的间距也十分接近。当 M_1、M_2' 之间距离 d 为某个值时,恰好使 λ_1 的干涉亮纹与 λ_2 的干涉亮纹重合,λ_1 的暗纹与 λ_2 的暗纹重合。叠加结果图样明暗分明,条纹清晰,反差大。如果改变 d,使 λ_1 的干涉亮纹与 λ_2 的干涉暗纹重合,叠加后视场内光强较弱,即条纹清晰度最低,几乎看不出条纹的存在。

当连续改变 M_1 和 M_2' 之间的距离 d 时,分振幅得到的相干光的光程差连续变化,交替地满足上述两种条件,因此使等倾干涉整个图样的清晰度发生周期性地变化。利用干涉图样清晰度周期性地变化可以测量钠光灯两波长的差值 $\Delta\lambda$,下面导出测量公式。

设 M_1 与 M_2' 的间距为 d_1 时,在同一位置,当 λ_1 的第 k_1 级亮纹和 λ_2 的第 k_2 级暗纹相重合时,叠加而成的干涉条纹就变得模糊不清(即清晰度最低),设 $\lambda_1>\lambda_2$,此时光程差满足

$$2d_1=k_1\lambda_1=\left(k_2+\frac{1}{2}\right)\lambda_2 \tag{3-18-7}$$

继续同方向移动 M_1 改变 d,两套条纹相对移动,当两套条纹叠加的干涉条纹再次变得模糊不清时,M_1 与 M_2' 的间距为 d_2,光程差满足

$$2d_2=(k_1+m)\lambda_1=\left[k_2+(m+1)+\frac{1}{2}\right]\lambda_2 \tag{3-18-8}$$

式中:m 为 M_1 与 M_2' 间距从 d_1 变到 d_2 时,"涌出"或"淹没"的条纹数。式(3-18-8)减去式(3-18-7)可得

$$2(d_2-d_1)=m\lambda_1=(m+1)\lambda_2$$

则 λ_1 和 λ_2 的波长差为

$$\Delta\lambda=\lambda_1-\lambda_2=\frac{\lambda_1\lambda_2}{2\Delta d} \tag{3-18-9}$$

当 λ_1 和 λ_2 的波长差相差很小时,$\sqrt{\lambda_1\lambda_2}=\frac{\lambda_1+\lambda_2}{2}=\bar{\lambda}$,则由式(3-18-9)可得

$$\Delta\lambda=\lambda_1-\lambda_2=\frac{\bar{\lambda}^2}{2\Delta d} \tag{3-18-10}$$

式中:$\Delta d=d_2-d_1$ 为相邻两次清晰度最低时,动镜 M_1 移动的距离,可由干涉仪测出。$\bar{\lambda}$ 取 589.3nm,由式(3-18-10)可计算出两种波长 λ_1 和 λ_2 的波长差 $\Delta\lambda$。

【实验内容】

1. 光源调节和观察激光非定域干涉

(1) 迈克尔逊干涉仪是一种精密、贵重的光学测量仪器,因此必须在熟读课本的基础上,了解仪器的结构原理和各个旋钮的作用,才能动手调节、使用。

(2) 放置好激光光源使光源和分光板 G_1,补偿板 G_2 及反射镜 M_2 中心大致等高,且三者连线大致垂直于 M_2 镜;转动粗调手轮,尽量使 M_1、M_2 距分光板 G_1 后表面的距离相等。将激光直接照射到分光板中部,调节 M_1、M_2 背后的三个螺丝,从观察屏上看到 M_1 镜中的两组反射点的最亮点重合,这时 M_1 和 M_2 就互相垂直。

(3) 在 He-Ne 激光器的实际光路中加入扩束镜(短焦距透镜),使扩束光照在分光板 G_1

上,此时在屏上一般会出现干涉圆环。若眼睛上下或左右晃动观察时看到有条纹"涌出"或"淹没",则需细调 M_2 镜水平微调螺丝和竖直微调螺丝,直到眼睛晃动观察时无条纹移动,说明 M_1 和 M_2 完全垂直。这时能在观察屏上看到位置适中、清晰可辨的圆环状非定域干涉条纹。如果没有出现干涉条纹,应该移走扩束镜,从头再调。

(4)观察条纹变化,熟悉仪器的使用。转动干涉仪的微调手轮,观察条纹的"涌出"或"淹没",判别 M_1 与 M_2' 之间的距离 d 是变大还是变小,观察条纹粗细、疏密情况,判断 d 是较大还是较小,并解释条纹的粗细、疏密与 d 的关系。待操作熟练之后,准备测量。

2. 测量激光波长

(1)读数系统的调整。转动微调手轮,粗调手轮会随之转动,但转动粗调手轮时,微调手轮并不随之转动。为了避免空程差,在整个测量过程中只能以同方向转动微调手轮使 M_1 镜移动,不能反向转动微调手轮,更不能直接转动粗调手轮。并且开始测量前应将微调手轮转动若干周,直到干涉条纹稳定"涌出"或"淹没"后方可开始计数测量。

(2)用非定域干涉条纹测激光波长。完成上述调整后,缓慢转动微调手轮让调好的非定域干涉条纹"涌出"或"淹没"。当干涉条纹中心最亮时,记下 M_1 镜位置读数 d_0,然后继续缓慢转动微调手轮,当干涉条纹涌出(或淹没)的条纹数 $\Delta N = 50$ 时,再记下 M_1 镜位置读数 d_{50}。将测量数值填入表(3-18-1)中,重复测量6次。

(3)根据式(3-18-3)计算出波长 λ。

3. 等倾条纹的调节和观察(以下内容选做)

非定域干涉条纹测激光波长做好后,调节 M_1 镜的位置使观察屏上的同心圆条环最大,且圆心在亮斑中心。然后在扩束镜和分光板之间放一面毛玻璃,使激光束经透镜发出的球面波漫射成为扩展的面光源(或者用钠光灯作为光源,在钠灯光源外罩放置一面毛玻璃,从毛玻璃射出的光可作为扩展的面光源)。向 M_1 镜方向观察,便可直接看到等倾条纹。进一步调节 M_2 微调螺钉,直到上下移动眼睛时,各圆环的大小不变,仅仅是圆心随眼睛移动而移动,并且干涉条纹反差大,此时 M_1 与 M_2' 完全平行。此时,我们看到的就是严格的等倾条纹。

移动 M_1 镜,观察条纹粗细和间距随光程差增加的变化规律,在实验报告上说明并讨论。

4. 等厚条纹的调节和观察

在实验步骤3的基础上,微微转动 M_2 的微调螺钉,此时 M_1 与 M_2' 不再平行,等倾圆环被破坏,再转动粗调手轮,使 M_1 前后移动,减少光程差,使 $d \to 0$,则逐渐可以看到等倾干涉条纹的曲率由大变小(条纹慢慢变直),再由小变大(条纹反向弯曲变成等倾条纹)的全过程。观察干涉条纹的变化规律,记录条纹的形状、粗细、疏密如何随 M_1 的位置而变,在实验报告上说明并讨论。

5. 测量钠光双线波长差

(1)以钠灯光作为光源调出等倾干涉条纹。调整方法:在钠灯光源外罩放置一面毛玻璃,从毛玻璃射出的光可作为扩展的面光源。在毛玻璃屏与分光镜 P 之间放一叉线(或指针),沿动镜 M_1 的方向进行观察,如果仪器未调好,则在视场中将见到叉丝(或指针)的双影,这时必须调节 M_2 镜后的微调螺钉,以改变 M_1 和 M_2 镜面的方位,直到双影完全重合。一般来说,这时即可出现干涉条纹,再仔细、慢慢地调节 M_2 镜下的水平微调螺丝和竖直微调螺丝,使条纹成圆形。

(2)"清晰度最差处"的判断。为使判断尽可能准确,在正式测量前可在第一次看到清晰

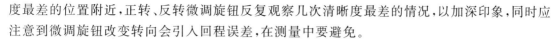

度最差的位置附近,正转、反转微调旋钮反复观察几次清晰度最差的情况,以加深印象,同时应注意到微调旋钮改变转向会引入回程误差,在测量中要避免。

（3）测量双线波长差。把等倾干涉条纹调好后,缓慢移动 M_1 镜,使视场中心的清晰度最小,记下镜 M_1 的位置 d_1,再沿原来方向移动 M_1 镜,使视场中心的清晰度由最小到最大再到最小,记下 M_1 镜的位置 d_2,即得到: $\Delta d = d_2 - d_1$。

（4）按上述步骤连续测出 10 个清晰度最差时 M_1 镜位置,并随时检查这些数据是否近似成等差数列。将数据填入表 3—18—2 中。

【数据记录与处理】

1. 数据记录

（1）激光波长测量数据记录。

表 3—18—1　激光波长测量数据记录表

次数	ΔN	d_0/mm	d_{50}/mm	Δd/mm	$\lambda_i/10^{-6}$ mm
1					
2					
3					
4					
5					
6					

（2）钠黄光双线波长差测量数据记录。

表 3—18—2　视场清晰度最差时的 M_1 的位置　　　　　（单位:mm）

测量次数 i	1	2	3	4	5
d_i					
测量次数 $i+5$	6	7	8	9	10
d_{i+5}					
$5\Delta d$					
$\overline{\Delta d}$					

2. 数据处理

（1）激光波长测量数据处理。

① 根据式（3—18—3）计算激光波长的平均值,计算波长不确定度,写出测量结果表达式。

② 已知激光波长标准值 $\lambda = 632.81$ nm,与标准值比较,求出相对误差。

（2）钠黄光双线波长差测量数据处理。

根据式（3—18—10）,用逐差法求出钠黄光的双线波长差 $\Delta\lambda$,已知 $\overline{\lambda} = 589.3$ nm;与标准值 $\Delta\lambda_{标} = 0.597$ nm 比较,求出相对误差。

【注意事项】

迈克尔逊干涉仪是精密光学仪器,使用中一定要小心爱护,要认真做到:

1. 切勿用手触摸光学表面,防止汗液粘到光学表面上。

2. 调节螺钉和转动手轮时,一定要轻、慢,决不允许强扭硬扳。反射镜背后的粗调螺钉不可旋得太紧,以防止镜面变形。调整反射镜背后粗调螺钉时,先要把微调螺钉调在中间位置,以便能在两个方向上作微调。仪器上所有锁紧螺钉、锁紧螺母不能拧得过紧。

3. 测量中,转动手轮只能缓慢地沿一个方向前进(或后退),否则会引起较大的空回误差。

4. 激光器电源应平稳放置,避免触及其输出电极。

5. 不要用眼睛直接观看激光。

【思考题】

1. 迈克尔逊干涉仪是怎么产生两相干光的?其光程差和什么因素有关?

2. 迈克尔逊干涉仪产生的等倾干涉条纹与牛顿环有何不同?

3. 是否所有圆条纹都是等倾干涉?你能举出哪些圆条纹不是等倾干涉吗?

4. 在什么条件下产生等倾干涉条纹?什么条件下产生等厚干涉条纹?

5. 如何避免测量过程中的空程差?为什么要进行多次测量?

实验十九　光的偏振实验

在光学发展历史上,19世纪是光的波动说大发展的时代。1801年,英国物理学家托马斯·杨做了光的双缝干涉实验,使光的波动说有了新的发展。1808年,法国物理学家马吕斯(E. L. Malus,1775—1812)利用冰洲石观看被玻璃反射的太阳光,发现了光在晶体中的双折射现象,他因此提出"偏振"概念。1812年苏格兰物理学家布儒斯特研究光在介质界面反射情况,他发现当入射角的正切等于介质的相对折射率时,反射光线将变为线偏振光。

光的干涉和衍射现象说明了光的波动性,但不能说明光波是纵波还是横波,而光的偏振特性表明光波是一种横波。1855—1865年,英国物理学家麦克斯韦(J.C. Maxwell,1831—1879)创立了电磁场理论,从理论上揭示了光波是一种电磁波,电磁波是横波。

马吕斯(E. L. Malus)

在波动光学中,光的偏振性比光的干涉和衍射的性质更为抽象。人眼和一般的光探测器若不借助于专门的器件和方法,无法直接观察或识别光束的偏振状态,正因如此,偏光技术的发展一直比较缓慢。自20世纪60年代起,特别在激光技术、光纤通信技术问世以后,偏光技术作为整个应用光学技术领域的一个分支学科得到了飞速发展,其应用范围几乎涉及所有与光学技术有关的学科领域,尤其是激光偏光器件及应用技术的发展速度更快。目前,偏光技术已成为光学检测、计量和光学信息处理的一种专门化手段,它在相关测量、光开关、光控制、外差探测、薄膜参数测量、生物细胞荧光测量、图像识别等许多技术领域已得到广泛应用。本实验的目的是借助偏振片等设备来观测偏振光,以加深对光偏振现象的认识和理解。

【实验目的】

1. 观察光的偏振现象,加深对光波传播规律的认识。
2. 掌握产生和检验偏振光的原理和方法。
3. 验证马吕斯定律。
4. 了解波片的作用,观察圆偏振光和椭圆偏振光。

【实验原理】

1. 偏振光的基本概念

光是电磁波,光波中电振动矢量 E 和磁振动矢量 H 都与传播方向垂直,因此光波是横波。实验表明,引起视觉和化学反应的是电振动矢量 E,所以又称电矢量为光矢量。通常把光可分为五种偏振状态,即自然光、线偏振光、部分偏振光、圆偏振光和椭圆偏振光,其中圆偏振光又可看做椭圆偏振光的特例。

一般光源发光是由大量分子或原子辐射出来的电磁波的混合波,由于分子或原子运动的独立性和随机性,光矢量没有哪个方向特别占优势,在垂直于传播方向上的各方向分布几率相等,这种光称为自然光。自然光经反射、折射和吸收后,光矢量的振动方向始终在某一确定方位的光称为平面偏振光或线偏振光。偏振光的振动方向与传播方向组成的平面,叫做振动面。若某一方向的光矢量比与之相垂直方向上的光矢量占优势,这种光叫部分偏振光。若偏振光的光矢量末端在垂直于传播方向的平面上运动的轨迹呈椭圆或圆形,这种光叫椭圆偏振光或圆偏振光。

自然光可用振幅相等、振动方向互相垂直的两个平面偏振光来表示。自然光、平面偏振光和部分偏振光的表示方法如图 3—19—1 所示。

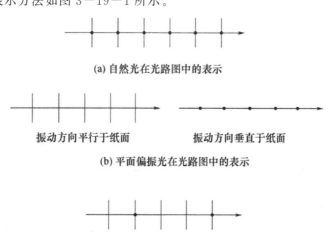

(a) 自然光在光路图中的表示

振动方向平行于纸面   振动方向垂直于纸面

(b) 平面偏振光在光路图中的表示

(c) 部分偏振光在光路图中的表示

图 3—19—1　自然光与偏振光的表示方法

2. 线偏振光的获得

(1) 反射光产生偏振光与布儒斯特定律。

当自然光斜入射到两种介质分界面时,反射光和折射光一般都是部分偏振光,如图 3—19—2(a)所示。图中以短线表示平行于入射面的光振动,圆点表示垂直于入射面的光振动,圆点和短线的数量表示偏振程度。反射光和折射光的偏振程度与入射角 i 有关。设两介质折射率分别为 n_0 和 n,当入射角 i 和折射角 r 满足 $i+r=90°$ 时,反射光为完全偏振光,即只有与入射面垂直的光振动,而折射光为部分偏振光,即垂直于入射面的光振动小于平行于入射面的振动分量。如图 3-19-2(b)所示,此时入射角若用 i_B 表示,则 $i_B=90°-r$,i_B 称为起偏角或布儒斯特角,满足方程

$$\tan i_B = \frac{n}{n_0} \tag{3-19-1}$$

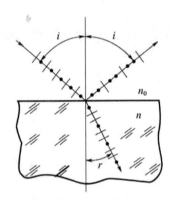 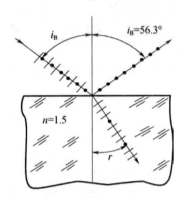

(a) 反射光和折射光均为部分偏振光   (b) 反射光为线偏振光

图 3-19-2 反射光的偏振

这就是布儒斯特定律。利用这个关系可通过测量 i_B 来测定介质的折射率。对于从空气入射折射率为 1.5 的玻璃而言,$n_0=1$,则 $i_B=56.3°$。

当光波的入射角为布儒斯特角时,虽然反射光为全偏振光,但反射率很低(例如,空气和玻璃界面,反射光强约为入射光强的 8%)。对折射光而言,平行于入射面的振动分量全部透过界面,而垂直于入射面的振动分量仅一小部分被反射,大部分也透过了界面,所以只是偏振化程度不高的部分偏振光。如果用许多平行的薄玻璃片组成玻璃片堆,让光波多次反射,就不仅能使反射产生的偏振光加强,也能使折射光更接近于完全的线偏振光。

(2) 双折射晶体产生偏振光。

当一束光入射到各向同性的介质(如玻璃、水等)的表面时,它将按折射定律沿某一方向折射,这就是一般的折射现象。如果光射到各向异性的介质(如方解石、冰洲石等)表面时,晶体内产生两束折射光,这就是晶体的双折射现象。产生的两束折射光均为平面偏振光,且偏振方向垂直,如图 3-19-3 所示。其中一束光按照折射定律所确定的方向在晶体中前进,称为寻常光,简称 o 光;另一束光偏离该方向前进,它不遵守折射定律,称为非常光,简称 e 光。此外,这两束光除了前进方向不同外,它们的传输速率也是不同的。

对单轴晶体,它存在一个特殊的方向,当光沿着该方向传播的时候,不发生双折射,即 o 光和 e 光沿同一方向传播,并且传播速度相同,这个方向被称为晶体的光轴;垂直于光轴传播时,o 光和 e 光沿同一方向传播,但传播速度不同,波片就是利用这个原理制作的。

要能较好地用双折射晶体获得线偏振光,必须在它们由晶体中射出时,在空间分得足够

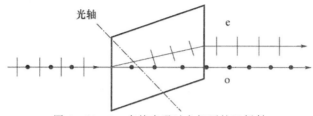

图 3—19—3 自然光通过方解石的双折射

开。用双折射晶体制作成具有优良性能的光学器件称为晶体偏振器件,较常见的晶体偏振器件有尼科尔棱镜、渥拉斯棱镜等。

(3) 二向色性晶体的选择吸收产生偏振光与马吕斯定律。

物质对不同方向的光振动具有选择吸收的性质,称为二向色性,如天然的电气石晶体、硫酸碘奎宁晶体等。它们能吸收某方向的光振动而仅让与此方向垂直的光振动通过。如将硫酸碘奎宁晶粒涂于透明薄片上并使晶粒定向排列,就可制成偏振片。自然光通过偏振片时,一个方向的光振动几乎完全通过,该方向称为偏振片的偏振化方向,而与偏振化方向垂直的光振动则几乎被完全吸收,因此透射光就成为线偏振光,如图 3—19—4 所示。根据这一特性,偏振片既可用来产生偏振光(起偏),也可用于检验光的偏振状态(检偏)。为了便于说明和使用,通常在偏振片上用符号"↕"标出偏振化方向,表示该偏振片允许通过光振动的方向。

若在偏振片 P_1 后面再放一块偏振片 P_2,P_2 就可以检验经 P_1 后的光是否为线偏振光,即 P_2 起了检偏器的作用。如图 3—19—5 所示,当起偏器 P_1 和检偏器 P_2 的偏振化方向的夹角为 θ 时,则通过检偏器 P_2 的偏振光的强度满足马吕斯定律:

$$I = I_0 \cos^2\theta \qquad\qquad (3-19-2)$$

当 $\theta = 0, \pi$ 时,$I = I_0$;当 $\theta = \pi/2, 3\pi/2$ 时,$I = 0$;当 θ 为其他值时,透射光强介于 $0 \sim I$ 之间。可见,当 P_2 绕轴线旋转一周,会出现两次光强达到最大,两次消光(光强为零),则入射 P_2 的光一定是线偏振光,从而起到检偏的作用。

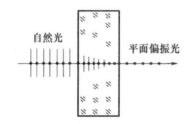

图 3—19—4 二向色性产生偏振光

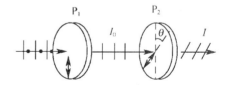

图 3—19—5 马吕斯定律

3. 波片、圆偏振光和椭圆偏振光

(1) 波片。

波晶片是从单轴晶体中切割下来的平面平行板,其表面平行于光轴。

如图 3—19—6 所示,当振幅为 A 的平面偏振光垂直入射到表面平行于光轴的双折射晶片时,若振动方向与晶片光轴的夹角为 θ,则在晶片表面上 o 光和 e 光的振幅分别为 $A\sin\theta$ 和 $A\cos\theta$,它们的相位相同,进入晶片后,o 光和 e 光沿同一方向传播,但传播速度不同。

因此,经过厚度为 d 的晶片后,o 光和 e 光合振动的光程差和相位差分别为

$$\Delta = (n_0 - n_e)d \qquad (3-19-3)$$

$$\delta = \frac{2\pi}{\lambda}(n_0 - n_e)d \qquad (3-19-4)$$

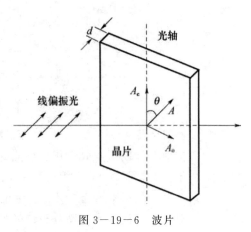

图 3-19-6 波片

式中:λ 为光在真空中的波长;n_0 和 n_e 分别为晶片对 o 光和 e 光的折射率。由式(3-19-4)可知,经晶片射出后 o 光和 e 光合成的振动相位差不同,因此,就有不同的偏振方式。

① 当光程差满足:

$$\Delta = (n_0 - n_e)d = k\lambda \quad (k = \pm1, \pm2, \cdots)$$
$$(3-19-5)$$

则相位差为

$$\delta = \frac{2\pi}{\lambda}(n_0 - n_e)d = 2k\pi \quad (k = \pm1, \pm2, \cdots) \qquad (3-19-6)$$

即晶片的厚度可使 o 光和 e 光产生的光程差等于波长的整数倍时,经晶片射出后两者的相位差为 $\delta = 2k\pi$,其 o 光和 e 光合振动为平面偏振光,振动面与入射光的振动相同。这样的波片称为全波片(或 λ 波片)。

② 当光程差满足:

$$\Delta = (n_0 - n_e)d = (2k+1)\lambda/2 \quad (k = 0, \pm1, \pm2, \cdots) \qquad (3-19-7)$$

则相位差为

$$\delta = \frac{2\pi}{\lambda}(n_0 - n_e)d = (2k+1)\pi \quad (k = 0, \pm1, \pm2, \cdots) \qquad (3-19-8)$$

即晶片的厚度可使 o 光和 e 光产生的光程差等于半波长的整数倍,经晶片射出后两者的相位差 $\delta = (2k+1)\pi$,其 o 光和 e 光合振动仍为平面偏振光,但其振动面相对于入射光的振动面转过 2θ(θ 是入射光振动面与晶片光轴间的夹角)。这样的波片称为半波片(或 $\lambda/2$ 波片)。

③ 当光程差满足:

$$\Delta = (n_0 - n_e)d = (2k+1)\lambda/4 \quad (k = 0, \pm1, \pm2, \cdots) \qquad (3-19-9)$$

则相位差为

$$\delta = \frac{2\pi}{\lambda}(n_0 - n_e)d = (2k+1)\pi/2 \quad (k = 0, \pm1, \pm2, \cdots) \qquad (3-19-10)$$

即晶片的厚度可使 o 光和 e 光产生的光程差等于波长的四分之一整数倍,经晶片射出后两者的相位差 $\delta = (2k+1)\pi/2$,其 o 光和 e 光合振动一般为椭圆偏振光。但当 $\theta = 0,\theta = \pi/2$ 时,出射光仍为平面偏振光,而当 $\theta = \pi/4$ 时,出射光为圆偏振光。这样的波片称为四分之一波片(或 $\lambda/4$ 波片)。

(2)圆偏振光和椭圆偏振光。

如果以平行光轴方向为 x 坐标,垂直方向为 y 坐标,由晶片出射后的 o 光和 e 光的振动可以用两个互相垂直、同频率、有固定相位差的简谐振动方程式表示:

$$x = A_e \sin\omega t \qquad (3-19-11)$$

$$y = A_0 \sin(\omega t + \delta) \qquad (3-19-12)$$

其中,$A_e = A\cos\theta$,$A_o = A\sin\theta$。两式联立消去 t,可得合振动方程:

$$\frac{x^2}{A_e^2} + \frac{y^2}{A_o^2} - \frac{2xy}{A_e A_o}\cos\delta = \sin^2\delta \qquad (3-19-13)$$

一般来说,式(3-19-13)为椭圆方程,它代表椭圆偏振光。但是,当 $\delta = 2k\pi(k = \pm 1,$ $\pm 2, \cdots)$ 或 $\delta = (2k+1)\pi(k = 0, \pm 1, \pm 2, \cdots)$ 时,式(3-19-13)变为直线方程:

$$x = \frac{A_e}{A_o}y \quad \text{或} \quad x = -\frac{A_e}{A_o}y \qquad (3-19-14)$$

式(3-19-14)代表两个不同方向振动的平面偏振光,即全波片或半波片的出射光为平面偏振光。

当 $\delta = (2k+1)\pi/2(k = 0, \pm 1, \pm 2, \cdots)$ 时,式(3-19-13)变为椭圆方程,即

$$\frac{x^2}{A_e^2} + \frac{y^2}{A_o^2} = 1 \qquad (3-19-15)$$

式(3-19-15)说明 $\lambda/4$ 波片可将平面偏振光变成椭圆偏振光,其中,当 $\theta = \pi/4$ 时,$A_o = A_e$,式(3-19-15)变成圆的方程,即出射光的合振动就是圆偏振光;当 $\theta = 0, \pi/2$ 时,出射光仍为平面偏振光。

从以上讨论可知,$\lambda/4$ 波片可将平面偏振光变成椭圆偏振光或圆偏振光;反之,它也可将椭圆偏振光或圆偏振光变成平面偏振光。

【实验仪器】

偏振光实验装置及其附件。

【实验内容】

1. 鉴别自然光和线偏振光,验证马吕斯定律

(1) 在光学导轨上安装所需光学元件:半导体激光电源、起偏器、波晶片、检偏器和光探测器,调整各光学元件同轴等高,如图 3-19-7 所示。

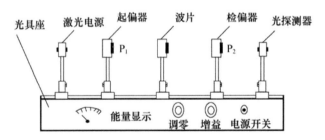

图 3-19-7　偏振光实验装置

(2) 从光学导轨上取下检偏器和波晶片,让激光光束直接正入射到起偏器 P_1(起偏器在此起到检偏的作用)上,旋转 P_1 一周,观察能量显示表头数值变化,记下实验现象。

(3) 在起偏器 P_1 之后放上检偏器 P_2,旋转 P_2 一周观察能量显示表头数值变化,有几个消光方位? 每隔 $10°$ 记下能量显示表头数值,共转 $180°$,填在表 3-19-1 中,在坐标纸上作 $I/I_0 - \cos^2\theta$ 关系曲线,验证马吕斯定律。

2. 用波片产生圆偏振光和椭圆偏振光

(1) 按图 3－19－7 所示,使起偏器 P_1 和检偏器 P_2 正交,此时观察到消光现象。

(2) 在 P_1 和 P_2 之间插入 $\lambda/4$ 波片,保持 P_1 不动,转动 $\lambda/4$ 波片使通过 P_2 的光再次消光时 $\theta=0°$,然后将 P_2 转动 360°,观察光强变化,将观察结果填入表 3－19－2 中,并分析这时从 $\lambda/4$ 波片出来光的偏振状态。

(3) 保持 P_1 不动,将 $\lambda/4$ 波片转动 $\theta=15°$,同样将检偏器 P_2 转动 360°,观察光强变化,并分析这时从 $\lambda/4$ 波片出来光的偏振状态。

(4) 继续步骤(3),依次将 $\lambda/4$ 转动使 $\theta=30°,45°,60°,75°,90°$,每次将检偏器 P_2 转动 360°,观察光强的变化,根据观察结果说明透过 $\lambda/4$ 波片的出射光的偏振状态。

(5) 用极坐标描绘圆偏振光和椭圆偏振光图像。在步骤(2)的基础上,取 $\theta=30°$,旋转检偏器 P_2,每隔 $\varphi=30°$ 记录一次通过 P_2 能量显示表头数值至 360° 止,测量数值填入表 3－19－3 中,作能量显示 $V-\varphi$ 曲线;取 $\theta=45°$ 再作能量显示 $V-\varphi$ 曲线。

【数据记录与处理】

1. 数据记录

(1) 验证马吕斯定律数据记录。

表 3－19－1　验证马吕斯定律数据表

$\theta/(°)$	0	10	20	30	40	50	60	70	80	90
V/V										
$\theta/(°)$	100	110	120	130	140	150	160	170	180	
V/V										

(2) 观察圆偏振光和椭圆偏振光数据记录。

表 3－19－2　用波片观察圆偏振光和椭圆偏振光数据表

$\lambda/4$ 转动的角度 $\theta/(°)$	P_2 转 360° 观察到的现象	光的偏振状态
0		
15		
30		
45		
60		
75		
90		

(3) 描绘圆偏振光和椭圆偏振光数据记录。

表 3－19－3　描绘圆偏振光和椭圆偏振光数据记录表

$\varphi/(°)$	30	60	90	120	150	180	210	240	270	300	330	360
V/V												

2. 数据处理

(1) 根据表 3－19－1,在直角坐标纸上作 $I/I_0-\cos^2\theta$ 关系曲线,验证马吕斯定律。

（2）根据表 3—19—2，观察通过 $\lambda/4$ 波片光的偏振状态。

（3）用极坐标描绘圆偏振光和椭圆偏振光 $V-\varphi$ 曲线。

【实验注意】

1. 调节各光学元件的等高共轴。

2. 偏振片、波片竖直放置，激光正入射且通过元件中心。

3. 保护光学元件的光学表面，不得触摸光学元件的光学表面。

【思考题】

1. 能否设计一个试验方案，把圆偏振光、自然光、圆偏振光与自然光的混合光检验出来？

2. 波片的厚度与光源的波长是什么关系？

3. 两片正交偏振片中间再插入一偏振片会有什么现象？怎样解释？

4. 三块外形相同的偏振片，λ 波片、$\lambda/2$ 波片、$\lambda/4$ 波片被弄混了，能否把它们区分开来？需要借助什么工具？

5. 产生线偏振光的方法有哪些？将线偏振光变成圆偏振光或椭圆偏振光要用何种器件？在什么状态下产生？实验中如何判断线偏振光、圆偏振光和椭圆偏振光？

实验二十　光强分布的测量

光在传播过程中遇到障碍物或小孔时，光线偏离直线传播的现象称为光的衍射现象。光的衍射现象是光具有波动性的一种表现，它说明了光的直线传播规律只是衍射现象不明显时的近似。衍射现象的存在，深刻地反映了光子（或电子等其他量子力学中的微观粒子）的运动是受测不准关系制约的。因此研究光的衍射，不仅有助于加深对光的本性的理解，也是近代光学技术（如光谱分析、晶体分析、全息分析等）的实验基础。

本实验利用硅光电池作为光电转换器测量光强的相对分布，是一种常用的光强分布测量方法。

【实验目的】

1. 理解和观察单缝的夫琅禾费衍射现象。

2. 测量单缝衍射的相对光强分布。

3. 掌握利用光学器件研究相对光强分布的基本原理和方法。

【实验原理】

1. 单缝夫琅禾费衍射的相对光强分布

光强的衍射现象分为菲涅耳衍射和夫琅禾费衍射两类。当光源与衍射物的距离以及衍射物与光屏的距离都是无限远时，这类衍射称为夫琅禾费衍射。当光源与衍射物的距离以及衍射物与光屏的距离都是有限远时，这类衍射称为菲涅耳衍射。本实验仅研究夫琅禾费衍射的单缝衍射情况。

单缝夫琅禾费衍射是用单缝作为衍射物时的衍射。即入射光和衍射光都是平行光(在实验中用两个凸透镜来实现),分别在单缝的两边。实验装置和衍射图样如图 3—20—1 所示。单色光源 S 置于透镜 L_1 的焦平面上,从 S 发出的光通过 L_1 后成为平行光垂直照射在单缝上。根据惠更斯—菲涅耳原理,狭缝处的每一点都可看成是发射球面子波的新波源。新波源发出的子波在单缝后空间相互叠加,叠加图样在无限远处。可用透镜 L_2 会聚图样到位于焦平面的接收屏 E 上。在屏幕上可以看到一组平行于狭缝的明暗相间的衍射条纹。

实验中采用 He—Ne 激光器作光源,由于激光束的方向性好,能量集中,且狭缝的宽度 a 一般很小,故透镜 L_1 可以不用;若观察屏或接收器距离狭缝也较远,即 $D \gg a$,透镜 L_2 也可以不用。这样,采用激光光源的夫琅禾费单缝衍射装置就可简化,如图 3—20—2 所示。

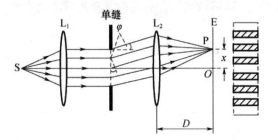

图 3—20—1　单缝夫琅禾费衍射光路

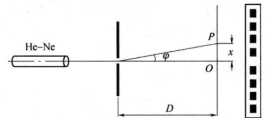

图 3—20—2　单缝夫琅禾费衍射的简化装置

根据惠更斯—菲涅耳原理可以推出,当入射光波长为 λ,单缝宽度为 a 时,单缝夫琅禾费衍射的光强分布为

$$I = I_0 \frac{\sin^2 \beta}{\beta^2}, \beta = \frac{\pi a \sin \varphi}{\lambda} \qquad (3-20-1)$$

式中:I_0 为中央明条纹中心处的光强度;φ 为衍射角。

根据式(3—20—1)的光强分布公式,可得单缝衍射的特征如下:

(1)中央明条纹。当 $\varphi = 0$ 时,$\beta = 0$,此角位置处光强最大,为 $I = I_0$,是衍射图样中光强的最大值,这是与主光轴平行的光线会聚点处的光强。此条纹称为中央明纹,或称中央主极大。

(2)暗条纹。当 $\beta = k\pi$,即 $\sin \varphi = k \frac{\lambda}{a} (k = \pm 1, \pm 2, \pm 3, \cdots)$ 时,$I = 0$,衍射光强有一系列极小值,屏中出现暗条纹,与极小值衍射角对应的位置为暗条纹中心。

(3)狭缝宽度。如图 3—20—2 所示,由于实际上可观察到的区域 φ 值很小($D \gg x$),则有

$$\sin \varphi \approx \tan \varphi \approx \varphi = \frac{x}{D} = k \frac{\lambda}{a} \qquad (3-20-2)$$

由式(3—20—2)可知,衍射角 φ 与缝宽 a 成反比关系,缝宽加宽时,衍射角减小,各级条纹向中央收缩。当缝宽 a 足够大时(a 远大于 λ),衍射现象就不显著了,以至可以忽略,从而可以认为光沿直线传播。第 k 级暗条纹中心位置 x 与缝宽 a 的关系为

$$a = k\lambda \frac{D}{x} \qquad (3-20-3)$$

根据式(3—20—3)可以测量狭缝的宽度 a。

（4）次级明纹。除中央明条纹外，两相邻暗纹之间都有一条明条纹，他们的宽度是中央明纹宽度的二分之一。这些明条纹的光强度最大值称为次极大。这些次极大的角位置依次在

$$\varphi \approx \sin \varphi = \pm 1.43\lambda/a, \pm 2.46\lambda/a, \pm 3.47\lambda/a, \cdots \qquad (3-20-4)$$

即 $\beta = \pm 1.43\pi, \pm 2.46\pi, \pm 3.47\pi, \cdots$ 处，次极大的相对光强 I/I_0 依次为 $0.047, 0.017, 0.008, \cdots$。夫琅禾费单缝衍射的相对光强分布如图 $3-20-3$ 所示。

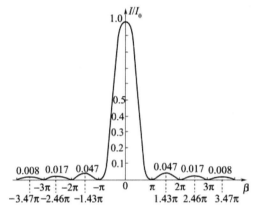

图 $3-20-3$　单缝衍射光强分布曲线

从上面特征可以看出，中央亮条纹的宽度由 $k = \pm 1$ 的两个暗条纹的衍射角确定，根据式（$3-20-2$），中央主极大两侧暗纹之间的角距离即中央亮条纹的角宽度为

$$\Delta\varphi = \frac{2\lambda}{a} \qquad (3-20-5)$$

其他相邻两暗条纹之间的角宽度为

$$\Delta\varphi = \frac{\lambda}{a} \qquad (3-20-6)$$

即暗条纹是以 O 点为中心等间隔、左右对称分布的，中央亮纹的宽度是其他亮纹宽度的两倍。各级明条纹的光强随着级次 k 的增大而迅速减小，而暗纹的光强亦分布其间。

2. 光强的测量

实验中，采用硅光电池作为光电转换元件，根据硅光电池的光电特性可知，光电流和入射光能量成正比，只要工作电压不太小，光电流和工作电压无关，光电特性是线性关系。所以当光电池与数字检流计构成的回路内电阻恒定时，由数字式检流计测量出光电流值的相对强度 i/i_0 就代表了衍射光的相对强度 I/I_0。

由于硅光电池的受光面积较大，为了实现光强分布的逐点测量，所以在硅光电池前装一狭缝光阑（0.5mm），用以控制受光面积，并把硅光电池和光阑安装在带有螺旋测微装置的底座上，该底座可沿屏的方向移动，这就相当于改变了衍射角，其位置可由测量装置准确读出。

【实验仪器】

He－Ne 激光器，WGZ－Ⅱ型光强分布测试仪，单缝，数字式检流计，光学导轨。

【实验内容】

1. WJF 型数字式检流计的调节

（1）接上电源开机预热 5min。

（2）量程选择开关置于"1"挡，"衰减旋钮"置于校准位置（即顺时针转到头，置于灵敏度最高位置），调节调零旋钮，使数据显示为 —.000（负号闪烁）。选择适当量程，接上测量线，即可测量微电流。

（3）如果被测信号大于该挡量程，仪器会有超量程指示，即数码管显示"Ⅎ"，其他三位均显示"9"，此时可调高一挡量程；在不超量程的前题下，应尽量使用低量程挡位，使仪表显示较多有效位数，以充分利用仪器的分辨率。

（4）测量过程中，如需要将某数值保留下来，可打开"保持"开关，此时无论被测信号如何变化，前一数值保持不变。

（5）由于激光衍射所产生的散斑效应，光电流值显示将在当时示值的约 10% 范围内上下波动，属正常现象，实验中可根据数据变化选一个中间值。

2. 观察和测量单缝衍射的光强分布

（1）按图 3—20—4 安装单缝衍射光强分布测量实验装置。打开激光器，用小孔屏调整光路，使激光束与导轨平行。

（2）打开检流计电源，预热及调零，并将测量线连接其输入孔与光电探头。

（3）调节二维调节架，选择所需要的单缝。在硅光电池处，先用小孔屏进行观察，使激光束垂直照射单缝，在小孔屏上形成良好的衍射光斑。调节单缝缝宽和间距，观察衍射光斑的变化规律。

（4）移去小孔屏，调整一维光强测量装置，使光电探头中心与激光束高低一致，移动方向与激光束垂直。

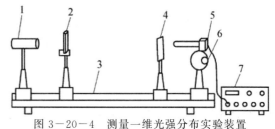

图 3—20—4 测量一维光强分布实验装置
1—激光器；2—二维调节架；3—光导轨；4—小孔屏；
5—光电探头；6—一维测量装置；7—数字检流计。

（5）选择起始读数位置。转动手轮，使光电探头沿衍射图样展开方向平移，观察检流计的数值变化，找出检流计数值最大点对应的坐标值，以此坐标值作为参考点，选择适当起始读数位置。使用一维光强测量装置时注意手轮单方向旋转的特性（避免回程误差）。

（6）开始测量，转动手轮，使光电探头沿衍射图样展开方向（x 轴）单向平移，以等间隔的位移（如 0.5mm）对衍射图样的光强进行逐点测量，记录位置坐标 x 和对应的检流计所指示的光电流值读数 I，要特别注意衍射光强的极大值和极小值所对应的坐标的测量。在测量过程中，检流计的挡位开关要根据光强的大小适当换挡。

（7）绘制衍射光的相对强度与位置坐标的关系曲线 $I/I_0—x$。分析单缝衍射规律。

【数据记录与处理】

1. 自拟数据记录表格，列表记录数据。

2. 对所测光电流数据归一化,即所测数据 i 对其中最大值 i_0 取相对比值 i/i_0,用光电流的相对值 i/i_0 表示衍射光的相对光强 I/I_0,用直角坐标纸绘制相对光强 I/I_0 与位置坐标 x 的关系曲线,即单缝衍射相对光强分布曲线。根据该曲线,分析光强分布规律和特点。

【注意事项】

1. 用激光束调节仪器时,不要直视激光光源,防止激光束射入眼睛,使视网膜受伤。
2. 不要用手接触光学表面,避免光学表面涂层受污、受损或划伤光学表面涂层。
3. 测量过程中,根据光电流数值的变化,可适当改变数字式检流计的挡位,以充分利用仪器的分辨率。

【思考题】

1. 硅光电池前的狭缝光阑的宽度对实验结果有什么影响?
2. 缝宽的变化对衍射条纹有什么影响?
3. 如果测出的衍射图样对中央极大左右分布不对称是什么原因造成的?怎样调节实验装置才能纠正?
4. 用白光做光源观察单缝的夫琅禾费衍射,衍射图样将如何?
5. 若在单缝到观察屏的空间区域内,充满着折射率为 n 的某种透明媒质,此时单缝衍射图样与没有媒质时有何区别?

实验二十一 分光计的调整和用光栅测定光波的波长

分光计作为基本的光学仪器之一,它既是精确测定光线偏转角的仪器,又是摄谱仪、单色仪等光学仪器的基础,也称之为测角仪。光学中很多基本量(如反射角、折射角、衍射角等)都可以由它直接测量,许多物理量,例如,折射率、光栅常数、光的色散率、光的波长等也可以通过有关角度的测量来确定。因此,精确测量光线的偏转角度在光学实验中甚为重要。

分光计的调整思想、方法与技巧,在光学仪器中有一定的代表性,学习它的调节和使用方法,有助于掌握更为复杂的光学仪器的使用。在学习使用过程中,要做到严谨、细致,才能正确掌握。

【实验目的】

1. 了解分光计构造的基本原理。
2. 学习分光计的调整技术,掌握分光计的使用方法。
3. 掌握用分光计和光栅观察光谱及测定光波波长的方法。

【实验原理】

透射式光栅是在光学玻璃片上刻有大量的相互平行的、宽度和间隔相等的刻痕而制成的。当光照射在光栅上时,刻痕处由于散射而不透光,光只能从刻痕间透过,因此可把光栅看成一系列密集、均匀又互相平行的狭缝,如图 3-21-1 所示。

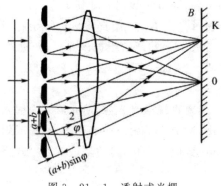

图 3－21－1　透射式光栅

光栅的特性标志有两个:一个是单位长度上的刻痕(条纹)数目 n,其范围从每厘米 100 条至上万条;另一个是光栅常数 d,d 是不透光的刻痕宽度 b 与透光部分的宽度 a 之和,可见 $d = 1/n$。若以单色平行光垂直照射光栅,由于衍射,透过狭缝的光将向各个方向传播,经透镜会聚在焦平面上,形成一系列明暗相间的衍射条纹。

按照光栅衍射理论,衍射明条纹满足条件

$$(a+b)\sin\varphi_k = \pm k\lambda \ \text{或} \ d\sin\varphi_k = \pm k\lambda \quad (k=0,1,2,\cdots) \tag{3-21-1}$$

式中:λ 为入射光的波长;k 为明条纹的级数;φ_k 为 k 级明条纹的衍射角。

根据光栅的特性可以看出光栅衍射有如下特点:

1. 光栅明条纹亮度与狭缝数 N 的平方成正比,因此当狭缝数 N 大时,明条纹亮度大。

2. 由光栅方程可知,衍射角 φ 在 λ 一定时与 d 成反比。由于 d 可以很小(即 n 很大),所以光栅衍射角可以很大,即光栅明条纹分得开。

3. 光栅衍射明条纹的宽度与 N 成反比,因此光栅衍射条纹还具有锐细的特点。

若入射光是白光,则中央明条纹为白色。由于衍射角随波长不同而异,故其余明条纹都按波长的长短依次排成彩色光带,称为光栅光谱,如图 3－21－2 所示。

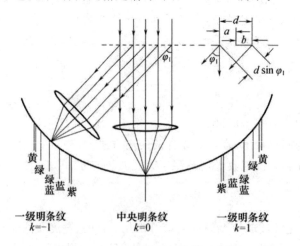

一级明条纹　　　中央明条纹　　　一级明条纹
$k=-1$　　　　　　$k=0$　　　　　　$k=1$

图 3－21－2　光栅衍射光谱示意图

【实验仪器】

分光计,汞灯,双面反射平面镜(简称:双面镜),光栅,放大镜。

JJY 型分光计的结构简图如图 3-21-3 所示。它主要由底座、自准直望远镜、载物台、平行光管和读数装置五部分组成。各调节装置的名称和作用见表 3-21-1,各部分功能分述如下。

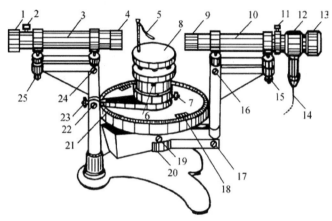

图 3-21-3　分光计结构示意图

表 3-21-1　分光计各调节装置的名称和作用

功能区域	编号	名称	作用
平行光管	1	狭缝宽度调节螺钉	该螺钉位于图 3-21-3 的背面,调节狭缝宽度,可改变入射光宽度
	2	狭缝紧固螺钉	松开时,前后拉动狭缝装置,调节平行光;调好后锁紧,用来固定狭缝装置
	3	平行光管镜筒	
	4	平行光管物镜	
	24	平行光管光轴水平方向调节螺钉	调节该螺钉,可使平行光管在水平面内移动
	25	平行光管仰角调节螺钉	调节平行光管的仰角
载物台	5	夹持待测物的弹簧片	夹持载物台上的光学元件
	6	载物台调平螺钉(3 支)	调节载物台台面水平
	7	载物台锁紧螺钉	松开时,载物台可单独转动和升降;锁紧后,可使载物台与读数游标盘同步转动
	8	载物台	放置光学元件
望远镜	9	望远镜物镜	
	10	望远镜镜筒	
	11	目镜锁紧螺钉	松开时,目镜装置可伸缩(望远镜调焦);锁紧后,固定目镜装置
	12	分划板	分划板面刻有双"十"字叉丝"十"和透光"十"字刻线
	13	目镜(带调焦手轮)	调节目镜焦距,使分划板刻度线、叉丝清晰

(续)

功能区域	编号	名称	作用
望远镜	14	小电珠电源线	为小电珠照明提供支持
	15	望远镜仰角调节螺钉	调节望远镜的仰角
	16	望远镜光轴水平方向调节螺钉	调节该螺丝,可使望远镜在水平面内移动
	17	望远镜转角微调螺钉	锁紧望远镜支架止动螺钉 20,调节螺钉 17,使望远镜支架作小幅度转动
	20	望远镜锁紧螺钉(在另侧)	该螺钉位于图 3-21-3 的背面,锁紧后,只能用望远镜转角微调螺钉 17 使望远镜支架作小幅度转动
圆刻度盘	19	刻度圆盘与望远镜联结螺钉	锁紧后,望远镜与刻度圆盘同步转动
	18	游标盘	盘上对称设置两游标,每个游标分成 30 小格,每小格对应角度 1′
	21	刻度圆盘	分为 360°,最小刻度为 0.5°(30′),小于 0.5°则利用游标读数
	22	游标盘微调螺钉	锁紧游标盘止动螺钉 23 后,调节螺钉 22 可使游标盘作小幅转动
	23	游标盘止动螺钉	锁紧后,只能用游标盘微调螺钉 22 使游标盘作小幅转动

1. 底座

分光计底座的中心有一沿铅直方向的转轴,在这个转轴上套有一个读数刻度盘和一个游标盘,望远镜和两个盘可绕该转轴转动,该转轴也称为仪器的公共轴或主轴。

2. 自准直望远镜

望远镜用来观察和确定光线的方向。自准直望远镜由目镜、全反射小棱镜、叉丝分划板和物镜组成,分别装在三个套筒中,这三个套筒的内径一个比一个大,彼此可以相对滑动,以便调节聚焦,其结构如图 3-21-4(a)所示。中间的一个套筒装有一块叉丝分划板,分划板上刻有双"十"字形叉丝"十",分划板的下方粘有一块 45°全反射小棱镜,与分划板相粘的表面上涂有不透明薄膜,薄膜上刻有一个透光"十"字刻线,分划板上叉丝准线与"十"字刻线对称于中心叉丝准线。开启小电珠时,光线经全反射镜照亮"十"字刻线,调节分划板套筒,改变目镜和分划板相对于物镜间的距离,当"十"字刻线平面处在物镜的焦平面上时,从"十"字刻线发出的光线经物镜成平行光。如果有一平面镜将这平行光反射回来,再经过物镜,必成像于焦平面上,于是从目镜中可以看到清晰的"十"字刻线的反射像。如果望远镜光轴垂直于平面镜,反射像将与上叉丝重合,如图 3-21-4(b)所示。这种在物面上成一个与物对称的像,以此像为依据调整光路的方法称为自准直调整法,这种望远镜称为自准直望远镜。自准直调整在光学实验中是一个常用的方法。

3. 载物台

载物台是用来放置待测器件(如平面镜、棱镜、光栅等)的平台,它可绕仪器转轴转动和沿仪器转轴升降。游标盘与载物台锁紧螺钉相互锁定,锁定后载物台可与游标盘一起绕分光计的主轴转动;松开后可使平台沿主轴升降,以适应高低不同的被测对象。

4. 平行光管

平行光管的作用是产生平行光,平行光管通过立柱固定在仪器底座上。管的一端装有一个消色差的复合透镜(物镜),另一端是装有狭缝的套管。若用光源照亮狭缝,调节狭缝紧固螺

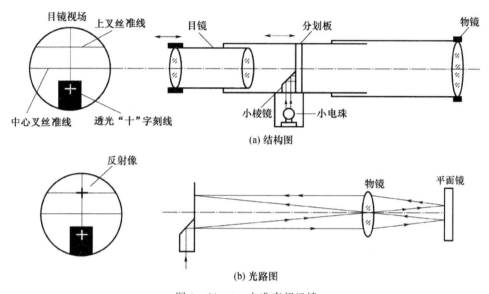

(a) 结构图

(b) 光路图

图 3-21-4 自准直望远镜

钉可以使狭缝套管前后移动,以改变狭缝和物镜间的距离,使狭缝落在物镜的焦平面上,这样出射光线便以平行光形式射出平行光管。

5. 读数装置

读数装置由圆环形刻度圆盘和与之同心的游标盘组成,如图 3-21-5(a) 所示。沿游标盘相距 180°对称安置了两个角游标。载物台可与游标盘锁定,望远镜可与刻度圆盘锁定。当载物台与游标盘固定时转动望远镜,利用刻度圆盘和游标盘可测定望远镜对载物台的转角。刻度圆盘分成 360°等分的刻度线,最小刻度值为 0.5°(30′),小于 0.5°的数值可由游标读出,游标分成 30 格,分度值为 1′。设置对称的两个游标是为了消除刻度圆盘几何中心与分光计主轴不同心所引入的系统误差(见附录)。测量时应由两个游标分别读取望远镜转过的角度,然后取其平均值。

读数方法与游标卡尺相似。读数时,先看游标盘尺上零刻线对齐的位置读出刻度盘主尺读数,再看游标盘尺上第几根线对齐刻度盘刻度,读出游标读数,将游标盘读数与刻度盘读数相加即为实际测量值。以图 3-21-5 为例,其读数为 87°45′。

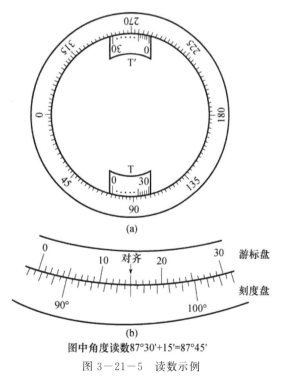

图中角度读数87°30′+15′=87°45′

图 3-21-5 读数示例

【实验内容】

一、分光计的调节

分光计常用于测量入射光与出射光之间的夹角,为了准确测得此角度,必须满足两个条件:入射光与出射光(或反射光、折射光等)均为平行光;入射光与出射光都与刻度盘平行。为此必须对分光计进行调整。按照调整的顺序,分光计调整的基本要求:

(1) 调节望远镜聚焦于无穷远处(即适于观察接收平行光);

(2) 望远镜的光轴与分光计的主轴相垂直,载物台平面垂直于分光计主轴;

(3) 平行光管发出平行光,平行光管的光轴应与分光计的主轴相垂直。

调整分光计的关键是调好望远镜,其他的调整可以以望远镜为标准。调节时,要按照先目测粗调再分步细调的原则仔细认真调节。

1. 目测粗调

目测粗调也称为"目视调节法"。根据眼睛的粗略估计,调节望远镜、平行光管水平方向调节螺钉和仰角调节螺钉,使望远镜、平行光管大致共轴并垂直于分光计主轴,调整载物台下的三个调平螺钉,使载物台大致水平。目测粗调很重要,它决定整个调节是否顺利,并可减小后面细调的盲目性。

2. 望远镜聚焦于无穷远

(1) 目镜聚焦。

接通分光计电源,转动目镜调焦手轮,调节目镜与分划板的距离,看清分划板上双十字叉丝"十"刻线和"十"字刻线,如图3-21-4(a)所示,并使分划板刻线水平或竖直,此时分划板已聚焦于目镜焦平面上,不要再转动目镜调焦手轮。

(2) 物镜聚焦。

从望远镜物镜一端,将双面镜紧贴望远镜筒,从目镜中观察,找到由双面镜反射回来的"十"字像。前后移动目镜装置,改变望远镜分划板与物镜间的距离,直到分划板位于物镜焦平面上,"十"字成像清晰,如图3-21-4(b)所示。锁紧目镜锁紧螺钉。

此时分划板平面、目镜焦平面、物镜焦平面重合在一起,望远镜已聚焦于无穷远,可以用于观察平行光了。

3. 调整望远镜光轴垂直于分光计主轴,载物台平面垂直于分光计主轴

借助双面镜来完成调整目标。双面镜的两个反射面是相互平行且与其底座垂直。

(1) 从望远镜中找到"十"字像。

将双面镜按图3-21-6所示的位置放置在载物台中央。由于望远镜视野很小,观察的范围有限,要从望远镜中观察到由双面镜反射的光线,应首先保证该反射光线能进入望远镜。因此,应先在望远镜外找到该反射光线。转动载物台,眼睛在望远镜外侧观察双面镜,找到由双面镜反射的"十"字像,再将平台转过180°,作同样观察。若两次看到的"十"字像偏上或偏下,则适当调节望远镜的仰角调节螺钉和载物台调平螺钉b或c(暂时不调a,为什么?),使两次的反射像都能进入望远镜筒。若找不到"十"字像,应该重新目测粗调。

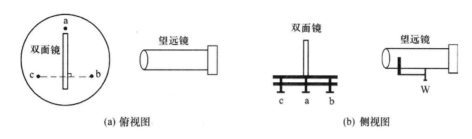

图 3—21—6 双面镜在载物台上的放置

（2）调整望远镜光轴垂直于分光计主轴。

通过目镜观察到双面镜正反两表面反射回来的"十"字像，根据"十"字像相对于分划板上叉丝准线的位置，有目的地调整望远镜仰角调节螺钉和载物台的调平螺钉，使两个反射面"十"字像都能位于分划板上叉丝准线上，此时望远镜光轴垂直于分光计主轴。

两个反射"十"字像相对于分划板上叉丝准线的位置大致有五种情况，如表 3—21—2 所列。第一种情况，如表 3—21—2(a)所列，此时望远镜的光轴与分光计主轴相互垂直，已经调整到位。其他四种情况如何调节才能使两个"十"字像都位于上叉丝准线呢？这需要了解望远镜仰角调节螺钉 W（图 3—21—6）和载物台的调平螺钉 b 和 c 对这两个"十"字像不同的作用。

望远镜仰角调节螺钉 W 的升降对双面镜的两个表面反射回来的"十"字像的影响是相同的，若 W 升高，两表面反射回来的"十"字像都会降低，反之则都会升高，且两个像降低或升高的程度一样。

载物台的调平螺钉 b 和 c 的升降对双面镜的两个表面反射回来的"十"字像的影响是相反的。如果升高 b 或降低 c，所看到的"十"字刻线像在视场中的位置会降低，而另一面反射像的位置就会升高，反之则相反。

根据上述 3 个螺钉对这两个像的影响，在观察到平面镜两表面反射回来的"十"字像后，可得到调整望远镜的光轴与分光计主轴相互垂直的简便调节方法，如表 3—21—2 所列。

表 3—21—2 调整望远镜光轴与分光计主轴垂直的观察现象和调整方法

观察现象	调节方法
A面像 ＋ ＋ B面像 ＋ (a)两个"十"字像都位于上叉丝准线	望远镜的光轴与分光计的主轴相互垂直，已经调整到位

（续）

观察现象	调节方法
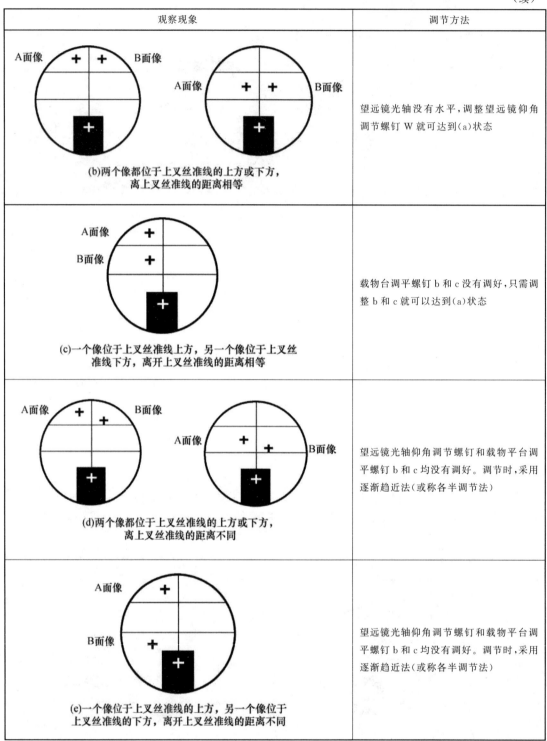	望远镜光轴没有水平,调整望远镜仰角调节螺钉 W 就可达到(a)状态

逐渐趋近法也称为"各半调节法",若 A 面"十"字像与分划板上方刻度线的高度差为 h,如图 3－21－7(a)所示。则先调节载物台调平螺钉 b 或 c(不动 a),使"十"字像与分化板上方

刻度线的距离移近一半,如图 3-21-7(b)。再调节望远镜的光轴仰角调节螺钉,使"十"字像与分划板上方刻度线重合,如图 3-21-7(c)所示。然后再将载物台转动 180°,对 B 面"十"字像再次用"各半调节法",重复上述方法调节。如此反复调节多次,直到双面镜 A、B 两面反射回来的"十"字像都与分划板上叉丝准线重合。至此,望远镜光轴垂直于分光计主轴。

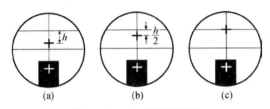

图 3-21-7 逐渐趋近法

(3)调节载物台平面垂直于分光计主轴。

将载物台上双面镜转过 90°,如图 3-21-8 所示,放置在载物台中心且与调平螺钉 b、c 连线呈平行的方向上,从目镜中观察双面反射镜反射回来的"十"字像的位置,调节载物台调平螺钉 a,使"十"字像与分化板上方刻度线重合(载物台调节螺钉 b、c 不能动,为什么?),此时载物台平面垂直于分光计主轴。

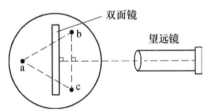

图 3-21-8 载物台双面镜的放置

4. 调整平行光管

借助前面已经调整好的望远镜调节平行光管。当平行光管射出平行光时,则狭缝成像于望远镜物镜的焦平面上,在望远镜中就能清楚地看到狭缝像,并与准线无视差。

(1)调整平行光管产生平行光。

取下载物台上的双面镜,关闭分光计电源,用汞灯照亮狭缝,从望远镜中观察来自平行光管的狭缝像,同时调节狭缝与透镜间的距离,直至能看到清晰的狭缝像为止,然后调节狭缝宽度使视场中的狭缝宽度约为 1mm。

(2)调节平行光管的光轴与分光计主轴相垂直。

在望远镜中看到清晰的狭缝像后,转动狭缝(但不能前后移动)至水平状态,调节平行光管水平方向调节螺钉和平行光管仰角调节螺钉,把狭缝水平像精确调到视场中心且被分划板中心叉丝准线上、下平分,如图 3-21-9(a)所示。这时平行光管的光轴已与分光计主轴相垂直。再把狭缝转至铅直位置,并需保持狭缝像最清晰,位置如图 3-21-9(b)所示。平行光管与望远镜的光轴重合且与分光计主轴垂直。

至此,分光计各部件调整到位。除游标盘止动螺钉及其微调螺钉外,其他螺钉不能任意转动,否则将破坏分光计的工作条件,需要重新调节。

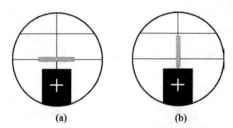

(a)   (b)

图 3—21—9　平行光管与分光计主轴垂直调节示意图

二、用光栅衍射测定光波的波长

1. 光栅平面与平行光管光轴垂直及光栅刻痕与分光计主轴平行的调节

(1) 光栅平面与平行光管光轴垂直。

分光计调好后,在载物台上按照平面镜放置方法安放光栅,如图 3—21—10 所示。转动望远镜,使狭缝的像与分划板的中心竖线重合,则平行光管与望远镜光轴在一条直线上。转动载物台,通过望远镜找到由光栅平面反射回来的"十"字像,调节载物台下的调平螺钉 b 或 c(注意:只能调节载物台,不能调节望远镜和平行光管;调节光栅一个平面即可),当从光栅平面反射回来"十"字像与分划板上叉丝准线重合时,光栅平面与分光计主轴平行,且与平行光管光轴垂直。锁紧游标盘固定载物台。

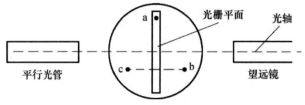

图 3—21—10　光栅平面放置和调节

(2) 光栅刻痕与分光计主轴平行。

转动望远镜,观察光栅光谱中的中央明条纹和 ± 1 级明条纹,若光栅刻痕与分光计主轴平行,则左右明条纹在望远镜视场中高度相同。若不等高,说明光栅刻痕与转轴不平行,调节螺钉 a(不得动 b、c)即可,使左右衍射光谱线高度相同,即光栅刻痕与分光计主轴平行。

2. 衍射角的测量

当光线垂直于光栅入射时,同一波长光的同一级衍射光谱线是关于中央明条纹对称的,左右两侧的衍射角相等。为了提高测量的准确度,测量第 k 级光谱线时,应测出 $+k$ 级和 $-k$ 级光谱线的位置 α_{+k} 和 α_{-k},如图 3—21—11 所示,两位置差值为 $2\varphi_k$,即

$$2\varphi_k = |\alpha_{+k} - \alpha_{-k}| \tag{3-21-2}$$

为了消除刻度圆盘几何中心与分光计主轴不同心所引入的系统误差,分光计设置了两个相隔 $180°$ 的游标盘。测量 k 级每条光谱线时,应分别读出 α_{+k}、β_{+k} 和 α_{-k}、β_{-k},取其平均值,即

$$\overline{\varphi}_k = \frac{1}{4}(|\alpha_{+k} - \alpha_{-k}| + |\beta_{+k} - \beta_{-k}|) \tag{3-21-3}$$

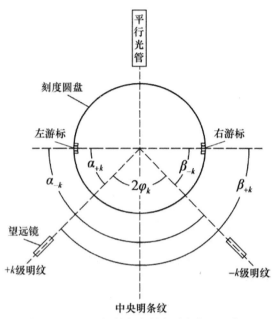

图 3－21－11　衍射角在刻度圆盘位置示意图

3. 测定光波的波长

（1）转动望远镜观察如图 3－21－2 的光栅衍射光谱,将望远镜转到左边绿色第一级明条纹,使中心叉丝竖线对准绿色条纹中央,记录衍射角左游标读数 α_{+1} 及右游标读数 β_{+1},填入表 3－21－3 中。

（2）将望远镜转到右边绿色第一级明条纹,记录衍射角左游标读数 α_{-1} 及右游标读数 β_{-1},填入表 3－21－3 中。

（3）将望远镜分别对准蓝紫色 $k=\pm2$ 两明条纹,同样记录各衍射角的左右两个游标读数。

【数据记录与处理】

1. 数据记录

表 3－ 21－3　数据记录表

亮纹颜色	明纹位置			平均值 $\overline{\varphi}_k$	波长 $\lambda=\dfrac{d\sin\overline{\varphi}_k}{k}$ (nm)
	明纹位置	左游标读数 α_k	右游标读数 β_k		
汞绿±1 级	左侧	$\alpha_{+1}=$	$\beta_{+1}=$		
	右侧	$\alpha_{-1}=$	$\beta_{-1}=$		
蓝紫±2 级	左侧	$\alpha_{+2}=$	$\beta_{+2}=$		
	右侧	$\alpha_{-2}=$	$\beta_{-2}=$		

注:光栅常数 $d=$_____cm 由实验室提供。

2. 数据处理

(1) 根据式(3－21－3)计算各级明条纹衍射角平均值 $\overline{\varphi_k}$，并计算光波波长填入表 3－21－3中。

(2) 根据第二章表 2－3－4 中汞光谱波长，计算出波长的相对误差。

$$E=\frac{|\overline{\lambda}_{测}-\lambda_{标}|}{\lambda_{标}}\times100\%$$

【注意事项】

1. 调节望远镜的过程中，每一步调好后，在调节下一步的时候，不能再破坏原来的调节。

2. 不要用手触摸光学表面。

3. 在测量数据前必须检查分光计的几个制动螺丝是否锁紧，若未锁紧，取得的数据会不可靠。

4. 在读数装置上读数时，游标盘不能位于载物台连接杆的下方，否则无法读出载物台位置的角度读数。

5. 调节平行光管时再开汞灯，打开后不要频繁开关。

【思考题】

1. 分光计主要由哪几部分组成？各部分作用是什么？

2. 如何调节分光计使望远镜的光轴与载物台的中心轴垂直？

3. 当狭缝太窄或太宽时对实验测量有何影响？

4. 如何消除刻度盘中心轴与分光计中心轴不重合引起的系统误差？

【附录】刻度圆盘几何中心与分光计主轴不同轴的系统误差及消除原理

理论上，游标盘要紧贴刻度圆盘边界转动，刻度圆盘转轴 O 与游标盘转轴 O' (即分光计主轴)重合。但由于仪器制造及装配的原因，两者一般不重合，如图 3－21－12 所示。这样，若用一个游标(如左游标)读数，游标盘实际转过角度 φ 与读出的转过角 φ_1 之间存在差别，即 $\varphi\neq\varphi_1$，由此产生的误差成为偏心差，属于系统误差。采用双游标读数法可以消除偏心差。证明如下：

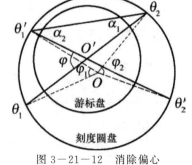

图 3－21－12　消除偏心误差原理图

为了清楚，图 3－21－12 有意夸大了 O 与 O' 不重合的程度。θ_1 与 θ_2 表示初始时刻游标的角位置。当游标转过 φ 角后，两个游标分别由 θ_1 与 θ_2 沿刻度圆盘的边缘移到 θ'_1 与 θ'_2。由于刻度圆盘上的示数是按 O 为中心分度的，两游标转过角度分别是 φ_1 和 φ_2，即

$$\varphi_1=|\theta'_1-\theta_1|\qquad\varphi_2=|\theta'_2-\theta_2|$$

显然，望远镜转过的角度 φ 与 φ_1、φ_2 不同。

由几何原理可知：

$$\alpha_1 = \frac{1}{2}\varphi_1 \qquad \alpha_2 = \frac{1}{2}\varphi_2$$

又因为

$$\varphi = \alpha_1 + \alpha_2$$

故

$$\varphi = \frac{1}{2}(\varphi_1 + \varphi_2) = \frac{1}{2}(|\theta'_1 - \theta_1| + |\theta'_2 - \theta_2|)$$

可见,从两个相差 180°的游标上所读出的转角的平均值即为望远镜的转角。因此,使用这种双游标读数装置可以消除偏心产生的系统误差。

实验二十二　折射率的测量

光线在传播过程中,遇到不同介质的分界面时,会发生反射和折射,光线将改变传播的方向。当入射光不是单射光时,虽然入射角对各种波长的光都相同,但出射角并不相同,出射光形成色散光谱线。分光计是一种精确测量角度的典型光学仪器,通过对某些角度的测量,可以分析物质的折射率、色散现象,了解折射率与光波长的关系。

【实验目的】

1. 了解分光计的结构,学习分光计的调节方法。
2. 掌握三棱镜顶角、最小偏向角测量方法。
3. 测量玻璃三棱镜对钠光或汞绿光的折射率,了解色散现象。

【实验原理】

最小偏向角法是测定三棱镜折射率的基本方法之一,如图 3—22—1 所示。三角形 ABC 表示玻璃三棱镜的横截面,AB 和 AC 是透光的光学表面,又称折射面,其夹角 A 称为三棱镜的顶角,BC 为毛玻璃面,称为三棱镜的底面。一束单色光以 i_1 角入射到棱镜 AB 面上,经棱镜两次折射后,从 AC 面射出来,出射角为 i'_2。入射光和出射光之间的夹角 δ 称为偏向角。当棱镜顶角 A 一定时,偏向角 δ 的大小随入射角 i_1 的变化而变化。而当 $i_1 = i'_2$ 时,δ 为最小(证明见附录)。这时的偏向角称为最小偏向角,记为 $\delta_{\min}$。

由图 3—22—1 中几何关系得到

$$i'_1 = \frac{A}{2}$$

$$\frac{\delta_{\min}}{2} = i_1 - i'_1 = i_1 - \frac{A}{2}$$

$$i_1 = \frac{1}{2}(\delta_{\min} + A) \tag{3—22—1}$$

设棱镜材料折射率为 n,根据折射定律,则

$$\sin i_1 = n \sin i'_1 = n \sin \frac{A}{2}$$

故

$$n = \frac{\sin i_1}{\sin \dfrac{A}{2}} = \frac{\sin \dfrac{\delta_{min} + A}{2}}{\sin \dfrac{A}{2}} \qquad\qquad (3-22-2)$$

由式(3-22-2)可知,只要测出入射光线的最小偏向角 δ_{min} 及三棱镜的顶角 A,即可求出三棱镜对该波长入射光的折射率 n。最小偏向角测量如图 3-22-2 所示。

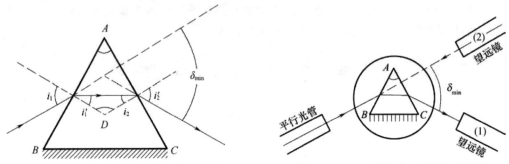

图 3-22-1　测三棱镜最小偏向角光路图　　　　图 3-22-2　最小偏向角测量示意图

当入射光不是单色光时,虽然入射角对各种波长的光都相同,但出射角并不相同,出射光形成色散光谱线,自然折射率也不相同,即折射率是光波波长的函数。对于一般的透明材料来说,折射率随波长的减少而增大。如紫光波长短,折射率大,光线偏折大;红光波长长,折射率小,光线偏折小。折射率 n 随波长 λ 而变的现象称为色散。一般折射率是指对钠黄光而言。

需要说明的一点是,各种不同的光学仪器对色散的要求也是不相同的。例如,照相机、显微镜等的镜头要求色散小,则色差小。而摄谱仪和单色仪中的棱镜则要求色散大,使各种波长的光分得开,以提高仪器分辨本领。

【实验仪器】

JJY 型分光计,钠灯或汞灯,平面反射镜,三棱镜。

【实验内容】

1. 分光计的调节(调节要求和方法见实验二十一)

2. 测量三棱镜顶角

(1) 调节三棱镜的主截面与仪器转轴垂直。

把待测三棱镜放在已调好的分光计载物台上,为方便调节,应使其三边垂直于载物台下三个螺丝的连线,如图 3-22-3 所示,借助于已调好的望远镜,转动载物台使 AB 面正对望远镜,用自准直法调 AB 面与望远镜光轴垂直,使从 AB 面反射的绿"十"字像位于分光计分划板上方的十字叉丝的水平横线上,达到自准。如不垂直,可调节调平螺钉 a 或 b(不可调节望远镜下面倾度调节螺钉);再转动载物台将 AC 面正对望远镜,仅调节 c 使 AC 面垂直于望远镜的光轴,如此反复几次,直到两个侧面 AB 和 AC 反射回来的绿"十"字像均和分划板上方十字叉丝的水平线重合为止。这样三棱镜的主截面与仪器转轴垂直。

（2）测定三棱镜的顶角。

① 自准直法测顶角。

如图 3－22－4 所示，固定载物台锁紧螺钉 6（与游标盘相连），转动望远镜（与刻度盘相连）使望远镜对准 AB 面，使 AB 面反射的绿"十"字像和分划板上方十字叉丝线重合，从两游标读出角度 θ_1 和 θ_2；然后再转动望远镜对准 AC 面，使 AC 面反射的绿"十"字像和分划板上方十字叉丝线重合，从两游标读出角度 θ_1' 和 θ_2'，将结果填入表 3－22－1 中，重复测量 3 次。由图 3－22－4 中的几何关系可知，三棱镜的顶角

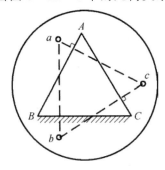

图 3－22－3　三棱镜放置图

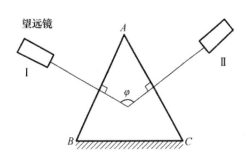

图 3－22－4　自准直测顶角图

$$A=180°-\varphi=180°-\frac{1}{2}(\,|\theta_1'-\theta_1|+|\theta_2'-\theta_2|\,) \qquad (3-22-3)$$

② 反射法测顶角。

将三棱镜放在已调好的分光计的载物台上，顶角 A 对准平行光管，使部分平行光由 AB 面反射；另一部分平行光由 AC 面反射。当望远镜在I位置观察到 AB 面反射的狭缝像，在Ⅱ位置观察到 AC 面反射的狭缝像时，则望远镜转过了角度 φ，由图 3－22－5(a) 的几何关系可得

$$\varphi=A+i_1+i_2$$

又因为

$$A=i_1+i_2$$

故有

$$A=\frac{1}{2}\varphi=\frac{1}{4}(\,|\theta_1'-\theta_1|+|\theta_2'-\theta_2|\,) \qquad (3-22-4)$$

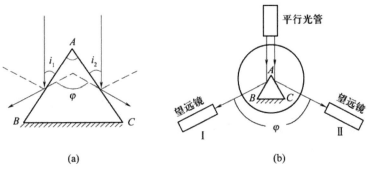

(a)　　　　　　　　　　(b)

图 3－22－5　反射法测顶角光路图

将测量结果填入表 3－22－1 中,重复测量 3 次。注意:放置三棱镜时,应使三棱镜顶角 A 靠近载物台中心,否则反射光将不能进入望远镜中。

3. 测定三棱镜最小偏向角

将三棱镜置于载物台上,使棱镜折射面与平行光管的轴线夹角约为30°,测定棱镜对钠光($\lambda = 589.3\text{nm}$)的最小偏向角 $\delta_{\min}$。

(1) 在棱镜中找到钠光反射谱线。用钠光灯照亮平行光管狭缝,平行光管射出平行光束。将载物台与游标盘固定在一起,望远镜与刻度盘固定在一起,使棱镜和望远镜处在图 3－22－2 所示(1)位置。先用眼睛沿棱镜出射光方向寻找棱镜折射后的狭缝像,找到后再将望远镜移到眼睛所在方位,此时在望远镜中就能看到钠光谱线。

(2) 找最小偏向角。稍稍转动游标盘,以改变入射角,观察钠谱线向偏向角增大还是减小的方向移动。慢慢转动游标盘,使钠谱线朝偏向角减小的方向移动,并要转动望远镜跟踪钠谱线,直到游标盘沿着同方向转动时,该谱线不再向前移动反而向相反的方向移动(即偏向角反而变大)为止。这个钠谱线反向移动的转折位置就是棱镜对该谱线的最小偏向角位置。

(3) 测量最小偏向角。将望远镜分划板中心十字叉丝竖线大致对准钠谱线(最小偏向角位置),反复实验,准确找出钠谱线反向移动的确切位置,固定载物台,转动望远镜,使望远镜分划板叉丝竖线准确对准钠光谱线的中心,记下左游标和右游标的读数 θ_1,θ_2。

(4) 测定入射光方向。取下三棱镜(载物台保持不动),转动望远镜对准平行发光管,如图 3－22－2所示(2)的位置,使狭缝像准确地位于望远镜分划板中央竖直线上,记下左游标和右游标的读数 θ'_1,θ'_2。计算最小偏向角的公式为

$$\delta_{\min} = \frac{1}{2}(|\theta'_1 - \theta_1| + |\theta'_2 - \theta_2|) \qquad (3\text{－}22\text{－}5)$$

(5) 重复步骤(2)、(3)、(4),测量 3 次,数据记录在表 3－22－2,求 $\delta_{\min}$ 的平均值 $\overline{\delta}_{\min}$,由式(3－22－2)计算所用三棱镜的折射率 n。

以下内容选做。

(6) 若将钠灯换成汞灯,可分别测定棱镜对汞灯光谱中各谱线的最小偏向角,进而计算出棱镜对各色光的折射率,画出色散曲线。表格自拟。

如果将光源换成白炽灯,则可观察白炽灯光谱,做出色散曲线,可与汞灯光谱进行比较。

【数据记录与处理】

1. 数据记录

(1) 顶角数据记录。

表 3－22－1　自准直法(或反射法)测顶角数据记录表

次数	望远镜位置Ⅰ		望远镜位置Ⅱ		$A/(°)$	$\overline{A}/(°)$
	左读数 θ_1	右读数 θ_2	左读数 θ'_1	右读数 θ'_2		
1						
2						
3						

（2）最小偏向角数据记录。

表 3－22－2　最小偏向角数据记录表

次数	望远镜位置Ⅰ		望远镜位置Ⅱ		$\delta_{\min}/(°)$	$\overline{\delta}_{\min}/(°)$
	左读数 θ_1	右读数 θ_2	左读数 θ'_1	右读数 θ'_2		
1						
2						
3						

2. 数据处理

（1）计算三棱镜顶角。

根据式（3－22－3）或式（3－22－4）计算出自准直法（或反射法）测量的顶角 A 及平均值 $\overline{A}$，填入表 3－22－1 中。

（2）计算最小偏向角。

根据式（3－22－5）计算出最小偏向角 $\delta_{\min}$ 及平均值 $\overline{\delta}_{\min}$，填入表 3－22－2 中。

（3）计算棱镜对钠黄光的折射率。

根据式（3－22－2）计算出棱镜对钠黄光的折射率的平均值 $\overline{n}$，计算折射率的不确定度 U_n 并写出折射率的测量结果。

（4）绘制折射率与波长（可见光）的色散曲线。

【注意事项】

1. 转动载物台，都是指游标盘与载物台一起转动。

2. 分光计是较精密的光学仪器，要加倍爱护，不应在制动螺丝锁紧时强行转动望远镜，也不要随意拧动狭缝。

3. 在游标读数过程中，由于望远镜可能位于任何方位，故应注意望远镜转动过程中是否过了刻度的零点。

4. 狭缝宽度 1mm 左右为宜，宽了测量误差大，窄了光通量小，狭缝易损坏，尽量少调，调节时要边看边调，动作要轻，切忌狭缝宽度太小。

5. 光学仪器螺钉的调节动作要轻柔，锁紧螺钉也是只锁住即可，不可用力过大，以免损坏器件。

【思考题】

1. 什么是最小偏向角？在实验中，如何调整测量最小偏向角的位置？若位置稍有偏离带来的误差对实验结果影响如何？为什么？

2. 在游标读数过程中，由于望远镜可能位于任何方位，故应注意望远镜转动过程中是否过了刻度的零点。如越过刻度零点，如何读数？

3. 在调整分光计时，若旋转载物平台，三棱镜的 AB、AC 两个面反射回来的绿色十字像均对准分化板水平叉丝等高的位置，这时该调节什么器件？为什么？

【附录】

用三棱镜测定玻璃折射率公式的证明。

当入射光线和出射光线处于光路对称的情况下,即 $i_1 = i'_2$ 时,偏向角 δ 有最小值 $\delta_{\min}$,并且

$$n = \frac{\sin\frac{1}{2}(A + \delta_{\min})}{\sin\frac{A}{2}}$$

现证明如下:

将图 3—22—1 中 $\delta_{\min}$ 改写为 δ,δ 称为偏向角。根据图中的几何关系可知

$$\delta = (i_1 - i'_1) + (i'_2 - i_2) = (i_1 + i'_2) - (i'_1 + i_2) \tag{3—22—6}$$

$$A = 180° - D = i'_1 + i_2 \tag{3—22—7}$$

所以

$$\delta = (i_1 + i'_2) - A \tag{3—22—8}$$

对给定的棱镜来说,顶角 A 是固定的,δ 随 i_1 和 i'_2 而变化,而 i'_2 是 i_1 的函数,所以偏向角 δ 仅随 i_1 而变化。δ 的最小值由 $\frac{\mathrm{d}\delta}{\mathrm{d}i_1} = 0$ 求得。对式(3—22—8)两边求导,得

$$\frac{\mathrm{d}\delta}{\mathrm{d}i_1} = 1 + \frac{\mathrm{d}i'_2}{\mathrm{d}i_1} \tag{3—22—9}$$

由于空气的折射率等于 1,玻璃的折射率为 n,对于入射面 AB 和出射面 AC,由折射定律得

$$\sin i_1 = n\sin i'_1 \tag{3—22—10}$$

$$n\sin i_2 = \sin i'_2 \tag{3—22—11}$$

对式(3—22—10)、式(3—22—11)求微分,得

$$\cos i_1 \,\mathrm{d}i_1 = n\cos i'_1 \,\mathrm{d}i'_1$$

$$n\cos i_2 \,\mathrm{d}i_2 = \cos i'_2 \,\mathrm{d}i'_2$$

所以

$$\frac{\mathrm{d}i_1}{\mathrm{d}i'_1} = \frac{n\cos i'_1}{\cos i_1} \tag{3—22—12}$$

$$\frac{\mathrm{d}i'_2}{\mathrm{d}i_2} = \frac{n\cos i_2}{\cos i'_2} \tag{3—22—13}$$

给定三棱镜 A 为常数,对式(3—22—7)求微分,得

$$\frac{\mathrm{d}i_2}{\mathrm{d}i'_1} = -1 \tag{3—22—14}$$

将式(3—22—12)、式(3—22—13)、式(3—22—14)代入式(3—22—9),得

$$\frac{\mathrm{d}\delta}{\mathrm{d}i_1} = 1 + \frac{\mathrm{d}i'_2}{\mathrm{d}i_1} = 1 + \frac{\mathrm{d}i'_2}{\mathrm{d}i_2} \times \frac{\mathrm{d}i_2}{\mathrm{d}i'_1} \times \frac{\mathrm{d}i'_1}{\mathrm{d}i_1} = 1 + \frac{n\cos i_2}{\cos i'_2} \times (-1) \times \frac{\cos i_1}{n\cos i'_1} \tag{3—22—15}$$

又因为

$$\cos i_2 = \sqrt{1-\sin^2 i_2} = \sqrt{1-\frac{1}{n^2}\sin^2 i_2'} \qquad (3-22-16)$$

$$\cos i_1' = \sqrt{1-\sin^2 i_1'} = \sqrt{1-\frac{1}{n^2}\sin^2 i_1} \qquad (3-22-17)$$

将式(3−22−16)、式(3−22−17)代入式(3−22−15),得

$$\frac{\mathrm{d}\delta}{\mathrm{d}i_1} = 1 - \frac{n\sqrt{1-\frac{1}{n^2}\sin^2 i_2'}}{\cos i_2'} \times \frac{\cos i_1}{n\sqrt{1-\frac{1}{n^2}\sin^2 i_1}} = $$
$$1 - \sqrt{\frac{1}{\cos^2 i_2'} - \frac{1}{n^2}\tan^2 i_2'} \times \frac{1}{\sqrt{\frac{1}{\cos^2 i_1} - \frac{1}{n^2}\tan^2 i_1}} \qquad (3-22-18)$$

又因为

$$\frac{1}{\cos^2 i} = \sec^2 i = 1 + \tan^2 i \qquad (3-22-19)$$

将式(3−22−19)代入式(3−22−18),得

$$\frac{\mathrm{d}\delta}{\mathrm{d}i_1} = 1 - \frac{\sqrt{1+\left(1-\frac{1}{n^2}\right)\tan^2 i_2'}}{\sqrt{1+\left(1-\frac{1}{n^2}\right)\tan^2 i_1}}$$

当 $i_1 = i_2'$ 时

$$\frac{\mathrm{d}\delta}{\mathrm{d}i_1} = 1 - 1 = 0$$

所以当 $i_1 = i_2'$ 时,δ 有一个极值。

再由 $\frac{\mathrm{d}^2\delta}{\mathrm{d}i_1^2} > 0$,可知当 $i_1 = i_2'$ 时,δ 值是一个极小值。

当 $i_1 = i_2'$ 时,由式(3−22−10)、式(3−22−11)得
$$i_1' = i_2$$
至此我们知道,当 $i_1 = i_2'$(即 $i_1' = i_2$)时,偏向角 δ 为最小,这时 $\delta = \delta_{\min}$。于是由式(3−22−8)得
$$A + \delta_{\min} = i_1 + i_2'$$
所以
$$2i_1 = A + \delta_{\min} \qquad (3-22-20)$$
又因为
$$A = i_1' + i_2 = 2i_1' \qquad (3-22-21)$$
将式(3−22−20)、式(3−22−21)代入式(3−22−10),得

$$n = \frac{\sin i_1}{\sin i_1'} = \frac{\sin\frac{1}{2}(A+\delta_{\min})}{\sin\frac{A}{2}}$$

证毕。

247

第四章 综合性实验

实验一 密立根油滴实验

电子电量是物理学的基本常数之一。1891年,爱尔兰物理学家斯通尼(Stoney)首次提出用"电子"这一名称来命名电荷的最小单位。1897年英国物理学家汤姆逊(J. J. Thomson)通过他的著名阴极射线实验确认了电子的存在,并测出了电子的荷质比e/m值。但是,仅从汤姆逊测出的电子的荷质比还不足以确定电子的性质,因为由此无法直接测出电子电荷和电子质量的绝对数值,于是,测定电子电荷e就成了当时物理学家面临的重大课题。美国物理学家密立根(R. A. Millikan,1868—1953),从1909年到1917年,通过能用肉眼观察到的微小油滴的运动,精确地测量了基本电荷。密立根的油滴实验令人信服地证明了电荷的不连续性,即所有的电荷都是基本电荷e的整数倍,对最终建立物质的原子学说起着重要作用。基本电荷e是一个基本物理常量,许多物理常量,如电子的质量、普朗克常量,都可以根据基本电荷e的数值来确

密立根(R. A. Millikan)

定。密立根由于这一杰出工作及在光电效应方面的研究所作出的贡献,荣获了1923年度诺贝尔物理学奖。

现在公认的e值为

$$e = 1.602176487(40) \times 10^{-19} C$$

密立根的实验设备简单而有效,构思巧妙并且方法简洁,测得数据精确且结果稳定,是一个著名的有启发性的实验,被誉为物理实验的典范。我们重做密立根油滴实验的目的是在验证电子量子性的同时,体验前辈物理学家深刻的物理思想和精巧的实验设计,并通过对仪器的调整,油滴的选择、跟踪和观察,以及数据处理,学习前辈物理学家严肃认真的科学方法,严谨的科学态度及坚韧不拔的探索精神。

【实验目的】

1. 通过测量带电油滴的电量推算电子电荷的量值。
2. 领会密立根油滴实验的设计思想,培养学生科学严谨的学习态度。

【实验原理】

密立根油滴实验是观测单个带电的不易挥发的小油滴在水平放置的平行板电容器两极板之间的运动,最终求得电子的电荷值。测量方法有静态(平衡)测量法和动态(非平衡)测量法。

1. 静态(平衡)测量法

用喷雾器将油喷入两块相距为 d 的水平放置的平行板之间。油在喷射撕裂成油滴时,由于摩擦一般都是带电的,设油滴的质量为 m,所带的电荷为 q,两极板之间的电压为 V,则油滴在平行极板间将同时受到重力 mg 和静电力 qE 的作用,如图 4-1-1 所示。如果忽略油滴所受的空气浮力,调节两极板间的电压 V,使油滴在极板间某处静止不动,这时两力达到平衡,即

$$mg = qE = q\frac{V}{d} \tag{4-1-1}$$

从式(4-1-1)可见,为了测出油滴所带的电量 q,除了需测定 V 和 d 外,还需要测量油滴的质量 m。由于油滴质量 m 很小,需要如下特殊方法测定。

平行极板不加电压时,油滴受重力作用而加速下降,下降过程中同时受到空气黏滞阻力 f_r 的作用(空气浮力忽略不计),如图 4-1-2 所示。黏滞阻力与运动速度 v 成正比,根据斯托克斯定律

$$f_r = 6\pi r\eta v \tag{4-1-2}$$

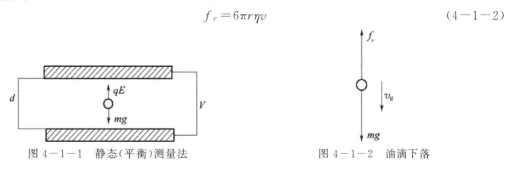

图 4-1-1 静态(平衡)测量法   图 4-1-2 油滴下落

式中:η 为空气的黏滞系数;r 为油滴的半径(由于表面张力的原因,油滴总是呈球状)。当油滴下降一段距离达到某一速度 v_g 后,阻力与重力 mg 平衡,油滴将匀速下降。此时有

$$f_r = 6\pi r\eta v_g = mg \tag{4-1-3}$$

设油的密度为 ρ,油滴的质量 m 可以表示为

$$m = \frac{4}{3}\pi r^3\rho \tag{4-1-4}$$

由式(4-1-3)式(4-1-4)得到油滴的半径

$$r = \sqrt{\frac{9\eta v_g}{2\rho g}} \tag{4-1-5}$$

对如此小的油滴(直径约为 10^{-6} m)来说,空气已不能视为连续介质,而空气分子的平均自由程和大气压强 p 成正比等因素,因此,空气黏滞系数 η 进行修正,得到

$$\eta' = \frac{\eta}{1+\dfrac{b}{pr}} \tag{4-1-6}$$

这时式(4-1-3)修正为

$$f_r = \frac{6\pi r\eta v_g}{1+\dfrac{b}{pr}} = mg \tag{4-1-7}$$

式中:b 为修正常数;p 为大气压强。因此式(4-1-5)变为

$$r=\sqrt{\frac{9\eta v_g}{2\rho g}\cdot\frac{1}{1+\frac{b}{pr}}} \qquad (4-1-8)$$

将式(4−1−8)代入式(4−1−4),得

$$m=\frac{4}{3}\pi\left[\frac{9\eta v_g}{2\rho g}\cdot\frac{1}{1+\frac{b}{pr}}\right]^{3/2}\rho \qquad (4-1-9)$$

式(4−1−9)包含油滴的半径 r,因它处于修正项中,不需十分精确,因此可用式(4−1−5)计算。至于油滴匀速下降的速度 v_g,可用以下方法测出:当两极板间的电压 $V=0$ 时,测出油滴匀速下降距离为 l 的时间 t_g,则

$$v_g=\frac{l}{t_g} \qquad (4-1-10)$$

将式(4−1−10)、式(4−1−5)代入式(4−1−9)计算出 m 后,再将 m 代入式(4−1−1),得

$$q=\frac{18\pi}{\sqrt{2\rho g}}\left[\frac{\eta}{1+\frac{b}{pr}}\cdot\frac{l}{t_g}\right]^{3/2}\frac{d}{V} \qquad (4-1-11)$$

上式是用静态(平衡)测量方法测出油滴所带电量的理论公式。

2. 动态(非平衡)测量法

为解决静态平衡法中由于气流扰动而产生的非预期的影响以及油滴蒸发引起的误差,可在平行极板上加适当电压 V_2,使电场方向与重力方向相反,并调节 V_2 使静电力大于重力,则带电油滴将向上做加速运动。速度增加时,空气对油滴的黏滞力也随之增大,直到油滴所受诸力达平衡后,油滴将以速度 v_e 匀速上升(忽略油滴所受的空气浮力),如图4−1−3所示,此时油滴受力为

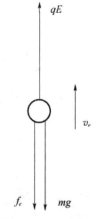

$$q\frac{V_2}{d}-mg=6\pi\eta rv_e \qquad (4-1-12)$$

当去掉平行极板上所加的电压 V_2 后,油滴受重力作用而加速下降。当空气阻力与重力平衡时,油滴以匀速 v_g 下降。v_g 由式(4−1−3)决定。

图4−1−3　油滴上升

联合式(4−1−12)、式(4−1−3),可得

$$q=mg\frac{d}{V_2}\left(\frac{v_g+v_e}{v_g}\right) \qquad (4-1-13)$$

实验时取油滴匀速下降和匀速上升的距离相等,设为 l。测出油滴匀速下降的时间为 t_g,匀速上升的时间为 t_e,则有

$$v_g=\frac{l}{t_g},\quad v_e=\frac{l}{t_e} \qquad (4-1-14)$$

将式(4−1−9)油滴的质量 m 和式(4−1−14)代入式(4−1−13),得

$$q=\frac{18\pi}{\sqrt{2\rho g}}\left[\frac{\eta l}{1+\frac{b}{pr}}\right]^{3/2}\frac{d}{V_2}\left(\frac{1}{t_e}+\frac{1}{t_g}\right)\left(\frac{1}{t_g}\right)^{\frac{1}{2}} \qquad (4-1-15)$$

上式是用动态(平衡)测量方法测出油滴所带电量的理论公式。

从以上分析可见：

（1）用平衡法测量，原理简单、直观，但需要调整平衡电压；用非平衡法测量，在原理和数据处理方面较平衡法要麻烦一些，但不需要调整平衡电压。

（2）比较式（4—1—11）和式（4—1—15），当调节平行极板间的电压 V，使油滴不动，$v_e=0$，即 $t_e \to \infty$，式（4—1—15）和式（4—1—15）相一致，可见静态（平衡）测量法是动态（非平衡）测量法的一种特殊情况。

3. 基本电荷 e 的计算

本实验采用静态（平衡）测量法测量油滴的电量。式（4—1—11）中

油的密度	$\rho = 981\,\text{kg} \cdot \text{m}^{-3}$
重力加速度	$g = 9.80\,\text{m} \cdot \text{s}^{-2}$
空气黏滞系数	$\eta = 1.83 \times 10^{-5}\,\text{kg} \cdot \text{m}^{-1} \cdot \text{s}^{-1}$
油滴匀速下降距离	$l = 2.00 \times 10^{-3}\,\text{m}$
修正常数	$b = 8.22 \times 10^{-3}\,\text{m} \cdot \text{Pa}$
大气压强	$p = 1.013 \times 10^5\,\text{Pa}$
平行极板间距	$d = 5.00 \times 10^{-3}\,\text{m}$

将以上数据代入式（4—1—11），得

$$q = \frac{1.43 \times 10^{-14}}{\left[t_g \left(1 + 0.02\sqrt{t_g} \right) \right]^{\frac{3}{2}}} \cdot \frac{1}{V} \text{(C)} \qquad (4-1-16)$$

从式（4—1—16）中可见，只要测出油滴的平衡电压 V，油滴匀速下降 l 所需的时间 t_g，就可计算出油滴所带的电量 q。

为了证明电荷的不连续性和所有电荷都是基本电荷 e 的整数倍，并得到基本电荷 e 值，应对实验测得的各个电荷量 q 求最大公约数，这个最大公约数就是基本电荷 e 值，也就是电子的电荷值。但由于存在测量误差，要求出各个电荷量 q 的最大公约数比较困难。通常可用"倒过来验证"的办法进行数据处理，即用公认的电子电荷值 $e=1.602 \times 10^{-19}\text{C}$ 去除实验测得的电荷量 q，得到一个接近某一个整数的数值，这个整数就是油滴所带的基本电荷的数目 n，再用这个 n 去除实验测得的电荷量 q，即得电子的电荷值。

【实验仪器】

MOD—5 密立根油滴仪，CCD 电子显示系统，喷雾器等。

下面以 MOD—5 型油滴仪为例，说明仪器的主要部件及功能。

1. 油滴仪面板

MOD—5 型油滴仪基本结构如图 4—1—4 所示，主要由油滴盒、照明装置、调平系统、测量显微镜、计时器、供电电源、CCD 图像监视系统等组成。

调节仪器底部两个调平螺钉，使水准仪气泡处于中央位置，这时平行极板处于水平位置。按下电源开关按钮，电源接通，整机开始工作。上、下电极组成一个平行板电容器，加上电压时，极板形成相对均匀的电场，可使油滴处于平衡或升降状态。

在油滴仪上，显微镜镜头对准油滴盒内被发光二极管照明的油滴，通过显微镜调焦手轮，调整 CCD 探头的位置，通过视频输入插座及视频输出插座，将配有 CCD 摄像头的显微镜观察

的信息输出至监视器,在监视器的显示屏上可清晰地显示出油滴的像。监视器显示屏外表面贴有一层薄膜,薄膜表面印有分划线,分划线刻度0～2格线间所表示的实际距离为2mm。屏的上下还留有空间,以便油滴的像不至于跑出屏幕。

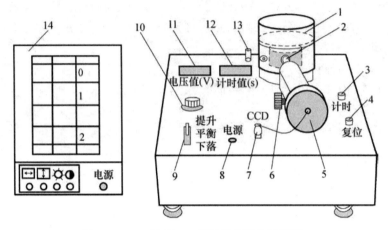

图 4－1－4　MOD－5型油滴仪结构示意图

1—油滴盒；2—显微镜镜头；3—计时按钮；4—计时器复位按钮；5—CCD探头；

6—显微镜调焦手轮；7—视频输入插座；8—电源开关按钮；9—电压选择开关；

10—平衡电压调节旋钮；11—数字电压表；12—数字计数器；13—视频输出插座；14—监视器。

　　电压选择开关分为提升、平衡、下落三挡。打向"平衡"挡时,可调节平衡电压旋钮使被测油滴处于平衡状态;打向"提升"挡时,上下极板在平衡电压的基础上增加约240V提升电压,使被测油滴上升;打向"下落"挡时,极板间电压为0V,被测油滴不受电场力作用,在重力作用下落,待油滴达到匀速时,按下计时按钮,开始计时。

　　平衡电压及提升电压由数字电压表显示,油滴在一定距离内运动的时间由计时器显示。按下复位按钮,清除内存,秒表显示"00.0"秒。

2. 油滴盒

　　油滴盒是油滴仪的核心,如图4－1－5所示。上极板和下极板是两块精磨的平行极板,中间垫有胶木圆环,置于有机玻璃防风罩中,防止外界空气扰动对油滴的影响。胶木圆环的四周有进光孔、观察孔和石英玻璃窗口。油滴用喷雾器从喷雾口喷入有机玻璃室,经油雾孔落入上极板中央的小孔,进入上、下极板间的电场中。上极板上装有一弹簧压舌,是上极板的电源接线。关闭油雾孔挡板可防止油滴的不断进入。仪器的底部装有调平螺钉用来调节平行板的水平位置。油雾室上加一盖板。

【实验内容】

1. 调节仪器

　　(1)水平调节。调节调平螺钉,使水准泡居中,极板处于水平位置,电场方向与重力平行。打开电源开关,使仪器预热10min。

　　(2)显示器调节。打开显示器电源开关,调节监视器的对比度和亮度旋钮,使监视器屏幕处于不太亮又不太暗的状态。

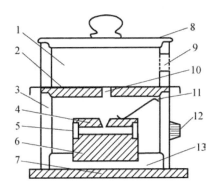

图 4—1—5 油滴盒

1—喷雾室；2—油雾孔挡板；3—防风罩；4—上电极板；5—胶木圆环；
6—下电极板；7—底板；8—喷雾室顶盖；9—喷雾口；10—油雾孔；
11—上电极板压簧；12—外接电源插孔；13—油滴盒基座。

2. 练习测量

（1）观察油滴。工作电压选择开关扳向"下落"位置,竖拿喷雾器,对准油雾室的喷雾口轻轻喷入少许油滴(只喷一下即可),调节显微镜的调焦手轮,从监视屏上可看到大量的、清晰的油滴。如果油滴看不到,或是看不清,可能是 CCD 的物距不合适,或是监视器的亮度或对比度不合适,应该重新调整。如油滴斜向运动,可转动显微镜上的圆形 CCD 探头,使油滴沿垂直方向运动。

（2）练习控制油滴。工作电压选择开关置"平衡"挡,平衡电压调节至 200V 左右,驱走不需要的油滴,直到剩下几颗缓慢运动的油滴为止。注意其中的一颗,仔细调节平衡电压,使这颗油滴静止不动。然后去掉平衡电压,让它自由下落,下降一段距离后再加提升电压,使油滴上升。如此反复多次地进行练习。

（3）练习测量油滴运动时间。任意选择几颗运动速度快慢不同的油滴,用计时器测出它们下降一段距离所需的时间。如此反复练习几次,以掌握测量油滴运动时间的方法。

（4）练习选择油滴。要做好本实验,很重要的一点是选择合适的油滴。选择的油滴不能太大,太大的油滴虽然较亮,但带电量比较多,下降速度较快,时间不容易测准确。太小的油滴布朗运动明显。通常选择平衡电压在 200V 左右,在 20～30s 时间内匀速下降 2mm 的油滴,其大小和带电量都比较合适。

3. 正式测量

由式（4—1—16）可见,用平衡测量方法测量 q 需要测量两个参量:一个是平衡电压 V,另一个是油滴匀速下降一段距离 l 所需的时间 t_g。

（1）平衡电压测量。选择某一合适油滴,仔细调节平衡电压旋钮,以分划板上某条横线为参考基准,准确判断出这颗油滴是否平衡了,经一段时间观察,油滴确实不再移动了,认为真正处于平衡状态了。记下此时电压表上的示值,即平衡电压 V,填入表 4—1—1 中。

（2）下降时间测量。将已选择好的油滴升至视野的上方,然后去掉平衡电压,油滴开始下落,此时是加速运动,不宜记时。下落一段距离后,可认为空气阻力与重力相等,记时开始。油滴匀速运动下降距离 $l=2\text{mm}$(对应分划线四格)记时停止。记时停止后,应立即加"平衡"电压,防止油滴丢失。然后再扳向"提升",当油滴上升到上方时,再扳向"平衡"。

重复上述过程,对同一油滴进行 5 次测量,每次测量开始都要重新调节平衡电压。如果油滴逐渐变得模糊,要微调显微镜跟踪油滴,勿使丢失。

按上述方法选择 3~10 颗油滴进行测量,测量数据填入表 4—1—1 中。最终求出基本电荷 e 的平均值。

【数据记录与处理】

1. 数据记录

表 4—1—1　油滴测量数值记录表

油滴编号	次数	平衡电压 V/V	下落时间 t_g/s	平均下落时间 $\bar{t_g}$/s	油滴带电荷量 $q/\times10^{-19}$C	基本电荷数 n	电子的电荷值 $e_i/\times10^{-19}$C
油滴 1	1						
	2						
	3						
	4						
	5						
…		…					

2. 数据处理

计算电子电荷平均值,用不确定度表达测量结果(本实验数据处理中,仪器误差较为复杂,不计算不确定度的 B 类分量)。

【注意事项】

1. 喷雾时喷雾器要竖拿,喷口对准油雾室的喷雾口,切勿伸入油雾室内。按一下橡皮球即可,不要喷得太多,防止堵塞小孔。

2. 仪器内有高压,实验时应避免用手接触电极。

3. 要始终注意油滴的清晰度,随时调节调焦手轮,保证油滴不丢失。

4. 使用监视器时,监视器的对比度调至最大,背景亮度要最暗。

【思考题】

1. 实验中,为什么油滴会从视野中消失,应如何控制油滴?

2. 由实验测定的油滴所带电量为什么能算出电子电量?

3. 做好本实验的关键是什么?造成实验测量数据不准的原因是什么?

4. 密立根油滴实验的设计思想、实验技巧对你的实验素质和能力的提高有何帮助?做完该实验后有何心得体会?

实验二 光速的测量

光波是电磁波,光速是重要的物理常数之一。光速测量实验已经历了 300 多年的历史。从 1676 年丹麦天文学家罗迈首次提出有效的测量光速的方法以来,许多科学家采用不同手段对光速进行了测量,包括荷兰物理学家惠更斯,英国天文学家布拉德雷等。1849 年,法国科学家斐索发明了旋转齿轮法测量光速,1862 年,法国科学家傅科在斐索旋转齿轮法基础上又发明了旋转镜法测量光速。1879 年,美国物理学家迈克尔逊利用他自己发明的干涉仪,精确地测量出光速为 $2.99910 \times 10^8 \mathrm{m \cdot s^{-1}}$。

斐索(A.H.L.Fizeau)

光波是电磁波谱中的一部分。1950 年,艾森提出了用空腔共振法来测量光速。这种方法的原理是:微波通过空腔时,当它的频率为某一值时发生共振,根据空腔的长度可以求出共振腔的波长,再把共振腔的波长换算成光在真空中的波长,由波长和频率可计算出光速。据此方法,1972 年埃文森测得了真空中光速的最佳数值为 $2.997924574 \times 10^8 \mathrm{m \cdot s^{-1}}$。1975 年第十五届国际计量大会确认光速值为 $2.99792458 \times 10^8 \mathrm{m \cdot s^{-1}}$。

本实验采用声光调制形成光拍的方法来测量光速,实验集声、光、电于一体。通过本实验,不仅掌握光拍频法测量光速的原理和方法,而且对声光调制的基本原理、衍射特性等声光效应有所了解。

【实验目的】

1. 了解声光频移的基本知识,理解光拍频的概念。
2. 掌握光"拍"法测光速的技术。

【实验原理】

1. 利用波长和频率测速度

根据波动学的概念,波长是一个周期内波传播的距离,波的频率是 1s 内发生了多少次振动周期,用波长乘频率得 1s 内波传播的距离,即波速

$$c = \lambda f \tag{4-2-1}$$

利用这种方法,很容易测得声波的传播速度。但直接用来测量光波的传播速度,还存在很多技术上的困难,主要是光的频率高达 10^{14} Hz,目前的光电接收器无法响应频率如此高的光强变化,迄今为止仅能响应频率在 10^8 Hz 左右的光强变化并能产生相应的光电流。如果使 f 变得很低,例如 30MHz,那么波长约为 10m,这样就解决了光电接收器无法响应高频率的困难。这种使光频"变低"的方法就是所谓"光拍频法"。频率相近的两束光同方向共线传播,叠加成拍频光波,其强度包络的频率(即光拍频)即为两束光的频差,适当控制它们的频差即可达到降低拍频光波的目的。

2. 光拍的产生和传播

根据波的叠加原理,频率较大而频率差较小、速度相同的两同向传播的简谐波相叠加即形成拍。若有振幅同为 E_0、圆频率分别为 ω_1 和 ω_2(频差 $\Delta = \omega_1 - \omega_2$ 较小)的两列沿 x 轴方向传播的平面光波,波动方程为

$$\begin{cases} E_1 = E_0 \cos(\omega_1 t - k_1 x + \varphi_1) \\ E_2 = E_0 \cos(\omega_2 t - k_2 x + \varphi_2) \end{cases} \qquad (4-2-2)$$

式中:$k_1 = 2\pi/\lambda_1$,$k_2 = 2\pi/\lambda_2$ 为波数;$\omega_1 = 2\pi f_1$,$\omega_2 = 2\pi f_2$;φ_1 和 φ_2 分别为两列波在坐标原点的初相位。若这两列光波的偏振方向相同,则叠加后的总场为

$$E = E_1 + E_2 = 2E_0 \cos\left[\frac{\omega_1 - \omega_2}{2}\left(t - \frac{x}{c}\right) + \frac{\varphi_1 - \varphi_2}{2}\right] \times \cos\left[\frac{\omega_1 + \omega_2}{2}\left(t - \frac{x}{c}\right) + \frac{\varphi_1 + \varphi_2}{2}\right]$$

$$(4-2-3)$$

式(4-2-3)中 E 是沿 x 轴方向的前进波,其圆频率为 $(\omega_1 + \omega_2)/2$,振幅为

$$2E_0 \cos\left[\frac{\omega_1 - \omega_2}{2} \times \left(t - \frac{x}{c}\right) + \frac{\varphi_1 - \varphi_2}{2}\right] \qquad (4-2-4)$$

显然,E 的振幅是时间和空间的函数。振幅的周期 T_B 是余弦函数周期的一半,即

$$T_B = \frac{\omega_1 - \omega_2}{2} = \pi \qquad (4-2-5)$$

由式(4-2-5)得振幅的频率 ΔF 为

$$\Delta F = \frac{1}{T_B} = f_1 - f_2 \qquad (4-2-6)$$

由式(4-2-6)可见振幅是以频率为 $\Delta F = f_1 - f_2$ 做周期性缓慢变化,此过程称它为调制。这种低频的行波被称为"光拍频波",简称拍频波,$\Delta F = f_1 - f_2$ 称为"拍频"。图 4-2-1 表示拍频波在某一时刻 t 的空间分布,从图中可见振幅在空间分布是周期性变化,振幅的空间分布周期就是拍频波长,以 Λ 表示。由于 f_1、f_2 较大,但差值 $f_1 - f_2$ 较小,因此拍频波的频率 $\Delta F = f_1 - f_2$ 较光频率要小得多,所以我们可以用光电检测器检测。

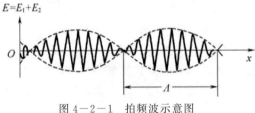

图 4-2-1 拍频波示意图

当用光电探测器接收这个拍频波时,因为光电探测器所产生的光电流系光强(即场强的平方)所引起,故光电流为

$$i = gE^2 \qquad (4-2-7)$$

式中:g 为光电探测器的光电转换常数。将式(4-2-3)代入式(4-2-7),同时注意到,由于光频 f 高达 10^{14} Hz,光振动的周期约为 10^{-14} s,它远大于光波的周期。因此,将 i 对光电探测器的响应时间 τ 积分,并取对响应时间 $\tau\left(\frac{1}{f} < \tau < \frac{1}{\Delta f}\right)$ 的平均值,结果 $\bar{i}$ 的积分中高频项为

零,只留下常数项和光拍信号项,即

$$\overline{i} = \frac{1}{\tau} \int_{\tau} i \, \mathrm{d}t = gE^2 \left\{ 1 + \cos \left[\Delta\omega (t - \frac{x}{c}) + \Delta\varphi \right] \right\} \qquad (4-2-8)$$

式中:$\Delta\omega = \omega_1 - \omega_2$ 为与 ΔF 相对应的角频率,称之为光拍圆频率;$\Delta\varphi = \varphi_1 - \varphi_2$ 为光拍初相位。在某一时刻,光电流 $\overline{i}$ 的空间分布如图 $4-2-2$ 所示,光电探测器输出的光电流包含直流和光拍信号两种成分。滤去直流成分,即可得频率为拍频 ΔF、相位与空间位置 x 有关的光拍信号。

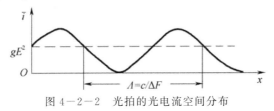

图 $4-2-2$　光拍的光电流空间分布

由式($4-2-8$)可见,光拍信号的相位与空间位置 x 有关,即在同一时刻处在不同位置的探测器所输出的光拍信号电流具有不同的相位。设空间两点之间的光程差 ΔL,根据式($4-2-8$),求出两点的光拍信号相位差 $\Delta\Phi$

$$\Delta\Phi = \frac{\Delta\omega \cdot \Delta L}{c} = \frac{2\pi\Delta F \cdot \Delta L}{c} \qquad (4-2-9)$$

如果将光拍频波分为两路,使其通过不同的光程后入射同一光电探测器,则该探测器所输出的两个光拍信号强度的相位差 $\Delta\Phi$ 与两路光的光程差 ΔL 之间的关系仍由上式($4-2-9$)确定。当 $\Delta\Phi = 2\pi$ 时,$\Delta L = \Lambda$,即光程差恰为光拍波长,此时式($4-2-4$)简化为

$$c = \Delta F \cdot \Lambda \qquad (4-2-10)$$

由式($4-2-10$)可知,只要找出两束拍频光波的相位相同点的位置,测出两光路的光程差 Λ,使用频率计测出频率 ΔF,即可确定光速 c。

3. 相拍二光波的获得

为产生光拍频波,要求相拍两光束具有一定(较小)的频率差。使激光束产生固定频移的办法很多,最常用的办法是通过超声波与光波的相互作用来实现。本实验是利用超声波和激光同时在某些介质中互相作用来实现。超声波(弹性波)在介质中传播,引起介质光折射率发生周期性变化,成为一个相位光栅,激光束通过介质时要发生衍射,其结果是光强受到声功率的调制,同时引起衍射光束的频率产生与声频有关的频移,从而达到使激光束频移的目的。

利用声光效应产生光频移的方法有两种:一种是行波法,如图 $4-2-3$(a)所示。在声光介质与声源(压电换能器)相对的端面上敷以吸声材料,防止声波反射,保证介质中只有声行波通过。声光相互作用的结果是激光束产生对称多级衍射。第 l 级衍射光的角频率为 $\omega_l = \omega_0 + l\Omega$,其中,$\omega_0$ 和 Ω 分别为入射光和超声的圆频率,$l = 0, \pm 1, \pm 2, \cdots$ 为衍射级数。利用适当的光路使零级与 $+1$ 级衍射光汇合起来,沿同一条路径传播,即可产生频差为 Ω 的光拍频波。这种拍频光波就可以用来达到测量光速的目的。但是这两束光必须平行叠加,因而对光路的可靠性和稳定性提出了较高的要求,相拍二光束稍有相对位移即破坏形成光拍的条件。

另一种是驻波法,如图 $4-2-3$(b)所示。利用声波的反射,使介质中存在驻波声场(相应于介质的传声厚度为半声波长的整数倍情况)。它也产生 l 级对称多级衍射,而且衍射光比行波法时强得多,第 l 级的衍射光频率为 $\omega_{l,m}=\omega_0+(l+2m)\Omega$,其中 $l,m=0,\pm1,\pm2\cdots$。可见,在同一级衍射光束内就含有许多不同频率的光波的叠加(当然强度也各不相同)。因此,不用调节光路就能获得拍频波。通常选取第一级,由 $m=0$ 和 -1 两种频率成分叠加得到拍频为 $\Delta F=2\Omega$ 的拍频波。

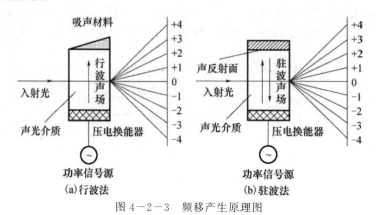

图 4-2-3　频移产生原理图

4. 拍频法测量光速实验的基本原理

仪器内部的超声功率信号源产生频率 Ω 为 15MHz 左右的正弦信号,该信号被输入到声光频移器的晶体换能器上,在声光介质中产生驻波超声场,形成相位光栅。激光束通过相位光栅后发生衍射,从驻波声光频移器射出的任何一级衍射光,都可用来做本实验的工作拍频光束,一般用一级光,因为信号成分较强,衍射光中含有频率为 2Ω 的拍频光。如图 4-2-4 所示,被光阑选取的衍射光经过半反镜后分成两路,一路是远程光(2),依次经过平面镜的多次反射后透过半反镜;另一路近程光(1),直接由分束镜到达半反镜;两路光在半反镜处汇合后到达光电探测器(光电二极管),由光电探测器将两路光信号转变为频率为 2Ω 的两个电信号。由于斩光器的存在和示波器上两个电信号被分别同步,所以示波器上显示出对应于近程光和远程光的两个波形。当调整可移动镜组的位置,使示波器上显示的两个波形完全同相,则(1)、(2)两束光的光程差等于一个波长 Λ。用米尺量出(1)、(2)两束光的光程差,即可得到一个波长 Λ 的值。在频率计上读出超声功率信号源频率 Ω,根据式(4-2-10)即可计算出光速。

应当指出,光电探测器和显示系统在任一时刻都只能接收和显示二光路之一的拍频波信号。为此用一小电机驱动旋转式斩光器,它任何时刻都只让一束光通过并到达光电探测器,截断另一束。斩光器的旋转,使两路光交替到达接收器并显示出波形。利用示波器的余辉可"同时"看到两路拍频光波的波形,以达到比较两路光拍频波相位的目的。为了正确比较相位,必须用统一的时基,示波器工作切不可用内触发同步,要用功率信号作为示波器的外触发同步信号,否则将会引起较大测量误差。

【实验仪器】

CG-IV 型光速测定仪,YB4320C 双踪示波器,SG1651A 函数信号发生器/数字频率计。CG-IV 型光速测定仪是专为光拍法测量光速而设计,内置超声波高频信号源,用于实现声光频移及合成拍频波;配备电动旋转式斩光器,使近程光和远程光能交替被光电接收器接收、转

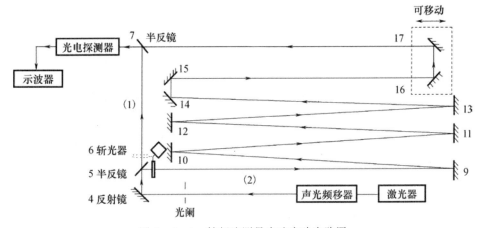

图 4－2－4 拍频法测量光速实验光路图

换并传送至显示器,以利用示波器的余辉比较相位;仪器还设置了带电动滑块的反射镜和导轨,可方便调整远程光的光程和相位,仪器外形结构如图 4－2－5 所示。

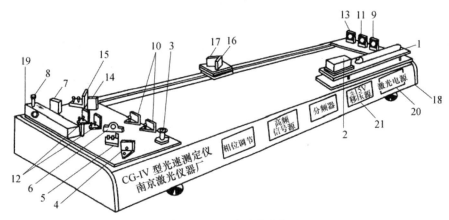

图 4－2－5 光速测定仪

发射部分:1—氦氖激光器;2—声光移频器;高频信号源(内置)。光路:3—光阑;4、9、…、17—全反镜;5、7—半反镜;6—斩光器;8—光敏面调节装置;18—箱体。接收部分:19—光电接收盒(光电探测器)。电源:20—氦氖激光器电源(内置),21—±15V直流稳压源(内置)。

【实验内容】

1. 按图 4－2－6 所示接线,光速测定仪高额信号源连至函数信号发生器,分频器连至示波器,接通各仪器电源开关。

2. 函数信号发生器扫描/计数按键选择"外测",输入选择"外测输入",频率旋钮逆时针旋到底。示波器 MODE 选择 CH2,SWEEP MODE 选择 AUTO,TRIGGER SOORCE。选择 EXT,VOLTS/DIV 和 SEC/DIV 根据输入信号适当选择,其余旋钮处于弹出位置。

3. 调节激光电源电位器,使毫安表指示 5mA 左右,以最大激光光强输出为准,15min 之后激光器输出趋于稳定。根据激光光线调节光阑 3 高度和位置,使＋1 级或－1 级衍射光通过光阑入射到反射镜 4 的中心。

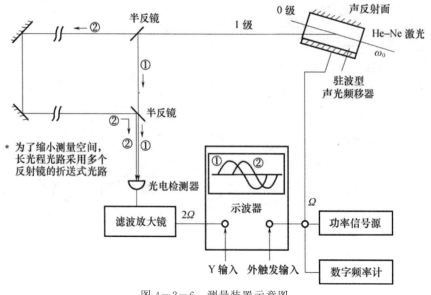

图 4—2—6　测量装置示意图

4. 如图 4—2—4 所示,用斩光器 6 挡住远程光并让近程光从窗口通过,调节半反镜 5 和半反镜 7,使近程光通过透镜入射到光电探测器的光敏面上(通过光电接收器盒 19 上的窗口可观察激光是否进入光敏面)。这时,示波器上应有与近程光束相应的光拍波形出现。微调高频信号源频率,使波形幅度最大。

5. 用斩光器 6 挡住近程光并让远程光从窗口通过,调节半反镜 5、全反镜 9 至 17,使远程光经半反镜 7 与近程光同路入射到光电探测器的光敏面上。这时,示波器屏上应有与远程光束相应的光拍波形出现,调节光敏面调节装置 8(图 4—2—5),使波形幅度最大。

步骤 4、步骤 5 应反复调节,直至波形幅度最大且两束光的波形幅度相等。为了保证测量精度,应使远程光、近程光两光束均沿同一轴入射到光电探测器的光敏面上。

6. 检查示波器是否工作在外触发状态。

7. 接通斩光器 6 的电机开关(在"±15V 稳压电源"上),调节微调旋钮,使斩光器频率约 30Hz,这样借助示波器管的余辉可在屏上"同时"显示出近程光、远程光和零信号的波形。斩光器速度过快,则示波器上两路波形会左右晃动;过慢,则示波器上两路波形会闪烁,引起眼睛不适。

8. 如图 4—2—5 所示,打开滑块移动电源(在面板"相位调节"上),按下左或右移动开关,就可移动导轨上的装有反射镜 16 和 17 的滑块,调节远程光与近程光的光程差,直到示波器显示两光拍信号同相(相位差为 2π),两波形完全重合,如图 4—2—7(a)所示;否则两束光有相位差,如图 4—2—7(b)所示。

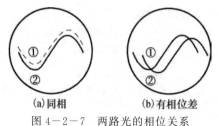

(a)同相　　　　(b)有相位差
图 4—2—7　两路光的相位关系

9. 用米尺测量两光束的光程差 ΔL,即光拍波长 Λ。如图 4—2—4 所示,首先测量长程光的光程,见表 4—2—1 编号,然后测量短程光的光程,最后用长程光的光程减去短程光的光程,就是两光束的光程差 ΔL。重复测量 3 次,并将测量数据填入表 4—2—1 中。由数字频率计读出超声波频率 Ω,拍频 $\Delta F = 2\Omega$。根据公式:$c = 2\Omega \cdot \Delta L$ 计算 He—Ne 激光在空气中的传播速度 c,并将实验值与理论值相比较,进行误差分析。

【实验数据与处理】

1. 数据记录

表 4—2—1　光速测量数据记录表

项目	次数	1	2	3
长程光 x_i/cm	$x_1(5,9)$			
	$x_2(9,10)$			
	$x_3(10,11)$			
	$x_4(11,12)$			
	$x_5(12,13)$			
	$x_6(13,14)$			
	$x_7(14,15)$			
	$x_8(15,16)$			
	$x_9(16,17)$			
	$x_{10}(17,7)$			
	$\sum\limits_{i=1}^{10} x_i$			
短程光 y/cm	$y(5,7)$			
频率计 Ω/Hz				

注:表格中 $x_1(5,9)$ 是指图 4—2—4 中半反镜 5 和全反镜 9 之间的距离,其余编号意义类似。

2. 数据处理

计算光速的测量值,并与光速理论值 $2.99792458 \times 10^8\,\text{m} \cdot \text{s}^{-1}$ 作比较,求相对误差。

【注意事项】

1. 声光频移器引线等不得随意拆卸。

2. 切忌用手或其他物体接触光学元件的光学面,实验结束盖上仪器防护罩。

3. 切勿带电触摸激光管电极等高压部位,以保证人身安全和仪器安全。

4. 为了提高实验精度,除准确测量超声波频率和光程差外,还要注意对二束光相位的比较。如果实验中调试不当,可能会产生虚假的相移,结果影响实验精度。

虚假相移产生的原理:如图 4—2—8 所示,近程光①沿透镜 L 的光轴入射并会聚于 P_1 点,远程光②偏离 L 的光轴入射并会聚于 P_2 点,由于光敏面 P_1 点

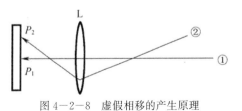

图 4—2—8　虚假相移的产生原理

与 P_2 点的灵敏度和光电子渡越时间 τ 不同,使两束光产生虚假相移。

检查是否产生虚假相移的办法是:分别遮挡远程光和近程光,观察两路光束在光敏面上反射的光是否经透镜后都成像于光轴上。

【思考与讨论】

1. "拍"是怎样形成的? 它有什么特性?

2. 声光调制器是如何形成驻波衍射光栅的? 激光束通过它后其衍射有什么特点?

3. 根据实验中各个量的测量精度,估计本实验的误差,如何进一步提高本实验的测量精度?

实验三　弗兰克—赫兹实验

1913 年,丹麦物理学家玻尔(N. Bohr,1885—1962)在卢瑟福原子核模型的基础上,结合普朗克的量子理论,成功地解释了原子的稳定性和原子的线状光谱理论,玻尔理论是原子物理学发展史上的一个重要里程碑。玻尔由于研究原子结构和原子辐射贡献突出获得了 1922 年的诺贝尔物理学奖。

在玻尔原子结构理论发表的第二年,即 1914 年,德国物理学家弗兰克(J. Frank,1882—1964)和赫兹(G. Hertz,1887—1975)用慢电子与稀薄气体原子碰撞的方法,使原子从低能级激发到较高能级。通过测量电子和原子碰撞时交换某一定值的能量,直接证明了原子内部量子化能级的存在,证明了原子发生跃迁时吸收和发射的能量是完全确定的、不连续的,给玻尔的原子理论提供了直接的独立于光谱研究方法的实验证据。由于此项卓越的成就,他们获得了 1925 年的诺贝尔物理学奖。这是量子物理发展史上理论与实验相互印证的又一个极好的例证。

弗兰克—赫兹实验至今仍是探索原子结构的重要手段之一,实验中用的"拒斥电压"筛去小能量电子的方法,已成为广泛应用的实验技术。

玻尔(N. Bohr)　　　　弗兰克(J. Frank)　　　　赫兹(G. Hertz)

【实验目的】

1. 了解电子与原子之间的弹性碰撞和非弹性碰撞。

2. 观察实验现象,加深对玻尔原子理论的理解。

3. 测量氩原子的第一激发电位,验证原子能级的存在。

【实验原理】

1. 玻尔量子理论

(1) 原子只能较长久地停留在一些稳定状态(简称定态),原子在这些状态时,不发射或吸收能量;各定态有一定的能量,其数值是彼此分立的,这些能量值称为能级,最低能级所对应的状态称为基态,其他高能级所对应的状态称为激发态。原子的能量不论通过什么方式发生改变,它只能使原子由一个定态跃迁到另一个定态,如图 4-3-1 所示。

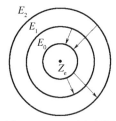

图 4-3-1　玻尔原子
结构示意图

(2) 当原子从一个稳定状态过渡到另一个稳定状态时就会吸收或辐射一定频率的电磁波,频率大小决定于原子所处两定态能级间的能量差,并满足普朗克频率选择定则。如果用 E_m 和 E_n 代表有关两定态的能量,频率 ν 满足普朗克公式:

$$h\nu = E_m - E_n \qquad\qquad (4-3-1)$$

式(4-3-1)中的 h 为普朗克常数,其值为 6.6260×10^{-34} J·s。

2. 实验设计思想

原子状态的改变通常在两种情况下发生,一是当原子本身吸收或发射电磁辐射时;二是通过具有一定能量的电子与原子碰撞(非弹性碰撞)进行能量交换的方法来实现。后者为本实验采用的方法。

由玻尔理论可知,处于正常状态的原子发生状态改变时,它所需要的能量不能少于该原子从正常状态跃迁到第一激发态时所需要的能量,这个能量称为临界能量。当电子与原子碰撞时,如果电子能量小于临界能量,则发生弹性碰撞,原子不能吸收电子的能量,电子碰撞原子前后的能量几乎不变,只改变运动方向。如果电子能量大于临界能量,则发生非弹性碰撞,这时电子给予原子跃迁到第一激发态所需要的能量,其余的能量仍由电子保留。

在充氩的弗兰克—赫兹管中,设初速度为零的电子在电势差为 V_0 的加速电场作用下,获得 eV_0 的能量,电子将与氩原子发生碰撞。如果以 E_0 代表氩原子的基态能量,E_1 代表氩原子的第一激发态的能量,当电子与氩原子相碰撞时传递给氩原子的能量恰好是

$$eV_0 = E_1 - E_0 \qquad\qquad (4-3-2)$$

则氩原子就会从基态跃迁到第一激发态,相应的电势差 V_0 称为氩原子的第一激发电位。其他元素气体原子的第一激发电位也可以按此法测量得到。

3. 弗兰克—赫兹实验的物理过程

图 4-3-2 是弗兰克—赫兹实验的原理图,图中的弗兰克—赫兹管一般为独立部件,单独放置,电源组通常与控制系统做在一个机箱内,组成具有调节、控制、测试功能的实验仪,两者通过导线相互连接。

弗兰克—赫兹管内有 4 个电极:A 为阳极,又称为板极;G_1 和 G_2 分别为第一、第二栅极;K 为阴极。工作时,V_K 为灯丝电压,V_K 的作用是给阴极 K 加热,使其发射热电子;在 G_1 和 K 之间加电压 V_{G_1K},G_1 上的电压为正,称为第一栅压,V_{G_1K} 的作用是防止因阴极 K 表面附近积

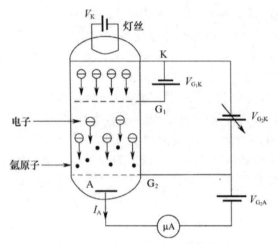

图 4-3-2 弗兰克—赫兹管结构图

累电子而产生势垒,以提高发射效率;在 G_2 和 K 之间加电压 V_{G_2K},G_2 上的电压为正,称为第二栅压,$V_{G_2K} > V_{G_1K}$。V_{G_2K} 是在 G_2 与 K 之间建立一个加速电场,为从 K 上发射的电子加速。测量时 V_{G_2K} 要连续变化,故又称为扫描电压;在 G_2 和 A 之间加电压 V_{G_2A},G_2 上的电压为正,V_{G_2A} 的电场与 V_{G_2K} 的电场方向相反,它的作用是使穿过 G_2 的电子减速,故称为拒斥电压。管内空间电位分布如图 4-3-3 所示。

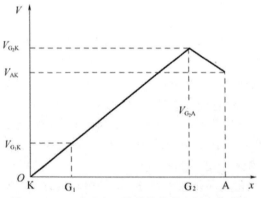

图 4-3-3 弗兰克—赫兹管管内空间电位分布

弗兰克—赫兹管不同于一般的真空管,其内部不是真空,而是存有一定的压强的稀薄气体,称为工作气体。工作气体可以是 He、Ne、Ar 等惰性气体,也可以是汞蒸气。使用惰性气体,在制作管子时,已将一定量的气体充入管内,其气压不能再改变了。使用汞蒸气作为工作物质,则在制作管子时,在管子底部放入足够量的液态汞,在管子外部配上加热器。使用时给管子加热,使液态汞蒸发,在管内产生达到饱和蒸汽压的汞蒸气。而充有惰性气体的管子不需要加热。弗兰克—赫兹最初做实验用的是汞管,充汞的弗兰克—赫兹管的实验现象更丰富,不仅可以测得第一激发态的电位,还可以测更高激发态的电位,甚至电离态的电位,但汞管的寿命较短,故目前实验中较多采用充氩(Ar)管,本实验采用氩管测原子的第一激发态电位。

实验时，当电子通过KG_2空间进入G_2A空间时，如果有较大的能量（$\geqslant eV_{G_2A}$），就能冲过反向拒斥电场而到达板极形成板极电流，并为检流计（μA表）检出。如果电子在KG_2空间与氩原子碰撞，把自己一部分能量传给氩原子而使后者激发的话，电子本身所剩的能量就很小，以致通过第二栅极后已不足克服拒斥电场而折回到第二栅极G_2，这时，通过检流计的电流将显著减小。

实验时，使V_{G_2K}电压逐渐增加并仔细观察检流计的电流指示，如果原子能级确实存在，而且基态和第一激发态之间有确定的能量差的话，就能观察到如图4-3-4所示的$I_A-V_{G_2K}$曲线。

如图4-3-4所示的$I_A-V_{G_2K}$的曲线反映了氩原子在KG_2空间与电子进行能量交换的情况。当KG_2空间电压逐渐增加时，电子在KG_2空间被加速而取得越来越大的能量。但在起始阶段，由于电压较低，电子的能量较小，即在运动过程中与原子相碰撞，也只有微小的能量交换（为弹性碰撞）。穿过第二栅极的电子形成的板极电流I_A将随栅极电压KG_2的增加而增大（如图4-3-4的ab段）。当

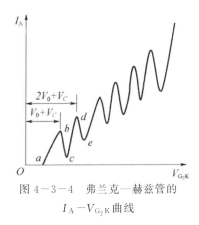

图4-3-4　弗兰克—赫兹管的
$I_A-V_{G_2K}$曲线

KG_2间的电压达到氩原子第一激发电位V_0时，电子在第二栅极附近与氩原子相碰撞，将自己从加速电场中获得的能量交给氩原子，并使氩原子从基态被激发到第一激发态。而电子本身由于把能量给了氩原子，即使穿过第二栅极也不能克服反向拒斥电场而被折回第二栅极（被筛选掉），所以板极电流I_A将显著减小（图4-3-4中bc段）。随着第二栅极电压的增加，电子的能量也随之增加，在与氩原子相碰撞后还留下足够的能量，可以克服反向拒斥电场而达到板极A，这时板极电流I_A又开始上升（cd段），直到KG_2间的电压是2倍氩原子的第一激发电位时，电子在KG_2空间又会因二次碰撞而失去能量，因而又会造成第二次板极电流的下降（de段）。同理，凡在：

$$V_{G_2K}=nV_0(n=1,2,3\cdots)\qquad\qquad(4-3-3)$$

的地方板极电流I_A都会相应下跌，形成规则起伏变化的$I_A-V_{G_2K}$的曲线。而各次板极电流I_A下降相对应的阴、栅极电压差$V_{n+1}-V_n$应该是氩原子的第一激发电位V_0。

应当注意，从$I_A-V_{G_2K}$曲线中可以看到三点。第一，与第一峰相应的加速电压并不完全等于氩原子的第一激发电势，图4-3-4中ab段的前段Oa段电压是弗兰克—赫兹管的阴极K和栅极G_2之间由于存在接触电位差而出现的。图中的接触电位差V_c是正的，它使整个曲线向右平移。如果接触电位差V_c是负的，整个曲线向左平移。第二，极大（小）值出现的峰（谷）都具有一定的宽度，这是因为从阴极发射出的电子的能量服从一定的统计分布规律。第三，电子与原子的碰撞有一定的几率，当大部分电子在栅极前与原子发生碰撞时，总有一些原子"逃避"了碰撞，到达了板极A，因而曲线上的I_A在低谷处也没有下降到零。

本实验就是要通过实际测量来证实原子能级的存在，并测出氩原子的第一激发电位（公认值为$V_0=11.61V$）。在实验中被慢电子轰击到第一激发态的原子要自动跳回基态，进行这种反跃迁时，就应该有eV_0电子伏特的能量释放出来。反跃迁时，原子是以释放出光量子的形式向外辐射能量。这种光辐射的波长为

$$eV_0 = h\nu = h\frac{c}{\lambda} \qquad\qquad (4-3-4)$$

对于氩原子

$$\lambda = \frac{hc}{eV_0} = \frac{6.63 \times 10^{-34} \times 3.00 \times 10^8}{1.6 \times 10^{-19} \times 11.61}\,\mathrm{m} = 108.1\,\mathrm{nm}$$

如果弗兰克—赫兹管中充以其他元素,则可以得到它们的第一激发电位,如表 4—3—1 所列。

表 4—3—1　几种元素的第一激发电位

元素	钠(Na)	钾(K)	锂(Li)	镁(Mg)	汞(Hg)	氦(He)	氖(Ne)	氩(Ar)
V_0/V	2.12	1.63	1.84	3.2	4.9	21.2	18.6	11.61
λ/nm	589.59 588.99	766.5 769.9	670.78	457.1	253.7	58.43	64.02	108.1

弗兰克—赫兹实验设计的巧妙之处在于板极 A 与棚极 G_2 之间加了一个小而稳定的拒斥电压 V_{G_2A},用它筛去能量小于 eV_{G_2A} 的电子,从而能检测出电子因非弹性碰撞而损失能量的情况。

【实验仪器】

ZKY—FH—2 智能弗兰克—赫兹实验仪,示波器。

1. 弗兰克—赫兹实验仪前面板

弗兰克—赫兹实验仪前面板如图 4—3—5 所示,以功能划分为八个区:

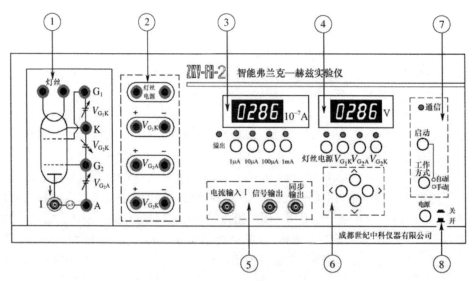

图 4—3—5　弗兰克—赫兹实验仪前面板

区①是弗兰克—赫兹管各输入电压连接插孔和板极电流输出插座。

区②是弗兰克—赫兹管所需激励电压的输出连接插孔,其中左侧输出孔为正极,右侧为负极。

区③是测试电流指示区:四位七段数码管指示电流值;四个电流量程挡位选择按键用于选

266

择不同的最大电流量程挡;每一个量程选择同时备有一个选择指示灯指示当前电流量程挡位。

区④是测试电压指示区:四位七段数码管指示当前选择电压源的电压值;四个电压源选择按键用于选择不同的电压源;每一个电压源选择都备有一个选择指示灯指示当前选择的电压源。

区⑤是测试信号输入输出区:电流输入插座输入弗兰克—赫兹管板极电流;信号输出和同步输出插座可将信号送示波器显示。

区⑥是调整按键区:用于改变当前电压源电压设定值;设置查询电压点。

区⑦是工作状态指示区:通信指示灯指示实验仪与计算机的通信状态;启动按键与工作方式按键共同完成多种操作。

区⑧是电源开关。

2. 基本操作

(1) 弗兰克—赫兹实验仪连线。

先不要打开电源,各工作电源按图4－3－5连接,务必反复检查,切勿连错! 待教师检查后再打开电源。

(2) 开机后的初始状态。

开机后,实验仪面板状态显示如下:

① 实验仪的"1mA"电流挡位指示灯亮,表明此时电流的量程为1mA挡;电流显示值为000.0μA(若最后一位不为0,属正常现象)。

② 实验仪的"灯丝电压"挡位指示灯亮,表明此时修改的电压为灯丝电压;电压显示值为000.0V;最后一位在闪动,表明现在修改位为最后一位。

③ "手动"指示灯亮,表明此时实验操作方式为手动操作。

(3) 变换电流量程。

如果想变换电流量程,则按下区③中的相应电流量程按键,对应的量程指示灯点亮,同时电流指示的小数点位置随之改变,表明量程已变换。

(4) 变换电压源。

如果想变换不同的电压,则按下区④中的相应电压源按键,对应的电压源指示灯随之点亮,表明电压源变换选择已完成,可以对选择的电压源进行电压值设定和修改。

(5) 修改电压值。

按下前面板区⑥上的</>键,当前电压的修改位将进行循环移动,同时闪动位随之改变,以提示目前修改的电压位置。按下面板上的∧/∨键,电压值在当前修改位递增/递减一个增量单位。

注意:如果当前电压值加上一个单位电压值的和值超过了允许输出的最大电压值,再按下∧键,电压值只能修改为最大电压值;如果当前电压值减去一个单位电压值的差值小于零,再按下∨键,电压值只能修改为零。

【实验内容】

1. 手动测量

(1) 熟悉仪器。

根据【仪器介绍】,熟悉实验仪器使用方法;按照图4－3－5连接弗兰克—赫兹管各组工作电源线,检查无误后开机;观察开机后的初始状态,初始状态见【仪器介绍】。

(2) 手动测量氩元素的第一激发电位。

① 设置仪器为"手动"工作状态,按"手动/自动"键,"手动"指示灯亮。

② 设定电流量程(电流量程可参考机箱盖上提供的数据),按下相应电流量程键,对应的量程指示灯点亮。

③ 设定电压源的电压值(设定值可参考机箱盖上提供的数据),用 ∨/∧、</>键完成。需设定的电压源有:灯丝电压 V_K、第一加速电压 V_{G_1K}、拒斥电压 V_{G_2A}。

④ 按下"启动"键,实验开始。用 ∨/∧、</>键完成 V_{G_2K} 电压值的调节,从 0.0V 起,按步长 1V(或 0.5V)的电压值调节电压源 V_{G_2K},同步记录 V_{G_2K} 值和对应的 I_A 值,同时仔细观察弗兰克—赫兹管的板极电流值 I_A 的变化(可用示波器观察)。切记:为保证实验数据的唯一性,V_{G_2K} 电压必须从小到大单向调节,不可在过程中反复;记录完成最后一组数据后,立即将 V_{G_2K} 电压快速归零。

⑤ 重新启动。在手动测试的过程中,按下启动按键,V_{G_2K} 的电压值将被设置为零,内部存储的测试数据被清除,示波器上显示的波形被清除,但 V_K、V_{G_1K}、V_{G_2A}、电流挡位等的状态不发生改变。这时,操作者可以在该状态下重新进行测试,或修改状态后再进行测试。

建议:手动测试 $I_A - V_{G_2K}$,进行一次或修改 V_K 值再进行一次。

2. 自动测试

进行自动测试时,实验仪将自动产生 V_{G_2K} 扫描电压,完成整个测试过程;将示波器与实验仪相连接,在示波器上可看到弗兰克—赫兹管板极电流 I_A 随 V_{G_2K} 电压变化的波形。

① 自动测试状态设置。自动测试时 V_K、V_{G_1K}、V_{G_2A} 及电流挡位等状态设置的操作过程,弗兰克—赫兹管的连线操作过程与手动测试操作过程一样。

② V_{G_2K} 扫描终止电压的设定。进行自动测试时,实验仪将自动产生 V_{G_2K} 扫描电压。实验仪默认 V_{G_2K} 扫描电压的初始值为零,V_{G_2K} 扫描电压大约每 0.4s 递增 0.2V。直到扫描终止电压。

要进行自动测试,必须设置电压 V_{G_2K} 的扫描终止电压。首先,将"手动/自动"测试键按下,自动测试指示灯亮;按下 V_{G_2K} 电压源选择键,V_{G_2K} 电压源选择指示灯亮;用 ∨/∧、</>键完成 V_{G_2K} 电压值的具体设定。V_{G_2K} 设定终止值建议不超过 80V。

③ 自动测试启动。将电压源选择选为 V_{G_2K},再按面板上的"启动"键,自动测试开始。在自动测试过程中,观察扫描电压 V_{G_2K} 与弗兰克—赫兹管板极电流 I_A 的相关变化情况。(可通过示波器观察弗兰克—赫兹管板极电流 I_A 随扫描电压 V_{G_2K} 变化的输出波形)。

在自动测试过程中,为避免面板按键误操作,导致自动测试失败,面板上除"手动/自动"按键外的所有按键都被屏蔽禁止。

④ 自动测试过程正常结束。当扫描电压 V_{G_2K} 的电压值大于设定的测试终止电压值后,实验仪将自动结束本次自动测试过程,进入数据查询工作状态。

测试数据保留在实验仪主机的存储器中,供数据查询过程使用,所以,示波器仍可观测到本次测试数据所形成的波形。直到下次测试开始时才刷新存储器的内容。

⑤ 自动测试后的数据查询。自动测试过程正常结束后,实验仪进入数据查询工作状态。这时面板按键除测试电流指示区外,其他都已开启。自动测试指示灯亮,电流量程指示灯指示

于本次测试的电流量程选择挡位；各电压源选择按键可选择各电压源的电压值指示，其中 V_K、V_{G_1K}、V_{G_2A} 三电压源只能显示原设定电压值，不能通过按键改变相应的电压值。用 ∨/∧,‹/› 键改变电压源 V_{G_2K} 的指示值，就可查阅到在本次测试过程中，电压源 V_{G_2K} 的扫描电压值为当前显示值时，对应的弗兰克—赫兹管板极电流值 I_A 的大小，记录 I_A 的峰、谷值和对应的 V_{G_2K} 值（为便于作图，在 I_A 的峰、谷值附近需多取几点）。

⑥ 中断自动测试过程。在自动测试过程中，只要按下"手动/自动键"，手动测试指示灯亮，实验仪就中断了自动测试过程，原设置的电压状态被清除。所有按键都被再次开启工作。这时可进行下一次的测试准备工作。

本次测试的数据依然保留在实验仪主机的存储器中，直到下次测试开始时才被清除。所以，示波器仍会观测到部分波形。

⑦ 结束查询过程回复初始状态。当需要结束查询过程时，只要按下"手动/自动"键，手动测试指示灯亮，查询过程结束，面板按键再次全部开启。原设置的电压状态被清除，实验仪存储的测试数据被清除，实验仪回复到初始状态。

建议："自动测试"应变化两次 V_K 值，测量两组 $I_A-V_{G_2K}$ 数据。若实验时间允许，还可变化 V_{G_1K}、V_{G_2A} 进行多次 $I_A-V_{G_2K}$ 测试。

【数据记录与处理】

1. 自拟数据记录表格

2. 数据处理要求

(1) 用直角坐标纸做出 $I_A-V_{G_2K}$ 曲线。

(2) 计算氩原子第一激发电位 V_0。用逐差法计算每两个相邻峰或谷所对应的 V_{G_2K} 之差值 ΔV_{G_2K}，即 V_0。由于 K 和 G_2 之间存在接触电位差，所以结果 V_0 应取平均值。

$$\overline{V_0}=\frac{1}{n}\sum_{i=1}^{n}\left|(V_{G_2K})_{i+1}-(V_{G_2K})_i\right|$$

氩原子第一激发电位理论值为 $V_0=11.61V$，与理论值比较并求出相对误差。

【注意事项】

1. 先不要打开电源，各工作电源请按图连接，千万不能接错！待教师检查后再打开电源。注意各电极不要短路。

2. 灯丝电压不要过高，否则会加快弗兰克—赫兹管的老化。

3. V_{G_2K} 不宜超过 80V，否则管子易被击穿。

【思考题】

1. 从实验曲线 $I_A-V_{G_2K}$ 可以看出板极电流 I_A 并不突然改变，每个峰和谷都有圆滑的过程，这是为什么？

2. 在 $I_A-V_{G_2K}$ 曲线中为什么"谷"点的板极电流最小值也不为零？为什么"谷"点的板极电流值随着加速电压的增大而增大？

3. 由实验数据说明温度对充氩弗兰克—赫兹管 $I_A-V_{G_2K}$ 曲线的影响，试描述其物理机制。

4. 氩的第一激发电位为 $V_0 = 11.61V$，为什么 V_{G_2K} 要大于 V_0 才出现第一个峰。

5. 在弗兰克—赫兹实验中，得到的 $I_A - V_{G_2K}$ 曲线为什么呈周期性变化？

实验四　微波光学综合实验

微波波长从 1m 到 0.1mm 不等，其频率范围为 300MHz～3000GHz，是无线电波中波长最短的电磁波。微波波长介于一般无线电波与光波之间，因此微波有似光性，它不仅具有无线电波的性质，还具有光波的性质，既具有光的直射传播、反射、折射、干涉和衍射等现象。因此用微波做波动实验与用光波做波动实验所说明的波动现象及规律是一致的。由于微波的波长比光波的波长在数量级上相差一万倍左右，因此用微波来做波动实验比光学实验更直观、方便和安全。比如在验证晶格的组成特征时，布拉格衍射就非常形象和直观。

微波在科学研究、工程技术、交通管理、医疗诊断、国防工业的国民经济的各个方面都有十分广泛的应用。研究微波，了解它的特性具有十分重要的意义。通过本系统所提供的以下实验内容，可以加深对微波及微波系统的理解，特别是微波的波动这一特性。

【实验目的】

1. 了解与学习微波产生的基本原理以及传播和接收等基本特性。

2. 观测微波干涉、衍射、偏振等实验现象。

3. 观测模拟晶体的微波布拉格衍射现象。

【实验原理】

1. 微波的反射实验

微波和光波都是电磁波，都具有波动这一共性，都能产生反射、折射、干涉和衍射等现象。微波的波长较一般电磁波短，相对于电磁波更具方向性，在传播过程中若遇到障碍物则会发生反射，且同样遵循和光线一样的反射定律：即反射线在入射线与法线所确定的平面内，反射角等于入射角。本实验用一块金属板作为障碍物来研究不同入射角对应的反射现象。

在光学实验中，可以用肉眼看到反射的光线。本实验将通过电流表反映出折射的微波，电流读数最大处为反射角的位置。

如图 4-4-1 所示，入射波轴线与反射板法线之间的夹角称为入射角，接收器轴线和法线之间的夹角称为反射角。

2. 微波的折射实验

通常电磁波是以直线传播的，当波通过两种媒质的分界面时，传播方向就会改变，这称为波的折射，它遵循折射定律

$$n_1 \sin\theta_1 = n_2 \sin\theta_2 \qquad (4-4-1)$$

如图 4-4-2 所示，θ_1 为入射波与两媒质分界面法线的夹角，称为入射角。θ_2 为折射波与两媒质分界面法线的夹角，称为折射角。

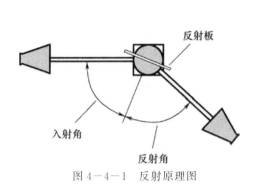

图 4-4-1 反射原理图

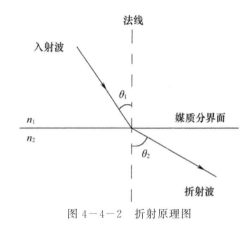

图 4-4-2 折射原理图

每种媒质可以用折射率 n 表示,折射率是电磁波在真空中的传播速率与电磁波在媒质中的传播速率的比值。一般而言,分界面两边介质的折射率不同,分别以 n_1 和 n_2 表示。介质的折射率不同(即波速不同)导致波的偏转,或者说当波入射到两不同媒质的分界面时将会发生折射。

本实验将利用折射定律测量塑料棱镜的折射率,空气的折射率近似为 1。

3. 微波的偏振实验

平面电磁波是横波,它的电场强度矢量 E 和波的传播方向垂直。如果 E 在该平面内的振动只限于某一确定方向,这样的横电磁波叫做线极化波,在光学中也叫偏振光。用来检测偏振状态的元件叫做偏振器,它只允许沿某一方向振动的电矢量 E 通过,该方向叫做偏振器的偏振轴。强度为 I_0 的偏振波通过偏振器时,透过波的强度 I 随偏振器的偏振轴和偏振方向的夹角的变化而有规律的变化,遵循马吕斯定律:

$$I = I_0 \cos^2\theta \qquad (4-4-2)$$

本信号源输出的电磁波经喇叭后电场矢量方向是与喇叭的宽边垂直的,相应磁场矢量是与喇叭的宽边平行的,垂直极化。而接收器由于其物理特性,它也只能收到与接收喇叭口宽边相垂直的电场矢量(对平行的电场矢量有很强的抑制,认为它接收为零)。所以当两喇叭的朝向(宽边)相差 θ 度时,它只能接收一部分信号。

在本实验中将研究偏振现象,找出偏振板是如何改变微波偏振的规律。

4. 微波的双缝干涉实验

当一平面波入射到一金属板的两条狭缝上,则每一狭缝为一子波源,由两缝发生的波是相干波。因此在缝后能出现干涉现象,如图 4-4-3 所示。

因为微波通过每个单缝也要有衍射,所以实验是衍射和干涉相结合的结果。为了只研究主要是由于来自双缝的两束中央衍射波相互干涉的结果,令双缝的宽度 a 接近于波长 λ(本实验中,接收器距双缝屏的距离大于 $10(a+b)$),则干涉强度受单缝衍射的影响可以忽略。

根据物理光学知识,可以得出干涉加强的角度

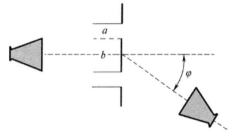

图 4-4-3 双缝干涉实验

$$\varphi = \sin^{-1}\left(\frac{k \cdot \lambda}{a+b}\right) \qquad (k=1,2,3,\cdots) \qquad (4-4-3)$$

干涉减弱的角度

$$\varphi = \sin^{-1}\left(\frac{2k+1}{2} \cdot \frac{\lambda}{a+b}\right) \qquad (k=1,2,3,\cdots) \qquad (4-4-4)$$

5. 微波的驻波实验

两列电磁波在空间可以互相叠加。频率相同,传播方向相反的两列波叠加形成驻波。微波喇叭既能接收微波,也会反射微波。当反射的微波与发射的微波同相时,入射波和它自身的反射波两列波相互叠加形成驻波,此时发射源到接收检波点之间的距离等于 $\frac{n\lambda}{2}$ 时(n 为整数,λ 为波长),信号振幅最大,电流表读数最大$\left(\text{相邻位置之间距离为} \frac{\lambda}{2}\right)$。

$$\Delta d = N\frac{\lambda}{2} \qquad (4-4-5)$$

式中:Δd 为发射器不动时接收器从某电流最大位置开始移动的距离;N 为出现接收到信号幅度最大值的次数。

6. 微波的迈克尔逊干涉实验

在微波前进的方向上放置一个与波传播方向成45°角的半透射半反射的分束板,如图4-4-4所示。分束板将入射波分成两束:一束向反射板 A 传播,另一束向反射板 B 传播。由于 A、B 金属板的全反射作用,两列波再回到半透射半反射的分束板,汇合后到达微波接收器处。这两束微波同频率,在接收器处将发生干涉,干涉叠加的强度由两束波的波程差(即相位差)决定。当两波的相位差为 $2k\pi(k=\pm1,\pm2,\pm3,\cdots)$ 时,干涉最强;当两波的相位差为 $(2k+1)\pi$ 时,干涉最弱。当 A、B 板中的一块板固定,另一块板可沿着微波传播方向前后移动,微波接收信号从极小(或极大)值到又一次极小(或极大)值时,则反射板移动 $\frac{\lambda}{2}$ 距离,由这个距离就可以求得微波波长。

因此,可以通过反射板(A 或 B)改变的距离来计算微波波长,计算公式为

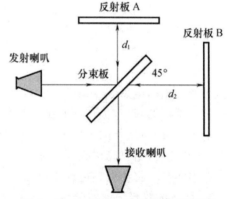

图4-4-4　微波的迈克尔逊干涉实验

$$\Delta d = N\frac{\lambda}{2} \qquad (4-4-6)$$

式中:Δd 为反射板改变的距离;N 为出现接收到信号幅度最大值的次数。

7. 微波布拉格衍射实验

由结晶物质构成的、其内部的构造质点(如原子、分子)呈平移周期性规律排列的固体叫做晶体。任何的真实晶体都具有自然外形和各向异性的性质,这和晶体的离子、原子或分子在空间按一定的几何规律排列密切相关。晶体内的离子、原子或分子占据着点阵的结构,两相邻结

点的距离叫晶体的晶格常数 a。真实晶体的晶格常数约为 10^{-8} cm 的数量级。X 射线的波长与晶体常数属于同一数量级。实际上晶体是起着衍射光栅的作用。因此可以利用 X 射线在晶体点阵上的衍射现象来研究晶体点阵的间距和相互位置的排列，以达到对晶体结构的了解。

（1）晶面的密勒指数标记法。

晶格上的格点，按一定的对称规律周期地重复排列在空间的三个方向上。因此晶体的晶格可以用一系列间距相等的平行晶面族来表示。布拉格公式中的 d 值就是这样的晶面族中相邻两晶面的间距。晶格中的平行晶面族有许多种取法，每种取法有着特定的晶面法线方向。晶面法线方向的矢量代表着晶面的取向。图 $4-4-5$ 就给出了晶格中一些晶面族的取法。

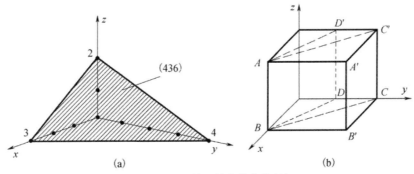

图 $4-4-5$　晶面的密勒指数标记

对于特定取向的晶面，我们采取密勒指数 h、k、l（三个互质的整数）来表示，称为晶面的密勒指数，该平面族就称为 (hkl) 晶面族。

例如，某平面在三个坐标轴上的截距分别为 $x=3$，$y=4$，$z=2$，如图 $4-4-5$(a) 所示，取倒数再化为互质的整数，即

$$\frac{1}{3},\frac{1}{4},\frac{1}{2} \Rightarrow \frac{4}{12},\frac{3}{12},\frac{6}{12} \Rightarrow 4,3,6$$

所以此平面的密勒指数为 (436)，即此平面的平行晶面族记为 (436)。

又如图 $4-4-5$(b) 所示，平面 $ABB'A'$ 在三个坐标轴上的截距为 $x=1$，$y=\infty$，$z=\infty$，所以密勒指数为 (100)。$ABCC'$ 平面的截距为 $x=1$，$y=1$，$z=\infty$，所以密勒指数为 (110)。依此类推，平面 $ABDD'$ 的密勒指数为 (120)。

（2）布拉格公式。

简单立方晶体系列点阵结构示意图如图 $4-4-6$ 所示。略去晶胞的空间结构，俯视图 $4-4-6$ 所示的点阵，可得立方晶体在 $x-y$ 平面上的投影，如图 $4-4-7$ 所示。实线表示 (100) 平面与 $x-y$ 平面的交线，虚线与点划线分别表示 (110) 平面及 (120) 平面与 $x-y$ 平面的交线。其他晶面族密勒指数记法类推。对于立方晶系，$d_{100}=d_{010}=d_{001}=a$，可以证明各晶面族的面间距计算公式为

$$d_{hkl}=\frac{a}{\sqrt{h^2+k^2+l^2}} \tag{4-4-7}$$

如图 $4-4-7$ 所示，今有一束平行的微波入射 (100) 平面族，根据 X 射线的布拉格衍射公式，全部射线相互干涉加强的条件为

$$2d_{100}\sin\theta=k\lambda \qquad (k=1,2,3,\cdots) \tag{4-4-8}$$

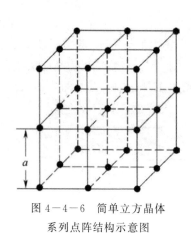

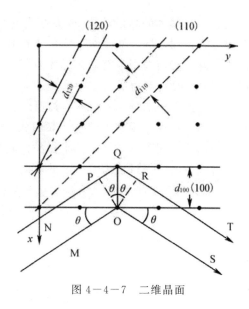

图 4－4－6 简单立方晶体
系列点阵结构示意图

图 4－4－7 二维晶面

若实验测得掠射角 θ，则从已知的微波波长 λ 可求晶面族间距 d_{100}。反之若知晶面族的间距，可求微波的波长。对于其他晶面族，全部散射线相互加强的条件依此类推。

在本实验中用一个面间距为 50cm、直径 10cm 的金属球组成的模拟立方"晶体"来验证布拉格定律。

【实验仪器】

微波信号源，发射器组件，接收器组件，中心平台，钢直尺，透射板，晶阵座，模拟晶阵。

仪器介绍如下。

1. 微波信号源：输出频率 10.545GHz，波长 2.84459cm，功率 15mW，这种微波源相当于光学实验中的单色光束。

2. 发射器组件：由缆腔换能器、谐振腔、隔离器、衰减器、喇叭天线及支架组成。将电缆中的微波电流信号转换为空中的电磁场信号。当发射喇叭口面的宽边与水平面平行时，发射信号电矢量的偏振方向是垂直的，而微波的偏振方向则是水平的。

3. 接收器组件由喇叭天线、检波器、支架、放大器和电流表组成。检波器将微波信号变为直流或低频信号。放大器分三个挡位，分别为×1 挡、×0.1 挡和×0.02 挡，可根据实验需要来调节放大器倍数，以得到合适的电流表读数。

4. 中心平台：测试部件的载物台和角度计，直径 200mm。

5. 其他配件：反射板（金属板，2 块），透射板（部分反射板，2 块），偏振板，光缝屏（宽屏 1 块，窄屏 1 块），光缝夹持条，中心支架，移动支架（2 个），塑料棱镜，棱镜座，模拟晶阵，晶阵座，聚苯乙烯丸，钢直尺（4 根）。

6. 钢直尺的使用：除了进行"迈克尔逊干涉实验"时，接收器组件安置在 2 号钢尺外，其他实验都是安置在 1 号钢尺上。发射器组件一直安置在 3 号钢尺上。

7. 1 号钢尺上有指针，并有锁紧螺钉，在直线移动接收器的时候需将直尺锁紧在 180° 的位置处,以保证移动时不会出现接收器转动现象;而在沿转盘中轴转动接收器时,需松开锁紧螺钉。

顺时针旋转衰减器旋钮为增大发射功率,反之则减小发射功率。

喇叭止动旋钮可以锁定喇叭的方向,喇叭只能旋转 90°;接收器上也有喇叭止动旋钮,功能和发射器上对应旋钮一样。

【实验内容】

1. 微波的反射实验

(1) 将发射器和接收器分别安置在固定臂和活动臂上,喇叭朝向一致(宽边水平)。发射器和接收器距离中心平台中心约 35cm。如图 4-4-1 所示,打开电源开始实验。

(2) 固定入射角于 45°。转动装有接收器的可转动臂,使电流表读数最大,记录此时的反射角于表 4-4-1 中(接收器喇叭的轴线与反射镜法线之间的夹角称为反射角)。

(3) 当入射角分别为 20°,30°,40°,50°,60°,70°时测量对应的反射角。比较入射角和反射角之间的关系。

表 4-4-1 微波反射数据记录表

入射角/(°)	反射角/(°)	误差度数/(°)	误差百分比/%
20			
30			
40			
45			
50			
60			
70			

2. 微波的折射实验

(1) 将棱镜放置在旋转平台上。为简化计算,使棱镜镜面垂直入射波,即棱镜一边正对发射器,接通信号源,调节衰减器和电流表挡位开关,使电流表的显示电流值适中(约 1/2 量程)。

(2) 绕中心轴缓慢转动活动支架,读出折射信号电流表读数最大时活动支架对应的角度 θ(θ 可直接从角度计刻度上读出),并通过微波折射路线计算折射角(图 4-4-8)。θ_1,θ_2 数据填入表 4-4-2。

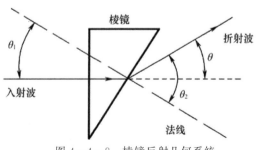

图 4-4-8 棱镜反射几何系统

(3) 转动棱镜,改变入射角,重复步骤(1)、(2)。

(4) 设空气的折射率为1,根据折射定律,计算聚乙烯板的折射率。

表 4－4－2 微波折射数据记录表

次数	入射角 θ_1/(°)	折射角 θ_2/(°)	聚乙烯板的折射率
1			
2			
3			

3. 微波的偏振实验

(1) 布置实验仪器。接通信号源,调节衰减器使电流表的显示电流值满刻度。

(2) 调节衰减器使电流表的显示电流值满刻度,松开接收器上的喇叭止动旋钮,以10°增量旋转接收器,记录下每个位置电流表上的读数于表4－4－3中。

(3) 偏振板放置在中心支架上,偏振板的偏振方向与水平方向分别为45°,90°时,重复步骤(2)。

(4) 分析比较各组数据。

表 4－4－3 微波偏振数据记录表

发射器、接收器距中心点_____cm

接收器转角/(°)		0	10	20	30	40	50	60	70	80	90
理论值 $I/\mu A$											
无偏振板 $I/\mu A$											
偏振板栅条与竖直方向夹角	45° $I/\mu A$										
	90° $I/\mu A$										

4. 微波的双缝干涉实验

(1) 布置实验仪器:光缝夹持条上安装双缝装置,接收器到中心平台距离大于650mm;接通信号源,发射器和接收器都处于水平偏振状态(喇叭宽边与地面平行),调节衰减器和电流表挡位开关,使电流表的显示电流值最大。

(2) 缓慢转动活动支架,观察电流表的变化。每隔5°记录对应电流值,填入表4－4－4中。

(3) 根据表4－4－4中数据,绘制接收电流随转角变化的曲线图,分析实验结果。

(4) 初始条件:$a=$_____mm,$b=$_____mm;接收器距离中心点位置 $x=$_____mm;活动支架顺时针为正、逆时针为负。

表 4－4－4 微波偏振数据记录表

接收器转角/(°)	0	5	10	15	20	25	30	35	40	45	50
电流值 $I/\mu A$											
接收器转角/(°)	0	−5	−10	−15	−20	−25	−30	−35	−40	−45	−50
电流值 $I/\mu A$											

5. 微波的驻波实验

(1) 布置实验仪器,要求发射器和接收器处于同一轴线上,喇叭口宽边与地面平行。接通电源,调整发射器和接收器使二者距离中心平台中心的位置(约 200mm,可自行调整),再调节发射器衰减器和电流表挡位开关,使电流表的显示电流值在 3/4 量程左右。

(2)将接收器沿活动支架缓慢滑动远离发射器(发射器和接收器始终处于同一轴线上),观察电流表的显示变化。

(3)当电流表在某一位置出现极大值时,记下接收器所处位置刻度 X_1,然后继续将接收器沿远离发射器方向缓慢滑动,当电流表读数出现 N(至少十次)个极小值后再次出现极大值时,记下接收器所处位置刻度 X_2,将记录的数据填入表 4—4—5 中。

(4)多次测量计算微波的波长,并与理论值比较。

表 4—4—5 微波驻波数据记录表

测量次数	X_1/cm	X_2/cm	$\Delta d=\mid X_1-X_2\mid$/cm	N	λ	$\bar{\lambda}$	和实际值的相对误差
1							
2							
3							

6. 微波的迈克尔逊干涉实验

(1)按图 4—4—4 布置实验仪器。接通电源,调节衰减器使电流表的显示电流值适中,分束板与各支架成 45°关系。

(2)移动反射板 A,观察电流表读数变化,当电流表上数值最大时,记下反射板 A 所处位置刻度 X_1。

(3)向外(或内)缓慢移动 A,注意观察电流表读数变化,当电流表读数出现至少 10 个最小值并再次出现最大值时停止,记录这时反射板 A 所处位置刻度 X_2,并记下经过的最小值次数 N。

(4)根据式(4—4—6)计算微波的波长。

(5)A 不动,操作 B,重复以上步骤,记录数据于表 4—4—6 中。

表 4—4—6 微波迈克尔逊干涉数据记录表

测量次数	X_1/cm	X_2/cm	$\Delta d=\mid X_1-X_2\mid$/cm	N	测量值 λ	$\bar{\lambda}$	和实际值的相对误差
1							
2							
3							
4							
5							

7. 微波布拉格衍射实验

(1)按图 4—4—9 布置实验仪器。接通电源。

(2)如图 4—4—10 所示,先让晶体平行于微波光轴,即掠射角 θ 为零度。

(3)顺时针旋转晶体,使掠射角增大到 20°,反射方向的掠射角也对应改变为 20°(此时晶体座对应刻度为 70°,活动臂中心刻度线对应为同方向 140°)。调节衰减器使电流表的显示电流值适中(1/2 量程,可自行调整),记下该值。

(4)然后顺时针旋转晶体座 1°(即掠射角增加 1°),接收器活动臂顺时针旋转 2°(使反射角等于入射角),记录掠射角角度和对应电流表读数。

(5) 重复步骤(4),记录掠射角从 20°到 70°之间的数值于表 4－4－7 中。

(6) 作接收信号强度对掠射角的函数曲线,根据曲线找出极大值对应的角度。根据布拉格方程计算模拟晶阵的晶面间距,并比较测出的晶面间距与实际间距之间的误差。

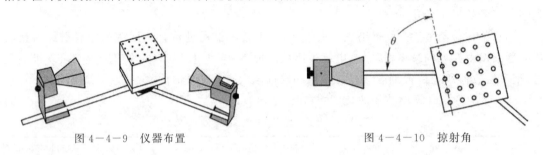

图 4－4－9　仪器布置　　　　　　　　　　图 4－4－10　掠射角

表 4－4－7　微波布拉格衍射数据记录表

掠射角	20°	21°	22°	...	68°	69°	70°
$I/\mu A$							

【思考题】

1. 在实验内容中影响误差的主要因素是什么?

2. 金属是一种良好的微波反射器。其他物质的反射特性如何? 是否有部分能量透过这些物质还是被吸收了? 比较导体与非导体的反射特性。

3. 在实验中使发射器和接收器与角度计中心之间的距离相等有什么好处?

4. 假如预先不知道晶体中晶面的方向,是否会增加实验的复杂性? 又该如何定位这些晶面?

实验五　动态法测量固体材料的杨氏模量

杨氏模量是描述固体材料抵抗形变能力的重要物理量,是工程技术中常用的设计参数之一。测量杨氏模量的方法主要包括静态法(拉伸法)和动态法(共振法)。两种方法各有优缺点。静态法一般适用于较大的形变及常温下的测量,其优点是比较直观,缺点是由于载荷大,加载速度慢,常伴有弛豫过程,不能真实反映材料内部结构的变化,且不适用于玻璃、陶瓷等脆性材料的测量,更不能测量不同温度下的杨氏模量;而动态法不仅克服了上述缺点,而且简单准确,并能在材料变温下测量,但缺点是共振状态不易判断。

本实验采用"悬线耦合弯曲共振法"测定常温条件下固体材料的杨氏弹性模量。其优点是设备简单,容易向高温延伸,适用范围大,结果稳定,误差较小。

【实验目的】

1. 学习用动力学悬挂法测量金属材料杨氏模量的方法。

2. 了解判别真假共振峰的基本方法。

3. 学习确定试样节点处共振频率的方法。

【实验原理】

1. 动态法测量杨氏模量的理论基础

对一根长度 $L \gg$ 直径 d 的棒,在中部用两根悬线吊起来,如图 $4-5-1$ 所示,使棒两端处于自由状态。在不考虑外力的情况下,x 处沿垂直方向(y 方向)的位移满足如下振动方程:

$$\frac{\partial^4 y}{\partial x^4} + \frac{\rho S}{EJ} \cdot \frac{\partial^2 y}{\partial t^2} = 0 \qquad (4-5-1)$$

式中:ρ 为材料密度;S 为棒的横截面积;E 为杨氏模量;$J = \iint_s y^2 \mathrm{d}s$ 称为某一截面的惯量矩(取决于截面的形状),由力学理论可以计算;圆形截面试样的惯量矩 $J = S(d/4)^2$,其中 d 为圆棒的直径。

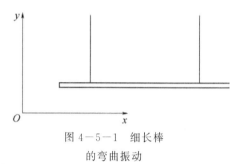

图 $4-5-1$ 细长棒的弯曲振动

用分离变量法求解方程($4-5-1$),令

$$y(x,t) = X(x)T(t)$$

代入式($4-5-1$)得

$$\frac{1}{X} \frac{\mathrm{d}^4 X}{\mathrm{d}x^4} = -\frac{\rho s}{EJ} \cdot \frac{1}{T} \cdot \frac{\mathrm{d}^2 T}{\mathrm{d}t^2} \qquad (4-5-2)$$

该等式两边分别是两个变量 x 和 t 的函数,只有在两端都等于同一常数时才有可能成立。设等式两边都等于 K^4,于是得

$$\begin{cases} \dfrac{\mathrm{d}^4 X}{\mathrm{d}x^4} - K^4 X = 0 \\[2mm] \dfrac{\mathrm{d}^2 T}{\mathrm{d}t^2} + \dfrac{K^4 EJ}{\rho s} T = 0 \end{cases} \qquad (4-5-3)$$

设棒上各点都做简谐振动,则此两方程的通解分别为

$$\begin{cases} X(x) = a_1 chKx + a_2 shKx + a_3 \cos Kx + a_4 \sin Kx \\ T(t) = b\cos(\omega t + \varphi) \end{cases}$$

于是横振动方程($4-5-1$)的通解为

$$y(x,t) = (a_1 chKx + a_2 shKx + a_3 \cos Kx + a_4 \sin Kx) \cdot b\cos(\omega t + \varphi) \qquad (4-5-4)$$

式中

$$\omega = \left(\frac{K^4 EJ}{\rho s} \right)^{\frac{1}{2}} \qquad (4-5-5)$$

称为频率公式,适用于不同边界条件下任意形状截面的试样。只要用特定的边界条件定出常数 K,代入特定截面的转动惯量 J,就可得到具体条件下的计算公式。如果悬线悬挂在试样的节点(处于共振状态的棒中,位移恒等于零的位置)附近,则棒的两端均处于自由状态。此时其边界条件为自由端横向作用力 F 和弯矩 M 均为零,即

$$F = -EJ \frac{\mathrm{d}^3 y}{\mathrm{d}x^3} = 0$$

$$M = EJ \frac{\mathrm{d}^2 y}{\mathrm{d}x^2} = 0$$

故有

$$\frac{\mathrm{d}^3 X}{\mathrm{d}x^3}\Big|_{x=0} = 0 \qquad \frac{\mathrm{d}^3 X}{\mathrm{d}x^3}\Big|_{x=L} = 0 \qquad \frac{\mathrm{d}^2 X}{\mathrm{d}x^2}\Big|_{x=0} = 0 \qquad \frac{\mathrm{d}^2 X}{\mathrm{d}x^2}\Big|_{x=L} = 0$$

将通解代入以上边界条件得到

$$\cos KL \cdot chKL = 1 \tag{4-5-6}$$

采用数值解法可以得出本征值 K 和棒长 L 应满足

$$K_n L = 0, 4.730, 7.853, 10.996, \cdots \left(n + \frac{1}{2}\right)\pi$$

其中,第一个根 $K_0 L = 0$ 对应试样静止状态;第二个根记为 $K_1 L = 4.730$,所对应的试样振动频率称为基频频率(基频)或称固有频率,此时的振动状态如图 4-5-2(a)所示;第三个根 $K_2 L = 7.853$ 所对应的振动状态如图 4-5-2(b)所示,称为一次谐波。由此可知,试样在作基频振动时存在两个节点,它们的位置分别距离端面 $0.224L$ 和 $0.776L$。

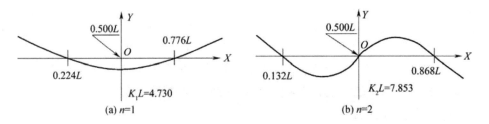

图 4-5-2 两端自由的棒作基频振动波形和一次谐波振动波形

将第一个本征值 $K_1 L = 4.730$ 对应的 $K_1 = 4.730/L$ 代入式(4-5-5),可得到自由振动时的固有频率(基频)

$$\omega = \left[\frac{4.730^4 EJ}{L^4 \rho s}\right]^{\frac{1}{2}}$$

解出杨氏模量

$$E = 1.9978 \times 10^{-3} \cdot \frac{\rho s L^4}{J} \cdot \omega^2 = 7.8870 \times 10^{-2} \cdot \frac{L^3 m}{J} \cdot f^2$$

对于圆棒

$$J = \int_s y^2 \mathrm{d}S = S\left(\frac{d}{4}\right)^2 = \frac{\pi d^4}{64}$$

代入上式得到

$$E = 1.6067 \frac{L^3 m}{d^4} f^2 \tag{4-5-7}$$

式中:m 为棒的质量;f 为基频振动的固有频率。式(4-5-7)是本实验圆形棒的杨氏模量的计算公式。在国际单位制中杨氏模量 E 的单位为 $\mathrm{N} \cdot \mathrm{m}^{-2}$。

实际上,E 还和试样的直径与长度之比 d/L 的大小有关,所以式(4-5-7)右端乘以一个

修正因子 R,则有

$$E = 1.6067R \frac{L^3 m}{d^4} f^2 \qquad (4-5-8)$$

当 $L \gg d$ 时,$R \approx 1$,即为式(4-5-7);当 $L \gg d$ 不成立时,圆棒的 R 可查表4-5-1获得。

表 4-5-1　试样 R 与 d/L 的关系

d/L	0.01	0.02	0.03	0.04	0.05	0.06	0.08	0.10
修正系数 R	1.001	1.002	1.005	1.008	1.014	1.019	1.033	1.055

由式(4-5-7)可知,由于细棒的质量、长度、直径比较容易测量,对于圆棒试样只要测出固有频率就可以计算试样的动态杨氏模量,所以本实验的主要任务就是测量试样的基频振动的固有频率。

需要说明的是,物体固有频率 $f_{固}$ 和共振频率 $f_{共}$ 是相关的两个不同概念,二者之间的关系为

$$f_{固} = f_{共} \sqrt{1 + \frac{1}{4Q^2}} \qquad (4-5-9)$$

上式中 Q 为试样的机械品质因数。一般 Q 值远大于 50,共振频率和固有频率相比只偏低 0.005%,两者相差很小,通常忽略其差别,用共振频率代替固有频率。

2. 动态法测量杨氏模量

动态法测量杨氏模量的实验装置如图 4-5-3 所示。信号发生器发出的信号激励激振器,激振器中的换能器将其电信号转变为机械振动信号,通过悬丝 A 传入样品(被测件),促使其发生振动。样品的振动信号通过悬丝 B 传到拾振器,拾振器中的换能器把机械振动转换成电信号,此信号可以在示波器(或在拾振电压表)上进行观察。当激振信号频率不等于样品的固有频率时,试样不发生共振,示波器上没有电讯号或波形很小(拾振电压表上显示的数值较小)。当信号发生器产生的激振信号频率正好等于样品的固有频率时,样品产生共振,示波器可以观察到波形突然增大(拾振电压表上也观察到数值突然增大),记下波幅达到极值时的频率值,就得到该温度下样品的固有频率,代入式(4-5-7)即可求得 E。

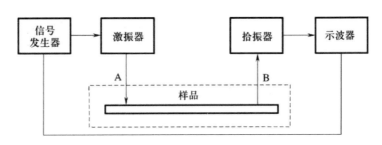

图 4-5-3　动态法杨氏模量测量原理图

3. 外延法测量基频共振频率

理论上,样品作基频共振时,悬点应置于节点处,即悬点应置于距棒的两端面分别为 $0.224L$ 和 $0.766L$ 处,这两节点处的阻尼为零,无阻尼自由振动的共振频率就是样品棒的

固有频率。但是现实情况是,当支撑点真的指到节点处时,金属棒却无法继续激发样品棒振动,即使能振动亦无法接收到振动信号(即观察不到共振现象),最终也无法得到节点处共振频率。若要激发棒的振动,悬点必须离开节点位置,这样又与理论条件不一致,势必产生系统误差。理论要求与现实困难的冲突,该如何处理?常用的测量方法是作图外推法 *(外延法)。即在节点处正负 25mm 范围内同时改变两悬线的位置,每隔 5mm 测量一次共振频率(测量中注意避开节点位置)。以悬挂点的位置为横坐标、以相对应的共振频率为纵坐标做出关系曲线,求出曲线最低点(即节点)所对应的共振频率即样品的基频共振频率。

4. 真假共振峰的判别(鉴频)

实验测量中,激发器、接收器、悬丝、支架等部件都有自己的共振频率,可能以其本身的基频或高次谐波频率发生共振。另外,根据实验原理可知,样品本身也不只在一个频率处发生共振现象,会出现几个共振峰,以致在实验中难以确认哪个是基频共振峰,但是上述计算杨氏模量的公式(4-5-7)和公式(4-5-8)只适用于基频共振的情况。因此,正确的判断示波器上显示出的共振信号是否为样品真正共振信号并且是否为基频共振成为关键。对此,可以采用下述方法来判断和解决。

(1)实验前先根据试样的材质、尺寸、质量等参数通过理论公式估算出基频共振频率的数值,在估算频率附近寻找。

(2)峰宽判别法。真的共振峰的频率范围很窄,信号发生器的输出频率细微地改变,就会使共振峰的幅度发生突变;假的共振峰的频率范围很宽,难于观察到突变现象。

(3)幅度判别法。用手将样品托起,如果是干扰信号则示波器上正弦波幅度不变;如果是真的共振信号,则共振信号的周期不变,幅度逐渐衰减(也可用手捏住悬线 A,可看到同样的现象)。

(4)声音判别法。发生共振时,拾振器会发出尖锐的啸叫。

(5)样品振动时,观察各振动波形的幅度,波幅最大的共振是基频共振;出现几个共振频率时,基频共振频率最低。

【实验仪器】

DYM-I 型动力学测杨氏模量实验仪,示波器,螺旋测微计,游标卡尺,天平等。

实验仪器由测量仪和振动装置两部分构成。

1. 测量仪

激振器提供 0~2000Hz 的激振正弦信号的频率连续可调,并由粗、细两个频率调节旋钮调节,其数值由数字频率计直接显示;信号电压幅值连续可调,数字电压表直接给出电压数值。测量仪输出的信号可直接输入给激振器,也可以同时输入给示波器。

测量仪接收由拾振器转化的正弦电压信号并加以放大,其上的数字电压表可直接显示信

---

* 所谓的作图外推法,就是所需要的数据在测量数据范围之外,一般很难直接测量,为了求得这个数值,应用已测数据绘制曲线,再将曲线按原规律延长到待求值范围,在延长线部分求出所需要的数据。外延法的适用条件是在所研究的范围内没有突变,否则不能使用。

号电压情况。也可用示波器观察拾振输出信号波形情况。图 4－5－4 为测量仪的面板图示意图。

2．振动装置

用以支撑固定激振器和拾振器,完成两换能器之间振动能量的转换。两者之间的距离可调。细长样品圆棒,由悬线系扎吊挂在两换能器上。

【实验内容】

1．连接测量仪器。如图 4－5－4、图 4－5－5 所示,将测量仪激振信号输出端接振动装置激振器的输入端;测量仪拾振信号的输入端接振动装置拾振器的输出端;拾振信号的输出端接示波器 Y 通道。

2．用天平称量细棒的质量 1 次;用游标卡尺在不同部位测量棒的长度、螺旋测微器测量棒的直径 6 次,将数据记入表 4－5－2 中。

3．测量室温下样品的基频共振频率

(1) 安装样品棒,对称悬挂并保持样品水平,悬线与样品垂直。

(2) 打开电源,调整仪器到正常状态。

(3) 从样品棒端点开始,两悬点同时向中间移动,每隔 5mm 测量一次共振频率,将悬挂点到两端点的距离 x 和共振频率 f 记录在表 4－5－3 中。每次测量时,信号发生器的输出频率先粗调后细调,使示波器上观察到的共振峰的幅度达到最大值,此时信号发生器的输出频率即为该点的共振频率。

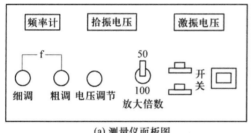

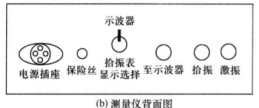

图 4－5－4 测量仪示意图

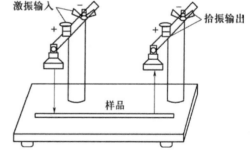

图 4－5－5 振动装置图

(4) 测量过程注意鉴别真假共振峰。

(5) 以样品端点至悬线点的距离为 x,以 x 为横坐标,共振频率 f 为纵坐标作图,由图可确定节点位置的基频共振频率。

4. 根据式(4－5－7)计算样品的杨氏模量。

【数据记录与处理】

1. 数据记录

表 4－5－2 棒的质量、直径、长度记录表

次数	1	2	3	4	5	6	平均值
L/mm							
d/mm							
m/g							

表 4－5－3 节点附近不同位置共振频率

位置	5mm	10mm	15mm	20mm	25mm	30mm	35mm	40mm	45mm	50mm
f/Hz										

2. 数据处理

(1) 用不确定度表示棒的直径 d、长度 L 的测量结果。

(2) 绘制 $x-f$ 曲线,计算基频共振频率。

(3) 计算样品的杨氏模量;试用不确定度表示样品的杨氏模量的测量结果。

【注意事项】

1. 千万不能用力拉悬丝,否则会损坏膜片或换能器。悬挂试样或移动悬丝位置时,应轻放轻动,不能给予悬丝冲击力。

2. 试样棒不能随处乱放,要保持清洁;拿放时应特别小心,避免弄断悬丝摔坏试样棒。

3. 安装试样棒时,应先移动支架到既定位置后再悬挂试样棒。

4. 实验时,悬丝必须捆紧,不能松动,且在通过试样轴线的同一截面上,一定要等试样稳定之后才可正式测量。

【思考题】

1. 试分析拉伸法测杨氏模量和动态法测杨氏模量这两种方法各自的特点。

2. 在本实验中,如何判断样品的振动已处于基频共振状态?

实验六 超声波声速的测量

声波是一种在弹性媒质中传播的机械波,其振动方向与传播方向一致,属于纵波。人耳能听到的声波称为可闻声波,频率在 $20Hz\sim20kHz$ 之间,频率低于 $20Hz$ 的声波是次声波,频率高于 $20kHz$ 的声波则称为超声波。超声波具有波长短,易于定向发射等特点。对于声波特性的测量(如频率、波速、波长、声压衰减和相位等)是声学应用技术中的一个重要内容,特别是声波波速(简称声速)的测量,在声波定位、探伤、测距等应用中具有重要的意义。

【实验目的】

1. 学习用共振干涉法和相位比较法测定超声波在空气中的传播速度。
2. 了解压电换能器功能,加深对驻波及振动合成理论的理解。
3. 进一步熟悉示波器的使用。

【实验仪器】

信号源,示波器,声速测定仪等。

声速测定仪如图 4—6—1 所示。由支架、游标卡尺和两个超声压电换能器组成。两个压电换能器分别固定在游标卡尺的主尺和游标上,其相对位置可由游标卡尺直接读出。

压电陶瓷超声换能器由压电陶瓷环片和轻重不同的两种金属块组成,压电陶瓷片(如钛酸钡、锆钛酸铅)是由一种多晶结构的压电材料组成,在一定温度下经极化处理后,具有压电效应。本实验用的压电换能器结构如图 4—6—2 所示。在压电陶瓷环片的两底面上加上正弦交变电压,它就会按正弦规律发生纵向伸缩(即厚度按正弦规律产生形变),并向空气中发出超声波。由于超声波的波长短,定向发射性能好,上述超声波发生器是比较理想的波源。同样,压电陶瓷片也可以将声压的变化转换成电压的变化,用来接收超声信号。

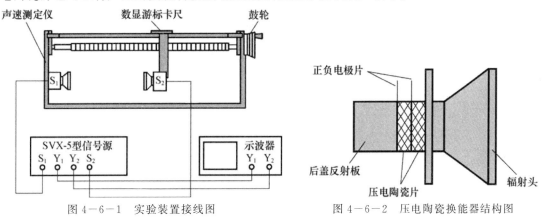

图 4—6—1　实验装置接线图　　　　图 4—6—2　压电陶瓷换能器结构图

【实验原理】

根据声波各参量之间的关系 $v = f\lambda$,其中 v 为声速,f 为频率,λ 为波长。在实验中,可以通过测定声波的波长 λ 和频率 f 求出声速 v。声波的频率 f 可以直接从信号发生器(信号源)上读出,而声波的波长 λ 则可用共振干涉法(驻波法)和相位比较法(行波法)两种方法测量。

1. 共振干涉法(驻波法)

如图 4—6—1 所示,S_1、S_2 为压电陶瓷超声换能器,S_1 作为超声源(发射端),信号源输出的正弦电压信号接到换能器 S_1 上,使 S_1 发出一平面波(超声波),正弦波的频率可由信号源读出;S_2 为超声波接收器,把接收到的声压信号转变成电信号,输入示波器供观察和测量。S_2 在接收超声的同时,还向 S_1 反射一部分超声波,这样,由 S_1 发出的超声波和由 S_2 反射的超声波在 S_1 和 S_2 之间的区域干涉而形成驻波。

设 S_1 发射的声波沿 X 轴正向传播的波动方程为

$$y_1 = A\cos\left(\omega t - \frac{2\pi}{\lambda}x\right)$$

式中:x 为传播路径上某点的坐标;y_1 为位于 x 点的体元在时刻 t 沿纵向发生的位移。

在 S_2 表面反射声波,沿 X 轴负方向传播的波动方程为

$$y_2 = A\cos\left(\omega t + \frac{2\pi}{\lambda}x\right)$$

合振动方程为

$$y = y_1 + y_2 = \left(2A\cos 2\pi\,\frac{x}{\lambda}\right)\cos\omega t \qquad (4-6-1)$$

式(4-6-1)为驻波方程。

由式(4-6-1)可知,当

$$2\pi\,\frac{x}{\lambda} = (2k+1)\frac{\pi}{2} \quad (k=0,1,2,3,\cdots)$$

即 $x = (2k+1)\dfrac{\lambda}{4}$,$k=0,1,2,3,\cdots$时,这些点的振幅始终为零,即为波节。

同理,由式(4-6-1)可知,当

$$2\pi\,\frac{x}{\lambda} = k\pi \quad (k=0,1,2,3,\cdots)$$

即 $x = k\,\dfrac{\lambda}{2}$,$k=0,1,2,3,\cdots$时,这些点的振幅最大,等于 $2A$,即为波腹。

由上述讨论可知,相邻波腹(或波节)的距离均为 $\lambda/2$。

对于一个振动系统来说,当振动频率与系统固有频率相近时,系统将共振,此时振幅最大。当信号发生器的激励频率等于系统固有频率时,产生共振,波腹处的振幅达到相对最大值。当激励频率偏离系统固有频率时,驻波的形状不稳定,且声波波腹的振幅比最大值小得多。

当 S_1 和 S_2 之间的距离 L 恰好等于半波长的整数倍时,即

$$L = k\,\frac{\lambda}{2} \quad (k=0,1,2,3,\cdots)$$

形成驻波,示波器上可观察到较大幅度的信号,不满足条件时,观察到的信号幅度较小。移动 S_2,对于某一特定波长,将相继出现一系列共振态,任意两个相邻的共振态之间,S_2 的位移为

$$\Delta L = L_{k+1} - L_k = (k+1)\frac{\lambda}{2} - k\,\frac{\lambda}{2} = \frac{\lambda}{2} \qquad (4-6-2)$$

所以,当 S_1 和 S_2 之间的距离 L 连续改变时,示波器上的信号幅度每一次周期变化,相当于 S_1 和 S_2 之间的距离改变了 $\lambda/2$,此距离由游标卡尺测得。

2. 相位比较法(行波法)

波是振动状态的传播,也是相位的传播。当发射换能器 S_1 发出的超声波通过媒质到达接收换能器 S_2 时,发射波和接收波之间的相位差为

$$\Delta\varphi = \varphi_2 - \varphi_1 = 2\pi\,\frac{L}{\lambda} \qquad (4-6-3)$$

因此可以通过 $\Delta\varphi$ 来求得声波的波长 λ。

$\Delta\varphi$ 的测定可用相互垂直振动合成的李萨如图形来说明。如图 4-6-1 所示连接电路,示波器功能置于 $X-Y$ 方式,在荧光屏上将显示出相互垂直的谐振动叠加的李萨如图形。

设输入 X 轴的入射波振动方程为

$$x=A_1\cos(\omega t+\varphi_1) \tag{4-6-4}$$

输入 Y 轴的反射波振动方程为

$$y=A_2\cos(\omega t+\varphi_2) \tag{4-6-5}$$

式(4-6-4)和式(4-6-5)中,A_1 和 A_2 分别为 X,Y 方向振动的振幅;ω 为角频率;φ_1 和 φ_2 分别为 X,Y 方向振动的初相位,其合振动方程为

$$\frac{x^2}{A_1^2}+\frac{y^2}{A_2^2}-\frac{2xy}{A_1A_2}\cos(\varphi_2-\varphi_1)=\sin^2(\varphi_2-\varphi_1) \tag{4-6-6}$$

此方程轨迹为椭圆,椭圆长轴、短轴和方位由相位差 $\Delta\varphi=\varphi_2-\varphi_1$ 决定。当 $\Delta\varphi=0$ 时,由式(4-6-6)得 $y=\dfrac{A_2}{A_1}x$,即轨迹为处于第一和第三象限的一条直线,显然直线的斜率为 $\dfrac{A_2}{A_1}$,如图 4-6-3(a)所示;当 $\Delta\varphi=\pi$ 时,得 $y=-\dfrac{A_2}{A_1}x$,则轨迹为处于第二和第四象限的一条直线,如图 4-6-3(c)所示。

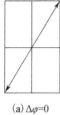 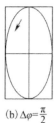  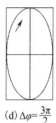 

(a) $\Delta\varphi=0$　(b) $\Delta\varphi=\dfrac{\pi}{2}$　(c) $\Delta\varphi=\pi$　(d) $\Delta\varphi=\dfrac{3\pi}{2}$　(e) $\Delta\varphi=2\pi$

图 4-6-3　不同相位差的李萨如图形

改变 S_1 和 S_2 之间的距离 L,相当于改变了发射波和接收波之间的相位差,示波器显示屏上的图形也随 L 不断变化。由式(4-6-3)知,当 S_1 和 S_2 之间的距离改变半个波长 $\Delta L=\dfrac{\lambda}{2}$,$\Delta\varphi$ 的变化为 π。如图 4-6-3 所示,当相位差从 $\Delta\varphi=0$ 变到 $\Delta\varphi=\pi$ 时,李萨如图形从斜率为正的直线变为椭圆,再变到斜率为负的直线;当相位差从 $\Delta\varphi=\pi$ 变到 $\Delta\varphi=2\pi$ 时,图形与上述变化相反。因此,S_2 每移动半个波长,屏上就会重复出现斜率符号相反的直线。只要准确测量图形周期变化时 S_2 移动的距离,即可得出对应的波长 λ。

【实验内容】

1. 声速测量系统的连接

信号源、测定仪和示波器之间的连接如图 4-6-1 所示。

2. 测定压电陶瓷换能器的最佳工作频率

只有换能器 S_1 与 S_2 发射面保持平行时才能有较好的接收效果。为了得到较清晰的接收波形,应将外加的驱动信号频率调节到发射换能器 S_1 谐振频率点处,才能较好地进行声能与电能的相互转换,提高测量精度,以得到较好的实验效果。方法如下:

(1) 示波器工作方式选择开关置于 CH1,用示波器观察发射换能器的输出信号,调节示波器的"VOLTS/DIV"和信号源的"连续波强度",能清楚地观察到同步的正弦波信号。

(2) 示波器工作方式选择开关置于 CH2,用示波器观察接收换能器的输出信号,调节换能器 S_1、S_2 之间的距离,停在振幅相对最大的位置。调节示波器的"VOLTS/DIV",使示波器屏上显示合适的正弦波形。在输出频率 $30\sim40\text{kHz}$ 范围内仔细调节信号源的"频率细调"旋钮,使接收换能器的输出电压信号振幅最大。此时,信号发生器的输出频率等于压电换能器的谐振频率,记录此频率 f,填入表 $4-6-1$。改变 S_1、S_2 之间的距离,选择使示波器屏上呈现出最大振幅时的其他位置,再次调节"频率细调"使振幅最大并记录此时频率,如此重复调整,共测量 5 次,计算频率平均值 $\bar{f}$。

3. 利用驻波法测量声速

(1) 示波器工作方式选择开关置于 CH2,把声速测定仪信号源调到最佳工作频率 $\bar{f}$,选择合适的发射强度。

(2) 将 S_2 移到接近 S_1 处,从两换能器相距约 5cm 开始,由近及远缓慢移动 S_2,观察示波器上接收信号的变化,选择某个振幅最大的位置作为测量起点,从游标卡尺上读出此时 S_2 的位置,然后沿同一方向移动 S_2,逐一记录各振幅最大时 S_2 的位置,填入表 $4-6-2$,共记录 20 组数据。

(3) 记录实验室的室温 t。

4. 利用相位比较法测量声速

(1) 保持信号源输出为已选定的谐振频率,示波器工作方式选择"$X-Y$"工作状态。移动 S_2 的位置,使示波器荧光屏上显示出椭圆或斜直线的李萨如图形。

(2) 将 S_2 移到接近 S_1 处,从两换能器相距 5cm 左右开始,由近及远缓慢移动 S_2,观察示波器上李萨如图形的变化。选择图形为斜率为正的直线(或斜率为负的直线)时的位置作为测量的起点,从游标卡尺上读出 S_2 的位置。然后沿同一方向移动 S_2,逐一记录直线斜率符号改变时相应的 S_2 的位置,共记录 20 个数值。

【数据记录与处理】

1. 驻波法数据记录与处理

(1) 数据记录。

表 $4-6-1$　频率测量数据记录表

i	1	2	3	4	5	平均值 $\bar{f}$
f/kHz						

表 $4-6-2$　波长测量数据记录表　　　　$t=$ _____ ℃

i	1	2	3	4	5	6	7	8	9	10
L_i/mm										
L_{i+10}/mm										
$\Delta L_i/\text{mm}$										
$\bar{\lambda}=\dfrac{1}{5}\overline{\Delta L_i}/\text{mm}$										

（2）数据处理。

① 用逐差法算出波长的测量结果 $\bar{\lambda}$。

② 根据波长、频率的测量结果计算声速的测定结果 $\bar{v}$ 和不确定度 U_v，写出声速间接测量结果 $v=\bar{v}\pm U_v$。

③ 实验结果与理论值比较，计算相对误差。

$$E_0=\frac{|v_{实}-v_{理}|}{v_{理}}\times100\%$$

空气中声速的理论值为

$$v_{理}=v_0\sqrt{\frac{T}{T_0}}$$

式中：v_0 为 $T_0=273.15\text{K}$ 时的声速，$v_0=331.45\text{m/s}$，$T=(t+273.15)\text{K}$。

2. 相位比较法数据记录与处理

数据记录表格自拟。数据处理要求同上。

【注意事项】

1. 实验时应先找到换能器的谐振频率，并要求在实验过程中尽量保持不变。
2. 测量时应使用游标卡尺的微调装置移动 S_2。
3. 每次转动鼓轮测量 20 组数据过程中，鼓轮必须沿同一方向转动，以免产生回程差。
4. 示波器上图形失真时可适当减小信号源发射强度或接收增益。

【思考题】

1. 为什么换能器要在谐振频率条件下进行声速测定？
2. 为什么在实验过程中改变 L 时，压电陶瓷换能器 S_1 和 S_2 的表面应保持平行？不平行会产生什么问题？

实验七　核磁共振

在物理学中存在许多共振现象，例如在力学中，当外力频率和物体固有频率相等时，振幅最大；在光学中，入射光子的频率所对应的能量（$E=h\nu$）与原子体系的能级差相同时，吸收最大；在电学中，电源的频率和线路的谐振频率一样时，电流最大，这些都是共振现象。

1896 年，荷兰物理学家塞曼（P. Zeeman，1865—1943）发现在强磁场的作用下，光谱的谱线会发生分裂，这一现象称为"塞曼效应"，塞曼因此获得 1902 年的诺贝尔物理学奖。塞曼效应的本质是原子的能级在磁场中的分裂，因而人们后来把各种能级在磁场中的分裂都称为"塞曼分裂"。

原子核的能量也是量子化的，也有核能级，这种核能级在磁场的作用下也会发生塞曼分裂。核磁共振是指处在恒定磁场中具有磁矩的原子核受到某一频率电磁波辐射引起的能级之间的共振跃迁现象。1939 年美国物理学家拉比（I. I. Rabi，1898—1988）利用在高真空中的氢分子束观察到核磁共振现象并测量了核磁矩，他因此获得 1944 年诺贝尔物理学奖。1945 年

12 月,美国哈佛大学珀塞尔(E. M. Purcell,1912—1997)等报道了他们采用吸收法在石蜡样品中观察到质子的核磁共振信号;1946 年 1 月,美国斯坦福大学布洛赫(F. Bloch,1905—1983)等也报道了他们采用感应法在水样品中发现了质子的核磁共振现象。因此,珀塞尔布和布洛赫由于发现核磁共振现象分享了 1954 年诺贝尔物理学奖。此后许多科学家在这个领域取得丰硕的成果,1977 年研制成功的人体核磁共振断层扫描仪(NMR—CT)因能获得人体软组织的清晰图像而成功用于许多疑难病症的临床诊断。目前,核磁共振已成为确定物质分子结构、组成和性质的重要实验方法,是生物、固体物理、化学、计量科学和石油分析与勘探等研究中十分有力的实验技术。

塞曼(P.Zeeman)　　　拉比(I.I.Rabi)　　　布洛赫(F.Bloch)　　　珀塞尔(E.M.Purcell)

本实验采用扫场法观察氢核和氟核的核磁共振现象,并测量物质的旋磁比和朗德因子,从而对核磁共振现象有一个直观的认识。

【实验目的】

1. 了解核磁共振原理及其实现方法。
2. 学习利用核磁共振测量物质旋磁比、朗德因子的方法。

【实验原理】

1. 原子核磁矩概述

我们知道,不仅电子有自旋运动,原子核本身也有自旋运动,因而原子核也有核自旋角动量 p。从量子力学角度,氢原子中电子的能量是不连续的,只能取离散的数值。类似地,核磁共振中涉及的原子核自旋角动量也不连续,只能取离散值,其值由下式决定

$$p = \sqrt{I(I+1)} \cdot \hbar \qquad (4-7-1)$$

式中:$\hbar = h/2\pi$,h 为普朗克常数;I 为核自旋量子数,只能取整数值 0,1,2,3,… 或半整数值 1/2,3/2,5/2,…。I 是表示某种原子核所固有的特征,对不同的核素,I 有不同的确定数值。

原子核自旋角动量在空间某一方向的分量也不能连续变化,只能取离散的数值,例如:在 z 方向角动量表示为

$$p_z = m\hbar \qquad (4-7-2)$$

式中:磁量子数 m 只能取 $I, I-1, \cdots, -I+1, -I$ 共 $2I+1$ 个数值。

自旋角动量不为零的原子核具有与之相联系的核自旋磁矩,简称核磁矩。通常将原子核的总磁矩在其自旋角动量 p 方向的投影 μ 称为核磁矩。它们的关系可写成

$$\boldsymbol{\mu} = \gamma \boldsymbol{p} \tag{4-7-3}$$

式中：γ 为旋磁比，定义为原子核的磁矩与自旋角动量之比，表征原子核的磁性质，可以从实验测量得到。对于质子而言，$\gamma = \dfrac{e g_N}{2 m_p}$，式中 e 为质子电荷，m_p 为质子质量，g_N 为原子核的朗德因子，其值由原子核结构决定。对不同种类的原子核，g_N 的数值不同。目前对各种原子核，g_N 因子能用实验方法精确测定，但在理论上尚不能精确计算，已测定的包含一个质子 $^1_1 H$ 核的 $g_N = 5.585691$。此外，g_N 可能是正数也可能是负数。因此，原子核自旋磁矩的方向可能与自旋角动量方向相同，也可能相反。

由于原子核角动量在任意给定的方向（如 z 方向）只能取 $2I+1$ 个离散的数值，核磁矩在 z 方向也只能取 $2I+1$ 个离散的数值，即

$$\mu_z = \gamma p_z = \gamma m \hbar = \frac{e g_N}{2 m_p} m \hbar = g_N m \mu_N \tag{4-7-4}$$

式（4-7-4）中，引入了 $\mu_N = \dfrac{e \hbar}{2 m_p} = 5.050824 \times 10^{-27}$ J/T，称为核磁子，是量度核磁矩大小的单位。

引入核磁子之后，旋磁比可以写为

$$\gamma = \frac{e g_N}{2 m_p} = \frac{e \hbar}{2 m_p} \cdot \frac{g_N}{\hbar} = g_N \frac{\mu_N}{\hbar} \tag{4-7-5}$$

2. 磁矩在恒定磁场中的运动

由经典力学可知，磁矩为 $\boldsymbol{\mu}$ 的微观粒子在恒定外磁场 $\boldsymbol{B}_0$ 中受到一力矩 $\boldsymbol{L}$ 作用，即

$$\boldsymbol{L} = \boldsymbol{\mu} \times \boldsymbol{B}_0 \tag{4-7-6}$$

在此力矩作用下，磁矩 $\boldsymbol{\mu}$ 要绕 $\boldsymbol{B}_0$ 转动，这种转动称为进动。因力矩作用引起微观粒子的角动量变化为

$$\boldsymbol{L} = \frac{\mathrm{d} \boldsymbol{p}}{\mathrm{d} t} \tag{4-7-7}$$

将式（4-7-3）、式（4-7-6）代入式（4-7-7）中得

$$\frac{\mathrm{d} \boldsymbol{L}}{\mathrm{d} t} = \gamma \boldsymbol{\mu} \times \boldsymbol{B}_0 \tag{4-7-8}$$

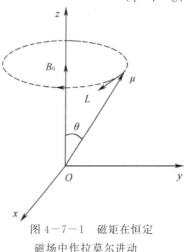

这就是磁矩在外磁场作用下的进动方程，如图 4-7-1 所示。求解这个方程，便得到磁矩 $\boldsymbol{\mu}$ 绕磁场 $\boldsymbol{B}_0$ 作拉莫尔进动角频率为

$$\omega_0 = \gamma B_0 \tag{4-7-9}$$

可见，进动角频率与磁场的大小成正比。

3. 核磁共振现象

当不存在外磁场时，每个原子核的能量处在同一能级（某一能量状态）；当自旋量子数为 I 的原子核处于某一方向（如 z 轴）的恒定磁场 $\boldsymbol{B}_0$ 中时，原子核将不再只有一种能量状态。此时，核磁矩与外加恒定磁场的相互作用能量

$$E = -\boldsymbol{\mu} \cdot \boldsymbol{B}_0 = -\mu_z B_0 = -m \gamma \hbar B_0 \tag{4-7-10}$$

图 4-7-1 磁矩在恒定磁场中作拉莫尔进动

由于磁量子数 m 取值不同,核磁矩的能量也就不同,从而原来同一能级分裂为 $(2I+1)$ 个子能级。对氢原子核,即一个质子,$I=\dfrac{1}{2}$,则磁量子数 $m=-\dfrac{1}{2},\dfrac{1}{2}$,即原子核原来单一的能级在磁场作用下分裂为二个能级 E_1,E_2。将式(4—7—9)代入式(4—7—10)并求出上下能级的能量差

$$\Delta E = \gamma\hbar B_0 = \hbar\omega_0 \qquad\qquad (4-7-11)$$

由式(4—7—11)可知:相邻两个能级之间的能量差 ΔE 与外磁场 B_0 的大小成正比,磁场越强,则两个能级分裂也越大。图4—7—2给出了氢原子的能级在外磁场下产生塞曼效应,分裂为两个能级的示意图。

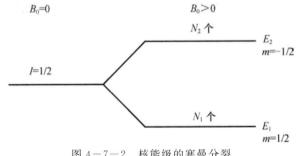

图4—7—2　核能级的塞曼分裂

设在上下两能级的氢原子数分别为 N_2 和 N_1,在热平衡时,氢原子数随能量增加按指数规律下降(满足玻尔兹曼分布),即处于高能级的氢原子数少于在低能级的氢原子数,故 $N_1 > N_2$。

若在垂直于 $B_0(z$ 轴)方向上再施加一个高频电磁场 $B_1\sin\omega t (B_1 \ll B_0)$,通常为射频场($10^6 \sim 10^9\,\mathrm{Hz}$)。当射频场的频率 ν 与能级能量差 ΔE 满足下列关系

$$\Delta E = \gamma\hbar B_0 = h\nu \qquad\qquad (4-7-12)$$

由量子力学可以证明:射频场的频率与核磁矩进动频率相等时,原子核从射频场中吸收电磁波的能量 $h\nu$,由 $m=1/2$ 的能级跃迁到 $m=-(1/2)$ 的能级,这就是核磁共振现象。即

$$\omega = \omega_0 = 2\pi\nu = \gamma B_0 \qquad\qquad (4-7-13)$$

注意,虽然核自旋粒子由 E_1 到 E_2 的共振吸收跃迁和由 E_2 到 E_1 的共振辐射跃迁的概率相等,但由于 $N_1 > N_2$,故对为数众多的自旋系统,统计上的净结果是以吸收为主,这种现象称为核磁共振吸收。

测量出磁场强度 B_0 和射频电磁场频率 ν,可以计算出旋磁比 γ 值,根据式(4—7—5)计算出 g_N。

4. 共振条件的实现

在实验中可以采取两种方法满足共振条件 $2\pi\nu = \gamma B_0$。一种是磁场 B_0 固定,连续改变射频场 B_1 的频率 ν 以满足共振条件,这种方法称为扫频法(也称为调频法);另一种则反之,即固定射频场的频率 ν,连续改变磁场 B_0 的大小,这种方法称为扫场法(也称调场法)。本实验用的是扫场法。

由式(4—7—13)可知,只要知道 B_0、ν 即可求得 γ。B_0 在实验室中用特斯拉计测出,ν 由频率计测出。但是仅此,在本实验中 γ 无法用实验求出的。因为本实验中两能级的能量差是一个精确、稳定的量。而实验用的高频振荡器其频率 ν 只能稳定在 $10^3\,\mathrm{Hz}$ 数量级。其能量 $h\nu$

很难固定在 $\gamma\hbar B_0$ 这一数值。实际上式(4－7－14)在实验中很难成立。

　　为实现磁共振:首先,永磁铁提供样品能级塞曼分裂所需的强磁场 B_0;其次,在永磁铁上叠加一个低振幅低频率的扫描磁场,把 50Hz 的市电信号 $B_m\sin100t$ 接在永磁铁的调场线圈上($B_m\ll B_0$),目的是使样品处的磁场从单一的恒定磁场 B_0 变为调制的磁场带。这样,样品处的实际磁感应强度为 $B=B_0+B_m\sin100\pi t$,从而使两能级能量差 $\gamma\hbar(B_0+B_m\sin100\pi t)$ 有一个连续变化的范围。调节射频场的频率 ν,使射频场的能量 $h\nu$ 进入该范围,这样在某一时刻等式 $h\nu=\gamma\hbar(B_0+B_m\sin100\pi t)$ 总能成立。此时通过边限振荡器探测装置上连接的示波器可观测到共振信号,如图 4－7－3 所示。

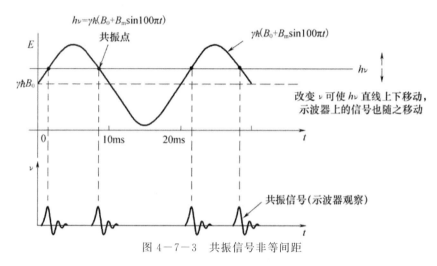

图 4－7－3　共振信号非等间距

　　由图 4－7－3 可见,当共振信号非等间距时,共振点处的等式为

$$h\nu=\gamma\hbar(B_0+B_m\sin100\pi t) \tag{4－7－14}$$

由于 $B_m\sin100\pi t$ 未知,故无法利用式(4－7－14)求出 γ 值。

　　调节射频场的频率 ν 使共振信号等间距,如图 4－7－4 所示。共振点处 $100\pi t=n\pi$,$B_m\sin100\pi t=0$,$h\nu=\gamma\hbar B_0$,此时示波器共振信号均匀排列而且间隔为 10ms,这时频率计的读数 ν 就是与 B_0 对应的质子的共振频率。由频率计读出 ν,用特斯拉计测出 B_0,根据 $\gamma=2\pi\nu/B_0$ 可计算出 γ。

5. 纵向弛豫和横向弛豫

　　在核磁共振条件下,核自旋系统处于非平衡态(N_1 和 N_2 的关系不满足玻耳兹曼分布)。通过核和晶格之间的相互作用以及核自旋与核自旋之间的相互作用,逐步由非平衡态又恢复到平衡态的过程,称为弛豫过程。由核和晶格之间的相互作用形成的弛豫称为纵向弛豫 T_1,由核自旋和核自旋之间的相互作用形成的弛豫称为横向弛豫 T_2。T_1、T_2 越小表示它们相互作用越强烈,也就是粒子处在某一能级上的时间越短,因而共振吸收线就越宽,射频场 B_1 幅度越大,粒子受激跃迁的概率越大,使粒子处于某一能级的寿命越小。人体组织的骨骼、脂肪、内脏、血液的 T_1 都不同,所以在医用核磁共振仪上很容易区别它们,T_1 小的共振峰就越大。实验表明,T_2 的大小反比于盐的浓度。人体组织各部分的盐浓度不一样,所以在医用核磁共振仪上可根据 T_2 来区别它们。T_2 小的共振峰就越宽。

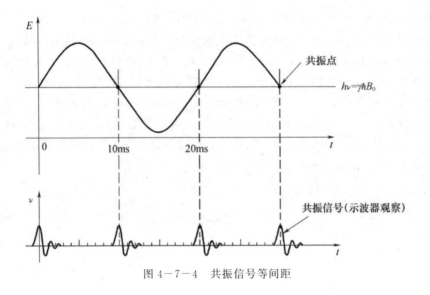

图 4-7-4 共振信号等间距

【实验仪器】

永磁铁,边限振荡器,扫描电源,示波器,特斯拉计,样品等。实验装置如图 4-7-5 所示。具体介绍如下。

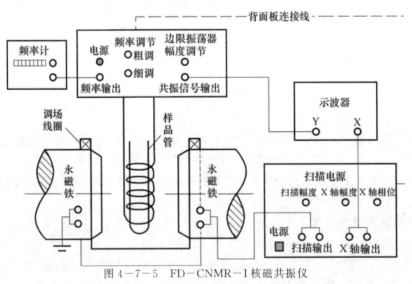

图 4-7-5 FD-CNMR-I 核磁共振仪

1. 永磁铁提供样品能级塞曼分裂所需的强磁场 B_0,在永磁铁上绕有 50Hz 的正弦交流电。为保证中央部分磁场均匀,永磁铁磁极面积较大。

2. 边限振荡器因处于振荡与不振荡的边缘状态而得名,它提供频率为 19~25MHz 的射频电磁波(频率为 3~30MHz 的电磁波是最适合无线电发射的频率,故称为"射频"),其振荡线圈装在仪器背面伸出的样品管前端,它既作发射线圈又作接收线圈,频率可以粗调、细调,射频信号的强度也可以调节。对共振信号放大与检波的电路也在边限振荡器中,由共振信号输出端输出至示波器 Y 轴。

3. 电源对边限振荡器及低频扫描线圈供电,扫描磁场的振幅可以调节,另外,还有专门的接线柱把低频信号输入到示波器的 X 轴,以便观察共振信号,这一输出信号的幅度和相位可以调节。

4. 特斯拉计的探头是一个霍耳元件,利用它放入磁场产生的霍耳电压直接变成毫特斯拉用数字显示出来,测量之前需要调零,测量时霍耳元件的宽面必须与磁场方向垂直,否则读出的是磁场的一个分量,使用完毕应该保护好探头。

5. 在示波器上所观察到的信号波形通常如图 4-7-4 所示,出现一些次级衰减振荡,俗称尾波,这是由于市电 50Hz 的扫描速度还是快了一点,通过共振点的时间比弛豫时间小很多,这时共振信号的形状会发生很大的变化。在通过共振点之后会出现衰减振荡,这个衰减的振荡称为"尾波",这种尾波非常有用,因为磁场越均匀,尾波越大,所以应调节探头(样品)在磁铁中的空间位置,使尾波达到最大。

6. 测量样品。

氢核:1♯ 硫酸铜溶液,2♯ 三氯化铁溶液,4♯ 丙三醇,5♯ 纯水,6♯ 硫酸锰溶液;氟核:3♯ 氟碳。

【实验内容】

1. 测量氢核的旋磁比

(1)连接仪器。按照图 4-7-5 连接实验装置。将样品 1♯硫酸铜溶液放入探头内,移动边限振荡器探头连同样品放入磁场中。调节边限振荡器底部的四个调节螺丝,使样品及线圈置于永磁铁磁场中心处。

(2)打开磁场扫描电源、边限振荡器、频率计和示波器的电源。将扫描电源的"扫描幅度"顺时针调至接近最大,这样可以加大捕捉信号的范围。

(3)将频率调节至永磁铁标签所提供的共振频率附近,调节边限振荡器的频率"粗调"旋钮,注视示波器信号变化,在共振频率附近有较强的共振吸收信号闪现。调节频率调节"细调"旋钮、信号强度旋钮、示波器扫描调节旋钮和边限振荡器中的"幅度调节"旋钮等。待调出如图 4-7-3 所示大致共振信号后,进一步调节频率"细调"至信号均匀排列,间隔等宽为 10ms。同时移动样品探头,调节样品在磁铁中的空间位置,使信号等高。这样得到等宽、等高、吸收信号稳定清晰、节数较多的尾波,如图 4-7-6 所示,此时频率计示数即为共振频率 ν_H。

注意:调节旋钮时要慢,因为共振范围非常小,很容易跳过。

(4)将特斯拉计调零,探头放置于样品所在位置,读出特斯拉计的示数,即为共振磁感应强度 B_{0H}。计算出样品的旋磁比 γ_H,与理论值比较,计算出相对误差(已知氢核的旋磁比理论值 $\gamma_{H理}=2.6752\times10^8\,\mathrm{Hz/T}$)。

2. 测量氟核旋磁比和朗德因子

将样品换为 3♯氟碳样品,重复上述步骤 1 测量方法,测量氟核的旋磁比 γ_F、朗德因子 g_F 和核磁矩 μ_F(注意:氟的核磁共振信号较小,应仔细调节)。

3. 观察其他样品的核磁共振现象

分别放入纯水样品,三氯化铁样品,硫酸锰样品以及有机物丙三醇样品,观察核磁共振信

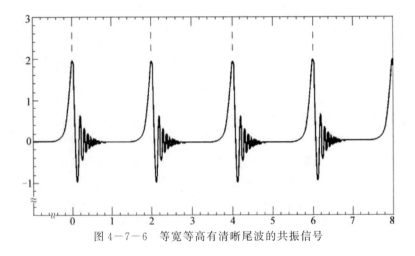

图 4-7-6　等宽等高有清晰尾波的共振信号

号的变化。

【数据记录与处理】

1. 数据记录

(1) 氢核:$B_{0H}=$_____,$\nu_H=$_____。

(2) 氟核:$B_{0F}=$_____,$\nu_F=$_____。

2. 数据处理

(1) 计算氢核旋磁比测量的相对误差:

$$E=\frac{|\gamma_{H理}-\gamma_H|}{\gamma_{H理}}\times100\%$$

(2) 计算氟核的旋磁比 γ_F、朗德因子 g_F 和核磁矩 μ_F。

【注意事项】

1. 样品在磁场的位置很重要,应保证处在磁场几何中心。

2. 测量氟核样品时,由于信号较弱,需要仔细观察。

【思考题】

1. 是否任何原子核系统均可产生核磁共振现象?不加扫描电压能否观察到共振信号?

2. 实验中有几个磁场,相互方向有何要求?

3. 怎样才能更好地观察到共振信号?

实验八　全息照相

　　全息照相是一种完全新型的,不用普通光学成像系统的光学照相方法,是一种能够记录并再现拍摄物光波全部信息的新技术,是匈牙利裔的英国物理学家丹尼斯·伽博(Dennis Gabor,1900—1979)于1948年为提高电子显微镜的分辨率而首先提出的,并拍摄了第一张全息照片,因此丹尼斯·伽博在 1971 年获得了诺贝尔物理学奖。但由于当时缺乏相干性好的光源而未获得足够的重视。直到 20 世纪 60 年代激光出现后该技术才得到迅速的发展,相继出现了多种全息照相技术,开辟了光学应用的新领域。全息照相的基本原理是以波的干涉和衍射为基础的,因此它适用于可见光、红外、微波、X 光以及声波和超声波等一切波动过程。现在全息技术已经发展成为科学技术上的一个崭新的领域,如用全息照相方法制作各种光学元件(透镜、光栅,各类滤波器等)、三维显示、立体广告、立体影视等,在精密计量、无损检测、信息存储和处理、遥感技术及生物医学等方面有着广泛的应用。

丹尼斯·伽博
(Dennis Gabor)

　　本实验通过拍摄全息照片和再现观察,使学生掌握全息照相的基本技术,深刻理解光的相干条件的物理意义,初步了解全息技术的基本理论。

【实验目的】

1. 了解全息照相的基本原理及主要特点。
2. 学习全息照片拍摄方法和再现观察的方法。

【实验原理】

　　物体上各点发出的光(或反射的光)是电磁波,借助于光波的频率、振幅和相位的不同,人们可以区分物体的颜色、明暗、形状和远近等。

　　普通照相是通过成像系统(照相机系统)使物体成像在感光材料上,材料上的感光强度只与物体表面光强分布有关。因为光强与振幅平方成正比,所以它只记录了光波的振幅信息,无法记录物体光波的相位差别。因此,普通照相记录的仅仅是物体的一个二维平面像,从而缺乏立体感。

　　全息照相不仅记录了物体发出或反射光波的振幅信息,而且把光波的相位信息也记录下来,所以全息照相技术所记录的并不是普通几何光学方法形成的物体像,而是物体光波的全部信息。当用与拍摄时完全相同的光以一定的方位照射全息照片时,通过全息图的衍射,能完全再现被拍摄物波的全部信息,从而看到被拍摄物体的立体图像。

　　全息照相包含两个过程:第一,用干涉法把物体光波的全部信息记录在感光材料上,称为波前记录(拍摄)过程;第二,利用所选定的光源照射在全息图像使原光波波前再现,称再现过程。

1. 全息照相的记录——光的干涉

　　全息照相是利用光的干涉原理记录被拍摄物体的全部信息。拍摄全息照片的光路如图 4-8-1 所示。相干性极好的氦氖激光器发出激光束,经分束镜 1 被分成两束光,透射的一束光经全反射镜 2 和扩束镜 3 射向被拍摄物体 4 上。再经物体表面漫反射后到达全息干板 5 上,这束光称为物光;反射的一束光经全反镜 6 和扩束镜 7 直接均匀地射向全息干板 5 上,这束光称为参考光。由于物光和参考光是相干光,它们在全息干板上叠加形成干涉条纹。从被拍摄物体上各点散射的光波,振幅(光强)和相位都不相同,所以全息干板(底片)上各处的干涉条纹也不同。光强不同使条纹明暗程度不同,相位不同使条纹的疏密和形状不同。因此,被摄物体反射光中的全部信息都以不同浓黑程度和不同疏密的干涉条纹形式在全息干板上记录下来,经显影、定影后,就得到一张全息照片(又称全息图),如图4-8-2所示。

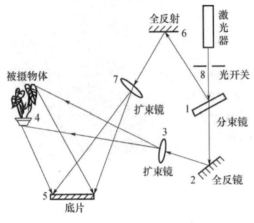
图4-8-1 全息照相光路

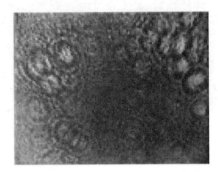
图4-8-2 全息图

2. 全息照相的再现——光的衍射

全息干板上记录的并不是被摄物体的直观形象,而是无数组干涉条纹的复杂组合,因此,当我们观察全息照相记录的物像时,必须采用一定的再现手段,即用与原来参考光相同的光束去照射,这个光束称为再现光。再现观察时所用的光路如图4-8-3所示。在再现光的照射下,全息照片相当于一块透过率不均匀的复杂的光栅,再现光经过它时就会发生衍射。以全息照片上某一区域为例,为简单起见把再现光看做是一束平行光,且垂直入射于全息照片,再现光将发生衍射,产生零级和±1级衍射光。其中零级衍射光是衰减了的入射光;+1级衍射光是发散光,与原物光的性质一样,沿此方向对着全息干板观察,就可以看到一个与原物体相同的逼真的三维立体虚像,称为真像;而-1级衍射光是会聚光,会聚光汇聚在虚像的共轭位置上形成一个实像,称为赝像。

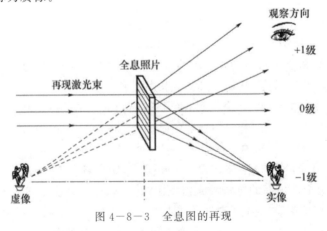
图4-8-3 全息图的再现

3. 全息照相的数学描述

设全息底片所在平面为 XOY 平面,根据光的波动理论,底片上的物光波为

$$E_O(x,y,t)=A_O(x,y)\cos\left[\omega t+\varphi_o(x,y)\right] \tag{4-8-1}$$

参考光为

$$E_R(x,y,t)=A_R(x,y)\cos\left[\omega t+\varphi_R(x,y)\right] \tag{4-8-2}$$

采用复数形式(取实部)表示光波,则

$$E_O(x,y,t)=A_O(x,y)e^{i\varphi_O(x,y)}e^{i\omega t}$$

$$E_R(x,y,t)=A_R(x,y)e^{i\varphi_R(x,y)}e^{i\omega t}$$

对于相干波的叠加,时间相位因子 $e^{i\omega t}$ 对空间各点均相同,可略去,剩下光的振幅和空间相位分布,称为复振幅。于是,在底片上任一点物光和参考光的复振幅分别为

$$O(x,y)=A_O(x,y)e^{i\varphi_O(x,y)} \tag{4-8-3}$$

$$R(x,y)=A_R(x,y)e^{i\varphi_R(x,y)} \tag{4-8-4}$$

相干叠加后的合成光场为

$$H(x,y)=O(x,y)+R(x,y) \tag{4-8-5}$$

干涉条纹的光强(为简洁起见,各量中的 x,y 均省略)为

$$I=HH^*=[O+R][O^*+R^*] \tag{4-8-6}$$

式中: H^* 为 H 的共轭复数。将上式展开得

$$I=A_O^2+A_R^2+A_OA_Re^{i(\varphi_O-\varphi_R)}+A_OA_Re^{-i(\varphi_O-\varphi_R)}$$

简化后得

$$I=A_O^2+A_R^2+2A_OA_R\cos(\varphi_O-\varphi_R) \tag{4-8-7}$$

式(4-8-7)表示的是一组明暗相间的干涉条纹,不是确切的物像,其中前两项分别是物光和参考光的光强分布,与物光相位无关,而第三项是以参考光的相位 φ_R 为标准,将物光的相位 φ_O 以光强分布的形式记录下来。这样的照相把物光的振幅和相位两种信息全部记录下来,因而称为全息照相。曝光后的全息干板经显影、定影处理后得到全息图。

用参考光 R 照射全息图,把全息图看做衍射屏,则透过全息图后衍射波的复振幅为

$$U(x,y)=R(x,y)t(x,y) \tag{4-8-8}$$

式中: $t(x,y)$ 为全息图的复振幅透射率,复振幅透射率与曝光光强成线性关系,即

$$t(x,y)=\alpha+\beta I(x,y) \tag{4-8-9}$$

式中: α 为底片上的灰雾度; β 为比例系数。于是,透过全息照片后衍射波的复振幅为

$$U(x,y)=R(x,y)[\alpha+\beta I(x,y)] \tag{4-8-10}$$

将式(4-8-6)代入式(4-8-10)得

$$\begin{aligned}
U&=R[\alpha+\beta(O+R)(O^*+R^*)]\\
&=(\alpha+\beta A_O^2+\beta A_R^2)R+\beta A_R^2 A_O e^{i\varphi_O}+\beta A_R^2 e^{i2\varphi_R}A_O e^{-i\varphi_O}\\
&=U_0+U_{+1}+U_{-1}
\end{aligned} \tag{4-8-11}$$

式(4-8-11)表明全息照片透射后的光包含不同的分量:第一项 U_0 除了系数 $(\alpha+\beta A_O^2+\beta A_R^2)$ 外,与参考光相同,为零级衍射波,表示透过全息照片衰减后的参考光;第二项 U_{+1} 为+1 级衍射波,它与原物光具有相同的振幅和相位分布,形成虚像,实现了原物光的再现;第三项 U_{-1} 为-1 级衍射波,是与物光共轭的光波,意味着在此虚像的相反一侧汇聚成一个共轭的实像。

4. 全息照相的特点

(1) 全息照片再现出的被拍摄物体的像具有完全逼真的三维立体感。当人们用眼睛从不

同角度观察时,就好像面对原物一样,可以看到它的不同侧面。它和观察实物完全一样,具有相同的视觉效应。

(2)由于全息照片的任一小区域都以不同的物光倾角记录了来自整个物体各点光的信息,因此,一块打碎的全息照片,任取一小碎块,就能再现出完整的被摄物体立体像(只是分辨率下降了)。所以,全息照片不怕擦伤、玷污、破碎。

(3)同一张全息干板可以多次重复曝光。在一次全息拍摄曝光后,只要稍微改变感光板的方位,如转过一定角度,或改变参考光的入射方向,就可以在同一感光板上进行第二次、第三次的重叠记录。再现时,只要适当转动全息照片即可获得各自独立互不干扰的图像。若物体在外力作用下产生微小的位移或形变,并在变化前后重复曝光,则再现时物光将形成反应物体形态变化特征的干涉条纹,这就是全息干涉计量的基础。

(4)若用不同波长的激光照射全息照片,可得到放大或缩小的再现图像。再现光波波长大于参考光波波长时被放大,反之缩小。

(5)全息照片所再现的物像其亮度可调。因再现光是入射光的一部分,故入射光越强,再现物像越亮,亮暗的调节可达10^3倍。

(6)全息照片具有易于复制的特性。将拍摄好的全息照片与未感光的全息干板药膜面相对压紧,进行翻拍曝光,即可得到复制品。再现时,仍可获得与母片相同的再现物像。

【实验仪器】

全息防震实验台,He－Ne激光器,分光镜、全反射镜、扩束镜,支架,全息干板,显影及定影器材,曝光定时器,照度计等。要成功获得全息图,全息照相必须具备如下技术要求。

1. 好的相干光源。一般采用 He－Ne激光器作为光源,同时要求物光波和参考光波的光程差尽量小,以保证它们具有良好的相干性。

2. 具备高分辨率的记录介质。感光板记录的干涉条纹一般是非常密集的,而普通照相感光片的分辨率约每平方毫米 100 条,因此全息照相需要采用高分辨率的记录介质——全息感光片,其分辨率要求大于每平方毫米 1000 条,但感光灵敏度不高,所需曝光时间比普通照相感光底片要长,而且它只对红光敏感,因此全息照相的全部操作过程可在暗绿色灯光下进行。

3. 全息实验台的防振性能优良。物光和参考光相干涉形成的干涉条纹密度达每毫米近千条或更高,曝光期间如果物光波或参考光稍有抖动,只要使光程差发生波长数量级的变化,干涉图样就会模糊不清。因此要求全息实验平台稳定性要好,同时采取一些必要的减振措施:如全息实验室一般都选在远离振源的地方;全息照相光路各元件全部布置在一种特殊的防振平台上,被拍摄物体、各光学元件和全息感光片严格固定在防振平台上;在曝光过程中身体任何部位都不要触及全息台,避免高声谈话,更不要在室内随意走动、开关门、窗等,以确保干涉条纹无飘移。

【实验内容】

1. 元件布置与光路安排

按图 4－8－1 在全息实验台上布置元件和光路安排,使其符合下列要求。

(1)将各个光学元件调整至基本等高。

（2）调整物光和参考光的光路，使其光程大致相等（光程是从分束镜始至全息干板止），被摄物离全息干板的距离不超过 10cm。为了便于调整元件和光路，两扩束镜暂不放入光路，感光板暂用白色屏替代。

（3）放入两扩束镜，开启激光电源，挡住物光，调节相关元件，使参考光均匀照射白色屏；再挡住参考光并调节有关元件，使尽量多的物光照射到白色屏上。

（4）调节光强比。把照度计放在白色屏的位置，分别测试物光与参考光的光强。一般情况下物光与参考光的光强比控制在 $1:2\sim1:8$ 之间。

（5）物光与参考光束的夹角通常小于 $45°$（在 $30°\sim45°$ 之间），因为夹角越大，干涉条纹间距越小，条纹越密，对感光材料分辨率的要求越高。

2. 拍摄

取下白色屏，关掉激光电源（或在输出镜前用挡板挡住光束），将全息干板安装在干板架上，注意感光胶面迎着物光和参考光，根据实验室提供的参考曝光时间，调好曝光计时器，静等约 2min 时间，待整个系统稳定后，打开曝光计时器开始曝光。曝光结束，关闭激光电源，取下干板待暗室处理。

3. 显影和定影

冲洗底片可在暗绿灯下操作。取下曝光后的底片，用清水打湿，放入显影液显影（显影时间、定影时间由实验室提供），取出底片在暗绿灯下观察，发现有显影时，用清水冲洗，再放入定影液中定影，定影结束后用流水冲洗 $3\sim5$min，冲去底片表面上多余的银粒，再晾干或用电吹风吹干，在白炽灯下观察底片是否有彩带，如图 4-8-2 所示，如有彩带说明拍摄成功。

4. 再现

将底片放回拍摄时的干板架上，药面迎着再现光，挡去物光，用参考光作为再现光照射在全息照片上，按图 4-8-3 所示方法，向底片的方向看去，在原来放物体的位置上，出现一个清晰的、立体的原物虚像，这就是理想的漫反射全息图像。

看到虚像之后，将全息照片绕竖直轴转动 $180°$，此时再现光从全息照片背面照射，在全息照片前方放白屏即可看到物的实像。

【注意事项】

1. 为保证全息照片的质量，各光学元件应保持清洁。若光学元件表面被污染或有灰尘，应按实验室规定方法处理，切勿用手、手帕或纸片等擦拭。

2. 不能用眼睛直接对准未扩束的激光束观察，否则会造成视网膜的严重损伤，手切勿触摸激光管的高压端。

3. 曝光过程中，实验室内要保持安静，避免室内振动和空气流通。

4. 由于需要在暗室操作，动作要小心谨慎，严格遵守操作程序。

【思考题】

1. 要成功地拍摄到优质的全息照片，应该注意哪些操作程序？

2. 结合实际光路说明：为什么物光与参考光的夹角以小些为好？

3. 为什么物光与参考光的光程要大致相等？

4. 如何观察全息照片中的实像？

实验九　光电效应及普朗克常数的测量

1887 年德国物理学家赫兹(H. R. Hertz,1857—1894)发现,一定频率的光照射到金属表面上时,可以使电子从金属表面逸出,这种现象称为光电效应,所产生的电子称为光电子。但是这一现象无法用当时人们所熟知的电磁场理论加以解释。1905 年爱因斯坦(A. Einstein,1879—1955)大胆地把德国物理学家普朗克(M. Planck,1858—1947)在进行黑体辐射研究过程中提出的辐射能量不连续的观点应用于光辐射,提出"光量子"概念,从而成功地解释了光电效应现象,并建立了著名的爱因斯坦光电方程。1916 年,美国物理学家密立根(R. A. Millikan,1868—1953)用实验证实了爱因斯坦光电方程的正确性,并第一次精确测量了普朗克常数。为此爱因斯坦和密立根分别于 1921 年和 1923 年获得诺贝尔物理学奖,普朗克由于量子理论的贡献 1918 年获得诺贝尔物理学奖。

赫兹(H.R.Hertz)　　普朗克(M.Planck)　　爱因斯坦(A.Einstein)　　密立根(R.A.Millikan)

光电效应实验对认识光的本质及早期量子理论的发展,具有里程碑式的意义。随着科学技术的发展,光电效应已经广泛应用于工农业生产、国防和许多科学技术领域。利用光电效应制成的光电器件(如光电管、光电池、光电倍增管等)已成为生产和科研中不可缺少的器件。

本实验通过光电效应测定物理学中一个重要的基本常数——普朗克常数,以进一步理解光电效应的基本规律。

【实验目的】

1. 了解光电效应的基本规律,加深对光的量子性的认识。
2. 验证爱因斯坦光电效应方程,测定普朗克常数。

【实验原理】

1. 光电效应

用一定频率的光照射在金属表面上时,会有电子从金属表面逸出,这种现象称为光电效应,逸出的电子称为光电子,由它所形成的电流称为光电流。

光电效应的实验原理如图 4-9-1 所示,在一抽成高真空的容器内装有阴极 K 和阳极

A，阴极 K 为金属板。当单色光照射到金属板 K 时，金属板便释放出光电子。如果在 A、K 之间加上可以改变极性的电压 U，改变 U 测量出光电流 I 的大小，即可得出光电管的伏安特性曲线。光电效应的实验规律如下。

（1）饱和电流。随着 A、K 之间正向电压 U 的增大，光电流 I 逐渐增加趋于饱和值 I_m，如图 4-9-2 所示。饱和光电流 I_m 的大小与入射光的强度 P 成正比。

（2）截止电压。如果降低 A、K 之间电压 U，光电流 I 也随之减小。当 U 减小到零并逐渐变负时，光电流 I 一般不等于零，这表明从阴极 K 逸出的电子具有初动能，尽管有电场阻碍它运动，仍有部分电子能到达阳极 A，直至反向电压达到 U_a，光电流为零。U_a 称为截止电压，U_a 与入射光的强度无关，如图 4-9-2 所示。

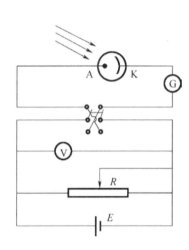

图 4-9-1　光电效应原理图

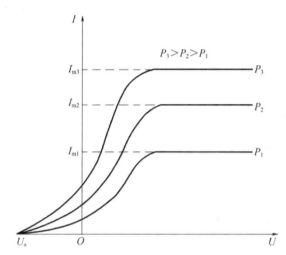

图 4-9-2　光电管的伏安特性曲线

对于同种金属，不同频率的光，其截止电压 U_a 的值不同，如图 4-9-3 所示。

（3）截止频率。做截止电压 U_a 与光频率 ν 的关系，如图 4-9-4 所示。U_a 与 ν 呈线性关系，且存在一个阈频率 ν_0，当入射光频率 $\nu < \nu_0$ 时，无论光强多大，照射时间多长，都不能放出光电子，故 ν_0 又称截止频率，不同金属 ν_0 数值不同。

（4）弛豫时间。实验表明，从入射光开始照射到金属释放出电子，无论光的强度如何，几乎是瞬时的，弛豫时间不超过 10^{-9} s 的数量级。

上述光电效应的实验规律是电磁场理论不能解释的。1905 年，爱因斯坦根据普朗克的量子假设，提出了"光子"假说，他认为光与物质相互作用时，物质吸收或辐射的能量是不连续的，能量集中在一些称为光子的粒子上，每个光子具有能量 $h\nu$，h 即为普朗克常数，ν 是光的频率。按照爱因斯坦的光子假说，在光电效应中，当光照射到金属表面时，光子与金属中的电子碰撞，电子吸收一个光子的能量获得能量 $h\nu$，能量的一部分用来克服金属表面对它的束缚，剩余的能量转变为电子逸出金属表面后的动能，如果电子脱离金属表面所需要的逸出功为 W，根据能量守恒定律，电子逸出后的初始动能为

$$\frac{1}{2}mv^2 = h\nu - W \qquad\qquad (4-9-1)$$

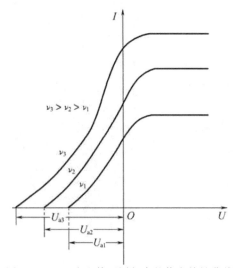

图 4—9—3　光电管不同频率的伏安特性曲线

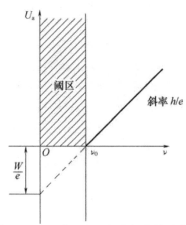

图 4—9—4　截止电压与光频率关系曲线

式(4—9—1)称为爱因斯坦方程。

由上式可知,入射到金属表面的光频率越高,逸出光电子的动能越大,所以即使阳极电位比阴极电位低时也会有光电子落入阳极形成光电流,直至阳极电位低于截止电压,光电流才为零,此时

$$eU_a = \frac{1}{2}mv^2 \qquad (4-9-2)$$

阳极电位高于截止电压后,随着阳极电位的升高,阳极对阴极的光电子的收集作用加强,光电流随之上升;当阳极电压升到一定程度,已把阴极发射的光电子几乎全收集到阳极时,在增加 U 时 I 不再增加,光电流出现饱和。此外,同一频率入射光的强度增加,光子数增多,光子与电子碰撞的数量也多,释放的光电子也多,这就解释了图 4—9—2 中饱和光电流 I_m 的大小与入射光的强度 p 成正比的原因。

由式(4—9—1)可知,当 $\frac{1}{2}mv^2 = 0$ 时,有

$$\nu_0 = \frac{W}{h} \qquad (4-9-3)$$

金属的逸出功 W 是金属的固有属性,对于给定的金属材料 W 是一个定值,与入射光的频率无关。如果光子频率低于 ν_0,光子的能量 $h\nu < W$,每个电子与光子碰撞获得的光子能量不足以克服金属表面对它的束缚,所以,不管光子数目有多大,都不发生光电效应,ν_0 称为光电效应的截止频率(或阈频率)。不同金属截止频率不同。

将式(4—9—2)、式(4—9—3)代入式(4—9—1)可得

$$U_a = \frac{h}{e}\nu - \frac{W}{e} = \frac{h}{e}(\nu - \nu_0) \qquad (4-9-4)$$

此式表明截止电压 U_a 是频率 ν 的线性函数,直线斜率为 $\frac{h}{e}$,这就诠释了图 4—9—4 中截止电

压与频率的关系。

2. 普朗克常数测定

由式(4－9－4)可见,只要用实验方法测出不同频率对应 $U-I$ 关系曲线,从这些曲线上确定它们所对应的截止电压 U_a,再作 $U_a-\nu$ 关系曲线,如果是一条直线,就验证了爱因斯坦光电效应方程的正确性,求出该直线的斜率 $k=\dfrac{\Delta U_a}{\Delta \nu}$,由式(4－9－4)可知 $k=\dfrac{h}{e}$,这样就可求出普朗克常量 h

$$h=ke=\frac{\Delta U_a}{\Delta \nu}e \qquad\qquad (4-9-5)$$

此外,找出 $U_a-\nu$ 曲线与横轴的交点,就求得该材料的截止频率 ν_0。

以上论述,就是 1916 年密立根验证爱因斯坦光电方程的实验思想。

实际上的 $U-I$ 关系曲线比图 4－9－2 更复杂,因此用光电效应测量普朗克常数还需排除一些不利因素,主要有以下几方面:

(1)暗电流:它是指光电管在没有光照射下,阴极本身的热电子发射及光电管管壳漏电等原因所产生的电流称为暗电流。暗电流与外电压基本上呈线性关系。

(2)本底电流:由于外界各种漫反射光照射到光电管阴极所形成的电流称为本底电流。

(3)阳极电流:当入射光照射到阴极时,一般都会使阳极受到漫反射光的照射,致使阳极材料本身亦有光电子发射;此外制作阳极时难免被阴极材料所污染,而且这种污染在光电管使用过程中还会日趋严重,当光照射在阴极漫反射到阳极上时,阳极因污染的阴极材料也有光电子发射。这两种情况形成的光电流称为阳极电流。当光电管加反向电压时,对阴极光电子起到减速的作用,而对阳极发射的光电子来说却起到加速作用,于是形成反向电流。

由此可见,实测光电流是实际阴极正向光电流、暗电流、本底电流和阳极电流之和。如图 4－9－5 中实线所示。这就给确定截止电压带来一定的困难。

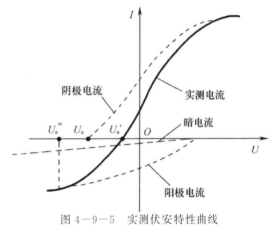

图 4－9－5 实测伏安特性曲线

实际确定截止电压 U_a 可采用以下三种方法:

(1)拐点法:光电管阴极做成球壳型,阳极做成半径比阴极小很多的同心小球,这样阳极电流容易饱和,把阳极反向电流进入饱和时的拐点电压 U_a'' 近似等于截止电压 U_a,这种方法称为拐点法,如图 4－9－5 所示。

(2)交点法(零电流法)。直接将各谱线照射下测得电流为零对应的电压 U_a' 作为截止电压 U_a,如图 4－9－5 所示。此法的前提是阳极电流、暗电流和本底电流都很小,用交点法测得的截止电压与真实值相差很小。

(3)补偿法。调节电压 U 使电流为零后,保持电压 U 不变,遮挡汞灯光源,此时测得的电

流 I_1 为电压接近截止电压时的暗电流和本底电流。重新让汞灯照射光电管,再次调节电压 U 使电流值至 I_1 为零,将此时调节电压 U 的绝对值作为截止电压 U_a。此法可补偿暗电流和本底电流对测量结果的影响。

本实验光电管阴极电流上升很快,阳极采用逸出功较大的材料,制作过程中尽量防止阴极材料蒸发玷污阳极,实验时又注意防止入射光直射或强烈反射到阳极上以减少阳极电流,另外在制作中提高阳极和阴极的绝缘性以减少暗电流,这样阳极电流、暗电流和本底电流都很小,故采用交点法确定截止电压。

【实验仪器】

ZKY-GD-4 型光电效应(普朗克常数)实验仪,示波器。

ZKY-GD-4 型光电效应实验仪由汞灯及电源、滤色片、光阑、光电管、智能测试仪构成,仪器结构如图 4-9-6 所示。

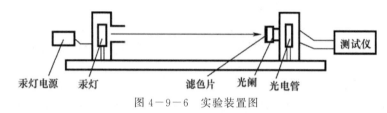

图 4-9-6　实验装置图

1. 光电管。阳极为镍圈,光谱响应范围 340～700nm,暗电流 $I \leqslant 2 \times 10^{-12}$ A($-2V \leqslant U \leqslant 0V$)。

2. 汞灯光源。高压汞灯,光谱范围约为 302.3～872.0nm,较强的谱线一般有 365.0nm、404.7nm、435.8nm、546.1nm、577.0nm。

3. 滤色片。滤色片能使光源中的某种谱线通过,实验用带通型滤色片可获得所需的单色光。实验一般提供五种不同波长的滤色片,中心波长为 365.0nm、404.7nm、435.8nm、546.1nm、577.0nm。

4. 光阑。孔径分别为 2mm、4mm、8mm 共三种。

5. 测试仪。包含有微电流放大器和扫描电压源发生器两部分组成的整体仪器。有手动和自动两种工作模式,具有数据自动采集、存储、实时显示采集数据、动态显示采集曲线(连接示波器,可同时显示 5 个存储区中存储的曲线)及采集完成后查询数据的功能。

测试仪前面板如图 4-9-7 所示,以功能划分为 12 个区。

区(1)是电流量程调节旋钮及其指示。

区(2)是复用区,用于电流指示和自动扫描起始电压设置指示复用:当实验仪处于测试状态或查询状态时,该区是电流指示区;当实验仪处于设置自动扫描电压时,该区是自动扫描起始电压设置指示区;四位七段管指示电流或电压值。

区(3)是复用区,用于电压指示、自动扫描终止电压设置指示和调零状态指示复用:当实验仪处于测试状态或查询状态时,该区是电压指示区;当实验仪处于设置自动扫描电压时,该区是自动扫描终止电压设置指示区;当实验仪处于调零状态时,该区是调零状态指示区,显示"----";四位七段管指示电流或电压值。

区(4)为实验类型选择区:当伏安特性灯亮时,实验仪选择伏安特性测试实验。此时,电压

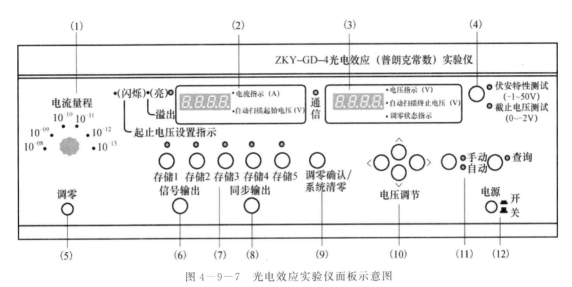

图 4-9-7 光电效应实验仪面板示意图

(1)—电流量程;(2)—电流指示;(3)—电压指示;(4)—实验类型选择;(5)—调零;(6)—信号输出;(7)—数据存储;

(8)—同步输出;(9)—调零确认/系统调零;(10)—电压调节;(11)—工作模式;(12)—电源开关。

调节范围为 $-1 \sim +50V$。手动调节,电压最小改变量为 $0.5V$,自动测量时扫描步长为 $1V$,示值精度 $\leqslant 5\%$;当截止电压灯亮时,实验仪选择截止电压测试实验。此时,电压调节范围 $-2 \sim 0V$;手动调节电压最小改变量为 $2mV$,自动扫描步长为 $4mV$,示值精度 $\leqslant 1\%$。

区(5)为调零区,用于系统调零。

区(6)、(8)为示波器连接区:可将信号送示波器显示。

区(7)为存储选择区:通过按键来选择实验数据存储区。共设有 5 个数据存储区,每个存储区可存储 500 组数据,并有指示灯表示其状态。灯亮表示该存储区已存有数据,灯不亮为空存储区,灯闪烁表示系统预选的或正在存储数据的存储区。

区(9)为复用区,用于调零确认和系统清零:当实验仪处于调零状态时,按下此键则跳出调零状态;当实验仪处于测试状态或查询状态时,按下此键则系统清零,重新启动,并进入调零状态。

区(10)为电压调节区:通过按键调节电压,<、>键用于选择调节位,∧、∨键用于选择调节电压的大小。

区(11)为工作模式选择区:用于选择及指示实验仪自动、手动测量模式。

区(12)为电源开关。

光电管微电流信号输入接口和光电管工作电压输出接口在实验仪后面板上。

【实验内容】

1. 实验前准备

(1) 把汞灯及光电管暗箱遮光盖盖上,接通测试仪及汞灯电源,预热约 20min。

(2) 将光电管与汞灯的距离调整到约为 40cm 并保持不变。

(3) 用专用连接线将光电管暗箱电压输入端与测试仪电压输出端(后面板上)连接起来。

(4) 将"电流量程"选择开关置于所选挡位,仪器充分预热后可进行测试前调零。测试仪在开机或改变电流量程后,都会自动进入调零状态。调零时应将光电管暗箱电流输出端 K 与测试仪微电流输入端(后面板上)断开,旋转"调零"旋钮使电流指示为"000.0"。调节好后,用高频匹配电缆将电流输入连接起来,按下"调零确认/系统清零"键,系统进入测试状态。

(5) 若要动态显示采集曲线,需将实验仪的"信号输出"端口接至示波器的 CH1(或 CH2)输入端,"同步输出"端口接至示波器的外触发输入端。示波器触发源选择"外触发",触发模式选择"自动",将用轮流扫描方式显示 5 个存储区中存储的曲线,横轴代表电压 U,纵轴代表电流 I。

2. 测量普朗克常数 h

测量截止电压时,将实验类型选择为截止电压测试状态。

(1) 手动测量。

仪器置于手动测量模式。将孔径 4mm 的光阑及 365.0nm 的滤色片装在光电管暗箱光输入口上,打开汞灯遮光盖。此时电压表显示 U 的值,单位为 V;电流表显示与 U 对应的电流值 I,单位为所选择的"电流量程"。"电流量程"一般选用 10^{-13}A(注意改变电流量程后重新调零)。用电压调节键可调节 U 的值。

从低到高调节电压(从 $-2\sim0$V),观察电流值的变化,寻找电流为零时对应的 U,以其绝对值作为该波长对应的 U_a,并将数据记于表 4—9—1 中。为尽快找到 U_a 的值,调节时应从高位到低位,再顺次往低位调节。

依次换上 404.7nm、435.8nm、546.1nm、577.0nm 的滤色片,重复以上测量步骤。

根据以上数据作 U_a—ν 图,求其斜率,计算普朗克常数 h。

(2) 自动测量。

仪器置于自动测量模式。此时系统处于自动测量扫描范围设置状态,用电压调节键可设置扫描起始和终止电压。

对各条谱线,扫描范围大致设置为:365.0nm,$-1.90\sim-1.50$V;407.7nm,$-1.60\sim-1.20$V;435.8nm,$-1.35\sim-0.95$V;546.1nm,$-0.80\sim-0.40$V;577.0nm,$-0.65\sim-0.25$V。

设置好扫描起始和终止电压后,按下"存储 1"按键,仪器将先消除存储区原有数据,等待约 30s,实验仪按 4mV 的步长自动扫描,并同步显示、存储相应的电压、电流值。

扫描完成后,仪器自动进入数据查询状态,此时"查询"指示灯亮,显示区显示扫描起始电压和相应的电流值。用电压调节键改变电压值,就可查阅到在测试过程中,扫描电压为当前显示值时相应的电流值。读取电流为零时对应的 U,以其绝对值作为该波长对应的 U_a 的值,并将数据记于表 4—9—1 中。

按"查询"键,查询指示灯灭,系统回复到扫描范围设置状态,重新设置相应扫描范围即可进行下一次测量。依次更换不同波长的滤色片,重复以上操作步骤,将实验数据分别存储到"存储 2"、"存储 3"、……内,读取各自对应的 U_a,并将数据记于表 4—9—1 中。根据测出数据作 U_a—ν 图,求其斜率,计算普朗克常数 h。

若仪器与示波器连接,则可观察到 U 为负值时各谱线在选定的扫描范围内的伏安特性曲线。

在自动测量过程中或测量完成后,按"手动/自动"键,系统回复到手动测量模式,模式转换前工作的存储区内的数据将被清除。

3. 测光电管的伏安特性曲线

(1)"电流量程"开关拨至10^{-10}A挡,将测试仪电流输入电缆断开,调零后重新接上,按"调零确认/系统清零"系统进入测试状态,"伏安特性测试/截止电压测试"状态键设置为伏安特性测试状态。

(2)将孔径为4mm的光阑及435.8nm的滤色片装在光电管暗箱光输入口上。

(3)测伏安特性曲线可选用"手动/自动"两种模式之一,测量的最大范围为$-1\sim50$V,自动测量时步长为1V,仪器功能及使用方法如前所述。

若用手动模式,从低到高调节电压,记录电流从零到饱和电流变化的电流值及对应的电压值,以后电压每变化一定值记录一组数据填入表4-9-2中(测试15~20组数据)。

(4)换上孔径为4mm的光阑及546.1nm的滤色片,重复上述步骤,测量并记录数据并填入表4-9-2中。

(5)根据以上数据做出光电管的$U-I$特性曲线。

4. 验证饱和电流与入射光强度的正比关系

(1)在伏安特性测试状态下,U为50V,将仪器设置为手动模式,电流量程选择10^{-10}A挡,将测量仪电流输入电缆断开,重新进行电流调零,再接上电缆线。

(2)在同一滤色片、同一入射距离下,测量光阑分别为2mm、4mm、8mm时对应的电流值,分别填入表4-9-3中。由于入射到光电管上的光强与光阑的面积成正比,用此法可以验证光电管饱和电流与入射光强成正比。

(3)观察某条谱线在不同距离(即不同光强)、同一光阑下的伏安饱和特性曲线。

(4)重复步骤(1),测量并记录同一滤色片、同一光阑条件下,测量光电管与汞灯距离L不同时对应的电流值,测量数据填入表4-9-4中。验证光电管饱和电流与入射光强成正比。(选做)。

【数据记录与处理】

1. 测量普朗克常数h

表4-9-1 频率与截止电压U_a关系数据表格

波长λ/nm		365.0	404.7	435.8	546.1	577.0
频率$\nu/\times10^{14}$Hz		8.214	7.408	6.879	5.490	5.196
截止电压U_a/V	手动					
	自动					

光阑孔径=_____ mm

根据以上数据做出$U_a-\nu$图,求其斜率$k=\left|\dfrac{\Delta U_a}{\Delta \nu}\right|$,计算普朗克常数$h=ke$,并分别求出手动和自动时$h$与公认值$h_公$的相对误差。

2. 测光电管的伏安特性曲线

表4-9-2 电压U与对应的光电流I关系数据表格

435.8nm	U/V						...
光阑4mm	$I/\times10^{-10}$A						...
546.1nm	U/V						...
光阑4mm	$I/\times10^{-10}$A						...

根据以上数据描绘出光电管的 $U-I$ 特性曲线。

3. 验证饱和电流与入射光强度的正比关系

表 4-9-3　饱和电流与光强(光阑孔径)关系数据表格

435.8nm	光阑孔径	2mm	4mm	8mm
	$I/\times 10^{-10}$A			
546.1nm	光阑孔径	2mm	4mm	8mm
	$I/\times 10^{-10}$A			

$U=$ _____ V　光源与光电管的距离 $L=$ _____ cm

由表 4-9-3 中数据可以得出什么结论?

表 4-9-4　饱和电流与光强(距离 L)关系数据表格

L/cm	40.0	38.0	36.0	34.0	32.0	30.0
$I/\times 10^{-10}$A						

$U=$ _____ V　滤色片波长 $\lambda=$ _____ nm　光阑孔径 $=$ _____ mm

由表 4-9-4 中数据可以得出什么结论?

【注意事项】

1. 光源射出的光必须直射光电管的阴极,此时暗盒可作左右及高低调节。应注意不使光照落在光电管阳极上。

2. 实验过程中更换滤色片时注意随时盖上汞灯的遮光盖,严禁让汞灯不经过滤光片直接入射光电管窗口。

3. 滤色片是经精选和精加工的,更换时注意避免污染,使用前应用擦镜纸认真揩擦以保证良好的透光率。

4. 实验结束时应盖上光电管暗盒遮光盖和汞灯遮光盖。

【思考题】

1. 本实验中能否将滤色片放在光源出光孔上? 为什么?

2. 在实验中,若改变光电管上的照度,对 $U-I$ 曲线有何影响?

3. 从截止电压 U_a 与频率 ν 关系曲线,你能确定阴极材料的逸出功吗?

4. 用光电效应测定普朗克常数的主要误差有那些? 实验中应如何减少这些误差?

实验十　太阳能电池伏—安特性的测量

随着经济的发展、社会的进步,人们对能源提出越来越高的要求,寻找新能源成为当前人类面临的迫切课题。太阳能是人类取之不尽用之不竭的可再生能源,具有清洁、安全和可靠的特点。现已成为世界各国普遍关注和重点发展的新兴产业。

太阳能发电有两种形式。光—热—电转换方式是通过利用太阳辐射产生的热能发电,一般是由太阳能集热器将所吸收的热能转换成蒸汽,再驱动汽轮机发电,太阳能发电的缺点是效率很低而成本很高。光—电直接转换方式是利用光生伏特效应将太阳能直接转化为电能,光—电转换的基本装置就是太阳能电池。根据所用材料的不同,太阳能电池可分为硅太阳能电池、化合物太阳能电池、聚合物太阳能电池、有机太阳能电池等。其中硅太阳能电池是目前发展最成熟的,在应用中居主导地位。

硅太阳电池分为单晶硅太阳能电池、多晶硅薄膜太阳能电池和非晶硅薄膜太阳能电池三种。

单晶硅太阳能电池转换效率高,技术也最为成熟。在实验室最高的转换效率为 24.7%,规模生产时的效率可达到 15%。在大规模应用和工业生产中仍占据主导地位。但由于单晶硅成本价格高,大幅度降低其成本很困难,为了节省硅材料,发展了多晶硅薄膜和非晶硅薄膜作为单晶硅太阳能电池替代品。

多晶硅薄膜太阳能电池与单晶硅比较,成本低廉,而效率高于非晶硅薄膜电池,其实验室最高转换效率为 18%,工业规模生产的转换效率可达到 10%。因此,多晶硅薄膜电池可能在未来太阳能电池市场上占据主导地位。

非晶硅薄膜太阳能电池成本低,重量轻,便于大规模生产,有极大的潜力。如果能进一步解决稳定性及提高转换效率,无疑是太阳能电池的主要方向之一。

目前,太阳能电池已成为空间卫星的基本电源和地面无电、少电地区及某些特殊领域(交通领域、通信领域、气象台站、航标灯等)的重要电源。太阳能光伏发电将成为 21 世纪人类的基础能源之一,在世界能源构成中占有重要地位。

本实验研究单晶硅太阳能电池的特性。

【实验目的】

1. 了解太阳能电池的工作原理及其应用。

2. 测量太阳能电池组件的伏—安特性曲线、输出功率与负载电阻的关系曲线,测量太阳能电池组件的开路电压和短路电流。

3. 了解太阳能电池的开路电压、短路电流和光强的关系。了解填充因子和转换效率的物理意义。

【实验原理】

1. 太阳能电池原理

太阳能电池的原理是基于半导体的光生伏特效应将太阳辐射能直接转化为电能。太阳能电池的基本结构就是 p−n 结。

太阳能电池大多是通过扩散工艺,在 p 型硅片上形成 n 型区,这样将在 p 型和 n 型材料之间形成界面,即 p−n 结。此时,在界面层 n 型材料中的自由电子和 p 型材料中的空穴,由于正负电荷之间的吸引力,n 区的自由电子(带负电)向 p 区扩散,p 区的空穴(带正电)向 n 区扩散,在 p−n 结附近形成空间电荷区并建立内建电场(也称为势垒电场),如图 4−10−1(a)所示。内建电场会使载流子向扩散的反方向做漂移运动,最终扩散与漂移达到平衡,使流过 p−n 结的净电流为零。在空间电荷区内,p 区的空穴被来自 n 区的电子复合,n 区的电子被来自 p 区的空穴复合,使该区内几乎没有能导电的载流子,又称为结区或耗尽区。

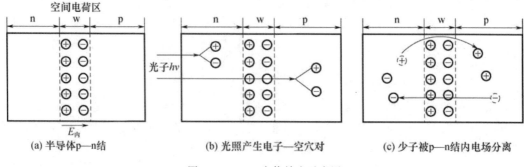

(a) 半导体 p—n 结　　　　　　(b) 光照产生电子—空穴对　　　　(c) 少子被 p—n 结内电场分离

图 4—10—1　光伏效应示意图

　　如图 4—10—1(b)所示,设光垂直照射 p—n 结,当结较浅,光子将进入 p—n 结区,甚至更深入到半导体内部,只要入射光子的能量大于半导体材料的禁带宽度 E_g,共价键中的电子吸收光子的能量受到激发,从而在 p 型材料和 n 型材料中产生电子—空穴对。在光激发下,多数载流子浓度一般改变很小,而少数载流子浓度却变化很大,因此主要研究光生少数载流子的运动。

　　由于 p—n 结内存在较强的内建电场(n 区指向 p 区),结两边的光生少数载流子受该电场的作用,各自向相反方向运动:p 区的电子穿过 p—n 结进入 n 区,n 区的空穴进入 p 区,如图 4—10—1(c)所示。从而使 p 区有过量的空穴而带正电,p 端电势升高;n 区有过量的电子而带负电,n 端电势降低。于是在 p—n 结两端形成了光生电动势,这就是 p—n 结的光生伏特效应。若将 p—n结两端接入电路,只要光照不停止,就可向负载源源不断地输出电能。这就是太阳能电池(也称光电二极管)的基本原理。

2. 太阳能电池的特性参数

　　开路电压 V_{OC}、短路电流 I_{SC}、填充因子 FF 和转换效率 η 是描述太阳能电池输出的四个基本参数,它们是由太阳能电池电流—电压输出特性曲线得到的。

　　(1) 开路电压 V_{OC} 和短路电流 I_{SC}。

　　如图 4—10—2 所示,由于光照产生的载流子各自向相反方向运动,从而在 p—n 结内部形成自 n 区向 p 区的光生电流 I_L,产生光生电动势和光生电场,使得 p—n 结向外电路提供电流和功率。但是光生电动势降低了空间电荷区的势垒,类似于在 p—n 结上加上正向电压,使 p—n 结产生正向电流 I_F。这样,太阳能电池工作时共有二股电流:光生电流 I_L,在光生电压 V 作用下的 p—n 结电流 I_F。I_L 和 I_F 都流经 p—n 结内部,但方向相反。

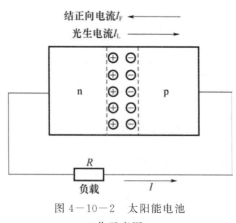

图 4—10—2　太阳能电池
工作示意图

　　根据 p—n 结整流方程,在正向偏压作用下,通过结的正向电流为

$$I_F = I_0 \left[\exp\left(\frac{qV}{kT}\right) - 1 \right] \qquad (4—10—1)$$

式中:V 为光生电压;I_0 为反向饱和电流。如果将 p−n 结与外电路相连,则光照时流过外加负载的电流为

$$I = I_L - I_F = I_L - I_0 \left[\exp\left(\frac{qV}{kT}\right) - 1 \right] \qquad (4-10-2)$$

这就是负载电阻上的电流电压特性,即光照下太阳能电池的电流电压特性曲线,如图 4−10−3 所示。

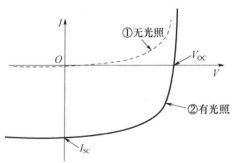

图 4−10−3 太阳能电池的电流—电压特性

由式(4−10−2)可得

$$V = \frac{kT}{q} \ln\left(\frac{I_L - I}{I_0} + 1\right) \qquad (4-10-3)$$

将 p−n 结开路,即负载电阻无穷大,负载上的电流 I 为零,则此时的电压称为开路电压,用 V_{OC} 表示,由式(4−10−3)可知

$$V_{OC} = \frac{kT}{q} \ln\left(\frac{I_L}{I_0} + 1\right) \qquad (4-10-4)$$

将 p−n 结短路($V=0$),因而 $I_F=0$,这时所得的电流为短路电流 I_{SC}。由式(4−10−2)可知,短路电流等于光生电流,即

$$I_{SC} = I_L \qquad (4-10-5)$$

V_{OC} 和 I_{SC} 是太阳能电池的两个重要参数,其数值可由图 4−10−3 曲线②在 V 轴和 I 的截距求得。根据实验可以看出太阳能电池的电流电压特性曲线与光照强度有关,如图 4−10−4 所示(图中是以光生电流为正的结果表示)。显然,V_{OC} 和 I_{SC} 两者都随光照强度的增强而增大。所不同的是,I_{SC} 随光照强度线性的上升,而 V_{OC} 则呈对数增大,如图 4−10−5 所示。必须指出,V_{OC} 并不随光照强度无限增大。当光生电压 V_{OC} 增大到 p−n 结势垒消失时,即得最大光生电压 V_{max}。因此,V_{max} 应等于 p−n 结势垒高度 V_D,与材料掺杂程度有关。

(2)输出功率。

在相同条件下,改变太阳能电池负载电阻的大小,可测量其输出电压与输出电流,得到输出曲线,如图 4−10−6 所示(图中是以光生电流为正的结果表示)。

太阳能电池的输出功率 P 为输出电压与输出电流的乘积。同样的太阳能电池及光照条件,负载电阻 R 大小不一样时,输出的功率是不一样的。只有当 R 为某一数值时,输出功率最大,这就是最佳负载电阻 R_m,此时光电转换效率最高,如图 4−10−6 中虚线所示。在一些应用中,必须要考据 R_m 的选取,R_m 取决于太阳能电池的内阻。输出电压与输出电流的最大乘积值称为最大输出功率 P_{max}。P_{max}、R_m 与对应的输出电压 V_m 和输出电流 I_m 之间的关系为

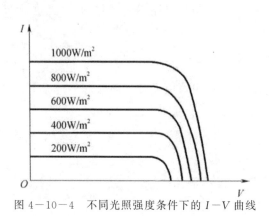

图 4－10－4　不同光照强度条件下的 $I-V$ 曲线

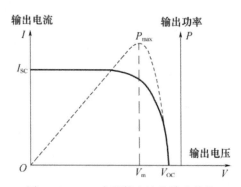

图 4－10－5　V_{oc} 和 I_{sc} 随光照强度的变化

$$R_{\text{m}} = \frac{V_{\text{m}}}{I_{\text{m}}} \qquad (4-10-6)$$

$$P_{\max} = V_{\text{m}} I_{\text{m}} \qquad (4-10-7)$$

（3）填充因子。

填充因子 FF 定义为

$$FF = \frac{P_{\text{m}}}{V_{\text{OC}} I_{\text{SC}}} \qquad (4-10-8)$$

填充因子是表征太阳电池性能优劣的重要参数,其数值越大,电池的光电转换效率越高,一般的硅光电池 FF 值在 $0.75 \sim 0.8$ 之间。

（4）转换效率。

转换效率 η 定义为

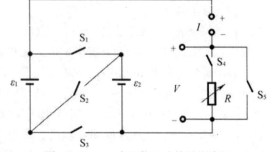

图 4－10－6　太阳能电池的输出特性

$$\eta = \frac{P_{\max}}{P_{\text{in}}} \times 100\% \qquad (4-10-9)$$

式中:P_{in} 为入射到太阳能电池表面的光功率。

【实验仪器】

太阳能光伏组件,辐射光源,数字万用表,可变电阻,照度计,太阳能电池特性接线板等。

太阳能电池的基本结构是一个大面积平面 p－n 结,单个太阳能电池单元的 p－n 结面积已远大于普通的二极管。在实际应用中,为得到所需要的输出电流,通常将若干电池单元并联。为得到所需电压输出,通常将若干已经并联的电池组串联。因此,它的伏安特性虽类似于普通二极管,但取决于太阳能电池的材料、结构及组成组件时的串并联关系。

太阳能电池、数字万用电表、可调负载电阻、开关等设备与太阳能电池特性接线板相连,如图 4－10－7 所示。其中,ε_1、ε_2 代表两块太阳电池组件,根据需要可以进行串并联。

图 4－10－7　太阳能电池特性接线板

【实验内容】

1. 连接电路

根据测量要求,画出测量太阳能电池光伏组件伏—安特性曲线的原理图,并按照接线板示意图 4—10—7 连接电路。

2. 测量太阳能电池光伏组件的伏—安特性曲线

(1)测量太阳能电池光伏组件 ε_1 伏—安特性曲线。

辐射光源与太阳能电池光伏组件的距离为 60cm,接通开关 S_3、S_4,断开开关 S_1、S_2、S_5,改变负载电阻 R,测量流经负载的电流 I 和负载上的电压 V,并测量负载电阻 R。将测量数据填在表 4—10—1 中。测量过程中辐射光源与光伏组件的距离要保持不变,以保证整个测量过程是在相同光照强度下进行的。

(2)测量太阳能电池光伏组件不同组合的开路电压 V_{OC} 和短路电流 I_{SC}。将测量数据填在表 4—10—2 中。

3. 改变条件,考查太阳能电池光伏组件伏—安特性曲线与光照强度的关系(选做)

【数据记录与处理】

1. 数据记录

表 4—10—1　太阳能电池光伏组件伏—安特性曲线数据记录

I/mA							……
V/V							……
R/Ω							……
P/mW							……
注:测量取点不少于 30 个							

表 4—10—2　不同太阳能电池光伏组件的短路电流 I_{SC} 和开路电压 V_{OC}

项目		电池 ε_1	电池 ε_2	串联	并联
关闭光源	I_{SC}/mA				
	V_{OC}/V				
接通光源	I_{SC}/mA				
	V_{OC}/V				

2. 数据处理

(1)画出太阳能电池光伏组件 ε_1 伏—安特性曲线。

(2)计算负载电阻输出功率 P 填入表 4—10—1 中。

(3)画出太阳能电池光伏组件 ε_1 输出功率 P 与负载电阻 R 的关系曲线。

(4)根据以上数据,找出太阳能电池光伏组件 ε_1 的最大输出功率 P_m 以及所对应的最佳工作电流 I_m、最佳工作电压 V_m、最佳负载电阻 R_m。根据式(4—10—8)计算填充因子 FF 并作分析比较;根据式(4—10—9)计算转换效率 η 并将数据填入表 4—10—3 中。注意:入射到

315

太阳能电池表面的光功率 P_{in} 等于照度计（光功率计）读数与太阳电池面积的乘积。

（5）分析表 4-10-2 中数据，并回答为什么无光照时 I_{SC} 和 V_{OC} 不为零。

（6）选做内容表格及数据处理方法自拟。

表 4-10-3 P_m、I_m、V_m、R_m、FF、η 数据记录

项目	电池 I
P_m/mW	
I_m/mA	
V_m/V	
R_m/Ω	
FF	
η	

【注意事项】

1. 辐射光源的温度较高，应避免与灯罩接触，以防烫伤。

2. 辐射光源的供电电压为 220V，应防止触电。

3. 测量负载电阻时必须断开电流。

【思考题】

1. 太阳能电池在使用时正负极能否短路？普通电池在使用时正负极能否短路？为什么？

2. 负载电阻对太阳能电池的输出特性有何影响？什么是最佳负载电阻？最佳负载电阻与什么有关？

3. 为了提高太阳能电池的光电转换效率，太阳能电池表面应该怎么处理？

4. 太阳能电池的短路电流与哪些因素有关？

【附录】

半导体物理的基本概念

1. 共有化运动

原子中的电子在原子核的势能和其他电子的作用下，分别在不同的能级上，形成所谓电子壳层，每一壳层对应于确定的能量。当原子相互接近形成晶体时，不同原子的内外各电子壳层之间就有了一定程度的交叠，相邻原子最外壳层交叠最多，内壳层交叠较少。原子组成晶体后，由于电子壳层的交叠，电子不再完全局限在某一个原子上，可以由一个原子转移到相邻的原子上去，因而，电子将可以在整个晶体中运动。这种运动称为电子的共有化运动。但必须注意，因为各原子中相似壳层上的电子才有相同的能量，电子只能在相似壳层间转移。因此，共有化运动的产生是由于不同原子的相似壳层间的交叠。

2. 价带、导带、带隙

对应于某个原子能级，晶体中量子态的能级不是单一的，而是分裂为彼此能量很接近的 N 个能级（N 为晶体原子中所包含的原子数）。由于材料中原子的数目 N 很大，而能级之间

的间隙又很小,这样一组密集的能级形成能带。

一般原子中,内层电子的能级都是被电子填满的,它们的共有化运动较弱,对应的能带也比较窄。当原子组成晶体后,与这些内层能级相对应的能带,也是被电子填满的,这样的能带称为满带。对于满带,其中的能级已为电子填满,在外电场作用下,满带中的电子并不形成电流,对导电没有贡献。对于被电子部分占满的能带,电子可从外电场中吸收能量跃迁到未被电子占据的能级去,形成电流,起导电作用,常称这种能带为导带。最外层(包括次外层等)的价电子,因受到本身原子的束缚作用比较弱,而受到相邻原子的作用相对却较强。因此,它们的共有化运动比较强,对应的能带也较宽。被价电子填充的能带称为价带,价带以上的未被电子占据的能带称为空带。价带与导带间的带隙称为禁带,禁带宽度代表一个能带到另一个能带的能量差。

对于半导体,所有价电子所处的能带是价带,比价带能量更高的能带是导带。在绝对零度温度下,半导体的价带是满带,受到光电注入或热激发后,价带中的部分电子会越过禁带进入能量较高的空带,空带中存在电子后即成为导电的能带——导带。

图 4-10-8 是在一定温度下半导体的能带图(本征激发情况),图中"·"表示价带内的电子,它们在热力学温度 $T=0$ 时填满价带中的所有能级。此时,晶体中的电子均在价带中,而导带是完全空着的。如果价带中的电子受到热或光的激发,则受激发的电子就会跃迁到上面的导带中去。这样可以产生电流,晶体材料就可以导电了。E_C 称为导带底,它是导带电子的最低能量;E_V 称为价带顶,它是价带电子的最高能量。在 E_C 和 E_V 之间的禁带是不存在电子的。E_C 与 E_V 之差记作 E_g,称为禁带宽度,也称为带隙,E_g 是电子脱离共价键所需的最低能量,如果 E_g 较大,则需要较大的激励能量把价带中的电子激发到导带中去。对于绝缘体材料,由于禁带宽度 E_g 很大,价带中的电子很难跃迁到导带中去,因而它表现出良好的电绝缘性。导体材料的 E_g 很小,因此它表现出良好的导电性能。半导体的禁带宽度介于导体和绝缘体之间,因而它的导电能力也介于两者之间。当价带中的电子被激发到导带后,在价带中就留下电子的空位。空位的作用好像一个带正电的粒子,在半导体物理学中,把它称为空穴。同样,导带中的电子也可以跃迁到价带中,在价带中将空穴填补,这一过程称为复合。

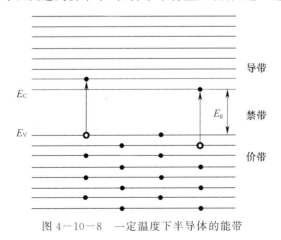

图 4-10-8 一定温度下半导体的能带

详细的"半导体物理的基本概念"可参考由刘恩科,朱秉升,罗晋生在 2013 年电子工业出版社出版的《半导体物理学》(第 7 版)。

实验十一　音频信号光纤传输实验

高锟(C.K.Kao)

19 世纪中期,英国科学家约翰·丁达尔(John Tyndall)根据光的全反射原理,通过实验证明光线在水中可以弯曲传播。1927 年英国的贝尔德(J. G. Baird)提出利用光的全反射现象制成石英光纤,从此人们把注意力集中到石英这种材料上。1966 年,华裔科学家高锟(C. K. Kao)和霍克哈姆(C. A. Hockham)在英国 PIEE 杂志发表论文《用于光频率的介质纤维表面波导》,开创性地提出光导纤维在通信上应用的基本原理,提出了只要设法消除玻璃中的各种杂质,就能做出有实用价值的低损耗光纤,从而高效传输信息,并且指出光纤的损耗能达到 20dB/km。当时大多数人认为这是不可能的,只有少数科学家进行了研究。很快在 1970 年 8 月,美国康宁公司(Corning)研制成功损耗为 20dB/km 的石英光纤,并在 1972 年又把光纤的损耗降到 4dB/km。至此光纤通信的时代开始了,各种新型光纤、光连接器、光发射器件以及相应的电子元器件相继问世,到 1980 年,在世界范围内就建立起了经济实用可行的光纤通信系统。高锟由于在"有关光在纤维中的传输以用于光学通信方面"做出了突破性成就获得 2009 年诺贝尔物理学奖。

随着网络时代的发展,人们对数据通信的宽带速度要求越来越高。光纤通信具有通信容量大、传输质量高、宽频带、保密性能好、抗电磁干扰性能强、重量轻、体积小等优点,较好满足网络发展要求。因此,通过实验初步了解光纤传输中电光转换和光电转换技术、耦合技术、光传输技术等,学习光纤通信基本原理,具有重要意义。

【实验目的】

1. 了解音频信号光纤传输系统的基本结构及各部件选配原则。
2. 熟悉半导体电光/光电器件的基本性能及主要特性的测试方法。
3. 掌握音频信号光纤传输系统的调试技术。

【实验原理】

1. 通信的基本框架

通信,简单点说就是信息的传输。比如打电话,就是将我们的声音传输到很远的地方,这就是一种通信。图 4－11－1 就是通信系统组成示意图。

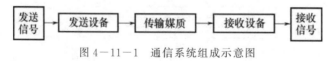

图 4－11－1　通信系统组成示意图

光通信就是以光波为载波的通信。人们使用过的光通信的传输媒质有大气、水、液体纤维导管、玻璃纤维、光缆等，甚至还在尝试使用外层空间；用于光通信的波长范围从红外光、可见光到高频射线。但目前光通信传输领域占主导地位的仍然是光纤。

光纤通信系统示意图如图4-11-2所示。在发射端直接把信号调制到光波上，将电信号变化为光信号，然后将已调制的光波送入光缆中传输，在接收端将光信号还原成电信号。在光纤与光发射器、光纤与光接收器之间装有耦合器，当传输距离较长时，还需要连接器把两根光纤连接起来。

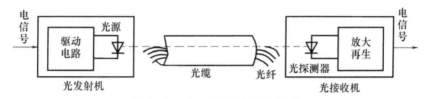

图4-11-2 光纤通信系统构成

光纤通信中的调制方式如图4-11-3所示。

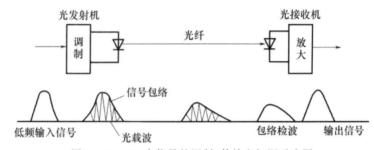

图4-11-3 光信号的调制、传输和解调示意图

声音是一种低频信号，低频信号的传播受周围环境的影响很大，传播的范围有限。在通信中一般是使用一个高频信号作为载波（如光波），利用被传输的信号对载波进行调制。当信号到达传输地点时需对信号进行解调，也就是将高频载波滤掉，最终得到被传输的音频信号。

2. 光纤通信的光源特性

在光纤通信系统中，光源作为光能量的供给元件，是构成光纤通信技术的基础之一。光纤通信对光源有一些基本要求，主要体现在以下几个方面：①光源的峰值波长应在光纤的低损耗窗口之内，要求材料色散较小；②光源的输出功率必须足够大，入纤功率一般应在$10\mu W$到数毫瓦之间；③光源应具有高度可靠性，工作寿命至少在10万小时才能满足工程的需要；④光源应便于调制，调制速率应能适应系统的要求；⑤电光转换效率高，否则会导致器件严重发热，缩短寿命；⑥光源应尽量省电，光源的体积、重量不应太大。所以不是随便哪种光源器件都能胜任光纤通信的任务，目前在以上各方面都能较好满足要求的光源器件大多数是由半导体材料制成，主要有半导体发光二极管（Light Emitting Diode，LED）和半导体激光器（Laser Diode，LD）。本实验仪器采用LED作为光源器件。

LED是一个如图4-11-4所示的n-p-p三层结构的半导体器件，中间层通常是由直接带隙的砷化镓（GaAs）p型半导体材料组成，称为有源层，其带隙宽度较窄；两侧分别由AlGaAs的n型和p型半导体材料组成，与有源层相比，它们都具有较宽的带隙。具有不同带隙宽度的两种半导体单晶之间的结构称为异质结，在图4-11-4中有源层与左侧的n层之间形

319

成的是 p－n 异质结,而与右侧 p 层之间形成的是 p－p 异质结,故这种结构又称为 n－p－p 双异质结,简称 DH 结构。

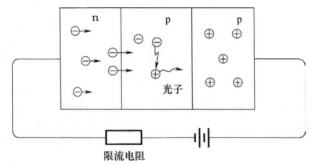

图 4－11－4　半导体发光二极管的结构及工作原理

当在 n－p－p 双异质结两端加上如图 4－11－4 所示正向偏压时,就能使 n 层向有源层注入导电电子,这些导电电子一旦进入有源层后,因受到右边 p－p 异质结的阻挡作用不能再进入右侧 p 层,它们只能被限制在有源层内与空穴复合,同时释放能量产生光子,发出的光子满足以下关系:

$$h\nu = E_1 - E_2 = E_g$$

式中:h 为普朗克常数;ν 为光波频率;E_1 为有源层内导电电子的激发态能级;E_2 为导电电子与空穴复合后处于价键束缚状态时的能级。两者的差值 E_g 与 DH 结构中各层材料及其组分的选取等多种因素有关,制作 LED 时只要这些材料的选取和组分的控制适当,就可以使 LED 的发光中心波长与传输光纤的低损耗波长一致。

光纤通信系统中使用的半导体发光二极管的光功率是经称为尾纤的光导纤维输出的光功率,出纤光功率与其驱动电流的关系称 LED 的电光特性,如图 4－11－5 左侧所示。从图中可以看出,随着 LED 驱动电流增加输出光功率不是线性关系,而是逐渐趋于饱和。为了使传输系统的发送端能够产生一个无非线性失真的信号,使用 LED 时应选择线性区工作。对于 LED,若偏置电流设置过大,会出现饱和失真(图 4－11－5a),若偏置电流过小,出现截止失真(图 4－11－5b)。只有偏置电流设置适当才能输出无失真的信号(图 4－11－5c),此时偏置电流和相应的最大调制幅度见图 4－11－5 左侧。

因此,在光纤通信传输系统中,为了避免和减少非线性失真,并且获得较大幅度的光信号,使用时应先给 LED 一个适当的偏置电流,其值等于这一特征曲线线性部分中点对应的电流值(图 4－11－5 中 d 点),而调制信号的峰峰值应位于电光特性的直线范围内。对于非线性失真要求不高的情况下,也可把偏置电流选为 LED 最大允许工作电流的一半(图 4－11－5 中 e 点),这样可使 LED 获得无截止畸变幅度最大的调制,这有利于信号的远距离传输。

3. 音频信号光纤传输工作原理

音频信号光纤传输系统的结构原理图如图 4－11－6 所示,它主要包括三部分:①由半导体发光二极管 LED 及其调制、驱动电路组成的光信号发送器;②传输光纤;③由硅光电二极管 SPD、I/V 变换及功放电路组成的光信号接收器。组成该系统时光源 LED 的发光中心波长必须在传输光纤呈现低损耗的 850nm、1300nm 或 1500nm 附近,光电检测器件 SPD 的峰值响应

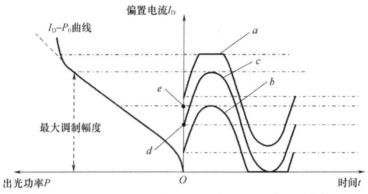

图 4－11－5　LED 的电光特性和不同偏置电流下信号失真情况

波长也应与此接近。本实验采用发光中心波长 850nm 附近的 GaAs 半导体发光二极管作光源、峰值响应波长为 800～900nm 的硅光电二极管(SPD)作光电检测元件。

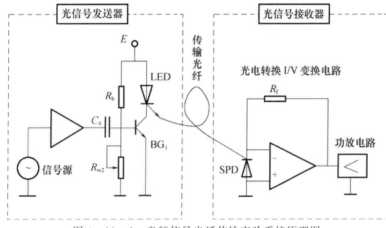

图 4－11－6　音频信号光纤传输实验系统原理图

为了保证接收到的信号与我们发送的信号一样,要求传输过程中的各种变换都必须是线性变换。因此,只有在各部分共有的线性工作频率范围内的信号才能通过传输系统而不失真。对于语音信号,其频谱在 300～3400Hz 的范围内。由于光导纤维对光信号具有很宽的频带,故在音频范围内,整个系统的频带宽度主要决定于发送端调制放大电路和接收端功放电路的幅频特性。

(1) 光信号发送器工作原理。

音频信号光纤传输系统发送端 LED 的驱动和调制电路如图 4－11－7 所示,以 BG_1 为主构成的电路是 LED 的驱动电路,调节这一电路中的 R_{w2} 可以使 LED 的偏置电流发生变化。由上分析可知,LED 的光强度由偏置电流决定,因此调节 R_{w2} 也就可以改变 LED 的出光功率。信号发生器产生的音频信号由 IC_1 为主构成的音频放大电路放大后经电容器 C_4 耦合到 BG_1 基极,对 LED 的工作电流进行调制,从而使 LED 发送出光强随音频信号变化的光信号,并经光纤把这一信号传至接收端。音频信号的幅度可以通过 R_{w1} 调节。

(2) 光纤结构及其传光工作原理。

光纤是光导纤维的简称,是用各种导光材料(如石英、玻璃、塑料等)制成的,具有约束和引

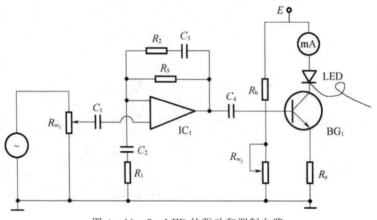

图 4—11—7　LED 的驱动和调制电路

导光波在其中沿轴向传输的"光波导"功能。其主要结构由中间的纤芯和外面的包层两部分构成,为了保护光纤外层一般还有涂覆层。衡量光纤性能有两个主要指标:一是看它的传输信息的距离有多远;二是看它携带的信息量有多大,前者决定于光纤的损耗特性,后者决定于光纤的脉冲响应或基带频率特性。

　　光纤的损耗与工作波长有关,所以在工作波长的选用上,应该尽量选用低损耗的工作波长,光纤通信最早是用短波长 850nm,近年来发展至用 1300～1550nm 范围的波长,因为在这一波长范围内光纤不仅损耗低,而且"色散"小。目前较好的光纤损耗可达 0.2dB/km 以下。

　　光纤具有极大的传输信息能力,因为通信容量与载波的工作频率有关,光波频率可达 10^{14} Hz,比通常无线电用的微波频率高 10^4～10^5 倍,所以其通信容量比微波高 10^4～10^5 倍。此外,光纤还可以使通信双方完全电隔离,这可以使通信设备的雷电保护接地网的设计和安装十分简单。

　　光纤按照其模式可以分为单模光纤和多模光纤两大类。对于单模光纤,纤芯直径较小,在一定条件下,只允许一种电磁场形态的光波在纤芯内传播,多模光纤的纤芯直径较大,允许多种电磁场形态的光波传播。

　　按照折射率沿光纤截面的径向分布又可以分成阶跃型和渐变型两种光纤。阶跃型光纤根据全反射理论可解释它的导光原理。如图 4—11—8 所示,纤芯折射率 n_1 略大于包层折射率 n_2,即 $n_1 > n_2$,于是当光传输到纤芯和包层的交界面时,光是从光密介质到光疏介质,当入射光的入射角大于临界角时,光在纤芯和包层的交界面处发生全反射,正是这种全反射,才把光限制在光纤纤芯中传输。在渐变型光纤中,纤芯折射

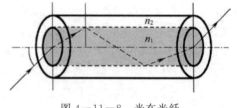

图 4—11—8　光在光纤
中的传输示意图

率随离开光纤轴线距离的增加而逐渐减小,直到在纤芯和包层界面处减小到某一数值后,在包层的范围内折射率保持这一数值不变,根据光线在非均匀介质中的传播理论分析可知:经光源耦合到渐变型光纤中的某些射线,在纤芯内沿周期性的弯向光纤轴线的曲线传播。

　　(3) 光信号接收器工作原理。

　　本仪器的光信号接收采用硅光电二极管(Silicon Photo Diode,SPD),与普通的半导体二

极管一样,SPD 也是一个 p−n 结,光电二极管在外形结构方面有它自身的特点,这主要表现在 SPD 的管壳上有一个能让光射入其光敏区的窗口。SPD 之所以能探测到光波就是因为光波传输能量,入射到 SPD 的光波使其产生载流子,也就是电流。此外,与普通半导体二极管不同,它经常工作在反向偏置电压状态或无偏压状态(光电二极管的偏置电压是指无光照时二极管两端所承受的电压),根据半导体理论,此时 SPD 的光电特性线性度好,即接收到的光强度与产生的电流有较好的线性关系。

光信号接收器的电路结构原理图如图 4−11−9 所示。其中 SPD 峰值响应波长在 820nm 左右,与发送端 LED 光源发光中心波长很接近。工作时 SPD 把经传输光纤出射端输出的光信号的光功率转变为与之成正比的光电流,然后经 IC_2 组成的光电转化电路,再把光电流转换成与之呈正比的电压输出,然后经以 IC_3 为主要构成的功放电路放大后还原成音频信号播放。

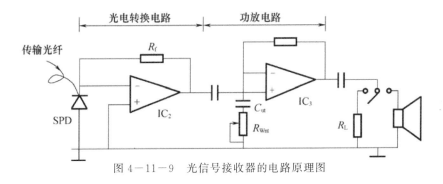

图 4−11−9　光信号接收器的电路原理图

【实验仪器】

FD−OFT−A 型音频信号光纤传输实验仪,主要有实验主机(包括 LED 发射器、光功率计、音频信号发生器、SPD 接收器等),多模光纤(装于骨架上),示波器,函数信号发生器,半导体收音机等。

【实验内容】

1. LED—传输光纤组件电光特性的测定

本实验内容是要在不加音频信号的情况下,研究通过 LED 的直流偏置电流 I_D 与 LED 输出光功率 P_0 之间的关系,即 LED 的电光特性。测试电路如图 4−11−10 所示,该电路中光功率计和 LED 均安装在实验主机内。

实验时先打开主机电源,将光纤一端接至"LED 发射器"中"信号输出"端,一端接至"SPD 接收器"中的"信号输入"端,将光功率计波段开关打至"测量"挡。调节"偏流调节"旋钮,使面板上电流表读数为零,此时将光功率表也调零,然后逐渐增加 LED 的驱动电流,使偏流大小每增加 5mA 记录对应的光功率计示数,直到 80mA 为止。根据测量结果描绘 LED—传输光纤组件的电光特

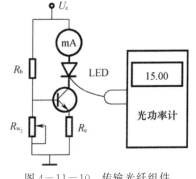

图 4−11−10　传输光纤组件
电光特性的测定示意图

性曲线,即描绘 P_0-I_D 关系图,并确定出其线性较好的线段。

2. LED直流偏流与最大不失真调制幅度的关系测定

找出在不同的直流偏流 I_D 下电路能加载的不失真调制幅度的大小,同时找到LED发光电路最佳工作点和在此工作点下能加载的最大不失真信号幅度。

实验时先接好音频信号通道、光通道,把光功率计打至"实验"挡。音频信号发生器的"信号输出"端接至三通转换口,三通转换口一端接至LED发射器的"信号输入"端,另一端接至示波器的CH2通道。LED发射器的"调制信号"接至示波器的CH1通道。这样可以通过示波器CH1通道观察LED发射器调制信号,CH2通道观察音频信号发生器的输出信号。

调节音频信号发生器,使其输出信号峰峰值为1V,频率为10kHz。接着把偏置电流调至20mA,调节"LED发射器"中的幅度调节旋钮,使加在电路上的音频信号由小变大,观察调制信号的波形及失真情况。记录偏流为20mA时最大不失真调制信号幅度的峰峰值。这一峰峰值就对应着实验系统在LED偏置20mA情况下无非线性失真的最大光信号。然后依次增加偏置电流为25mA、30mA、35mA、40mA、…,测量对应最大不失真时调制信号峰峰值电压,并记入表格。

根据测量结果分析观察到的现象,然后找到最佳静态工作点 I_{DQ}(最佳偏置电流)。实验时可调节音频信号幅度来检验新的工作点是否为 I_{DQ},若在示波器上能观察到调制信号同时出现截止和饱和失真,则此时正处于最佳工作点。记录刚要同时出现两种失真现象时的偏流值 I_{DQ} 和调制信号峰峰值 V_{DQ},则从电路方面考虑,通过LED的最佳工作电流和最大不失真交流幅度分别为 I_{DQ} 和 $\frac{V_{DQ}}{R_e}$(本仪器 $R_e=50\Omega$)。

3. 音频信号光纤传输系统幅频特性的测定

在光信号发送器处于正常工作状态下,研究音频信号光纤传输系统的幅频特性。实验前应先确定光信号发送器的正常工作范围。从实验原理和前两个实验内容可知:光信号发送器的正常工作是由LED的电光特性和LED发光电路工作特性决定。若LED电光线性转化,发光电路信号传输无非线性失真,则光信号发送器已处于正常工作状态。利用前两个实验测得的实验结果,便可知道在不同直流偏流 I_D 下,要使光信号发送器正常工作,加载在电路中的调制幅度的可取范围。

实验按照内容2接线。实验时先将音频发生器输出信号峰峰值调为1V,偏流和调制信号幅度调节适当,以确保光信号发送器正常工作。将音频信号发生器的"信号输出"端从示波器CH2通道移至函数信号发生器的"外测输入"端(在后面板上),以用其来测量频率,确保准确调节频率。将SPD接收器的"信号输出"端接至示波器的CH1通道,然后将音频发生器输出信号频率依次调为100Hz、500Hz、1kHz、5kHz、10kHz、15kHz、20kHz,用示波器观测由光纤传输的光信号转化成音频电信号后的波形并测量峰峰值电压。由观测结果绘出音频信号光纤传输系统幅频特性曲线,根据曲线分析得出结论。

4. 语音信号的传送

将半导体收音机的信号接入发送器的输入端(在后面板上),通过后面板上的转换开关接收功放输出端接上扬声器,实验整个音频信号光纤传输系统的音响效果。实验时可适当调节发送器LED的偏置电流,考察传输系统的听觉效果并用示波器监测系统的输入和输出信号的波形变化。

【数据记录与处理】

1. LED—传输光纤组件电光特性的测定

表 4—11—1 偏置电流与光功率数据记录

I_D/mA	0.0	5.0	10.0	15.0	20.0	25.0	30.0	35.0	40.0	45.0	50.0
$P_0/\mu W$											
I_D/mA	55.0	60.0	65.0	70.0	75.0	80.0					
$P_0/\mu W$											

根据以上数据作图,得 P_0—I_D 关系图。

2. LED 偏置电流与无截止畸变最大调制幅度关系的测定

表 4—11—2 LED 直流偏流与最大不失真调制幅度的关系

直流偏流 I_D/mA	20	25	30	35	40	45
最大不失真调制信号峰峰值/V						
直流偏流 I_D/mA	50	55	60	65	$I_{DQ}=$	
最大不失真调制信号峰峰值/V						

根据以上实验数据分析,最佳工作电流为:_____;相应最大不失真交流幅度为:_____。

3. 音频信号光纤传输系统幅频特性的测定

利用前两个实验结果,实验时取偏流 $I_D=$ _____ mA,调制信号峰值为_____ V,此时通过 LED 的电流范围是_____ mA,光信号发送器正常工作。以下是音频信号光纤传输系统幅频特性:

表 4—11—3 光纤传输系统幅频特性关系

ν/kHz	0.1	0.5	1	5	10	15	20
V_{P-P}/V							

根据以上数据作图,得幅频特性曲线,并分析得出结论。

【注意事项】

1. 光纤出厂前已经固定在骨架上,学生实验时务必小心,不要随意弯曲,以免光纤折断,更不要将光纤全部从骨架上取下来。

2. 实验开始前以及实验结束时,应把 LED 发射器中的"幅度调节"和"偏流调节"电位器逆时针旋至最小。

3. 实验中,光纤与发射器以及光纤与接收器接头插拔时应该注意不要用力过猛,以免损坏。

【思考题】

1. 本实验中 LED 偏置电流是如何影响信号传输质量的?

2. 本实验中光传输系统哪几个环节可能引起光信号的衰减？

3. 光传输系统中如何合理选择光源与探测器？

4. 在 LED 偏置电流一定的情况下，当调制信号幅度较小时，指示 LED 偏置电流的毫安表读数与调制信号幅度无关；当调制信号幅度增加到某一程度后，毫安表读数将随着调制信号的幅度而变化，为什么？

第五章　设计性实验

概　述

一、设计性实验的特点与实验方案的制定

1. 设计性实验的特点

设计性物理实验是一种介于基础实验和科学实验之间的教学实验,目的是使学生运用所学的实验知识和技能,在实验方法的考虑、实验仪器的选择、测量条件的确定等方面受到系统的训练,培养学生具有较强的从事科学实验的能力。设计性实验的核心问题是实验方案的制定。

2. 实验方案的制定

在制定实验方案时,应综合考虑以下几个方面:选择合理的实验方法、设计最佳测量方法、合理配套实验仪器和选择有利的测量条件,具体内容参见"第一章　第五节　三、不确定度对实验的指导意义"。

二、设计性实验的分类

设计性实验分类方法有很多,本课程分为测量型实验、研究型实验、制作型实验 3 类。

1. 测量型实验

对特定的物理量如密度、重力加速度、电动势、内阻、折射率、波长等进行测量。

2. 研究型实验

对物质或元器件的若干物理量进行测量,研究它们之间的相互关系。

3. 制作型实验

根据提供的仪器设备和要求设计并组合装置,以实现对给定物理量测量的功能。

三、设计性实验报告的撰写

学生利用课外时间处理数据,分析实验结果,得出结论,撰写实验报告。报告要求包括以下几部分内容。

1. 引言

引言包括实验目的和对整个实验的主要内容及结果的简述。

2. 实验方法描述

这是报告的主体,包括实验原理、基本方法、实验装置、测量条件、实验步骤等,特别要注意说明实验中遇到的问题及解决办法。

3. 数据及处理

包括数据记录,公式及计算,不确定度估算,结果表示。

4. 结论

结论要求对实验结果分析讨论,做出评价,包括对实验结果和自己拟定的实验方案的评价。

测量型设计性实验

实验一 单摆法测重力加速度

【实验任务】

用单摆法测出本地区的重力加速度。

【实验要求】

1. 写出实验原理,推导出测量公式。
2. 拟出实验步骤。
3. 列出数据表格。
4. 计算出本地的重力加速度 g 值。
5. 计算出测量误差。
6. 分析误差产生的原因。

【可供选择的实验仪器】

铁架台(带铁夹),小球,细线(长约 1m),游标卡尺,刻度尺,数字毫秒表,光电门等。

【实验提示】

单摆在摆角很小(小于 5°)时的振动可看做简谐振动,其周期为 $T = 2\pi\sqrt{\dfrac{l}{g}}$ 。

【思考题】

如何测量地球的质量?

实验二 密度的测量

【实验任务】

1. 测定一不规则固体的密度,已知其密度大于水的密度。

2. 测定一不规则固体的密度,已知其密度小于水的密度。

3. 测定一给定液体的密度。

【实验要求】

1. 写出实验原理,推导出测量公式。

2. 拟出实验步骤。

3. 列出数据表格。

4. 计算出 3 种待测物的密度。

5. 根据测量结果求出不确定度 U,写出测量结果 $\rho = \bar{\rho} \pm U$。

6. 分析误差产生的原因。

【可供选择的实验仪器】

待测固体材料Ⅰ(金属块),待测固体材料Ⅱ(石蜡),待测液体(浓度一定的食盐水),物理天平,烧杯,蒸馏水等。

【实验提示】

1. 固体密度的测量可用阿基米德原理,对于密度小于水的待测固体可以通过在其下端悬挂一个密度较大的固体的方法辅助测量。

2. 可利用重物在不同密度的液体中所受浮力不同的性质,根据已知密度的液体(如蒸馏水)密度测定待测液体的密度。

实验三 固体线胀系数的测量

【实验任务】

测量固体的线胀系数。

【实验要求】

1. 写出实验原理,推导出测量公式。

2. 拟出实验步骤。

3. 列出数据表格。

4. 计算出金属线的膨胀系数。

5. 计算出测量误差。

6. 分析误差产生的原因。

7. 写出实验操作中的注意事项。

【可供选择的实验仪器】

GXZ-2 型金属线膨胀系数测定仪,尺读望远镜,2m 钢卷尺,温度计,游标卡尺等。

【实验提示】

当固体温度升高时,由于分子的热运动,固体微粒间的距离增大,使得固体膨胀。固体受热而引起长度的增加称为"线膨胀"。设温度为 t_0(℃) 时,物体长度为 L_0,则该物体在 t(℃) 时的长度为

$$L_t = L_0[1 + \alpha(t - t_0)] \tag{5-3-1}$$

式中:α 为该物体的线膨胀系数。当温度变化不大时,α 是一个常量,其值与物体的材料有关,将式(5-3-1)改写为

$$\alpha = \frac{L_t - L_0}{L_0(t - t_0)} = \frac{\Delta L/L_0}{\Delta t} \tag{5-3-2}$$

由式(5-3-2)可看出 α 的物理意义,即温度升高 1℃ 时,物体的伸长量 $\Delta L = L_t - L_0$ 与该物体在 t_0(℃) 时的长度 L_0 之比。式中 ΔL、L_0、Δt 等项都可以在实验中测得。其中伸长量 ΔL 的数值很小,可采用光杠杆法测量(参见第三章实验一"拉伸法测量金属丝的杨氏模量")。

实验四　弹簧有效质量的测量

【实验任务】

测量弹簧的有效质量,研究弹簧振子的简谐振动。

【实验要求】

1. 设计出一种测量弹簧有效质量的方法,并写出实验原理和测量公式。
2. 拟出实验步骤。
3. 列出数据表格。
4. 计算出弹簧有效质量。
5. 计算出测量误差。
6. 分析误差产生的原因。

【可供选择的实验仪器】

焦利氏秤及其附件,数字毫秒表等。

【实验提示】

在忽略弹簧本身质量的情况下,弹簧振子系统的质量就是振子质量 M,其振动周期为 $T = 2\pi\sqrt{\dfrac{k}{M}}$,当弹簧本身质量 m 跟振子质量 M 相比不能忽略时,振动系统的质量应是振子质量 M 和弹簧有效质量 m_0(在理论上 $m_0 = \dfrac{m}{3}$)之和,则系统的振动周期为 $T = 2\pi\sqrt{\dfrac{k}{M + m_0}}$,由于焦利氏秤的弹簧系数 k 值很小,弹簧自身的有效质量 m_0 与弹簧下所加的物体系(包括小镜子、砝码托盘和砝码)的质量相比不能略去,在研究弹簧振子作简谐振动时,需考虑其有效质量。

实验五 温差系数的测量

【实验任务】

测定热电偶温差系数 α。

【实验要求】

1. 写出实验原理,并推导测量公式。
2. 设计并写出实验步骤。
3. 根据测量数据绘制热电偶定标曲线 ε—Δt,求出热电偶温差系数 α。

【可供选择的实验仪器】

TE—1 温差电偶装置,UJ36a 型电位差计,温度计等。

【实验提示】

UJ36a 型电位差计使用说明。

1. 将被测"未知"的电压(或电动势)接在"未知"的两个接线柱上(注意极性)。
2. 把倍率开关旋向所需要的位置上,同时也接通了电位差计工作电源和检流计放大器电源,3min 以后调节检流计指零。
3. 将扳键开关扳向"标准",调节多圈变阻器,使检流计指零。
4. 再将扳键开关扳向"未知",调节步进读数盘和滑线读数盘使检流计再次指零,未知电压(电动势)按下式表示:

$$U_x = (步进盘读数 + 滑线盘读数) \times 倍数$$

5. 在连续测量时,要经常核对电位差计工作电流,防止工作电流变化。
6. 面板排列如图 5—5—1 所示。

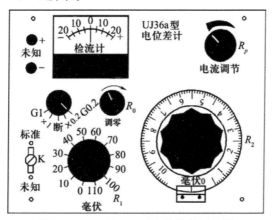

图 5—5—1 UJ36a 型电位差计面板图

7. 将扳键开关扳向"标准",调节多圈变阻器,使检流计指零。倍率开关旋向"G1"时,电位差计处于×1 位置,检流计短路。倍率开关旋向"G0.2"时,电位差计处于×0.2 位置,检流计短路。在"未知"端中可输出标准直流电动势(不可输出电流)。

实验六　劈尖法测量液体折射率

【实验任务】

测量给定液体的折射率。

【实验要求】

1. 写出实验原理,画出原理图。
2. 拟出实验步骤。
3. 列出数据表格。
4. 计算出待测液体折射率。
5. 计算出测量误差。
6. 分析误差产生的原因。

【可供选择的实验仪器】

两块镀有反射膜的光学平面玻璃,读数显微镜,钠光灯,待测液体等。

【实验提示】

用单色平行光垂直入射劈尖时,在劈尖的上下表面产生两束反射光,二者在上表面相遇而发生干涉。干涉图样中相邻明纹或相邻暗条纹的间距为

$$a = \frac{\lambda}{2n\alpha}$$

式中:n 为劈尖中透明液体的折射率;α 为劈尖的夹角;λ 为单色平行光的波长。

当劈尖中没有液体时,干涉图样中相邻明纹或相邻暗条纹的间距为

$$a' = \frac{\lambda}{2\alpha}$$

则根据 $n = a'/a$ 即可求得液体相对于空气的折射率。

实验七　电容量的测量

【实验任务】

测定给定电容器的电容量。

【实验要求】

1. 构思三种以上测量电容量的方法,概述测量原理,并推导出测量公式。

2. 选择两种最佳测量方法进行测量,写出测量步骤。

3. 拟定数据表格。

4. 比较两种测量结果,分析误差产生的原因。

【可供选择的实验仪器】

交流电源(50Hz/10V),交流电压表,冲击电流计,交流电桥,示波器等。

【实验提示】

测量电容量有多种方法,常见方法有电桥法、冲击法等,也可以利用电容在电路中的暂态性质进行测量。

研究型设计性实验

实验八　用迈克尔逊干涉仪研究空气的折射率

【实验任务】

利用迈克尔逊干涉仪等仪器设计一个测量空气折射率的实验方法。

【实验要求】

1. 画出使用迈克尔逊干涉仪测量空气折射率的光路图,写出实验原理。

2. 概述迈克尔逊干涉仪调节的步骤和详细的折射率测量步骤。

3. 测量空气的折射率 5 次,并用不确定度表达测量结果。

【可供选择的实验仪器】

迈克尔逊干涉仪,压力测定数字仪表,空气室($L=95$mm),打气球,橡胶导气管 2 根。

【实验提示】

在迈克尔逊干涉仪中,两束相干光在空间有一段是分开的,因此可以在一条光路中置入气室,当气室中内压强由 0 增加到 p,折射率由 1 变化到 n,如屏上条纹变化数目为 m,则由光程差的变化可知

$$n-1=\frac{m\lambda}{2L} \tag{5-8-1}$$

式中:λ 为激光波长;L 为气室长度,但在实际测量中气室内的压强不能抽到真空状态,因此,式(5-8-1)不能直接用来计算空气的折射率。

干涉仪中的两束相干光在压强 p 不是很大,温度和湿度不变的条件下,空气的折射率变化值($n-1$)与空气中粒子浓度 ρ 的关系为($n-1$)$\propto\rho$,而压强 p 与粒子浓度 ρ 成正比,即温度

变化不大时,$(n-1)$ 可以看成是压强 p 的线性函数

$$(n-1)=k \cdot \rho \qquad (5-8-2)$$

其中,k 为比例系数,结合式(5-8-1)有

$$m=\frac{m_2-m_1}{p_2-p_1}p \qquad (5-8-3)$$

其中,(m_2-m_1) 为压强由 p_1 变到 p_2 时条纹的变化数。将式(5-8-3)代入式(5-8-1)得

$$n-1=\frac{\lambda}{2L}\frac{m_2-m_1}{p_2-p_1}p \qquad (5-8-4)$$

根据式(5-8-4)计算压强为 p 时的空气折射率 n,气室内的压强不必从 0 开始。

【注意事项】

1. 激光属强光,直视会灼伤眼睛,注意不要让激光直接照射眼睛。

2. 气压表在充气时很难控制,读数不稳,应采用放气法测量,放气阀门不要用力旋转,以免损坏。

3. 干涉仪属于精密光学仪器,使用时一定要小心爱护,切勿用手直接接触光学表面。

实验九　伏安特性曲线的测绘

【实验任务】

利用伏安法测绘电阻与二极管的伏安特性曲线。

【实验要求】

1. 自拟电路,绘出线性电阻伏安特性曲线。

2. 自拟电路,测量半导体二极管的正、反向伏安特性曲线。

3. 用图示法绘出被测二极管的伏安特性曲线(二极管的正、反向特性曲线绘在同一坐标纸上,由于正、反向电压、电流值相差较大,作图时可选取不同的单位)。

【可供选择的实验仪器】

滑线变阻器,伏特表,安培表,微安表,待测电阻,待测二极管,电源等。

【实验提示】

伏安法要求同时测量流经元件的电流和元件两端的电压,线路接法有电流表内接法和外接法,不同接法误差不同,实验时根据电阻大小选择不同电路接法。

实验十　小灯泡特性研究

【实验任务】

1. 测绘电学元件的伏安特性曲线,学习用图线表示实验结果。

2. 研究小灯泡的非线性元件的导电特性。

【实验要求】

自拟实验方案,记录数据,做出伏安曲线,确定电压与电流之间满足的关系。

【可供选择的实验仪器】

直流电流表(毫安表、微安表),电压表,直流稳压电源,滑线变阻器,电阻箱,小灯泡,开关,导线等。

【实验提示】

流经灯泡的电流为 I,灯泡两端的电压为 U,则 $U = KI^n$。

实验十一 分压限流特性研究

【实验任务】

考察滑线变阻器的两种接法,研究滑线变阻器分压、限流特性。

【实验要求】

1. 研究 $U-x$,$I-x$ 关系的实验原理,写出实验步骤,记录实验数据。

2. 根据滑线变阻器的最大阻值,选择不同的负载电阻,分别测绘出滑线变阻器的分压特性曲线和限流器的限流特性曲线。

3. 根据负载及电源情况总结选择滑线变阻器的原则。

【可供选择的实验仪器】

滑线变阻器,伏特表,电流表,电阻箱,直流稳压电源,开关,导线等。

【实验提示】

在控制电路中,滑线变阻器常采用两种接法,即分压器和限流器。分压器的分压特性曲线和限流器的限流特性曲线与电路特征系数 k 有关,$k = R_Z/R_0$,其中 R_Z 是负载电阻阻值,R_0 是变阻器的最大阻值。

实验十二 电源特性研究

【实验任务】

比较研究化学电源、直流稳压电源的基本特性,并测定一电源的电动势和内阻。

【实验要求】

1. 研究比较各种常用电源的基本特性(电动势、内阻、输出电压、输出电流等)。
2. 提出测量干电池的电动势和内阻的设计方案,进行实验,给出实验结果。
3. 你生活中还见过什么样的电源? 提出方案或进行研究。

【可供选择的实验仪器】

干电池,直流稳压电源,安培表,伏特表,滑线变阻器,开关,导线等。

【实验提示】

测量电池电动势和内阻可采用补偿法、比较法,也可以采用作图法、外推法。

实验十三　电桥测电阻的研究

【实验任务】

1. 根据实验室提供的仪器设备,设计测量电阻分别为 100Ω 级和欧姆级的测量方案。
2. 自组电路,画好电路图,研究电桥测量电阻的精确度、适宜测量电阻的范围。

【实验要求】

1. 相对不确定度小于 3%。
2. 分析指出仪器误差对测量结果不确定度的影响,并说明选择仪器的原因。

【可供选择的实验仪器】

滑线式单、双臂电桥,自组电桥,检流计,直流稳压电源,电阻箱,导线,单刀开关,待测电阻,米尺,螺旋测微计等。

【实验原理提示】

实验原理参考本教材第三章的实验十一和实验十二。

制作型设计性实验

实验十四　电子温度计的制作

【实验任务】

设计并组装一个可以通过电压表显示温度的热电偶温度计。

【实验要求】

测温范围:0~100℃。

【可供选择的实验仪器】

铜—康铜热电偶,数字万用表,直流电源,杜瓦瓶,电阻箱,电阻,电位器,温度计,微安表等。

实验十五　自组显微镜和望远镜

【实验任务】

学习了解显微镜、望远镜的结构特点,设计并组装显微镜和望远镜系统。

【实验要求】

1. 设计出自组显微镜的光学系统,并用你所选择的透镜组成显微镜;测量自组显微镜的视放大率。

2. 设计出自组望远镜的光学系统,并用你所选择的透镜组成望远镜;测量自组望远镜的视放大率。

3. 写出实验报告。

【可供选择的实验仪器】

光具座,凸透镜,白炽灯光源,观察屏等。

【实验提示】

显微镜和望远镜都用到了目镜,而目镜实际上就是一个放大镜。放大镜最主要的指标就是角放大率 m_e。如图 5-15-1 所示,当人眼观察物 y(y 放在明视距离 25cm)时,y 对人眼的张角为 θ_0,如果通过一个放大镜,如图 5-15-2 所示,调节物 y 与放大镜之间的距离,使人眼所看到的虚像 y' 成在离放大镜的距离为明视距离(25cm)处,则定义放大镜的角放大率 m_e 为

$$m_e = \theta/\theta_0$$

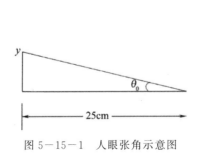

图 5-15-1　人眼张角示意图

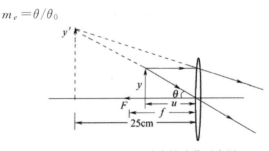

图 5-15-2　放大镜成像示意图

在近轴近似下，θ_0 与 θ 都很小，因此有

$$\tan\theta_0 \approx \theta_0 \approx y/25$$

$$\tan\theta \approx \theta_0 \approx y/u$$

$$m_e = \theta/\theta_0 = 25/u = 1 + 25/f$$

当物 y 在焦点 F 之内移动时，都可看清放大的虚像 y'，当 y 移到焦点 F 处时，$u = f$，则角放大率变为

$$m'_e = 25/f_e$$

1. 显微镜

显微镜是观察微小物体的仪器，其光路如图 5—15—3 所示。

由图可知，物镜的线放大率 $m_0 = v/u \approx L/f_0$，则显微镜的放大率定义为物镜的线放大率与目镜的角放大率的乘积，即

$$m = m_0 m_e = 25L/f_0\, f_e$$

显微镜的视放大率 $m_{\text{实测}} = y''/y$。

2. 望远镜

望远镜光路图如图 5—15—4 所示，望远镜的放大率定义为出射光对目镜所张的角 θ 与入射光对物镜所张的角 θ_0 之比，即

$$m = \theta/\theta_0$$

在近轴近似下，θ_0 与 θ 都很小，可利用近似关系 $\theta \approx y'/f_e$，$\theta_0 \approx y'/f_0$，因此，望远镜的放大率为

$$m = f_0/f_e$$

望远镜的视放大率 $m_{\text{实测}} = y''/y$。

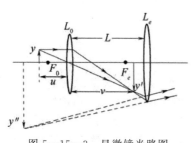

图 5—15—3　显微镜光路图

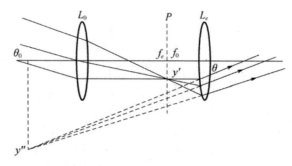

图 5—15—4　望远镜光路图

实验十六　制作简易万用表

【实验任务】

分析研究常用万用表电路，设计并组装一块简易万用表。

【实验要求】

设计并组装一块简易万用表，其技术要求如下：

直流电流量程:10mA,100mA;

直流电压量程:3V,10V;

直流电阻:×1Ω。

【可供选择的实验仪器】

磁电式微安表(表头),电阻元件若干,电池,导线,工具等。

【实验提示】

1. 原理提示

对万用表各测量电路分别加以提示说明。

(1)直流电流挡。测直流电流时,电表与被测电路串联,被测电流的一部分流过分流器,另一部分流经表头,由表头直接指示(图5-16-1)。选用分流器中不同阻值的分流电阻,可以得到不同量程的电流挡。我们组装万用表时,要求用闭路抽头式接法。线路如图5-16-1所示,分流电阻的计算公式为

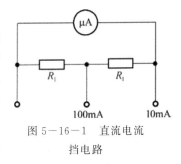

图5-16-1　直流电流
挡电路

$$\frac{R_1}{R_2} = \frac{Im_1}{Im_2 - Im_1} \qquad (5-16-1)$$

式中:Im_1 为 R_2 处的量程;Im_2 为 R_1 处的量程。分别以 10mA 和 100mA 代入上式得 $\frac{R_1}{R_2} = \frac{1}{9}$。

(2)直流电压挡。测直流电压时,电表与被测电路并联,被测电压经分压器加到分流器和表头上,表头上的指示值即为被测电压的量值,选用不同阻值的分压电阻,可以得到不同量程的电压挡。

如图5-16-2所示,设计电压挡应以改装后的电流表的最小挡作为等效表头进行有关计算。注意:等效表头的量程 I'_g 和内阻 R'_g 与原表头参数不同。

$$R'_g = \frac{R_g(R_1+R_2)}{R_1+R_2+R_g} \qquad (5-16-2)$$

(3)分压电阻

$$R_3 = \frac{U_1}{I'_g} - R'_g \qquad (5-16-3)$$

$$R_4 = \frac{U_2 - U_1}{I'_g} \qquad (5-16-4)$$

(4)欧姆挡。欧姆表测量电阻的基本原理如图5-16-3所示。I'_g 与 R'_g 为等效表头的参数,E 为干电池的电动势,R_0 为保护电阻,R_D 为调零变阻器,被测电阻 R_x 可以接在A、B两端进行测量。当把A、B两端短路时(即 $R_x = 0$),调节 R_D 使电表偏转至满刻度,这时电路中的电流为

$$I'_g = \frac{E}{R_0 + R_D + R'_g} \qquad (5-16-5)$$

在接入被测电阻 R_x 后,电路中的电流为

$$I = \frac{E}{R_0 + R_D + R_g' + R_x} \qquad (5-16-6)$$

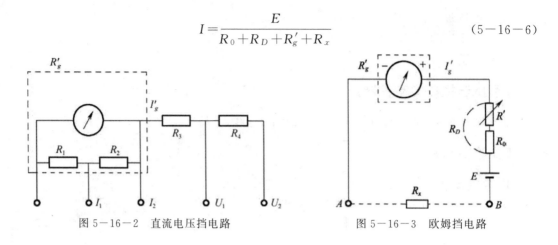

图 5-16-2　直流电压挡电路　　　　　　　　图 5-16-3　欧姆挡电路

显然,表头指针所指刻度与被测电阻值是一一对应的,如果表头的刻度用电阻值进行标定,就成为欧姆计。

干电池的 E 值一般按 1.5V 计算,可是新旧干电池的 E 值并不相同,在使用时,可拟定其变化范围为 1.35~1.65V。要在 E 的变化范围内都能有效地调节零点,即使最大值 $R_0 + R_D'$ 与最小值 R_0 能满足在 1.35~1.65V 范围内有效地进行零点调节。这种方法可以补偿零点偏移,但若还按原来刻度读数,则会产生较大的测量误差,为了不引进较大误差,应该选用适当的电路进行补偿,这部分内容在本实验中不作要求。

2. 设计与组装提示

(1) 先测定表头内阻 R_g,要求画出电路图,写出操作步骤,测出结果。

(2) 设计出简易万用电表的整体电路图,并根据计算,列出所需各元件的名称、型号、规格、数值(注:在选各电阻及变阻器 R_D 时,除考虑其阻值大小外,还要考虑它们的误差范围,以免影响电表的精确度。考虑到多量程电表的累积误差,各电阻的精确度等级应不大于 1%)。

(3) 设计出此简易万用表的装配图,组装万用表并进行统调。对不合适的元件可经过统调更换。

(4) 用白纸画出各量程刻度表(电阻挡的刻度可用 0~99999.9Ω 电阻箱逐一标定),并固定在原表盘上。

实验十七　设计楼道开关

【实验任务】

设计并组装一个楼道开关。

【实验要求】

在楼梯的上、下两头都能控制电灯。

【可供选择的实验仪器】

电灯,单刀双掷开关,导线若干,电源等。

【实验提示】（略）

实验十八　直流稳压电源的制作

【实验任务】

设计并组装一台简单的直流稳压电源。

【实验要求】

1. 练习焊接技能,初步学会使用电烙铁焊接的基本技能,无虚焊、假焊现象。

2. 熟悉可变电阻器、电解电容器、桥式整流块和稳压集成电路的性能,并用万用电表进行检测。

3. 分阶段焊接电路,用万用电表和示波器测试相应有关电压参数及其波形,以研究稳压电源的工作原理。

4. 考核直流稳压电源的稳定性能,分别调节交流输入电压和负载电流（变化控制在 10% 之内）,检测输出电压的稳定情况,并给予评价。

【可供选择实验仪器】

桥式整流块,电解电容器,LM 集成电路,可变电阻器,定值电阻,导线,万用电表,示波器。

【实验提示】

实验所制作的简单直流稳压电源电路图如图 5－18－1 所示。

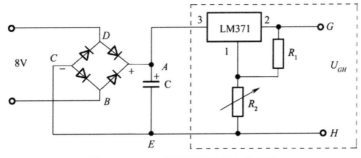

图 5－18－1　简单直流稳压电源电路

交流电经过桥式整流后成为脉动直流电,在未接电容时,用万用电表直流电压挡测量时,其数值在理论上应为交流电压的 0.9 倍,接上滤波电容后,电容器两端的电压 U_{AE} 理论上应为交流电压的 1.4 倍。在未接稳压电路（虚线框内电路）时,在 AE 两端接上负载后,随着负载电阻的减少,电压 U_{AE} 将减少。当接入稳压电路后,负载电流或者交流输入电压在规定的变化范围内变化时,电源的输出电压 U_{GH} 基本不变化或者变化极小(0.1%～1%以内)。此时的电源输出电压与输入的交流电压以及负载电流的变化基本无关,故称之为直流稳压电源。输出电压的表达式为

$$U_{GH}=1.25(1+R_2/R_1)\text{V}$$

电路中 R_1 取固定值,取 $R_1=200\Omega$,调节 R_2 可以改变输出电压值。当 $R_2=0$ 时,$U_{GH}=1.25\text{V}$,随着 R_2 增大,输出电压不断增高。实验时 R_2 是 620Ω 的可变电阻器,因而输出电压调节范围在 $1.25\sim5.1\text{V}$ 之间。

附录 国际单位制(SI)与基本物理常数

附录 1 SI 基本单位的定义

基本量	SI 基本单位		
	基本单位	定　义	基　于
时间	秒(S)	铯-133 原子基态的两个超精细能级间跃迁所对应辐射的 9192631770 个周期的持续时间	铯-133 原子基态的超精细能级跃迁频率 $\Delta\nu_{Cs}=9192631770\,Hz$
长度	米(m)	光在真空中行进 1/299792458s 的路径长度	真空中光的速度 $c=299792458\,ms^{-1}$
质量	千克(kg)	对应普朗克常数 $6.62607015\times10^{-34}J\cdot s$ 时的质量单位	普朗克常数 $h=6.62607015\times10^{-34}J\cdot s$
电流	安培(A)	单位时间内通过 $1/1.602176634\times10^{-19}$ 个电子对应的电流	基本电荷 $e=1.602176634\times10^{-19}C$
热力学温度	开尔文(K)	单位系统微观粒子热运动动能发生 $1.380649\times10^{-23}J$ 变化的热力学温度的改变	玻尔兹曼常数 $k=1.380649\times10^{-23}J\cdot K^{-1}$
物质的量	摩尔(mol)	精确包含 6.02214076×10^{23} 个原子或分子等基本单元的系统的物质的量	阿伏伽德罗常数 $N_A=6.02214076\times10^{23}\,mol^{-1}$
发光强度	坎德拉(cd)	坎德拉是一光源在给定方向上的发光强度。频率为 $540\times10^{12}\,Hz$,辐射强度等 1/683 $W\cdot sr^{-1}$ 的单色光的发光强度	频率为 $540\times10^{12}\,Hz$ 的单色辐射的发光效率 $K_{cd}=683\,lm\cdot W^{-1}$

注:1.单位赫兹、焦耳、库伦、流明、瓦特的符号为 Hz、J、C、lm、W,它们分别与单位秒(s)、米(m)、千克(kg)、安培(A)、开尔文(K)、摩尔(mol)、坎德拉(cd)相关联,相互之间的关系为 Hz = s^{-1},J = $kg\cdot m^2\cdot s^{-2}$,C = $A\cdot s$,lm = $cd\cdot m^2\cdot m^{-2}$ = $cd\cdot sr$,W = $m^2\cdot kg\cdot s^{-3}$。

2. 2018 年 11 月 16 日,第 26 届国际计量大会(CGPM)通过了关于修订国际单位制的决议。国际单位制 7 个基本单位中的 4 个,即千克、安培、开尔文和摩尔将分别改由普朗克常数、基本电荷常数、玻尔兹曼常数和阿伏伽德罗常数来定义;另外 3 个基本单位在定义的表述上也做了相应调整,以与此次修订的 4 个基本单位相一致,新标准将于 2019 年 5 月 20 日开始实施。重新定义之后,国际单位制的 7 个基本单位中的 6 个实现了基于量子物理且以定义常数(秒定义的铯原子跃迁频率严格上不属于物理常数)和物理常数定义,量值的计量进入了量子化时代。坎德拉没有参加这次重新定义,因为坎德拉定义的量子化在计量界没有取得共识,所以不包括在此次国际单位制变革中。这样,国际测量体系有史以来第一次全部建立在不变的常数上,保证了国际单位制(SI)的长期稳定性和全球通用性。

附录 2　国际单位制的两个辅助单位定义

量的名称	单位名称	单位符号	定义
平面角	弧度	rad	弧度是一圆内两条半径之间的平面角,这两条半径在圆周上所截取的弧长与半径相等,则其间的夹角为 1 弧度
立体角	球面度	sr	球面度是一立体角,其顶点位于球心,它在球面上所截取的面积等于以球半径为边长的正方形面积时,即为 1 个球面度

附录 3　基本物理常数(数据源于 2012 年 CODATA 推荐的物理和化学基本常数)

量	符号	数值	单位	相对不确定度
真空中光速	c	299792458	$m \cdot s^{-1}$	(精确)
磁常数	μ_0	$4\pi \times 10^{-7}$ $= 12.566370614 \cdots \times 10^{-7}$	$N \cdot A^{-2}$	(精确)
电常数 $1/\mu_0 c^2$	ε_0	$8.854187817 \cdots \times 10^{-12}$	$F \cdot m^{-1}$	(精确)
引力常量	G	$6.67384(80) \times 10^{-11}$	$m^3 \cdot kg^{-1} \cdot s^{-2}$	1.2×10^{-4}
普朗克常量	h	$6.62607015 \times 10^{-34}$	$J \cdot s$	(精确)
$h/2\pi$	$\hbar$	$1.054571726(47) \times 10^{-35}$	$J \cdot s$	4.4×10^{-8}
元电荷	e	$1.602176634 \times 10^{-19}$	C	(精确)
磁通量子 $h/2e$	Φ_0	$2.067833758(46) \times 10^{-15}$	$W \cdot b$	2.2×10^{-8}
电导量子 $2e^2/h$	G_0	$7.7480317346(25) \times 10^{-5}$	s	3.2×10^{-10}
电子质量	m_e	$9.10938291(40) \times 10^{-31}$	kg	4.4×10^{-8}
质子质量	m_p	$1.672621777(74) \times 10^{-27}$	kg	4.4×10^{-8}
电子比荷	$-e/m_e$	$-1.758820088(39) \times 10^{11}$	$C \cdot kg^{-1}$	2.2×10^{-8}
质子电子质量比	m_p/m_e	$1836.15267245(75)$		4.1×10^{-10}
精细结构常数	a	$7.2973525698(24) \times 10^{-3}$		3.2×10^{-10}
精细结构倒数	a^{-1}	$137.035999074(44)$		3.2×10^{-10}
里德伯常量	R_∞	$10973731.568539(55)$	m^{-1}	5.0×10^{-12}
阿伏加德罗常量	N_A	$6.02214076 \times 10^{23}$	mol^{-1}	(精确)
法拉第常量 $N_A e$	F	$96485.3365(21)$	$C \cdot mol^{-1}$	2.2×10^{-8}
摩尔气体常量	R	$8.3144621(75)$	$J \cdot mol^{-1} \cdot K^{-1}$	9.1×10^{-7}
玻耳兹曼常量 R/N_A	k	1.380649×10^{-23}	$J \cdot K^{-1}$	(精确)
斯式藩—玻耳兹曼常量	σ	$5.670373(21) \times 10^{-8}$	$W \cdot m^{-2} \cdot K^{-4}$	3.6×10^{-6}
理想气体的摩尔体积 ($T = 273.15K$, $P = 101.325kPa$)	V_m	$22.413968(20) \times 10^{-3}$	$m^3 \cdot mol^{-1}$	9.1×10^{-7}
电子伏	eV	$1.602176565(35) \times 10^{-19}$	J	2.2×10^{-8}
原子质量单位 $1u = m_u = \frac{1}{12} m(^{12}C)$	u	$1.660538921(73) \times 10^{-27}$	kg	4.4×10^{-8}

（续）

量	符号	数值	单位	相对不确定度
中子质量	m_n	$1.674927351(74)\times10^{-27}$	kg	4.4×10^{-8}
μ 子质量	m_μ	$1.883531475(96)\times10^{-28}$	kg	5.1×10^{-8}
电子磁矩	μ_e	$-9.28476412(80)\times10^{-24}$	$J\cdot T^{-1}$	2.2×10^{-8}
质子磁矩	μ_p	$1.410606743(33)\times10^{-26}$	$J\cdot T^{-1}$	2.4×10^{-8}
玻尔半径	a_0	$5.2917721092(17)\times10^{-11}$	m	3.2×10^{-10}
玻尔磁子	μ_B	$9.27400949(80)\times10^{-24}$	$J\cdot T^{-1}$	2.2×10^{-8}
经典电子半径	r_e	$2.8179403267(27)\times10^{-15}$	m	9.7×10^{-10}
电子康普顿波长	λ_C	$2.426310238(16)\times10^{-12}$	m	6.5×10^{-10}
质子康普顿波长	$\lambda_{C,p}$	$1.32140985623(94)\times10^{-15}$	m	7.1×10^{-10}
核磁子	μ_N	$5.05078353(11)\times10^{-27}$	$J\cdot T^{-1}$	2.2×10^{-8}

注:(1) 数据栏括号内的两位数表示该值的不确定度,它的含义是括号前两位数字存疑,如中子质量 $m_n = 1.674927351$
　　(74)$\times10^{-27}$kg 表示括号前的数字 51 存疑,为不准确数字。
　　(2) 表头"相对不确定度"一栏中"精确"是指该常数是国际上采用的约定值,其不确定度为零,因而称为精确值。

附录 4　SI 基本单位与基本物理常数对应关系——SI 官方 LOGO

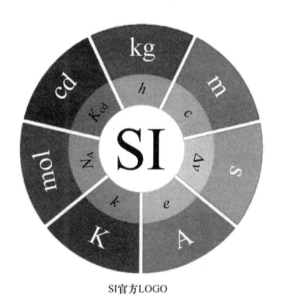

SI官方LOGO

参 考 文 献

[1] 原所佳.物理实验教程[M].4版.北京:国防工业出版社,2015.

[2] 原所佳,孙海波.大学物理实验教程[M].北京:高等教育出版社,2014.

[3] 李书光.大学物理实验[M].北京:科学出版社,2012.

[4] 成正维.大学物理实验[M].北京:高等教育出版社,2002.

[5] 李相银.大学物理实验[M].2版.北京:高等教育出版社,2009.

[6] 吕斯骅,段家忯,张朝晖.新编基础物理实验[M].2版.北京:高等教育出版社,2013.

[7] 郑友进.普通物理实验教程[M].北京:高等教育出版社,2012.

[8] 曹钢.大学物理实验教程[M].北京:高等教育出版社,2016.

[9] 李香莲.大学物理实验[M].2版北京:高等教育出版社,2015.

[10] 肖明,肖飞.普通物理实验教程[M].北京:科学出版社,2011.

[11] 白忠,李延标,林上金.大学物理实验[M].北京:高等教育出版社,2012.

[12] 马颖,梁鸿东,徐丽琴.大学物理实验教程[M].北京:清华大学出版社,2013.

[13] 曹学成,姜贵君,王永刚,等.大学物理实验[M].2版.北京:中国农业出版社,2018.

[14] 苏锡国,李双美.大学物理实验[M].北京:中国电力出版社,2009.

[15] 邢秀文,刘浦财.大学物理实验[M].北京:北京理工大学出版社,2010.

[16] 温亚芹.大学物理实验[M].西安:西安电子科技大学出版社,2010.

[17] 王殿元.大学物理实验[M].2版.北京:北京邮电大学出版社,2008.

[18] 杨长铭,田永红,王阳恩,等.大学物理实验教程[M].武汉:武汉大学出版社,2012.

[19] 陈延济,胡德敬,陈铭南.物理实验教程[M].上海:同济大学出版社,2000.

[20] 炎正馨.大学物理实验教程[M].西安:西北工业大学出版社,2011.

[21] 张田林.应用物理实验指导[M].2版.南京:南京大学出版社,2016.

[22] 陈桔,邱春蓉.大学物理实验[M].成都:西南交通大学出版社,2011.

[23] 蒋纯志,李欣茂,姚敏.大学物理实验教程[M].湘潭:湘潭大学出版社,2012.

[24] 邓水凤,刘红荣.大学物理实验[M].2版.湘潭:湘潭大学出版社,2015.

[25] 王瑞平.大学物理实验[M].西安:西安电子科技大学出版社,2013.

[26] 叶伏秋,邬云文.新编大学物理实验[M].湘潭:湘潭大学出版社,2011.

[27] 郭长立,孟泉水,渊小春.大学物理实验[M].西安:陕西科学技术出版社,2006.

[28] 徐兰云,邱飚.大学物理实验[M].湘潭:湘潭大学出版社,2014.

[29] 殷志坚,易小杰,周珊珊.大学物理实验[M].长沙:中南大学出版社,2013.

[30] 章伟芳,李大创,訾振发.大学物理实验[M].北京:人民邮电出版社,2013.

[31] 解忧.大学物理实验[M].徐州:中国矿业大学出版社,2015.

[32] 孙光东.大学物理实验[M].北京:中国水利水电出版社,2007.

[33] 刘景旺.大学物理实验[M].北京:中国水利水电出版社,2010.